U0163643

中国科学院中国动物志编辑委员会主编

中国动物志

昆虫纲 第七十一卷

半翅目

叶蝉科（三）

杆叶蝉亚科 秀头叶蝉亚科 缘脊叶蝉亚科

张雅林 魏 琮 沈 林 尚素琴 著

科技部科技基础性工作专项重点项目
中国科学院知识创新工程重大项目
国家自然科学基金重大项目
（科技部 中国科学院 国家自然科学基金委员会 资助）

科 学 出 版 社

北 京

内 容 简 介

本志包括总论与各论两部分。总论部分详述了叶蝉科杆叶蝉亚科、秀头叶蝉亚科和缘脊叶蝉亚科的研究简史、形态特征、相关的分类系统及各类群的地理分布等。各论部分系统记述了我国杆叶蝉亚科、秀头叶蝉亚科和缘脊叶蝉亚科等 3 亚科昆虫 40 属 152 种的形态特征、地理分布,提供了 147 幅种的形态特征图,并编制了分属、种检索表。文末附有中名索引、学名索引和 7 幅成虫彩色图版。

本志基于作者对叶蝉科这 3 个亚科世界范围的分类修订研究,是中国该类群昆虫分类最全面、最完整的专著,可供高等院校昆虫学、植物保护、生物多样性保护等相关专业师生和农林生产、害虫防治部门参考。

图书在版编目 (CIP) 数据

中国动物志. 昆虫纲. 第七十一卷,半翅目. 叶蝉科. 三,杆叶蝉亚科、秀头叶蝉亚科、缘脊叶蝉亚科/张雅林等著.—北京:科学出版社,2022.8

ISBN 978-7-03-072563-9

Ⅰ. ①中⋯ Ⅱ. ①张⋯ Ⅲ. ①动物志-中国 ②昆虫纲-动物志-中国 ③半翅目-动物志-中国 ④叶蝉科-动物志-中国 Ⅳ. ①Q958.52

中国版本图书馆 CIP 数据核字 (2022) 第 101048 号

责任编辑:韩学哲 /责任校对:杨 赛
责任印制:吴兆东 /封面设计:刘新新

科 学 出 版 社 出版
北京东黄城根北街 16 号
邮政编码:100717
http://www.sciencep.com

北京虎彩文化传播有限公司 印刷
科学出版社发行 各地新华书店经销

*

2022 年 8 月第 一 版　　开本:787×1092 1/16
2022 年 8 月第一次印刷　　印张:20 1/2 插页:4
　　　　　　字数:486 000

定价:398.00 元

(如有印装质量问题,我社负责调换)

Editorial Committee of Fauna Sinica, Chinese Academy of Sciences

FAUNA SINICA

INSECTA Vol. 71
Hemiptera
Cicadellidae (III)
Hylicinae, Stegelytrinae and Selenocephalinae

By

Zhang Yalin, Wei Cong, Shen Lin and Shang Suqin

A Key Project of the Ministry of Science and Technology of China
A Major Project of the Knowledge Innovation Program
of the Chinese Academy of Sciences
A Major Project of the National Natural Science Foundation of China
(Supported by the Ministry of Science and Technology of China,
the Chinese Academy of Sciences, and the National Natural Science Foundation of China)

Science Press
Beijing, China

前　言

　　叶蝉科是昆虫纲半翅目中最大的一个类群，全世界已知 2 万多种。该类群分布范围广，均为植食性，是农林果蔬及经济作物的重要害虫，不仅直接刺吸植物汁液、产卵刺伤植物组织对植物造成危害，并且有些种类还传播植物病毒，在农林生产上造成巨大损失。

　　关于叶蝉科分类系统方面的研究，已有大量论著问世。在 Evans (1946a, 1946b, 1947) 的 3 册系列著作之后，Metcalf (1962-1968) 编写了《世界叶蝉总科名录》，与 Evans 系统基本一致，为叶蝉分类工作者提供了非常有用的工具书。其后，又有学者对一些高级阶元进行了修订。Hamilton (1983) 采用支序系统学方法研究了叶蝉科的系统发育关系，提出包括 3 个并系单元的十分简化的分类系统。目前，关于叶蝉科高级阶元分类系统的意见还未统一，我们正在进一步深入研究，以重建叶蝉科系统发育关系，修订叶蝉科高级阶元分类系统。我国在该科的系统分类研究方面，近些年取得了很大进展，发表了很多论文和专著。但由于该科类群分化非常多样，仍有大量工作急需完成。

　　本志包括我国叶蝉科杆叶蝉亚科、秀头叶蝉亚科和缘脊叶蝉亚科昆虫 40 属 152 种，是作者在对这 3 个亚科的世界范围修订研究基础上，完成的比较系统完整的中国区系研究结果。其中本人分别与沈林合作完成杆叶蝉亚科、与魏琼合作完成秀头叶蝉亚科、与尚素琴合作完成缘脊叶蝉亚科相关内容。

　　本志所用的研究材料主要为西北农林科技大学昆虫博物馆的教师及研究生历年来在全国各地采集的标本，还有部分研究材料为国内外诸多科研单位和高等院校惠借、惠赠标本。我们特向英国自然历史博物馆 (The Natural History Museum, London, UK) 暨 M.D. Webb 先生，德国波恩大学动物研究所暨亚历山大可尼希博物馆 (Zoologisches Forschungsinstitut und Museum Alexander Koenig, Bonn, Germany)，美国国家自然历史博物馆 (The National Museum of Natural History, Washington, USA) 暨 T. Henry 先生，美国主教博物馆 (Bishop Museum, Hawaii, USA)，美国北卡罗来纳州立大学 (North Carolina State Univesity, Raleigh, USA)，比利时布鲁塞尔皇家自然科学研究所 (Institute Royale des Sciences Naturelles de Belgique, Brussels, Belgium)，（前）捷克斯洛伐克布尔诺摩拉维亚博物馆 (Moravian Museum, Brno, Czechislovakia)，日本埼玉大学 (Saitama University, Saitama, Japan) 暨 M. Hayashi 先生，中国科学院动物研究所暨黄大卫、杨星科、乔格侠、梁爱萍、李枢强研究员，中国农业大学昆虫学系暨杨集昆、李法圣、彩万志、杨定教授，浙江大学暨陈学新教授，北京自然博物馆暨刘思孔研究员，南开大学暨刘国卿、卜文俊、李后魂教授，中山大学暨梁铬球、华立中、张文庆、庞虹教授，天津自然博物馆暨孙桂华女士，中国科学院上海昆虫博物馆暨章伟年、吴宪伟、殷海生等表示衷心感谢。正是他们给予了热情和无私的帮助，使本研究工作得以顺利进行。

　　特别感谢 *Zootaxa*、*Entomotaxonomia* 等刊物在版权方面提供的便利，允许作者使用发表论文中的插图等内容。相关文章已在参考文献中列出，不再一一赘述。

在此前的研究工作中，张雅林、沈林和魏琮曾先后获英国文化委员会、英国皇家学会和中国教育部资助，赴英国自然历史博物馆从事合作研究，得到英国自然历史博物馆提供的诸多便利；研究生张文珠、吕林、唐玖、徐德亮，本科生张延军、陈波和唐丽等多位同学，参与了相关研究工作或帮助采集标本；曹阳慧博士帮助编制索引等，谨此一并表示衷心感谢。

本志获科技部科技基础性工作专项重点项目 (2006FY120100) 资助。此前世界范围的杆叶蝉亚科、秀头叶蝉亚科和缘脊叶蝉亚科分类研究曾获国家自然科学基金面上项目 (39270116、39870113、30670256、30970389、30370180) 和英国文化委员会 (British Council) 博士后项目及英国皇家学会 (Royal Society) 项目等资助，这些相关研究工作积累为本志的顺利完成奠定了基础。

在本志编研过程中，西北农林科技大学植保资源与病虫害综合治理教育部重点实验室、作物害虫综合治理与系统学农业部重点实验室、植物保护学院、昆虫研究所和昆虫博物馆昆虫分类研究平台及标本馆提供了诸多便利和支持，使得本志得以顺利完成，在此表示衷心的感谢！

张雅林

2011 年 12 月 31 日

2020 年 7 月 31 日 修改

陕西 杨凌

目　　录

总　论

一、研究简史与分类系统

关于叶蝉科系统分类方面的研究，已有大量著作、论文问世。在 Evans (1946a, 1946b, 1947) 的 3 册著作出版之后，Metcalf (1962-1968) 编写了与 Evans 系统基本一致的《世界叶蝉总科名录》，为叶蝉分类工作者提供了非常有用的工具书；其后，又不断有学者对该科进行了新种、新属、新族的描记，对一些高级阶元进行了修订，完成了数个亚科的世界性专著。但在总体上，由于亚科和族级分类阶元数目甚多，且其中相当一部分类群缺乏明确的特有特征描述，使得有些类群的地位变动较大。Hamilton (1983) 为了改变这种状况，采用支序系统学方法研究后，提出了一个包括 3 个并系单元的分类系统，试图简化已有的叶蝉科复杂分类系统。Oman、Knight 和 Nielson 合作续编了《世界叶蝉名录——文献和属名录 (1956-1985)》(Oman *et al*., 1990)，提出了叶蝉科 40 亚科 119 族的分类系统，极大地促进了叶蝉分类工作的进展。近几十年来，结合分子生物学方法，对叶蝉科高级阶元分类系统进行了一些修订，但至今尚难统一。

叶蝉科高级阶元分类系统近些年来变动较大，本志依循 Oman *et al*. (1990)《世界叶蝉名录——文献和属名录 (1956-1985)》中的分类系统。

（一）杆叶蝉亚科

杆叶蝉亚科 Hylicinae 是叶蝉科中 1 个非常小的亚科，研究者甚少。该类群全世界目前已知 13 属 47 种，主要分布于东半球的东洋区和古北区，部分种类分布于非洲区。

Evans (1946a)、Ross (1957) 曾简述过杆叶蝉的一般外部形态特征，Evans (1963, 1964, 1988) 亦曾涉及杆叶蝉的形态问题，认为杆叶蝉与叶蝉科其他亚科的前翅翅脉及端片不同。

杆叶蝉的分类地位变动较多，Evans (1946b)、周尧 (1964) 将杆叶蝉作为独立的科和叶蝉科并列起来，Metcalf (1962-1968) 在《世界叶蝉总科名录》中将叶蝉作为总科，将杆叶蝉同时提升为叶蝉总科的 1 个科。Hamilton (1983) 将杆叶蝉作为大叶蝉亚科 Cicadellinae 的 1 个族。

Distant (1908a)，葛钟麟 (Kuoh, 1966)，张雅林、沈林、杨玲环和唐玖等 (Zhang, 1990；Zhang & Shen, 1994；Shen & Zhang, 1995a, 1995b, 1995c；Zhang & Yang, 2001；Tang & Zhang, 2019a，2019b，2020) 对我国杆叶蝉亚科进行了分类研究，记述了一些新单元，订正了一些错误。

（二）秀头叶蝉亚科

秀头叶蝉亚科 Stegelytrinae 是叶蝉科中 1 个很小的亚科，全世界仅报道 29 属 80 种，分布于东洋区和古北区的地中海亚区。

秀头叶蝉亚科的模式属 *Stegelytra* Mulsant & Rey 建立于 1855 年，模式种为 *Stegelytra alticeps* Mulsant & Rey, 1855；最初发表时被置于 Tribu des Fulgorites。但 Kirkaldy (1907) 将 *Stegelytra* 归入 Tettigoniidae 的 Phrynomorphini，并明确指出该属名下其实有 2 个不同的类群被含混其中，随即以 *Stegelytra bolivari* Chicote, 1880 为模式种建立了新属 *Iberia*。

Oshanin (1912) 将 *Stegelytra* 及 *Krisna* 归入叶蝉亚科 Jassinae 的 Acocephalaria。其后，Baker (1915) 将 Jassidae 分为 Eupelicinae 和 Jassinae；Jassinae 又被分为 6 个族，并将 Stegelytria、Tartessusaria、Selenocephalaria、Phrynomorpharia 和 Limotettixaria 等 5 个族级单元一起置于其中的 Phrynomorphini。Baker (1919) 在族级单元 Stegelytria 下包含了 *Stegelytra*、*Iberia*、*Krisna*、*Gessius*、*Caelidioides* 等属。Evans (1947) 在对叶蝉科进行系统修订时认为，*Stegelytra* 及 *Iberia* 与原来所在的叶蝉亚科 Jassinae 各属差异较大，而与离脉叶蝉亚科 Coelidiinae 的离脉叶蝉属 *Coelidia* 更相近，遂将 *Stegelytra* 和 *Iberia* 从叶蝉亚科 Jassinae 移入离脉叶蝉亚科 Coelidiinae，并在叶蝉亚科 Jassinae 另设 1 族即 Krisnini，以含括遗留的 *Krisna* 等属及一些其他新增属。

Ribaut (1952) 在对法国叶蝉科各属进行修订时，建立了秀头叶蝉亚科 Stegelytrinae 和 *Stegelytra gavoyi* Ribaut。但 Metcalf (1964) 在其叶蝉名录中，仍将 Stegelytrini Baker 作为族级单元列在离脉叶蝉亚科 Coelidiinae；该族另外还包括 *Iberia* Kirkaldy 和 *Sabimoides* Evans。

Nast (1972) 在其《古北区头喙亚目名录》中，承认了秀头叶蝉亚科 Stegelytrinae 的地位，其下包括 *Stegelytra* Mulsant & Rey 和 *Wadkufia* Linnavouri；并认为 *Iberia* Kirkaldy 为 *Stegelytra* Mulsant & Rey 的异名。

Dlabola (1974, 1981) 及 Hamilton (1983) 仍将 *Stegelytra* 置于离脉叶蝉亚科 Coelidiinae 的离脉叶蝉族 Coelidiini。

Nielson (1975) 在对离脉叶蝉进行全面系统订正时，将其中的 *Aeturnus* Distant、*Selenopsis* Spinola 和 *Wadkufia* Linnavouri 归入角顶叶蝉亚科 Deltocephalinae；将 *Dardania* Stål、*Ibera* Kirkaldy 和 *Stegelytra* Mulsant & Rey 归入秀头叶蝉亚科 Stegelytrinae；并认为 *Aletta* Metcalf、*Alocoelidia* Evans、*Caelidioides* Signoret、*Equeefa* Distant、*Iraquerus* Ghauri、*Iturnoria* Evans、*Malagasiella* Evans、*Palicus* Stål (=*Aletta* Metcalf)、*Protonesis* Spinola、*Cyrta* Melichar、*Doda* Distant、*Kasinella* Evans、*Kunasia* Distant、*Placidellus* Evans、*Placidus* Distant、*Sabimamorpha* Schumacher 和 *Toba* Schmidt 等 17 个属拥有与当时所存在的各已知叶蝉亚科均不相同的特征，因此将其从离脉叶蝉亚科 Coelidiinae 移出，并声称将在日后建立新的亚科以收容它们，但后来并未付诸实施。

Theron (1986) 在研究分布于非洲南部的离脉叶蝉亚科昆虫时，认为没有必要将 *Aletta* Metcalf (= *Palicus* Stål)、*Equeefa* Distant 及部分其他相关属从离脉叶蝉亚科移出，

并指明 *Equeefa* Distant 及与其近缘的一些新增属 (*Keia*、*Nelrivia*、*Modderena*、*Mlanje*、*Mgenia*、*Croconelus*、*Gariesa*、*Mamates* 等) 与离脉叶蝉亚科当时所设立的各族均有所不同，因此另建了 1 个新族 Equeefini 以容纳它们。他在文中还声称，Hamilton 在与他的个人交流中也主张，应将 Nielson (1975) 所提出的 17 属依旧归于离脉叶蝉亚科为宜。Theron 所言看似与 Hamilton 同一机杼，但他本人其实意在落实分布于非洲南部的 *Aletta* Metcalf (= *Palicus* Stål)、*Equeefa* Distant 等属的分类地位，实与上述 17 属中其余各属的系统归属并无大涉。

继 Metcalf 的名录之后，Oman、Knight 和 Nielson (Oman *et al*., 1990) 合作续编了《世界叶蝉名录——文献和属名录 (1956-1985)》，该名录基本采纳了 Nielson 在研究离脉叶蝉时提出的分类观点，亦将 Metcalf 的名录中原置于离脉叶蝉亚科 Coelidiinae 的 Stegelytrini Baker，作为与离脉叶蝉亚科相并列的 1 个独立亚科对待；但是将 Nielson (1975) 曾归入秀头叶蝉亚科 Stegelytrinae 的 *Dardania* Stål 从中剔除而归入 Acostemminae；将 Nielson (1975) 归入角顶叶蝉亚科 Deltocephalinae 的 *Wadkufia* Linnavouri 归入秀头叶蝉亚科 Stegelytrinae (此时秀头叶蝉亚科 Stegelytrinae 名下只包括 *Stegelytra* Mulsant & Rey、*Wadkufia* Linnavouri 和 *Iberia* Kirkaldy 3 属)。从此，Nielson (1975) 所主张的应建立新亚科来收容的那些属，除了 *Aletta* Metcalf (= *Palicus* Stål) 和 *Equeefa* Distant 被 Theron (1986) 收入 Equeefini 而有了归宿外，其余各属依旧地位未定。Zahniser 和 Dietrich (2010) 将秀头叶蝉亚科降为角顶叶蝉亚科的一个族；Wei *et al*. (2010) 对该亚科作了订正；我们认为秀头叶蝉作为角顶叶蝉亚科的姐妹群更为合理。

张雅林 (Zhang, 1994) 在研究离脉叶蝉时，发现 Nielson (1975) 从离脉叶蝉亚科 Coelidiinae 移出的 17 个属 (暂时称为小头叶蝉类 *Placidus* Complex) 与离脉叶蝉亚科 Coelidiinae 的其他族、属之间存在明显差异。虽然这些差异在很早以前即被一些叶蝉分类学家指出，例如 Distant (1908a) 在建立 *Placidus* 时虽然将其置于离脉叶蝉亚科 Coelidiinae，但他在当时即指出：该属以其前足基节的粗刚毛和显著加长的后足胫节，明显有别于此前发现的其他分支类群。Evans (1947) 在对离脉叶蝉亚科 Coelidiinae 进行分析讨论时指出，Coelidiinae 最独特的一些属级单元应是 *Placidus* 和 *Cyrta*，因为这两个属的种类 (与离脉叶蝉亚科其他属相比而言) 具有完整的翅脉；Evans (1971) 后来又进一步指出：如果根据外部形态特征对 Coelidiinae 加以界定，即它只包括 *Coelidia* 及其近缘属，则 *Placidus*、*Placidellus* 和 *Kasinella* 等属不能被置于其中，如果应用雄虫生殖器特征对 Coelidiinae 加以严格界定，则 *Kasinella* 亦将因其雄虫第 IX 腹板 (生殖瓣) 为方形而不能容身，*Placidus* 和 *Placidellus* 也因其雄虫生殖器结构有异而遭到排斥。但上述研究并没有给它们以确切的分类地位。

有关中国早期的秀头叶蝉类研究基本上都是由国外学者完成的，而且非常零星分散，只涉及 *Placidellus* Evans、*Sabimamorpha* Schumacher (=*Pachymetopius* Matsumura)、*Cyrta* Melichar、*Kunasia* Distant 等少数属的种类记述。胡经甫 (1935) 曾在 *Catalogue Insectorum Sinesium* 一书中对国外学者发表、记述的分布于中国的弓背叶蝉属 *Cyrta* Melichar 进行了记录，其后几无赓续。近几十年来，我国曾组织过数次大型的科学考察活动，采获了大量的昆虫标本，收集了丰富的分布信息资料，并出版了极具价值的科学考察报告或地方动物志。在这些已发表的论著中,只有葛钟麟 (1992) 在《横断山区昆虫 (第一册)》中发表了小头叶蝉属 *Placidus* Distant (=*Cyrta* Melichar) 2 个新种。近十余年来,张雅林、魏琼等 (Zhang & Wei, 2002a, 2002b; Zhang *et al.*, 2002; Wei & Zhang, 2003; Wei *et al.*, 2006a, 2006b, 2008a, 2008b; Wei *et al.*, 2007a, 2007b, 2008, 2010) 对该类群进行了系统研究,确认 *Equeefa* Distant 为秀头叶蝉亚科的模式属 *Stegelytra* 的异名,*Placidus*、*Placidellus* 等属也应归属于秀头叶蝉亚科,并发表该亚科多个新属、新种,进一步丰富了我国和世界秀头叶蝉区系。

(三) 缘脊叶蝉亚科

缘脊叶蝉亚科 Selenocephalinae 是叶蝉科中较小的亚科 (sensu Oman *et al.*, 1990),全世界已知 7 族 69 属 460 余种,近年来的系统发育研究将其并入角顶叶蝉亚科 (Zahniser & Dietrich, 2010, 2013 等),主要分布于非洲区和亚太地区,少数种类分布在欧洲。

缘脊叶蝉亚科大多数种类为树栖,少数为草栖,有一定的趋光性。Linnavuori 和 Al-Ne'amy (1983) 曾报道在非洲有和蚂蚁共生的现象,但尚无传毒报道,其他生物学习性目前还不清楚。

该亚科由 Fieber 于 1872 年建立,模式属为 *Selenocephalus* Germar。缘脊叶蝉的分类地位,由于有关学者看法不一,前后多次变动,或多个族被不同的学者分别作为叶蝉 (总)科下的科、亚科,或置于不同亚科下作为 1 个族。Melichar (1903) 和 Oshanin (1912) 认为缘脊叶蝉属 *Selenocephalus* 应属于脊冠叶蝉亚科 Aphrodinae 尖顶叶蝉族 Acocephalini;Haupt (1929) 和 Oman (1943) 认为该类群属于殃叶蝉亚科 Euscelinae 殃叶蝉族 Euscelini;Distant (1908a) 和 Merino (1936) 则将其作为缘脊叶蝉部 Selenocephalaria 归入叶蝉亚科 Jassinae;Evans (1947) 将其作为叶蝉亚科 Jassinae 的 1 个族:缘脊叶蝉族 Selenocephalini,其中包括 21 属。Evans 的系统先后得到 Metcalf (1966) 和 Hamilton (1983) 等的承认。Ribaut (1952) 和 Hill (1970) 将缘脊叶蝉族 Selenocephalini 置于角顶叶蝉亚科 Deltocephalinae。在此值得一提的是,在 Ribaut (1952) 的缘脊叶蝉族中还包括了费氏叶蝉属 *Fieberiella*,而后者是费氏叶蝉族 Fieberiellini (=Synophropsini) 的模式属,与前者的亲缘关系较远。Wagner (1951) 和 Nast (1972) 将缘脊叶蝉归入角顶叶蝉亚科圆冠叶蝉族 Athysanini;Hill (1970) 和 Linnavuori (1969) 也将其归入角顶叶蝉亚科中。Hamilton (1975) 则将缘脊叶蝉族 Selenocephalini、菲叶蝉族 Phlepsicini、角颜叶蝉族 Goniagnathini、胫槽叶蝉族 Drabescini 和刺胫叶蝉族 Portanini 一并归入脊冠叶蝉亚科 Aphrodinae (还包括了角顶叶蝉亚科和铲头叶蝉亚科 Hecalinae)。Linnavuori 和 Al-Ne'amy (1983) 坚持认为缘脊叶蝉是 1 个特征明显的亚科,并首次将其分为 7 个族:点斑叶蝉族 Adamini、德氏叶蝉族 Dwightiini、圆顶叶蝉族 Hypacostemmini、狭额叶蝉族 Ianeirini、缘脊叶蝉族 Selenocephalini、沟顶叶蝉族 Bhatiini 和胫槽叶蝉族 Drabescini。Knight 和 Nielson (1986) 基本沿用了这一系统,但将其中的胫槽叶蝉族 Drabescini 提出作为 1 个独立的亚科,即胫槽叶蝉亚科 Drabescinae。Oman、Knight 和 Nielson (Oman *et al.*, 1990) 合作续编的《世

界叶蝉名录——文献和属名录 (1956-1985)》全面接受了上述系统。Zhang 和 Webb (1996) 认同 Linnavuori 和 Al-Ne'amy (1983) 系统，并将脊翅叶蝉亚科 Paraboloponinae 降为脊翅叶蝉族 Paraboloponini 合并到缘脊叶蝉亚科，提出沟顶叶蝉族 Bhatiini 实为脊翅叶蝉族的次异名，从而将全世界缘脊叶蝉亚科分为点斑叶蝉族、德氏叶蝉族、圆顶叶蝉族、狭额叶蝉族、缘脊叶蝉族、脊翅叶蝉族和胫槽叶蝉族 7 个族。其中亚太地区分布有 3 个族，即缘脊叶蝉族、脊翅叶蝉族和胫槽叶蝉族。Zahniser 和 Dietrich (2010, 2013) 基于分子数据和形态特征数据的角顶叶蝉亚科 (包括缘脊叶蝉亚科) 系统发育研究，将缘脊叶蝉归入角顶叶蝉亚科。

　　胫槽叶蝉族 Drabescini 由 Ishihara 于 1953 年建立，当时作为科级单元，仅包括胫槽叶蝉属 Drabescus。Linnavuori (1960a) 沿用了 Ishihara (1953) 的系统，但将其作为叶蝉科 1 个独立的亚科胫槽叶蝉亚科 Drabescinae，并增加到 5 个属，即胫槽叶蝉属 Drabescus、雅叶蝉属 Jamitettix、沟顶叶蝉属 Bhatia、哈布叶蝉属 Hybrasil 和拉叶蝉属 Lamia；他同时指出胫槽叶蝉亚科 Drabescinae 种类前幕骨臂的形状不同于角顶叶蝉亚科，颜面平坦又区别于大叶蝉亚科 Cicadellinae (=Jassinae)。Evans (1972) 沿用 Linnavuori (1960a) 的系统，但他对 Linnavuori (1960a) 所包括的 5 个属提出了异议，认为它们之间的亲缘关系并不明显。Linnavuori 和 Al-Ne'amy (1983) 又将其降为胫槽叶蝉族，只包括了胫槽叶蝉属 Drabescus。Zhang 和 Webb (1996) 在此基础上建立了本族第 2 个属，阔茎叶蝉属 Rengatella。

　　脊翅叶蝉族 Paraboloponini 是 Ishihara 在 1953 年根据日本的脊翅叶蝉属 Parabolopona Matsumura 建立的，当时作为科级单元，仅包括 Parabolopona guttata (Uhler) 和 Parabolopona camphorae Matsumura 2 个种。Linnavuori (1960b) 将其归入角顶叶蝉亚科作为脊翅叶蝉族，并描述了 1 属 1 种；Eyles 和 Linnavuori (1974) 重新将其提升到亚科水平，即脊翅叶蝉亚科 Paraboloponinae；Hamilton (1975) 将其作为脊翅叶蝉族归入脊冠叶蝉亚科 Aphrodinae。Linnavuori (1978b) 对非洲区的脊翅叶蝉亚科进行了修订，以镰刀形的前幕骨臂和几乎从复眼内上侧角背面伸出的触角，以及深的触角窝对该类群作了重新界定，补充了鉴别特征。Webb (1981b) 对分布于亚太地区的脊翅叶蝉亚科进行了较为全面的修订，描述了一批属和种，补充了亚科特征并编制了已知属种的检索表。Zhang 和 Webb (1996) 在订正亚太地区的缘脊叶蝉亚科时，将脊翅叶蝉亚科降为脊翅叶蝉族归入缘脊叶蝉亚科，同时将 Linnavuori 和 Al-Ne'amy (1983) 在进行非洲缘脊叶蝉亚科分类研究时建立的沟顶叶蝉族作为脊翅叶蝉族的次异名，并建立了一批属、种。张雅林等自 20 世纪 90 年代以来，记述了分布于中国等地的缘脊叶蝉。

　　Matsumura (1914) 研究分布于日本的叶蝉时建立了肖顶带叶蝉属 Athysanopsis，模式种为 Athysanopsis salicis；Distant (1908a, 1918) 研究印度及斯里兰卡和缅甸动物区系时，分别建立了缅叶蝉属 Megabyzus、增脉叶蝉属 Kutara、沟顶叶蝉属 Bhatia、附突叶蝉属 Divus、纳叶蝉属 Nakula 和卡叶蝉属 Carvaka，当时置于叶蝉亚科 Jassinae 的不同族中；Merino (1936) 在对菲律宾叶蝉区系进行研究时，建立了罗氏叶蝉属 Roxasella、奥叶蝉属 Omanella，将它们归入叶蝉亚科 Jassinae 缘脊叶蝉组 Selenocephalaria。Kwon 和 Lee (1979) 研究东亚叶蝉区系时建立了分布于韩国的阔颈叶蝉属 Drabescoides，模式种为 Selenocephalus nuchalis。Viraktamath (1998) 研究了分布于印度大陆的脊翅叶蝉族种类，描述 13 属 37 种。

Walker 是最早研究中国缘脊叶蝉的外国学者，他于 1851 年发表了采自我国的中华增脉叶蝉 *Kutara sinensis* (Walker) (= *Bythoscopus sinensis* Walker)。葛钟麟 (Kuoh, 1966) 在《中国经济昆虫志 第十册 同翅目 叶蝉科》中报道了分布于我国的缘脊叶蝉亚科 6 属 6 种，成为我国第一位研究缘脊叶蝉的学者；他 1985 年又发表了胫槽叶蝉属 3 种和 1 个近缘属类胫槽叶蝉属 *Paradrabescus* (该属后被 Zhang 和 Webb 于 1996 年确定为胫槽叶蝉属的异名)；1992 年他发表了采自云南、四川的增脉叶蝉属 *Kutara* 1 种；在《横断山区昆虫》(1992) 中报道了分布于我国的缘脊叶蝉亚科 6 个种。杨集昆等 (1995) 发表了采自浙江古田山的胫槽叶蝉属 2 种，但其中的三色胫槽叶蝉 *Drabescus trichromus* 是台湾胫槽叶蝉 *Drabescus formosanus* 的异名。蔡平和葛钟麟 (1995) 发表了采自浙江百山祖的增脉叶蝉属 *Kutara* 2 种，但这 2 种实际为阔颈叶蝉 *Drabescoides nuchalis* 的次异名；蔡平和申效诚 (1999a) 又发表了采自河南的胫槽叶蝉属和脊翅叶蝉属 *Parabolopona* 各 1 种；岑业文和蔡平 (2002) 发表了采自浙江、河南的缘脊叶蝉亚科卡叶蝉属 *Carvaka* 1 种、管茎叶蝉属 *Fistulatus* 2 种和阔颈叶蝉属 *Drabescoides* 1 种；杨茂发团队于 2019 年也发表了数个新种。张雅林、尚素琴、沈林、袁忠林、吕林、徐德亮等对该类群继续进行了系统分类和生物地理学研究 (Zhang *et al.*, 1995; Zhang & Webb, 1996; Zhang *et al.*, 1997; Zhang & Zhang, 1998; Zhang & Shang, 2003; Shang *et al.*, 2006a, 2006b; Shang & Zhang, 2003; Shang *et al.*, 2003, 2006, 2009; Shen *et al.*, 2008; Yuan *et al.*, 2006; Lu & Zhang, 2014a, 2014b, 2015; Lu *et al.*, 2014; Lu *et al.*, 2019; Xu & Zhang, 2020)。

二、形 态 特 征

有关叶蝉科的分类特征及相关术语，以往曾有众多学者进行了详细的记述和讨论 (Distant, 1908a; Oman, 1949; Hamilton, 1983; Kuoh, 1966; Zhang, 1990; Dietrich, 2005) (图 1)。

1. 体躯量度

昆虫身体外部直观的大小量度如长度、宽度、各部分长宽之比，以及不同部分间长短的比例都是常用的参考特征。

体长 (体连翅长，body length including tegmen)：指叶蝉翅合拢时，从头冠前缘至前翅末端的长度。

头长 (length of crown)：也称头冠长或头冠中长，指头冠前、后缘之间沿中线处的纵长。

头宽 (width of crown)：指头部背面 (包括复眼) 最宽处的宽度。

复眼间宽 (interocular width)：指头部背面二复眼间最狭处的宽度。

前胸宽 (pronotal width)：指前胸背板背面最宽处的宽度。

前胸长 (pronotal length)：指前胸背板中央前、后缘之间的纵长。

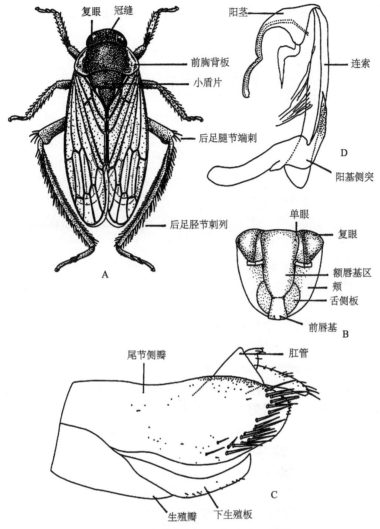

图 1　叶蝉主要分类特征 (异弓背叶蝉 *Paracyrta* sp.)

A. 整体背面观；B. 颜面；C. 雄虫尾节侧面观；D. 阳基侧突、连索、阳茎侧面观

Fig. 1　Main taxonomic characteristics of leafhopper (*Paracyrta* sp.)

A. Habitus, dorsal view; B. Face; C. Male pygofer, lateral view; D. Paramere (Style), connective and aedeagus, lateral view

2. 体色

叶蝉体色变异较大，一般多为褐色或黑色，少数种类黄色、黄绿色或橙色，并具褐色小点或斑纹。这些特征常在分种鉴定中用到。

3. 体躯结构及常用分类特征

(1) 头部 (head)

头部 (图 1A、B) 通常人为地分为两个部分：背面可以观察到的部分称作头冠 (crown, vertex)，从腹面或前腹面观察到的部分称作颜面 (face)。二者之间通常并无明确界限，但有些种类在两者之间具 1 条横脊。头冠主要有复眼 (eye)、单眼 (ocellus)、冠缝 (coronal suture) 等；颜面主要包括额唇基区 (frontoclypeal area)、前唇基 (anteclypeus)、舌侧板 (lorum)、颊 (gena)，以及触角 (antenna) 等。

分类中常用的头部特征主要有：头冠前、后缘的形状，头冠中长与头宽的比例，复眼间宽与头冠中长的比例，中纵脊有无，冠缝明显与否，单眼及触角的着生位置，前唇基、舌侧板形状等。

(2) 胸部 (thorax)

胸部 (图 1A) 主要包括前胸背板 (pronotum)、小盾片 (scutellum)、前翅 (forewing)、后翅 (hindwing)、足 (leg) 等。

前胸背板的主要分类特征有：前胸背板前、后缘形状，中长与宽度的比例，背侧脊有无及其弯曲形状，中纵脊有无等。

小盾片的主要分类特征有：中长与基缘宽度的比例，盾间沟 (横刻痕) 是否明显，中纵脊、侧纵脊有无，侧缘是否具刚毛或长毛等。

前翅分类特征有：形状、脉序、斑纹、缘片发达程度等。

(3) 腹部 (abdomen)

腹部的生殖前节一般比较简单，分类上应用较少。生殖节及其所包含的外生殖器结构则是极其重要的分类特征，也是鉴定种的决定性依据。

雄虫外生殖器 (male genitalia) (图 1C、D) 包括由生殖节 (第IX腹节) 特化形成的尾节侧瓣 (pygofer side)、生殖瓣 (valve)、下生殖板 (subgenital plate)，以及生殖腔内的阳基侧突 (paramere 或 style)、连索 (connective)、阳茎 (aedeagus) 等。这些结构的形状、构造通常是属、种分类最为常用的特征。生殖瓣位于生殖节腹面基部，呈半圆形、三角形或四边形 (有时为梯形)。下生殖板形状变化较大，多呈三角形，端部形状、侧缘有无大型刚毛等是重要的分类性状。阳基侧突形状变化大，内缘与连索相关联，侧缘内折与下生殖板相关联；其端突的形状、侧叶的宽窄、感觉毛的有无均是有用的分类特征。连索大多呈 "Y" 形或 "T" 形，在分属和分种上有重要意义。阳茎形状变化较大，一般基部与连索直接相连，并以背连索与尾节侧瓣相连；其形状、有无突起、阳茎口的位置和大小等都是重要的分种、分属特征。

雌性外生殖器 (female genitalia) 由腹部第VIII、第IX节组成，一般在同一类群中变化较小，主要用于较高级阶元的分类；常用到的特征包括第VII腹板的形状、产卵瓣 (valvulae) 的结构及形状等。

三、地 理 分 布

(一) 杆叶蝉亚科地理分布

杆叶蝉亚科 Hylicinae 局限分布于东洋区、古北区和非洲区，在中国主要分布于东洋区，其中个别种类向北扩散至秦岭北麓，如桨头叶蝉 *Nacolus tuberculatus*。中国及其周边地区杆叶蝉亚科各属、种的地理分布详见表 1。

表 1　中国及其周边地区杆叶蝉亚科各属、种的地理分布

Table 1　Distribution of the subfamily Hylicinae from China and adjacent areas

属 Genus	种 Species	分布 Distribution
凹冠叶蝉属 *Assiringia*	雷公山凹冠叶蝉 *A. leigongshana* comb. nov.	东洋区：中国 (贵州、云南)
	西藏凹冠叶蝉 *A. tibeta*	东洋区：中国 (西藏)
片胫杆蝉属 *Balala*	片胫杆蝉 *B. fulviventris*	东洋区：中国 (安徽、福建、台湾、海南)；印度，缅甸，越南，印度尼西亚，婆罗洲
	路氏片胫杆蝉 *B. lui*	东洋区：中国 (福建、广西)；马来西亚
	弯突片胫杆蝉 *B. curvata*	东洋区：中国 (湖北)
	黑面片胫杆蝉 *B. nigrifrons*	东洋区、古北区：中国 (陕西、浙江、江西、贵州、云南)
	台湾片胫杆蝉 *B. formosana*	东洋区：中国 (台湾)；日本
	福建片胫杆蝉 *B. fujiana*	东洋区：中国 (福建、广东)；越南
	海南片胫杆蝉 *B. hainana*	东洋区：中国 (海南)；越南
哈提叶蝉属 *Hatigoria*	索氏哈提叶蝉 *Ha. sauteri*	东洋区、古北区：中国 (台湾)；日本
半锥头叶蝉属 *Hemisudra*	叉突半锥头叶蝉 *H. furculata* comb. nov.	东洋区：中国 (海南)
杆叶蝉属 *Hylica*	杆叶蝉 *Hy. paradoxa*	东洋区：中国 (云南)；印度，尼泊尔，缅甸，越南，老挝，泰国，印度尼西亚
叉突杆蝉属 *Kalasha*	小叉突杆蝉 *K. minuta*	东洋区：中国 (北部湾)；越南
	叉突杆蝉 *K. nativa*	东洋区：中国 (海南、广西)；印度，越南，泰国，马来西亚，印度尼西亚
桨头叶蝉属 *Nacolus*	桨头叶蝉 *N. tuberculatus*	东洋区、古北区：中国 (北京、河南、陕西、安徽、浙江、湖北、福建、台湾、广东、四川、贵州、云南)；日本，印度
锥头叶蝉属 *Sudra*	栗黑锥头叶蝉 *S. picea*	东洋区：中国 (四川、云南、西藏)
犀角叶蝉属 *Wolfella*	华犀角叶蝉 *W. sinensis*	东洋区：中国 (广西、云南)

（二）秀头叶蝉亚科地理分布

　　秀头叶蝉亚科 Stegelytrinae 局限分布于东洋区和古北区的地中海亚区。该亚科世界范围各属的分布详见表 2 和表 3。

1. 世界秀头叶蝉亚科昆虫区系的特有分布区

(1) 华南 (Southern China)

　　本分布区为秦岭-大别山以南、青藏高原以东的中国大陆部分，特有成分有：龙胜刀翅叶蝉 *Daochia longshengensis* Wei, Zhang & Webb (广西)、金异弓背叶蝉 *Paracyrta blattina* Jacobi (福建)、逆毛异弓背叶蝉 *P. recusetosa* (Zhang & Wei) (云南)、具毛异弓背叶蝉 *P. setosa* (Zhang & Sun) (云南)、版纳异弓背叶蝉 *P. banna* (Zhang & Wei) (云南)、异色

异弓背叶蝉 *P. bicolor* (Zhang & Wei) (浙江)、长突异弓背叶蝉 *P. longiloba* (Zhang & Wei) (浙江)、尖齿异弓背叶蝉 *P. dentata* (Zhang & Wei) (浙江)、异额异弓背叶蝉 *P. parafrons* (Zhang & Wei) (云南)、多毛弓背叶蝉 *Cyrta hirsuta* Melichar (四川)、棕面弓背叶蝉 *Cyrta brunnea* (Kuoh) (四川)、黄褐弓背叶蝉 *C. testacea* (Kuoh) (四川、陕西)、叉茎弓背叶蝉 *C. furcata* (Li & Zhang)、条痕弓背叶蝉 *C. striolata* (Zhang & Wei) (云南)、花顶弓背叶蝉 *C. flosifronta* (Zhang & Wei) (湖南)、密齿弓背叶蝉 *C. dentata* (Zhang & Wei) (四川)、乌樽弓背叶蝉 *C. nigrocupulifera* (Zhang & Wei) (云南)、连理弓背叶蝉 *C. coalita* Wei, Webb & Zhang (云南)、狼牙弓背叶蝉 *C. spompsa* Wei, Webb & Zhang (湖北)、福建弓背叶蝉 *C. fujianensis* Wei, Webb & Zhang (福建)、天坛山弓背叶蝉 *C. tiantanshanensis* Wei, Webb & Zhang (陕西)、龙王山弓背叶蝉 *C. longwanshensis* (Li & Zhang)、长突弓背叶蝉 *C. longiprocessa* (Li & Zhang)、燕尾异冠叶蝉 *Pachymetopius bicornutus* Wei, Zhang & Webb (福建、江西、广东)、南靖异冠叶蝉 *Pachymetopius nanjingensis* Wei, Zhang & Webb (福建)、对突微室叶蝉 *Minucella leucomaculata* (Li & Zhang) (福建、云南、浙江、四川、陕西)、*Minusella divaricata* Wei, Zhang & Webb (浙江)、双支离瓣叶蝉 *Placidellus conjugatus* Zhang, Wei & Shen (福建) 等。

(2) 海南岛 (Hainan Island)

特有成分有：斑翅琼州叶蝉 *Quiontugia fuscomaculata* Wei & Zhang。

(3) 台湾岛 (Taiwan Island)

特有成分有：东方弓背叶蝉 *Cyrta orientalis* (Schumacher)、靓异冠叶蝉 *Pachymetopius decoratus* Matsumura 等。

(4) 中南半岛 (Indochina)

包括缅甸东部、越南、老挝、泰国等，上文的华南特有分布区中的中国云南南部也可能应属于本区。其特有成分有：尖尾异冠叶蝉 *Pachymetopius bicaudatus*, Wei Zhang & Webb (越南)、老挝截翅叶蝉 *Trunchinus laoensis* Zhang, Webb & Wei (老挝、中国云南南部)、中斑截翅叶蝉 *Trunchinus medius* Zhang, Webb & Wei (老挝、中国云南南部)、白痕短胸叶蝉 *Kunasia novisa* Distant (缅甸、泰国、中国云南南部)、石原离瓣叶蝉 *Placidellus ishiharei* Evans (泰国) 等。

(5) 中国西南部+尼泊尔+印度东北部 (Southwestern China + Nepal + Northeastern India)

包括我国四川西部、西藏南部、尼泊尔、印度东北部等，特有成分有：凹瓣弓背叶蝉 *Cyrta incurvata* (Wei & Zhang) (尼泊尔)、网脉刀翅叶蝉 *Daochia reticulata* Wei, Zhang & Webb (西藏、云南、四川)、扎木奇脉叶蝉 *Paradoxivena zhamuensis* Wei, Zhang & Webb (西藏)、长突阔板叶蝉 *Platyvalvata longicornis* Zhang, Wei & Webb (尼泊尔)。

(6) 印度北部+阿富汗东部 (Northern India + Eastern Afghanistan)

特有成分有霍氏弓背叶蝉 *Cyrta hornei* (Distant) (印度西北部)、带翅弓背叶蝉 *C. vicinus* (Dlabola) (阿富汗)、阿萨姆拟多达叶蝉 *Pseudododa assamensis* Zhang, Wei & Webb (印度阿萨姆) 等。

(7) 马来半岛+苏门答腊岛 (Malay Peninsula + Sumatra)

特有成分有叠茎弓背叶蝉 *Cyrta conduplicatus* Wei, Webb & Zhang、泰安多达叶蝉 *Doda taiwanensis* Zhang & Webb、横带窄板叶蝉 *Stenolora transzona* Zhang, Wei & Webb 等。

(8) 加里曼丹岛北部 (Northern Borneo)

特有成分有火色特不沦叶蝉 *Temburocera ignicans* (Waker) (马来西亚、文莱)、脊唇短胸叶蝉 *Kunasia carina* Zhang & Wei (沙捞越)、多斑长板叶蝉 *Paraplacidellus maculatus* Zhang Wei & Shen (沙捞越)、山打根托巴叶蝉 *Toba sandakanensis* Wei & Webb (山打根) 等。

(9) 西亚+地中海沿岸地区 (Western Asia + Mediterranean Sea coast area)

包括欧洲南部的法国、西班牙、葡萄牙、奥地利、意大利、原南斯拉夫等，非洲北部的摩洛哥、利比亚，以及亚洲西部的土耳其、伊拉克、伊朗等，特有成分为秀头叶蝉属 *Stegelytra* Mulsant & Rey、崴酷叶蝉属 *Wadkufia* Linnavouri。

(10) 新几内亚 (New Guinea)

特有成分为华氏尼弗叶蝉 *Neophansia wallacei* Wei & Webb。

2. 世界秀头叶蝉亚科的地理分布格局特点及各分布区间的关系

秀头叶蝉亚科各类群的地理分布表明 (表2、表3)：

表 2　世界秀头叶蝉亚科各属地理分布格局

Table 2　Distribution pattern of Stegelytrinae genera

属 Genus \ 分布 Distribution	地中海地区 Mediterranean	阿富汗 Afghanistan	印度 India	尼泊尔 Nepal	缅甸 Myanmar	中国 China	泰国、越南、老挝 Thailand, Vietnam, Laos	马来半岛 Malaya Peninsula	苏门答腊 Sumatra	加里曼丹 Kalimantan	新几内亚 New Guinea
秀头叶蝉属 *Stegelytra*	+										
崴酷叶蝉属 *Wadkufia*	+										
锐盾叶蝉属 *Aculescutellaris*		+									
弓背叶蝉属 *Cyrta*		+	+	+	−	+	+	−	−	+	
窈窕叶蝉属 *Yaontogonia*		+	−	−	−	−	−			+	
拟多达叶蝉属 *Pseudododa*		+	−		−	+	+	+			
异弓背叶蝉属 *Paracyrta*			+		−	+	+				
短胸叶蝉属 *Kunasia*					−	+	+	+	+		
阔瓣叶蝉属 *Platyvalvatus*			+		−	+					
琼州叶蝉属 *Quiontugia*						+					
微室叶蝉属 *Minucella*						+					
奇脉叶蝉属 *Paradoxivena*						+					
露酐叶蝉属 *Louangana*							+				
残瓣叶蝉属 *Wyuchiva*							+				

续表

属 Genus	地中海地区 Mediterranean	阿富汗 Afghanistan	印度 India	尼泊尔 Nepal	缅甸 Myanmar	中国 China	泰国、越南、老挝 Thailand, Vietnam, Laos	马来半岛 Malaya Peninsula	苏门答腊 Sumatra	加里曼丹 Kalimantan	新几内亚 New Guinea
截翅叶蝉属 *Trunchinus*						+	+				
刀翅叶蝉属 *Daochia*						+	+				
异冠叶蝉属 *Pachymetopius*						+	+				
离瓣叶蝉属 *Placidellus*						+	+				
窄版叶蝉属 *Stenolora*						+		+			
特不沦叶蝉属 *Temburocera*						+	−	−	−	+	
帕特尼叶蝉属 *Pataniolidia*							+				
多达叶蝉属 *Doda*							+	+	−	+	
长板叶蝉属 *Paraplacidellus*								+			
拟托巴叶蝉属 *Paratoba*								+			
闪革叶蝉属 *Shangonia*								+			
赛彻叶蝉属 *Sychentia*								+	−		
托巴叶蝉属 *Toba*								+	+	+	
红带叶蝉属 *Honguchia*									+	+	
尼弗叶蝉属 *Neophansia*											+

注：各属次序基于各分布区由西向东方向排列。+：分布；−：可能分布。

Note: The order of genera given is based on the distribution west to east. +: present; −: possible present.

　　(1) 从世界叶蝉区系整体考察，秀头叶蝉亚科 Stegelytrinae 主要局限分布于东洋区及古北区的地中海亚区，是世界叶蝉区系中 1 个比较独特的单元。

　　(2) 在东洋区分布的绝大部分种类都呈现出分化强烈、特有现象明显、特有分布区狭小的特点："中国西南部+尼泊尔+印度东北部""马来半岛+苏门答腊岛""加里曼丹"等分布单元主要在属级水平呈现出此特点；而宽泛的中国华南及中南半岛等分布单元则在属、种两级水平均呈现出此特点。古北区的地中海沿岸、伊朗、伊拉克则为秀头叶蝉属 *Stegelytra* 和崴酷叶蝉属 *Wadkufia* 的特有分布区，属级分化弱，但种级分化较明显。

　　(3) 各主要分布区之间的关系假设为：（西亚+地中海沿岸地区）+（（（（印度北部+阿富汗东部）+（中国西南部+尼泊尔+印度东北部）+（中国华南+中南半岛））+（马来半岛+苏门答腊岛））+加里曼丹岛北部；为避免关系假设太长而省略掉的台湾、海南，其区系性质与中国华南及中南半岛相近。

表 3　世界秀头叶蝉亚科各属的地理分布
Table 3　Distribution of the subfamily Stegelytrinae

属 Genus	分布 Distribution
秀头叶蝉属 *Stegelytra*	古北区地中海亚区 (欧洲南部：法国、西班牙、葡萄牙、奥地利、意大利、原南斯拉夫等；非洲西北部：摩洛哥；亚洲西部：土耳其、伊拉克、伊朗等)
崴酷叶蝉属 *Wadkufia*	古北区地中海亚区 (利比亚)
锐盾叶蝉属 *Aculescutellaris*	东洋区 (印度，泰国)
弓背叶蝉属 *Cyrta*	东洋区 (中国台湾、四川、陕西、云南、湖南、湖北、海南、福建、浙江；印度，阿富汗，尼泊尔，马来西亚)
窈窕叶蝉属 *Yaontogonia*	东洋区 (印度，文莱，马来西亚)
拟多达叶蝉属 *Pseudododa*	东洋区 (中国福建、云南、海南、广东、台湾、江西；越南，泰国，老挝)
异弓背叶蝉属 *Paracyrta*	东洋区 (中国中部及南部福建、云南、浙江等)
短胸叶蝉属 *Kunasia*	东洋区 (中国云南；缅甸，泰国，马来西亚)
阔瓣叶蝉属 *Platyvalvatus*	东洋区 (尼泊尔，越南)
琼州叶蝉属 *Quiontugia*	东洋区 (中国海南)
微室叶蝉属 *Minucella*	东洋区 (中国海南、福建、云南、浙江、四川、陕西)
奇脉叶蝉属 *Paradoxivena*	东洋区 (中国西藏)
露酐叶蝉属 *Louangana*	东洋区 (老挝)
残瓣叶蝉属 *Wyuchiva*	东洋区 (中国云南；泰国)
截翅叶蝉属 *Trunchinus*	东洋区 (中国云南、福建；老挝，缅甸，泰国)
刀翅叶蝉属 *Daochia*	东洋区 (中国西藏、云南、四川、广西；越南)
异冠叶蝉属 *Pachymetopius*	东洋区 (中国福建、云南、海南、广东、台湾、江西；越南，泰国，老挝)
离瓣叶蝉属 *Placidellus*	东洋区 (中国福建；泰国)
窄版叶蝉属 *Stenolora*	东洋区 (中国广东；马来西亚)
特不沦叶蝉属 *Temburocera*	东洋区 (马来西亚，文莱)
帕特尼叶蝉属 *Pataniolidia*	东洋区 (泰国)
多达叶蝉属 *Doda*	东洋区 (泰国，马来西亚)
长板叶蝉属 *Paraplacidellus*	东洋区 (马来西亚)
拟托巴叶蝉属 *Paratoba*	东洋区 (马来西亚)
闪革叶蝉属 *Shangonia*	东洋区 (马来西亚)
赛彻叶蝉属 *Sychentia*	东洋区 (马来西亚)
托巴叶蝉属 *Toba*	东洋区 (马来西亚，新加坡)
红带叶蝉属 *Honguchia*	东洋区 (马来西亚，印度尼西亚)
尼凡叶蝉属 *Neophansia*	东洋区与澳洲区过渡地带 (新几内亚)

　　这一分布地区关系假设表明，在总体上，中南半岛与中国华南的秀头叶蝉区系最为相近，"中南半岛+中国华南"区系与以下各区系的密切程度依次递减，"中国西南部+尼泊尔+印度东北部"、"印度北部+阿富汗东部"(该地区可看作上述较大分布区在西北方向扩展的边缘地带)、"马来半岛+苏门答腊岛"、"加里曼丹岛北部"、"新几内亚"。古北区

的地中海亚区 (西亚+地中海沿岸) 与该亚科最可能的起源地东洋区之间, 存在着较早的姐妹地区关系。

(三) 缘脊叶蝉亚科地理分布

1. 世界缘脊叶蝉亚科种类分布情况及地理分布

缘脊叶蝉亚科分布于东半球, 包括非洲区、东洋区、古北区和澳洲区, 其属、种数量统计见表 4。

表 4 世界缘脊叶蝉亚科种类统计
Table 4 Species of the subfamily Selenocephalinae worldwide

族 Tribe	非洲 Africa		欧洲 Europe		亚太地区 Asia-Pacific	
	属 Genus	种 Species	属 Genus	种 Species	属 Genus	种 Species
点斑叶蝉族 Adamini	1	49				
德氏叶蝉族 Dwightiini	1	7				
圆顶叶蝉族 Hypacostemmini	1	5				
狭额叶蝉族 Ianeirini	4	13				
缘脊叶蝉族 Selenocephalini	12	90	2	36	3	38
脊翅叶蝉族 Parabolopoini	4	10	3	4	41	147
胫槽叶蝉族 Drabescini	1	2	1	6	2	64

2. 中国缘脊叶蝉亚科种类分布情况及地理分布

中国缘脊叶蝉亚科各属的具体地理分布见表 5。其地理分布格局表明, 西南区和华南区是其优势分布区, 各占 88.89% 和 83.33%; 华中区、华北区和青藏区次之, 各占 55.56%、11.1% 和 11.1%; 蒙新区和东北区最少, 均仅占 5.56%。

表 5 中国缘脊叶蝉亚科种类地理分布
Table 5 Distribution of subfamily Selenocephalinae from China

族 Tribe	属 Genus	地理区划 Geographical Division						
		东北区	蒙新区	华北区	青藏区	西南区	华中区	华南区
胫槽叶蝉族 Drabescini	胫槽叶蝉属 Drabescus				+	+	+	+
脊翅叶蝉族 Parabolopoini	肖顶带叶蝉属 Athysanopsis	+				+	+	+
	沟顶叶蝉属 Bhatia					+	+	+
	肛突叶蝉属 Bhatiahamus					+	+	+
	卡叶蝉属 Carvaka						+	+
	阔颈叶蝉属 Drabescoides		+	+	+	+	+	+

族 Tribe	属 Genus	地理区划 Geographical Division						
		东北区	蒙新区	华北区	青藏区	西南区	华中区	华南区
脊翅叶蝉族 Parabolopoini	叉茎叶蝉属 *Dryadomorpha*					+	+	+
	索突叶蝉属 *Favirtiga*					+		+
	剪索突叶蝉属 *Forficus*					+		+
	管茎叶蝉属 *Fistulatus*					+	+	
	增脉叶蝉属 *Kutara*					+		+
	纳叶蝉属 *Nakula*					+		
	聂叶蝉属 *Nirvanguina*					+		
	长索叶蝉属 *Omanellinus*					+		+
	脊翅叶蝉属 *Parabolopona*			+		+	+	+
	丽斑叶蝉属 *Roxasellana*					+		+
	瓦叶蝉属 *Wargara*							+
缘脊叶蝉族 Selenocephalini	齿茎叶蝉属 *Tambocerus*					+	+	+
	合计	1	1	2	2	16	10	15
	百分比/%	5.56	5.56	11.1	11.1	88.89	55.56	83.33

四、标本保藏单位

本研究中所检视的标本均为成虫针插标本。

研究材料主要来源于西北农林科技大学昆虫博物馆收藏标本，并检视了国内外相关单位收藏的标本。具体来源如下 (单位名称前面为相关单位英文名称缩写，在文中标识标本来源和保藏地点):

BMNH　　The Natural History Museum (formerly British Museum of Natural History), London, UK

BMSYS　　The Museum of Biology, Sun Yat-sen University, Guangzhou, Guangdong, China (中国广东广州，中山大学生物博物馆)

BNHM　　Beijing Museum of Natural History, Beijing, China (中国北京，北京自然博物馆)

BPBM　　Bernice Pauahi Bishop Museum, Honolulu, Hawaii, USA

CAF　　Chinese Academy of Forestry, Beijing, China (中国北京，中国林业科学院)

CAS　　California Academy of Sciences, San Francisco, USA

CAU　　China Agricultural University, Beijing, China (中国北京，中国农业大学)

IRSNB　　Institute Royale des Sciences Naturelles de Belgique, Brussels, Belgique

IZCAS　　Institute of Zoology, Chinese Academy of Sciences, Beijing, China (中国北

京，中国科学院动物研究所)

MIZ	Museum of Zoology, Polonicum Worazawa, Poland
MMB	Moravian Museum, Brno, Czechislovakia
NCSU	North Carolina State University, Raleigh, USA
NKU	Nankai University, Tianjin, China (中国天津，南开大学)
NMNH	National Museum of Natural History, Washington DC, USA (former United States National Museum)
MNS	Museum of Natural Science, Taichung, Taiwan, China (中国台湾台中，自然科学博物馆)
NWAFU	Northwest A&F University, Yangling, Shaanxi, China (中国陕西杨凌，西北农林科技大学)
SEMCAS	Shanghai Entomological Museum, Chinese Academy of Sciences, Shanghai, China (中国上海，中国科学院上海昆虫博物馆)
SMND	Staatliches Museum für Tierkunde Dresden, Germany
SUJ	Saitama University, Saitama, Japan
TMNH	Tianjin Natural History Museum, Tianjin, China (中国天津，天津自然博物馆)
ZFMK	Zoologisches Forschungsinstitut und Museum Alexander Koenig, Bonn, Germany

各　论

一、杆叶蝉亚科 Hylicinae Distant, 1908

Hylicinae Distant, 1908a: 252; Zhang, 1990: 39.
Type genus: *Hylica* Stål, 1863.

体中到大型，粗壮，体色黯淡，棕色或至黑色，体表及翅密被鳞片或刚毛。头冠常向前延伸并形成各种形状的突起；单眼位于冠面；额侧缝延伸至单眼着生部位。前胸背板横阔，前胸宽大于头宽；小盾片大。前翅长，端片多发达，延伸至前缘区。雄虫后足腿节端部具数根大刚毛。雄虫尾节常背面中部深裂，生殖瓣几乎退化，与尾节侧瓣愈合；下生殖板宽，具大刚毛或鳞片；阳基侧突多细长，端部常较短；连索较短，侧臂常退化；阳茎较简单，多管状。

分布：东洋区，古北区，非洲区。

全世界已知 13 属 47 种，中国已知 9 属 17 种。

属 检 索 表

1. 体表密被瘤状突起，雄虫尾节不具腹突 ···杆叶蝉属 *Hylica*
   体表平滑，雄虫尾节具腹突 ···2
2. 头中长小于或近头宽的一半，尾节端缘具数根大刚毛 ···································3
   头中长明显大于头宽的一半，尾节端缘无大刚毛 ···4
3. 前翅爪片有明显透明横带，小盾片平坦 ······························片胫杆蝉属 *Balala*
   前翅爪片无明显透明横带，小盾片隆起 ·····················半锥头叶蝉属 *Hemisudra*
4. 体粗壮，小盾片显著向后延长 ··锥头叶蝉属 *Sudra*
   体纤细，小盾片短 ···5
5. 头部三角形，头冠 (略) 凹陷 ···6
   头部前伸形成长突起，头冠平坦或隆起 ···7
6. 前足胫节正常，尾节腹突分为二叉 ······························叉突杆蝉属 *Kalasha*
   前足胫节扁平膨大，尾节腹突不分叉 ···························凹冠叶蝉属 *Assiringia*
7. 头部突起侧面观窄，端 (半) 部显著向背或后方弯曲 ···································8
   头部突起侧面观宽，近直或仅端部略微翘起 ·····················桨头叶蝉属 *Nacolus*
8. 头部突起背缘光滑，尾节无背连索 ·····························哈提叶蝉属 *Hatigoria*
   头部突起背缘具齿状瘤突，尾节常具背连索 ·····················犀角叶蝉属 *Wolfella*

1. 凹冠叶蝉属 *Assiringia* Distant, 1908

Assiringia Distant, 1908a: 255.

Type species: *Assiringia exhibita* Distant, 1908.

头冠向前延伸，近三角形，中域凹陷，低于复眼高度，近等长或长于头宽；单眼明显，位于复眼前缘的冠面；前唇基发达，前缘显著，侧缘近平行；舌侧板窄。前胸背板阔，后缘略前凹；小盾片中长略大于基部宽。前翅窄长，端片较发达。

雄虫尾节阔，近四边形，表面具刚毛；尾节腹突发达；下生殖板阔，三角形，密布刚毛；阳基侧突粗壮；连索阔短；阳茎管状。

分布：东洋区 (中国；缅甸)。

全世界已知 3 种，均分布于东洋区；中国已知 2 种，本志提出 1 个新组合。

种 检 索 表

体长小于 1 cm；雄虫尾节腹突近平直 ····················· **雷公山凹冠叶蝉 *A. leigongshana* comb. nov.**

体长大于 1 cm；雄虫尾节腹突近端部向内侧相向横折 ···························· **西藏凹冠叶蝉 *A. tibeta***

(1) 雷公山凹冠叶蝉 *Assiringia leigongshana* (Li & Zhang, 2007) comb. nov. (图 2；图版 I：1)

Sudra leigongshana Li & Zhang, 2007: 164, in: Li, Zhang & Wang, 2007.

体长：♂6.2-8.8 mm。

体黑褐色。复眼黑色，颜面黄褐色，前翅棕褐色，胸部腹板黑褐色，足深褐色伴浅色环形斑纹，腹部背腹面黑褐色。体背及前翅密被鳞毛。

头冠侧面观端部略上翘，头长大于复眼间宽，侧缘脊起；复眼扁豆形；单眼前于复眼前缘；额唇基及前唇基隆起。前胸背板前缘窄于头部，前缘平直，近前缘两侧凹陷，后缘弧形前凹；小盾片与前胸背板近等长，两侧基角及端部略隆起，横刻痕微凹。前翅端片较宽大。

雄虫尾节侧面观近四边形，表面散生刚毛；尾节腹突细长，端向渐窄，与尾节近长；下生殖板近心脏形，散生刚毛；阳基侧突哑铃形；连索近似棒状；阳茎管状弯曲端部粗，亚端部收缩变细，端部微阔。

观察标本：1♂ (NWAFU)，云南勐仑，1991.V.19，王应伦、田润刚采；1♂ (NWAFU)，贵州习水，2018.Ⅷ.19，刘宁采。

讨论：本种为李子忠等 (2007) 描记的种，原被放置于 *Sudra*。但文中给出的描述和鉴定特征图不符合 Distant 在 1908 年给出的该属的鉴别特征。在标本比较研究后发现，本种与凹冠叶蝉属的模式种 *Assiringia exhibita* Distant 相近，符合此属的鉴别特征。因此在这里提出将此种由 *Sudra* 转移至 *Assiringia*。本种与模式种 *Assiringia exhibita* Distant 相似，但可从以下特征进行区分：①模式种头冠前缘更加尖锐，侧缘近直，而本种前缘略弧形，侧缘略内凹；②模式种尾节腹缘端部具尖锐齿突，而本种腹缘端部弧圆。

分布：贵州、云南。

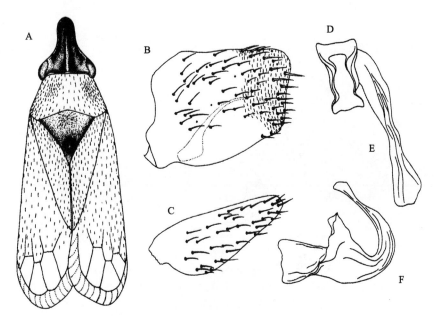

图2　雷公山凹冠叶蝉 *Assiringia leigongshana* (Li & Zhang) (仿 Li *et al.*, 2007)
A. 整体背面观；B. 雄虫尾节侧面观；C. 下生殖板腹面观；D. 连索背面观；E. 阳基侧突背面观；F. 阳茎侧面观

(2) 西藏凹冠叶蝉 *Assiringia tibeta* Shen & Zhang, 1995 (图3；图版 I：2)

Assiringia tibeta Shen & Zhang, 1995a: 106.

体长：♂11.5 mm。

体深褐色至黑褐色，局部浅褐色至黄褐色斑；足大部分为黄褐色，前翅暗褐色。体表密被暗褐色和浅色鳞毛。

头冠向前角状突出，近三角形，长约为复眼间宽的2倍，头冠具中脊，侧缘脊起；单眼位于复眼前方瘤突上；颜面在复眼前缘处略凹；额唇基端部具中纵脊；前唇基窄长，侧缘平行。前胸背板向后渐阔、隆起，具细横纹，中长短于头冠，前缘平截，后缘前凹，侧缘近复眼处凹入；小盾片与前胸背板近等长，两侧基角及端部半球形隆起。前翅前缘端半部突出，端片宽大。

雄虫尾节侧面观四边形，表面具稀疏粗大刚毛；尾节腹突发达，端部相向横折，近尾节1/2长；下生殖板较阔，近三角形，短于尾节侧瓣，除基部外，其余部分腹面具稀疏刚毛；阳基侧突端突短，基突细长；连索小，端部因中间凹陷而似具2端突；阳茎近管状，端向渐细，背向弯曲，阳茎孔端生。

观察标本：1♂(正模，CAU)，西藏易贡，2300 m，1978.VI.13，李法圣采。

分布：西藏。

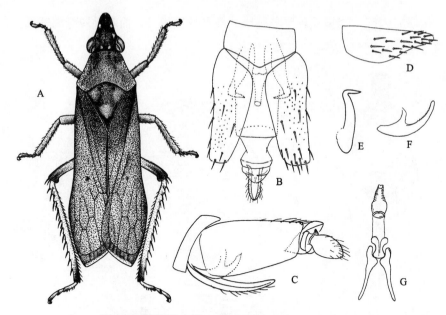

图 3　西藏凹冠叶蝉 *Assiringia tibeta* Shen & Zhang

A. 整体背面观；B. 雄虫尾节背面观；C. 雄虫尾节侧面观；D. 下生殖板腹面观；E. 尾节腹突腹面观；F. 阳茎侧面观；

G. 阳茎、连索、阳基侧突背面观

2. 片胫杆蝉属 *Balala* Distant, 1908

Balala Distant, 1908a: 250; Kuoh, 1966: 110; Zhang, 1990: 39; Tang & Zhang, 2020: 24.

Wania Liu, 1939: 297; Liang, 1995: 210.

Type species: *Penthimia fulviventris* Walker, 1851.

头冠窄于前胸背板，中长小于或近等于复眼间距，头冠前缘略弧形突出，后缘稍凹入；单眼明显，位于冠面；额唇基及前唇基隆起，侧额缝延伸至近单眼处；前唇基前缘显著弧形突出或中部略凹入；舌侧板窄；颊侧缘近复眼处略凹或弧圆突出。前胸背板阔，中部显著隆起，后缘凹入；小盾片长三角形，显著向后延伸，常具中纵脊。前翅宽阔，爪区端部平截而不呈角状，其后的翅镶合状，端片发达。前足胫节显著扁阔。

雄虫尾节侧面观较扁阔，端部具大刚毛；尾节腹突细长、发达；下生殖板阔，近三角形，密布刚毛；阳基侧突基突粗壮，端突短钝，端部具数根刚毛；连索短阔；阳茎多管状，或具侧突。

分布：东洋区，古北区。

全世界已知 9 种，主要分布于东洋区；中国已知 7 种，但台湾片胫杆蝉 *Balala formosana* Kato 的分类地位有待进一步研究确定。

种 检 索 表 (♂)

1. 小盾片长不及爪片端，中部纵向缢缩成脊 ···2
   小盾片长达爪片端，中部略隆起 ··3
2. 头冠端部有 3 个小瘤突，雄虫尾节腹突端 2/5 回折呈钩状 ············**弯突片胫杆蝉 B. curvata**
   头冠端部无瘤突，雄虫尾节腹突端部略向背弯折不呈钩状 ··············**海南片胫杆蝉 B. hainana**
3. 颜面侧缘近中部处显著角状突出，雄虫阳茎无附突 ·····················**片胫杆蝉 B. fulviventris**
   颜面侧缘无角状突出，雄虫阳茎有附突 ······························4
4. 额唇基区黑色或否，雄虫阳茎端干宽扁 ·····································5
   额唇基区黑色，雄虫阳茎端干管状 ·······················**黑面片胫杆蝉 B. nigrifrons**
5. 雄虫阳茎具中纵脊贯穿端干，侧突尖锐，阳茎孔截形 ·················**路氏片胫杆蝉 B. lui**
   雄虫阳茎无中纵脊，侧突粗钝，阳茎孔圆形 ·····················**福建片胫杆蝉 B. fujiana**

   注：台湾片胫杆蝉 *Balala formosana* Kato 因缺乏标本和详细资料，未包括在此检索表内。

(3) 片胫杆蝉 *Balala fulviventris* (Walker, 1851) (图 4)

Penthimia fulviventris Walker, 1851: 841.

Balala fulviventris (Walker): Distant, 1908a: 251; Kuoh, 1966: 111; Zhang, 1990: 39; Tang & Zhang, 2020: 26.

Wania membracioidea Liu, 1939: 297; Liang, 1995: 209-210.

Balala membracioidea (Liu): China, 1941: 255; Liang, 1995: 209-210.

体长：♂12.4 mm。

体暗褐色，略带绿色；前翅褐色，端脉周围具 1 浅白色横带。腹部背面具 2 个绿色大斑。体表密被灰白色鳞毛，前胸背板鳞毛略呈纵带分布。

头冠小，远窄于前胸背板，约为前胸背板中长的 1/5；颜面侧缘近中部处显著角状突出；雄虫前唇基前缘略弧形突出，雌虫前唇基前缘近中部略凹入。前胸背板阔大，中域隆起，后缘中部显著前凹；小盾片窄长，长达爪片端部，约为头冠及前胸背板长之和，略宽于头冠，中纵脊显著，侧缘脊状。

雄虫尾节近端部处具数根粗大刚毛和稀疏细刚毛，腹缘端部具 1 发达突起；尾节腹突侧面观细长，长达尾节端部，端部尖锐，背向弯曲；下生殖板腹面观内缘近平直，端部略平截，近等于尾节长；阳基侧突端突圆钝，基部侧面较宽阔；连索背面观近梯形，基部阔，端部渐窄，背面具 1 对纵背向弯曲角状突起；阳茎简单，长管状。

观察标本：1♂ (Holotype)：'*Penthimia fulviventris*' 'Type' '360' 'NHMUK 010592183' (BMNH)。

分布：安徽、福建、台湾、海南；印度，缅甸，越南，印度尼西亚，婆罗洲。

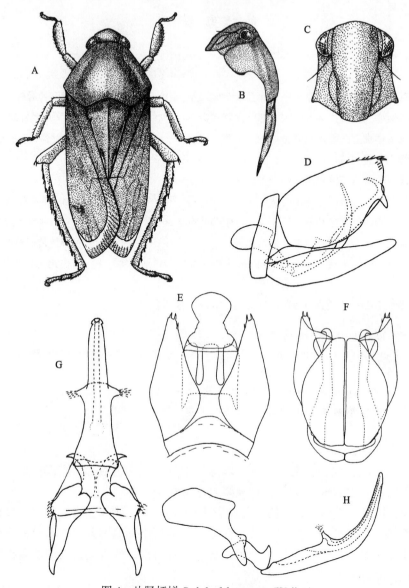

图 4　片胫杆蝉 *Balala fulviventris* (Walker)

A. 整体背面观；B. 头、胸部侧面观；C. 颜面；D. 雄虫尾节侧面观；E. 雄虫尾节背面观；F. 雄虫尾节腹面观；G. 阳茎、连索、阳基侧突腹面观；H. 阳茎、连索、阳基侧突侧面观

(4) 路氏片胫杆蝉 *Balala lui* Shen & Zhang, 1995 (图 5；图版Ⅰ：3)

Balala lui Shen & Zhang, 1995c: 271; Tang & Zhang, 2020: 30.

体长：♂11.6-12.4 mm。

头、胸部暗褐色至黑色，头冠近后缘处复眼间具 1 对棕色斑；前翅棕褐色至黑褐色，端脉周围具 1 近透明白色横带；足和胸部腹面暗褐色，后足跗节基部黄色；中胸腹板近后缘处具 1 对明显黄色斑。体表各部位被浓密或稀疏的灰白色鳞毛。

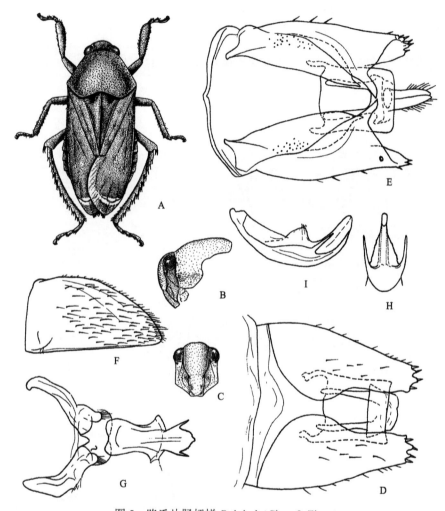

图 5　路氏片胫杆蝉 *Balala lui* Shen & Zhang

A. 整体背面观；B. 头、前胸背板侧面观；C. 颜面；D. 雄虫尾节背面观；E. 雄虫尾节腹面观；F. 下生殖板腹面观；
G. 阳茎、连索、阳基侧突腹面观；H. 阳茎后面观；I. 阳茎侧面观

　　头冠前缘在复眼间弧形突出，中长小于复眼间宽；冠缝弱；单眼至复眼距离近等于单眼直径；颜面阔；额唇基侧区具横斜皱纹；唇基沟明显。前胸背板阔大，中长小于横宽，后缘中部显著凹入；小盾片约与前胸背板等长，长达爪片端部，中纵脊发达，近基角处侧缘各具 1 明显突隆。后足腿节端部具 5 个大刚毛。

　　雄虫尾节侧面观四边形，端缘具数根有发达刚毛基的大刚毛，腹缘近端部处具 1 对长而尖锐的指状突；尾节腹突较平阔，端部尖锐，不及尾节长；下生殖板明显短于尾节，内缘直，外缘弧形，除基部外，其余部位密生刚毛；阳基侧突端突非常短，钝圆；连索平阔，端部扩张；阳茎较粗壮，近端部两侧具 1 对细长突起，端突之后侧缘锯齿状。

　　观察标本：1♂ (正模，NWAFU)，广西宁明陇瑞，2300 m，1984.Ⅴ.20，吴正亮、陆

晓林采；1♂ (NMNH)，福建邵武，1000 m，1942.Ⅴ.19，T. Maa 采；1♂ (BMNH)，马来西亚彭亨弗雷泽山，1280 m，1936.Ⅶ.16。

分布：福建、广西；马来西亚。

(5) 弯突片胫杆蝉 *Balala curvata* Shen & Zhang, 1995 (图6；图版Ⅰ：4)

Balala curvata Shen & Zhang, 1995c: 272; Tang & Zhang, 2020: 30.

体长：♂11.4 mm。

整体暗褐色；中胸腹板后缘、第Ⅵ腹节腹板各具 1 对黄色斑；前翅端脉周围具 1 条白色近透明横带。体表密被黑褐色鳞毛。

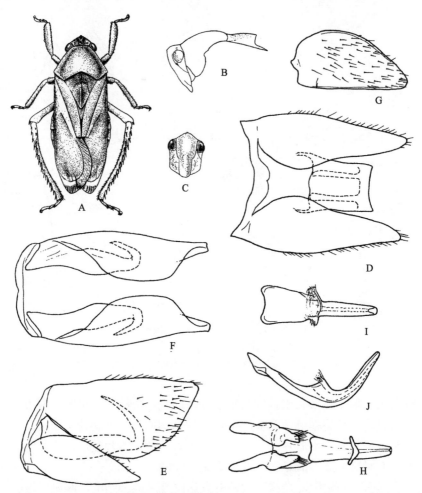

图 6　弯突片胫杆蝉 *Balala curvata* Shen & Zhang

A. 整体背面观；B. 头、胸部侧面观；C. 颜面；D. 雄虫尾节背面观；E. 雄虫尾节侧面观；F. 雄虫尾节腹面观；G. 下生殖板腹面观；H. 阳茎、连索、阳基侧突腹面观；I. 阳茎腹面观；J. 阳茎侧面观

头冠前缘在复眼间角状突出，中长小于复眼间宽，端部近前缘处具 3 个三角形排列

小瘤突；冠缝无；单眼至复眼距离近等于单眼直径；额唇基侧区具横斜皱纹；唇基沟弱；前唇基侧缘平行，端缘略弧形突出。前胸背板中长小于横宽，后缘中部显著凹入；小盾片长于前胸背板但未及爪片端部，中部具 1 个具纵脊的瘤突，瘤突末端陡截。后足腿节端部具 6 个大刚毛，但基部大刚毛较小。

雄虫尾节侧面观四边形，腹缘无突起；尾节腹突细长，于近端部 2/5 处弯向背面，呈钩状；下生殖板近三角形，内缘直，外缘基部弧形，腹面密生刚毛；阳基侧突端突略延伸，端部刚毛发达；连索平阔，中部略缢缩；阳茎管状，前腔较发达，阳茎干无突起。

观察标本：1♂（正模，IZCAS），湖北神农架红花公社，1980.Ⅶ.24，虞佩玉采。

分布：湖北。

(6) 黑面片胫杆蝉 *Balala nigrifrons* Kuoh, 1992（图 7；图版Ⅰ：5）

Balala nigrifrons Kuoh, 1992: 283; Tang & Zhang, 2020: 29.

体长：♂10.9-12.3 mm，♀13.1-14.8 mm。

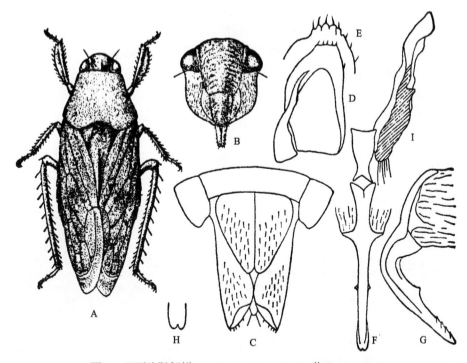

图 7　黑面片胫杆蝉 *Balala nigrifrons* Kuoh（仿 Kuoh, 1992）

A. 整体背面观；B. 颜面；C. 雄虫尾节腹面观；D. 雄虫尾节侧面观；E. 雄虫尾节端部侧面观；F. 阳茎腹面观；G. 阳茎
侧面观；H. 阳茎端部腹面观；I. 连索、阳基侧突腹面观

雄虫整体栗褐色；头冠、额唇基、前唇基、复眼、触角、小盾片基部、各足端跗节及跗节爪、后足胫节刺、腹部背板、腹板侧区与生殖节栗黑色；腹部腹板中域暗黄色，侧板无黄色并具黑褐色斑；前翅栗黄色，端脉周围具 1 条透明窄带；腹部背面Ⅲ-Ⅴ节侧

区具 1 连续纵长鲜黄色斑。雌虫体色较浅,头部、前胸背板、小盾片及胸部腹面中足前部分为栗黄色,其余为栗褐色;额唇基栗黑色,中央具 1 条淡黄褐色纵斑,延伸至前唇基基部;小盾片侧较暗栗褐色。不同个体体色有深浅变化,部分雄虫腹部腹面为污青白色,生殖节为栗褐色,但斑纹特征一致。全体包括前翅被白色间有黑色短毛,或簇生。

头冠前缘在复眼间弧圆突出,中长为复眼间宽的 4/5,冠面中域略隆起;单眼至复眼距离约为复眼至中线的 1/3;额唇基侧区具横斜印痕;前唇基端向渐窄,端缘略弧形突出。前胸背板中长约为头冠的 3 倍,侧缘中部略凹入,后缘中部显著凹入;小盾片长于前胸背板,横刻痕不明显,中纵脊向后渐隆。

雄虫尾节侧面观窄长,背缘、腹缘近平行,腹缘无突起;尾节腹突细长,端半部弯向背面,向后延伸几近尾节侧瓣下后角;下生殖板内缘直,外缘弧形,端部弧圆,腹面具较细刚毛;阳基侧突端突略延伸,端部略膨大,具较长刚毛;连索近端部处略缢缩,端缘中部凹入;阳茎管状,前腔发达,阳茎干近中部侧缘各具 1 齿状突起。

观察标本:1♂ (NWAFU),陕西,竹类,1983.Ⅷ.15;2♂ (NWAFU),云南昆明温泉,1900 m,1974.Ⅶ.3-4,袁锋采;1♂ (NWAFU),云南石屏牛街,杂草,800 m,1979.Ⅶ.3,刘永介等采;1♂ (IZCAS),Kiangsi Prov., China, Kuling (mountain), Kiiu Kiang District, 1983.Ⅶ.23-26, Y.W. Djou 采;1♂ (IZCAS),陕西留坝县城,1020 m,1998.Ⅶ.18,姚建采;1♂ (TMNH),浙江天目山仙人顶,1965.Ⅷ.15,刘胜利采;1♂ (NWAFU),贵州梵净山茴香坪,2001.Ⅶ.29,孙强采。

分布:陕西、浙江、江西、贵州、云南。

(7) 台湾片胫杆蝉 *Balala formosana* Kato, 1928

Balala formosana Kato, 1928: 228; Tang & Zhang, 2020: 26.

本种由 Kato 于 1928 年建立,但描记非常简单。
未获标本,有待进一步研究。
分布:中国台湾;日本。

(8) 福建片胫杆蝉 *Balala fujiana* Tang & Zhang, 2020 (图 8;图版Ⅰ:6)

Balala fujiana Tang & Zhang, 2020: 33.

体长:♂12.7-13.4 mm。

体红棕色至棕黑色;前翅近棕黑色,端脉周围有 1 条透明横带;第Ⅴ-Ⅵ腹节腹板近中部具 1 对黄色斑。前胸背板鳞毛略呈纵带分布。

头冠前缘圆形,中长小于复眼间宽一半;单眼至复眼距离近等于单眼直径;额唇基区两侧具横斜皱纹;唇基沟弱;前唇基侧缘平行,端缘略弧形突出。前胸背板阔,中部显著隆起;小盾片长于前胸背板,达爪片端部,中部隆起向端平缓。后足腿节端部具 5-7 根刚毛。

雄虫尾节侧面观背缘波浪状,腹缘近端部具 1 对粗壮突起,端缘排列数根短粗刚毛;

尾节腹突基宽端窄，长近尾节端部，略向背面弯折；下生殖板短于尾节；阳基侧突约为连索 2 倍长；连索端缘微凹；阳茎基部宽扁，亚端部两侧翼状突起，侧突常短钝，端部窄且侧缘锯齿状，前腔长于端干，阳茎孔小，圆形，位于端干腹面亚端部。

观察标本：1♂ (正模，NWAFU)，福建九仙山，1984.Ⅶ.28，崔志新采；2♂ (BMSYS)，广东连县大东山，1996.Ⅷ.24, 27，何妙嫡、陈振耀采；1♂ (SMTD), Tonkin Chapa, Vietnam, 24.Ⅳ.1918, Jeanvoine；1♂ (SMTD)，Tonkin Chaha, Vietnam, 2.Ⅴ.1918, Jeanvoine。

分布：福建、广东；越南。

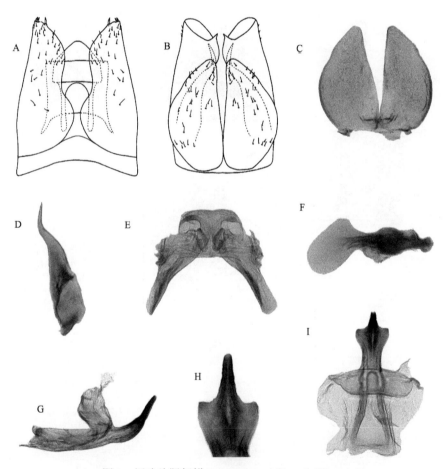

图 8　福建片胫杆蝉 *Balala fujiana* Tang & Zhang
A. 雄虫尾节背面观；B. 雄虫尾节腹面观；C. 下生殖板腹面观；D. 尾节腹突腹面观；E. 连索、阳基侧突腹面观；F. 连索、阳基侧突侧面观；G. 阳茎侧面观；H. 阳茎端部腹面观；I. 阳茎背面观

(9) 海南片胫杆蝉 *Balala hainana* Tang & Zhang, 2020 (图 9；图版Ⅰ：7)

Balala hainana Tang & Zhang, 2020: 33.

体长：♂11.1-11.7 mm。

　　体红棕色至棕黑色；前翅近棕黑色，端脉周围及端片颜色较透明；第Ⅲ-Ⅴ腹节腹板近中部具 1 对黄色斑。体密被黑色和白色鳞毛。

　　头冠前缘圆形，中长小于复眼间宽一半；单眼至复眼距离略大于单眼直径；额唇基区两侧具横斜皱纹；唇基沟弱；前唇基侧缘平行，端缘略弧形突出。前胸背板阔，中部显著隆起；小盾片略长于前胸背板，但未及爪片端部，中部具 1 个具纵脊的瘤突，瘤突末端陡截。后足腿节端部具 4-5 根刚毛，后足胫节 AD 和 PD 列分别具 9-10 根和 12 根刚毛。

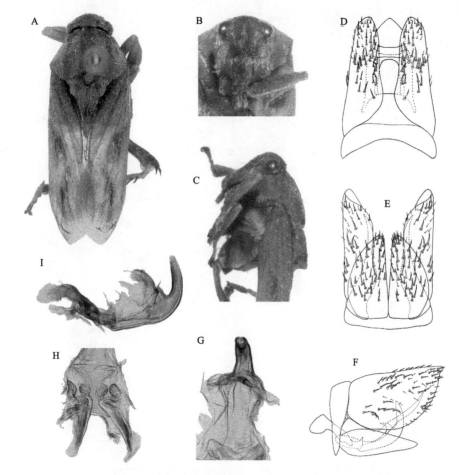

图 9　海南片胫杆蝉 *Balala hainana* Tang & Zhang

A. 整体背面观；B. 颜面；C. 头、胸部侧面观；D. 雄虫尾节背面观；E. 雄虫尾节腹面观；F. 雄虫尾节侧面观；G. 阳茎背面观；H. 连索、阳基侧突腹面观；I. 阳茎、连索、阳基侧突侧面观

　　雄虫尾节侧面观近三角形，背缘近直，腹缘近端部圆弧状或略角状，端缘排列数根短粗刚毛；尾节腹突基宽端窄，长近尾节端部，略向背面弯折；下生殖板约为尾节半长；阳基侧突约为 1.5 倍连索长；连索端缘近直；阳茎管状，端半部背面具褶皱，前腔略长于端干，阳茎孔于端干端部。

观察标本：1♂ (正模，CAF)，海南尖峰岭，1983.Ⅻ.21，刘元福采；1♂ (副模，SMTD)，Tonkin Chapa, Vietnam, 4.Ⅴ.1918, Jeanvoine。

分布：海南；越南。

3. 哈提叶蝉属 *Hatigoria* Distant, 1908

Hatigoria Distant, 1908a: 258; Jacobi, 1914: 381.

Type species: *Hatigoria praeiens* Distant, 1908.

头冠向前延伸成突起，向端部纵向缢缩，侧面观片状，中长长于复眼间距；单眼位于冠面，近复眼前缘；颜面较宽。前胸背板阔，中后部隆起，侧缘略内凹，后缘前凹；小盾片与前胸背板近等长，不具中纵脊。前翅未盖住整个腹板边缘，端片较发达。前足胫节中度但不凹陷地膨大，后足胫节轻微地弯曲，刺毛列较长。

分布：东洋区，古北区。

全世界已知 3 种，中国分布 1 种。

(10) 索氏哈提叶蝉 *Hatigoria sauteri* Jacobi, 1914 (图版Ⅰ：8)

Hatigoria sauteri Jacobi, 1914: 380.

体长：♀12.2-13.9 mm。

体及前翅棕色至红棕色，复眼灰褐色至黑色，颜面暗棕色；第Ⅲ-Ⅴ腹节腹板中部具黄斑。体密被鳞毛。

头冠三角形，中长略长于复眼间宽，头冠中域凹陷，端半部缢缩成刀状突起，突起具中纵脊和 2 条不明显的侧脊；单眼处突出，位于复眼前缘；触角檐较发达，触角略长于复眼直径；颜面外缘 "U" 形；额唇基区膨胀隆起，长约为宽的 3 倍；唇基间缝不明显；前唇基略窄于额唇基区。前胸背板倒梯形，近前缘两侧凹陷，向后逐渐隆起，中间高两侧低，后缘略向前凹进，侧缘脊起；小盾片倒三角形，与前胸背板近等长，两侧基角及端部略圆球形隆起。前翅窄长，未能遮住腹部外缘，端片较宽大。

观察标本：1♀ (选模，SMTD)，Formosa, 1909, H. Sauter。

分布：中国台湾；日本。

4. 半锥头叶蝉属 *Hemisudra* Schmidt, 1911

Hemisudra Schmidt, 1911: 228; Schmidt, 1920a: 116.

Type species: *Hemisudra borneensis* Schmidt, 1911.

头冠三角形，头长约 1/2 头宽，冠面略低于复眼；单眼处明显突起，位于冠面，近复眼前缘；颜面略宽，额唇基区肿胀。前胸背板阔，中后部隆起，侧缘脊起，后缘前凹；

小盾片三角形，长近等于前胸背板和头部总长，具中纵脊。前翅未盖住整个腹板边缘，爪片宽且端部平截，其后的翅锻合状，端片发达。前足胫节扁平膨大，后足胫节轻微地弯曲，刺毛列较长。

雄虫尾节阔，表面散生刚毛，端缘略斜截，侧面观近四边形，尾节腹突发达，基部阔，端部叉突状；下生殖板阔，近三角形，短于尾节侧瓣；连索近梯形，多长于宽；阳茎管状，背向弯曲，背面凹陷或具皱纹，阳茎孔位于端部。

分布：东洋区 (中国；婆罗洲)。

全世界已知 2 种，中国分布 1 种。

(11) 叉突半锥头叶蝉 *Hemisudra furculata* (Cai & He, 2002) comb. nov. (图 10；图版Ⅰ：9)

Kalasha furculata Cai & He, 2002: 135.

体长：♂10.1-11.3 mm。

体暗褐色，头冠、前胸背板、小盾片、前翅基部和颜面具较深的黑色光泽，小盾片端部 1/3 色较浅，后足胫刺基部黑褐色，腹部背面淡青绿色带红褐色，第Ⅲ腹节背面中央及各节背面两侧黑褐色，腹部腹面和末端浅红褐色带青色光泽。体密被黑色和白色鳞毛。

头冠三角形，中长近等于 1/2 复眼间宽；单眼处略隆起，位于复眼前缘连线后方，相互间距约为单眼与复眼间距的 4 倍；复眼处头冠后缘略剜凹；颜面额唇基突出；唇基间缝弧曲；前唇基端向渐窄，末端近圆，喙细长伸达中足基节基部。前胸背板为 2 倍头冠长，前缘及侧缘近直，后缘中部钝角状前凹，自前缘向后隆起并向两侧倾斜；小盾片长，横刻痕弧状，位于基部 1/3 处，端 2/3 部分向后脊状隆起呈驼峰状。前翅狭窄，自基向端变宽，外缘斜截。前足胫节扁平扩延但不显著，后足股节端部刺式 2+1+1。

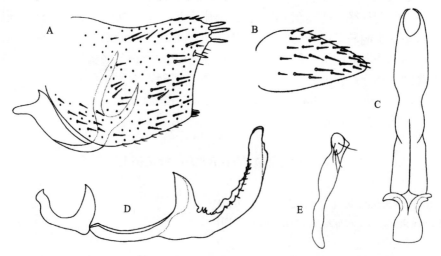

图 10 叉突半锥头叶蝉 *Hemisudra furculata* (Cai & He) (仿 Cai & He, 2002)

A. 雄虫尾节侧面观；B. 下生殖板腹面观；C. 阳茎、连索腹面观；D. 阳茎、连索侧面观；E. 阳基侧突腹面观雄虫第Ⅷ腹节腹板长方形，近与其前节等长；尾节侧瓣近方形，表面密生短刚毛，后缘斜截，具数根有发达刚毛基的大刚毛；尾节腹突背后方弯折，端部分为二叉；下生殖板内缘较直，外缘弧曲，向端渐次收窄，表面疏生刚毛，阳基侧突端部短小弯向腹面，并着生数根细长毛；连索近片状、末端两侧背向弯折；阳茎干管状弯曲，背部中央槽状浅凹入，两侧具齿状脊纹，阳茎腔体发达，阳茎口位于末端背后方。

观察标本：1♂ (IZCAS)，1400 m，海南乐东县尖峰岭主峰，2007.Ⅴ.6，张东、葛德燕采。

讨论：本种的原始描记及特征图不符合 Distant (1908a) 记述的 *Kalasha* 属鉴别特征。在检视标本后发现，本种符合 *Hemisudra* 的鉴别特征，与半锥头叶蝉属的模式种 *Hemisudra borneensis* Schmidt 相近。本志将此种由 *Kalasha* 转移至 *Hemisudra*。本种与模式种 *Hemisudra borneensis* 鉴别特征如下：①模式种头冠具浅色中纵带，而本种不具此特征；②模式种尾节腹突上叉长度约为下叉的 2 倍，侧面观上、下叉间呈锐角，而本种尾节腹突上叉略长于下叉，侧面观二者近平行。

分布：海南。

5. 杆叶蝉属 *Hylica* Stål, 1863

Hylica Stål, 1863: 593; Tang & Zhang, 2018: 527.
Type species: *Hylica paradoxa* Stål, 1863.

头冠近三角形，端部形成具中脊的尖突，中长略小于复眼间距；单眼位于靠近复眼前缘的瘤突上，相互间距远大于其与复眼间距；额端部略向下弯折，额唇基区及前唇基肿胀；唇基间缝弧曲；舌侧板窄。前胸背板阔，中部隆起，向前缘及两侧倾斜，后缘中部前凹呈"W"形；小盾片三角形，向上瘤状突出。前翅短小，端片发达。足具浅色环形斑块，前足胫节阔扁。全身密被瘤突，腹板两侧缘弧曲，体及前翅密被鳞毛。

雄虫尾节短小，其上散生刚毛；不具尾节腹突；下生殖板较宽，内缘近直，外缘弧形；阳基侧突基突粗壮，端突短钝具数根刚毛；连索短阔；阳茎多管状，背面多具褶皱。

分布：东洋区 (中国；印度，尼泊尔，缅甸，越南，老挝，泰国，印度尼西亚，婆罗洲)。

全世界已知 2 种，中国分布 1 种。

(12) 杆叶蝉 *Hylica paradoxa* Stål, 1863 (图 11；图版Ⅰ：10)

Hylica paradoxa Stål, 1863: 593; Tang & Zhang, 2018: 528.

体长：♂6.6-9.8 mm，♀9.7-11.5 mm。

体及前翅棕色至棕黑色；体密被黑色鳞毛。

头冠三角形，头长略短于头宽，侧缘端半部具 2 对角状突起；额延伸成短小、缢缩、弯折的角状突起，其上具 2 个小瘤突；额及唇基肿胀。前胸背板背面具不完整的中纵脊及短小的侧脊，前缘中部向前略三角形突出；小盾片两侧基角瘤状突起，中部向上突起但中域凹陷，末端形成小瘤突。腹板近卵圆形，宽于前翅，侧缘压扁呈齿状。

雄虫尾节较短小，外缘内凹，宽大于长，略呈鼎状，其表面散生鳞毛；下生殖板约1/2尾节长，外缘弧圆；阳基侧突约为2倍连索长，端部具细小刚毛；连索"Y"形，主干长于臂；阳茎端干近直，背面2/3区域具褶皱，阳茎孔位于腹面近端部。

观察标本：1♂ (BMNH)，Thailand, Sakon Nakhon, PhuPhan NP Behind Forest Prot, unit Huay Wien Prai, 17°6.81′N, 104°0.318′E, 318 m, Malaise trap, 25.Ⅱ-3.Ⅲ.2007, Sailom Tongboonchai leg.；1♀ (NWAFU)，云南打洛，650 m，刘广纯、彩万志采。

分布：云南；印度，尼泊尔，缅甸，越南，老挝，泰国，印度尼西亚。

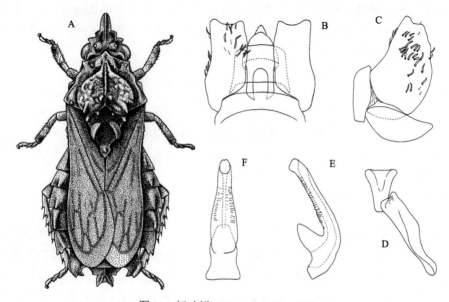

图 11　杆叶蝉 *Hylica paradoxa* Stål

A. 整体背面观；B. 雄虫尾节背面观；C. 雄虫尾节侧面观；D. 连索、阳基侧突腹面观；E. 阳茎侧面观；F. 阳茎腹面观

6. 叉突杆蝉属 *Kalasha* Distant, 1908

Kalasha Distant, 1908a: 254; Jacobi, 1914: 379; Evans, 1946b: 45; Shen & Zhang, 1995b: 185; Tang & Zhang, 2019a: 409.

Type species: *Kalasha nativa* Distant, 1908.

头冠前缘三角状突出，中长约与头宽近等长或略长；单眼明显，位于冠面；前唇基发达，前缘显著；舌侧板窄。前胸背板阔，后缘深凹；小盾片中长略大于基部宽。前翅窄长，端片发达。

雄虫尾节阔，密生大刚毛；尾节腹突端部分叉；下生殖板阔，三角形，密布刚毛；阳基侧突粗壮；连索阔短；阳茎管状。

分布：东洋区 (中国；印度，越南，泰国，马来西亚，印度尼西亚)。

本属世界已知 4 种，中国已知 2 种。

种检索表

头冠中长明显大于复眼间宽；前胸背板横宽，中长小于或近等于其宽度 ····· 小叉突杆蝉 *K. minuta*

头冠中长小于复眼间宽；前胸背板较长，略大于或明显大于其宽度 ·············· 叉突杆蝉 *K. nativa*

(13) 小叉突杆蝉 *Kalasha minuta* **Shen & Zhang, 1995** (图 12；图版Ⅰ：11)

Kalasha minuta Shen & Zhang, 1995b: 185; Tang & Zhang, 2019a: 413.

体长：♂10.0 mm。

体暗褐色；足腿节、胫节具黄褐色环形斑；小盾片端部具 1 小白斑；腹部基部数节背板具不规则深褐色斑点。体密被灰色及一些浅色细毛。

头冠前缘在复眼间三角形突出，后缘近直，中长小于复眼间宽，中域凹陷，但近前缘处脊起，且具 1 对瘤突；单眼位于复眼稍前方的 1 对瘤突上，靠近头冠侧缘；复眼间靠近头冠后缘处具 1 对不规则瘤突及无细毛区域；额唇基区端部及前唇基具中纵脊；颊侧缘凹入；前唇基端向渐窄；触角檐明显；侧额缝延伸至头冠背面近单眼处。前胸背板近梯形，略长于头冠但短于小盾片，侧缘近直且脊起，前缘略向前突出，后缘中部略前凹；小盾片较平坦，后半部隆起。前翅外缘中部略突出，端片较发达。

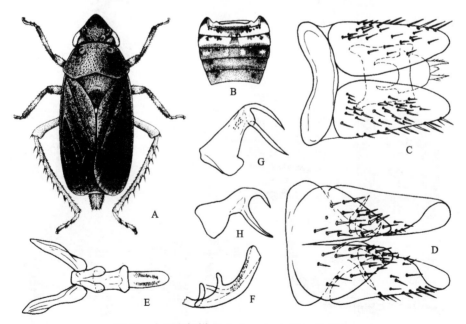

图 12　小叉突杆蝉 *Kalasha minuta* Shen & Zhang

A. 整体背面观；B. 雄虫生殖前节背面观；C. 雄虫尾节背面观；D. 雄虫尾节腹面观；E. 阳茎、连索、阳基侧突背面观；
F. 阳茎及连索端部侧面观；G-H. 尾节腹突腹面观

雄虫尾节阔，密生大刚毛；尾节腹突阔平，端部相互反向分为粗壮二叉；阳基侧突端部不发达，端部短小；连索小，端部稍阔且背向弯曲；阳茎管状，背向弯曲，背面具细刻纹，前腔及背腔发达，阳茎孔端生。

观察标本：1♂（正模，IZCAS），Taokin, 1941.Ⅶ, Mt. Bavi, 800-1000 m, A. De Cooman 采。

分布：北部湾；越南。

(14) 叉突杆蝉 *Kalasha nativa* Distant, 1908 (图 13；图版Ⅰ：12)

Kalasha nativa Distant, 1908a: 254; Shen & Zhang, 1995b: 187; Tang & Zhang, 2019a: 410.

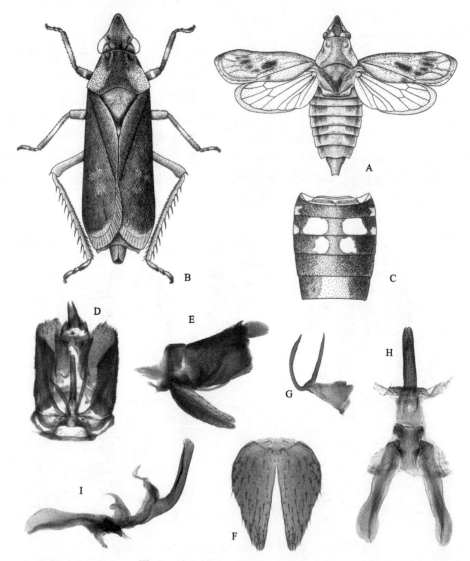

图 13 叉突杆蝉 *Kalasha nativa* Distant

A. 雌虫整体背面观；B. 雄虫整体背面观；C. 雄虫生殖前节背面观；D. 雄虫尾节后面观；E. 雄虫尾节侧面观；F. 下生殖板腹面观；G. 尾节腹突腹面观；H. 阳茎、连索、阳基侧突背面观；I. 阳茎、连索、阳基侧突侧面观

体长：♂17.0 mm，♀15.0-17.0 mm。

体深褐色，前胸背板及小盾片中域黑褐色；前翅中部具黑褐色斑；体密被灰色细毛。

头冠前缘在复眼间三角状突出，中长明显大于复眼间宽，中域凹陷，但近前缘处略脊起；复眼间靠近头冠后缘处具 1 对瘤突；颊侧缘近平行；前唇基端部略窄，端缘弧形突出；触角檐明显。前胸背板近梯形，中长略大于或明显大于其宽度，侧缘近直，前缘略向前突出，后缘中部前凹；小盾片后半部中央显著隆起。雄虫腹部基部数节背板具大小不一、左右对称的黄白色斑。

雄虫尾节侧面观近长方形，其表面散生刚毛；尾节腹突基宽端窄，端部相互反向分为细长二叉；下生殖板略长于 1/2 尾节侧瓣，其表面散生刚毛；阳基侧突基部较细长，端部短圆，其上有数根小刚毛；连索倒梯形，端部纵向突起，且向背及两侧弯折；阳茎管状，背向弯曲，背面有细刻纹，阳茎孔端生。

观察标本：1♀ (正模，BMNH)，印度：Sandeya (Assam)，1911-383，Distant；1♂ (CAU)，广西龙州弄岗，1982.Ⅴ.19，杨集昆采；1♀ (BMSYS)，Hainan Is., South China, Tai-Pin-ts'uen, Lam-ka-heung, Lai-mo-Ling (Mt. range), Kiung-Shan Diat, 1935.Ⅶ.20-21, F.K. To 采。

分布：海南、广西；印度，越南，泰国，马来西亚，印度尼西亚。

7. 桨头叶蝉属 *Nacolus* Jacobi, 1914

Nacolus Jacobi, 1914: 381; Kuoh, 1966: 111; Zhang, 1990: 40; Tang & Zhang, 2019b: 59; **Type species**: *Nacolus gavialis* Jacobi.

Ahenobarbus Distant, 1918: 28. **Type species**: *Ahenobarbus assamensis* Distant; Tang & Zhang, 2019: 59.

Mellia Schmidt, 1920b: 127. **Type species**: *Mellia granulata* Schmidt; Tang & Zhang, 2019: 59.

Melliola Hedicke, 1923: 72, Nom. nov. for *Mellia* Schmidt, 1920b; Tang & Zhang, 2019: 59.

Type species: *Prolepta* (?) *tuberculatus* Walker, 1858.

头冠显著向前延伸，逐渐变窄，头长约为头宽的 4 倍或更长，中纵脊发达；单眼明显，位于冠面，近复眼前缘；前唇基发达，前缘显著；舌侧板窄。前胸背板阔，后缘深凹；小盾片小，侧缘略凹入。前翅窄长，端片发达。

雄虫尾节侧面观近四边形；下生殖板阔，密布刚毛；阳基侧突短粗；连索较细长；阳茎管状。

分布：东洋区、古北区。

全世界已知 1 种，中国已知 1 种。

(15) 桨头叶蝉 *Nacolus tuberculatus* (Walker, 1858) (图 14；图版Ⅱ：13)

Prolepta(?) *tuberculatus* Walker, 1858b: 315.

Nacolus tuberculatus (Walker): Metcalf, 1962: 13; Tang & Zhang, 2019b: 60.

Nacolus gavialis Jacobi, 1914: 381; Tang & Zhang, 2019b: 60.

Ahenobarbus assamensis Distant, 1918: 28.

Nacolus assamensis (Distant): Esaki & Ito, 1945: 27; Kuoh, 1966: 112; Zhang, 1990b: 40.

Mellia granulata Schmidt, 1920b: 128; Metcalf, 1962: 17; Tang & Zhang, 2019b: 60.

Melliola granulata (Schmidt): Evans, 1946a: 47; Metcalf, 1962: 17; Tang & Zhang, 2019b: 60.

Ahenobarbus sinensis Ouchi, 1938: 27; Metcalf, 1962: 12; Tang & Zhang, 2019b: 60.

Nacolus sinensis (Ouchi): Metcalf, 1962: 12; Tang & Zhang, 2019b: 60.

Nacolus fuscovittatus Kuoh, 1992: 285; Tang & Zhang, 2019b: 60.

Nacolus nigrovittatus Kuoh, 1992: 285; Tang & Zhang, 2019b: 60.

体长：♂11.3-16.5 mm，♀13.9-19.8 mm。

头冠黑褐色，颜面棕黄色，前唇基端半部黑褐色，散生许多黑色的小瘤突；前胸背板两侧脊内侧黑褐色，呈纵带状，外侧棕黄色；小盾片黑褐色；前翅黑褐色。全体密被微毛。

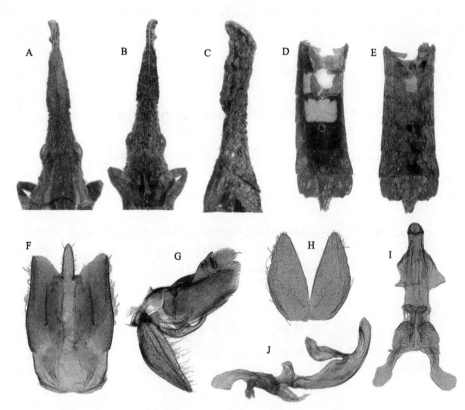

图 14 桨头叶蝉 *Nacolus tuberculatus* (Walker)

A. 头、前胸背板背面观；B. 颜面；C. 头、前胸背板侧面观；D-E. 雄虫腹部背、腹面观；F. 雄虫尾节腹面观；G. 雄虫尾节侧面观；H. 下生殖板腹面观；I. 阳茎、连索、阳茎侧突背面观；J. 阳茎、连索、阳茎侧突侧面观

头部极度向前延长，头长约为复眼间宽的 5 倍，呈角状突出，端向渐次收狭，端缘微翘起，端部 3/5-3/4 中央纵向隆起，侧面观背缘呈锯齿状，有 3 个瘤突，脊起两侧纵向各有 3 个小瘤突，侧缘隆起呈脊状，头冠基半部有 3 条纵脊，两侧脊起与端部侧脊弯曲

相连；单眼位于头冠基部侧脊外侧缘，与复眼前角接近；颜面狭长，额唇基区纵向隆起，散生许多小的瘤突；前唇基两侧缘波状，端向渐窄；唇基间缝模糊。前胸背板梯形，侧缘内凹，后缘弧形前凹，具 5 条纵脊，中部 3 条纵脊与头冠 3 条脊相连，近侧缘各有 1 条纵隆起；小盾片两基角微隆起，横刻痕向前弧形弯曲，端部中央隆起。前翅短于腹部。

雄虫腹部第Ⅶ腹板端缘宽圆，侧端缘生 1 乳头状突起。尾节侧面近平行四边形，指状尾节腹突与尾节侧瓣在基部膜质相连，端部散生细长刚毛；下生殖板内侧缘具纤细刚毛，长于 1/2 尾节侧瓣；连索长大于宽，两侧竖直突起，相互挤压但在端部分开，且端部向后侧弯折；阳基侧突常长于连索，端部短圆且具细长刚毛；阳茎近管状，背向弯曲，背面除近端部都凹陷，阳茎孔大，端生。

观察标本：2♂3♀ (NWAFU)，陕西周至楼观台，1991.Ⅸ.5-7。

分布：北京、河南、陕西、安徽、浙江、湖北、福建、台湾、广东、四川、贵州、云南；日本，印度。

8. 锥头叶蝉属 *Sudra* Distant, 1908

Sudra Distant, 1908a: 257; Kramer, 1964: 47.
Type species: *Sudra notanda* Distant, 1908.

头冠向前角状延伸，端半部收狭，侧面观近直或端部略上翘；单眼靠近复眼前缘；颜面延长，复眼前的颜面至端部倾斜。前胸背板阔，约与头等长，前缘圆截，侧缘向后扩宽，后缘前凹；小盾片长，中长长于基部宽或前胸背板长，具中纵脊，端部尖锐。前翅未盖住整个腹部的侧缘，爪片之后的区域镶合状，爪片宽且端部近平截，端片发达。前足胫节宽扁，后足胫节弯曲且刺毛列长。体及前翅被覆长的鳞毛。

雄虫尾节侧瓣较扁小，密生大刚毛，后缘具数个齿突；下生殖板较短，其表面散生刚毛；阳基侧突较短；连索通常"U"形；阳茎简单，管状。

分布：东洋区 (中国；缅甸，泰国，印度尼西亚)。

全世界已知 4 种，中国已知 1 种。

(16) 栗黑锥头叶蝉 *Sudra picea* Kuoh, 1992 (图 15)

Sudra picea Kuoh, 1992: 283.

以下描述引自 Kuoh (1992)。

体长：♂8.0-8.4 mm，♀10.0-11.2 mm。

整体背面栗黑色；复眼色黑，单眼栗黄色；前翅栗黄色，覆盖腹背部分因其栗黑而呈栗黑色；腹面除胸部与中、后足胫节与跗爪为栗黑色外全为栗色，额唇基中央有 1 长圆形栗黑色斑；足各节具栗黑色斑纹，后足胫刺与跗节淡栗黄色。个体间存在体色深浅变化。整体被较长粗毛，头部与胸部密生刻点，颜面额唇基侧区与前唇基中部光滑。

头部明显向上方延伸并渐次收呈锥形，侧面观端半部上翘，头长与复眼间宽近等，冠面平坦，端半部两侧各 1 隆起；单眼处隆起，位于复眼至中线 1/2 处；额唇基区和前唇基长圆形，端部随头冠延伸而突出，额唇基区具成列横印痕；无明显唇基间缝；触角于复眼内缘中偏上。前胸背板前缘比头部窄，向后渐扩而宽于头部，侧缘长而斜直，前缘圆截，后缘向前凹进；小盾片向后延长尖出，长于前胸背板，横刻痕凹陷，基部两侧隆起，端半部形成角突，由中域向端部渐次隆起并收狭，具中纵脊，如鱼的脊鳍呈刺片状，末端与小盾片分离，侧面观其间成大缺刻状。前翅狭长，超过腹部甚多，爪片末端平截，端片宽大。前足胫节扩宽而扁平，后足胫节弯曲具长粗刺列。

雄虫尾节侧面观近长方形，其表面散生刚毛；下生殖板略长于 1/2 尾节侧瓣，心脏形，基部略愈合，其表亦散生刚毛；尾节腹突发达，向端收窄，长达尾节端部，端部向背部弯曲；阳基侧突基半部窄长，端部阔圆，其上具数根细长刚毛；连索倒"U"形，两臂长于主干，阳茎管状，背向弯曲。

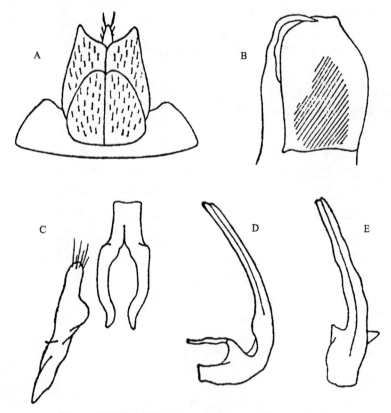

图 15 栗黑锥头叶蝉 *Sudra picea* Kuoh (仿 Kuoh, 1992)

A. 雄虫尾节腹面观；B. 雄虫尾节侧面观；C. 连索、阳基侧突腹面观；D. 阳茎侧面观；E. 阳茎腹面观

观察标本：未见标本。

分布：四川、云南、西藏。

9. 犀角叶蝉属 *Wolfella* Spinola, 1850

Wolfella Spinola, 1850: 120.

Type species: *Wolfella caternaultii* Spinola, 1850.

　　头冠显著向前延伸，犀角状，向背向后弯曲，约为头宽的 3 倍或更长，背缘常具齿状突；前唇基发达，前缘略超出颊端部；舌侧板窄。前胸背板阔，后缘前凹；小盾片大，中长略大于基部宽。前翅窄长，端片发达。

　　雄虫尾节阔，密生大刚毛，端缘近平截；下生殖板长，密布刚毛；阳基侧突粗壮，端部渐细，弯曲；连索短；阳茎管状。

　　分布：东洋区 (中国)，非洲区。

　　全世界已知 11 种，中国已知 1 种。

(17) 华犀角叶蝉 *Wolfella sinensis* Zhang & Shen, 1994 (图 16, 17；图版Ⅱ：14)

Wolfella sinensis Zhang & Shen, 1994: 33.

　　体长：♂14.0-15.1 mm，♀14.2-16.0 mm。

　　体暗褐色，雌虫稍浅。体腹面中部具黄色带斑，腹部背面前面数节中部具黄色斑，复眼下部分及触角窝黑色。前胸背板鳞状刚毛纵带状分布。

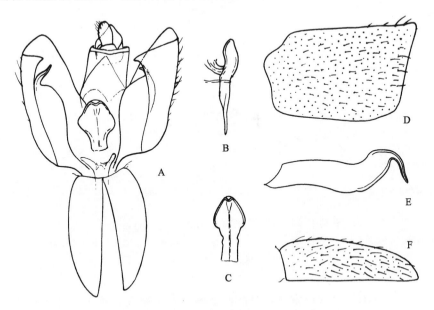

图 16　华犀角叶蝉 *Wolfella sinensis* Zhang & Shen

A. 雄虫尾节后面观；B. 阳基侧突背面观；C. 阳茎端部后面观；D. 雄虫尾节侧面观；E. 尾节腹突腹面观；F. 下生殖板腹面观

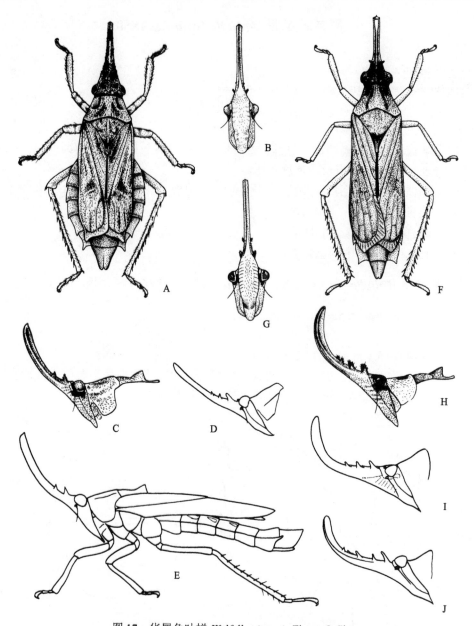

图 17　华犀角叶蝉 *Wolfella sinensis* Zhang & Shen

A. 雄虫整体背面观；B. 雄虫颜面；C-D. 雄虫头、胸部侧面观；E. 雄虫整体侧面观；F. 雌虫整体背面观；G. 雌虫颜面；
H-J. 雌虫头、胸部侧面观

　　头冠呈角状向前延伸形成突起，突起向上翘，具 1 条腹脊及 2 条侧脊，冠面中纵脊发达，近基部及中部具成对或不成对的刺状瘤突；单眼位于头顶，与复眼前缘平齐；触角短。前胸背板近梯形，后缘中部明显前凹 (雄虫) 或近平直 (雌虫)；小盾片两侧基角及端部瘤突显著。前翅端部不及腹末。雄虫体侧缘近平行；雌虫腹部显著向两侧扩展，两侧明显露出翅外。

雄虫尾节侧面观近长方形；尾节腹突发达，窄长，端部钩状弯曲；下生殖板基部短距离愈合，端向渐窄，近长于尾节侧瓣；阳基侧突基半部窄长，端半部阔，端部阔圆；连索短，长大于宽，侧缘略凹入；阳茎对称，端半部向两侧不同程度扩展，背向弯曲。

观察标本：1♂ (正模，CAU)，广西花坪天平山，1963.Ⅵ.5，杨集昆采；2♀ (副模，BNHM)，广西龙胜花萍林区，1963.Ⅵ.10-12，刘思孔采；广西大瑶山，1♂ (副模，CAU)，1963.Ⅵ.14，杨集昆采，2♂，1963.Ⅵ.13，李法圣采，1♂ (副模，CAU) 1963.Ⅵ.12，王心丽采；广西田林浪平，1♂1♀ (副模，CAU)，1982.Ⅴ.30，杨集昆采；1♂ (副模，CAU)，1982.Ⅴ.29，李法圣采；广西龙胜红滩，1♂1♀ (副模，IZCAS)，1963.Ⅵ.12，900 m，王书永、王春光采，1♀ (副模，CAU)，1982.Ⅴ.25，李法圣采；1♂ (副模，CAU)，1982.Ⅵ.26，王心丽采；1♀ (副模，IZCAS)，广西龙胜白岩，1150 m，1963.Ⅵ.18，王书永采；1♂ (副模，IZCAS)，云南金平河头寨，1600-1700 m，1963.Ⅴ.12，黄克仁等采；1♂，云南，1956；1♀ (副模，NWAFU)，贵州望谟，1986.Ⅵ.17，李子忠采。

分布：广西、贵州、云南。

二、秀头叶蝉亚科 Stegelytrinae Baker, 1915

Stegelytria Baker, 1915: 50; Baker, 1919: 210; Evans, 1947: 214; Metcalf, 1964: 90.

Stegelytrinae: Ribaut, 1952: 12, 319; Nielson, 1975: 11; Oman, Knight & Nielson, 1990: 181; Wei, Webb & Zhang, 2010: 24; Zahniser & Dietrich, 2010: 506.

Type genus: *Stegelytra* Mulsant & Rey, 1855.

头冠大多数明显窄于前胸背板，多与颜面弧圆相交 (异冠叶蝉属 *Pachymetopius* Matsumura 例外)，中纵脊无或有。复眼大，后侧部盖住前胸背板前部；单眼位于头冠前缘；触角长，线状，触角窝位于近复眼下角处。前唇基侧缘波曲或端向渐阔，前缘弧形突出或明显凹入，略超出颊端部，常具有 1 对长刚毛；触角檐多发达。前胸背板横阔，少数具中纵脊，背侧脊多腹向弯曲；小盾片端半部中纵脊有或无；前翅长，端片多发达；闭合端前室 2 个，m-Cu$_2$ 缺如；爪区 A$_1$ 与 A$_2$ 之间、A$_1$ 爪缝间均有横脉相连，部分类群两爪脉中部合并；少数类群前翅翅脉网状。足刺列发达，后足腿节端部及亚端部刺常较多，且多不规则排列。雄虫生殖瓣多在侧面与尾节侧瓣相连；尾节侧瓣内突有或无；阳茎多管状，或具次生突起；连索 "T" 形或 "Y" 形，少数侧臂愈合；阳基侧突多长而弯曲，在近中部处与连索相连；下生殖板长或短，具大刚毛或刚毛，少数与生殖瓣愈合。

分布：东洋区及古北区的地中海亚区。

全世界已知 29 属 80 种，中国已知 13 属 43 种。

属 检 索 表

1. 前翅翅脉网状；阳茎前腔不发达，或非如上所述 ················· **刀翅叶蝉属 *Daochia***
   前翅翅脉非网状 ·· 2
2. 前翅缘片极窄 ··· **残瓣叶蝉属 *Wyuchiva***

10. 刀翅叶蝉属 *Daochia* Wei, Zhang & Webb, 2006

Daochia Wei, Zhang & Webb, 2006a: 2062.

Type species: *Daochia reticulata* Wei, Zhang & Webb, 2006.

　　头冠窄于前胸背板，中长小于复眼间距；冠缝短，较明显；头冠前缘略弧形突出，后缘稍凹入。复眼大；单眼明显，位于冠面与颜面交汇处；唇基缝与复眼几相接；触角长，略超过体长，基部粗壮，触角檐发达而显著；前唇基发达，除近前缘处低平以外，其余略隆起，前缘显著凹入，多于近前缘处具 1 对斜生刚毛；舌侧板窄；颊中域在复眼下明显纵凹。

　　前胸背板阔，后缘凹入，中长小于小盾片；小盾片三角形，横刻痕凹陷较明显，其后区域端向抬升。前翅窄长，端缘平截，近前缘处翅脉明显呈网状，爪区或亦有短横脉存在。足刺列发达，后足腿节端部刺式 2+2+1。

　　雄虫尾节侧面观较阔，密布棘突，近端缘处具粗壮刚毛及短刚毛。下生殖板、生殖瓣愈合，侧面观近基部背缘具 1 发达片突；下生殖板近侧缘处向上卷折，具 1 排粗壮刚毛及众多小棘突，端部具一些短刚毛。阳基侧突细长，内基突细小，外基突发达，端突细长，近端部具数根刚毛。连索背面观较阔，基缘深凹，侧区向上卷折，中部骨化较弱，透明；侧面观略弯曲。阳茎背面观基部略发达，基缘深凹；侧面观阳茎干细长，端部后背缘具刚毛；近基部处每侧各具 2 支突，端部尖锐，外支前背缘齿状；背腔发达，端部具 1 片状突。

本属与秀头叶蝉属 *Stegelytra* Mulsant & Rey 相近，但可以前唇基、阳基侧突、连索，以及阳茎的形状等相区别。

分布：东洋区 (中国；越南)。

本属全世界已知 4 种，中国已知 3 种。

种 检 索 表

1. 阳茎前腔发达，且基部具 1 对长侧突和 1 对短侧突……………………**龙胜刀翅叶蝉 *D. longshengensis***

阳茎前腔不发达，或非如上所述…………………………………………………………2

2. 阳茎侧面观 "U" 形，阳茎近中部具 1 对发达细长侧突，与阳茎干紧密贴合……………………
………………………………………………………………………………**双突刀翅叶蝉 *D. bicornis***

阳茎非如上所述…………………………………………………………**网脉刀翅叶蝉 *D. reticulata***

(18) 网脉刀翅叶蝉 *Daochia reticulata* Wei, Zhang & Webb, 2006 (图 18)

Daochia reticulata Wei, Zhang & Webb, 2006a: 2062.

体长：♂7.0-7.8 mm，♀8.0-8.2 mm。

雄虫体褐色；头冠、颜面、前胸背板具大小不一的白色斑点；复眼黑褐色；单眼红褐色；前唇基端部、舌侧板及颊殿红色；触角黄褐色；小盾片尖角白色，近尖角处暗褐色。前翅褐色，部分区域暗褐色；翅脉绝大部分黄白色，近端部处暗红色，翅脉无刚毛。足黄白色至暗褐色。雌虫体黄褐色，略纯净。

连索较窄。阳茎干细长；基部具 1 对较阔长侧突，其后具 1 对略短侧突；端部后缘具棘突。

观察标本：1♂ (正模，CAU)，西藏波密易贡，2300 m，1978.Ⅶ.31，李法圣采；1♂ (副模，CAU)，云南瑞丽南京里，1981.Ⅴ.4，李法圣采；1♂ (副模，CAU)，四川峨眉山万年寺，1020 m，1978.Ⅻ.16，李法圣采。

分布：四川、云南、西藏。

(19) 龙胜刀翅叶蝉 *Daochia longshengensis* Wei, Zhang & Webb, 2006 (图 19)

Daochia longshengensis Wei, Zhang & Webb, 2006a: 2064.

体长：♂7.4 mm。

雄虫体褐色；额唇基区具数个对称的暗褐色横斑；前唇基端部红色；单眼黄白色，边缘棕红色。前翅中部近前缘处具 1 三角形淡黄色斑。腹板及足黄白色。

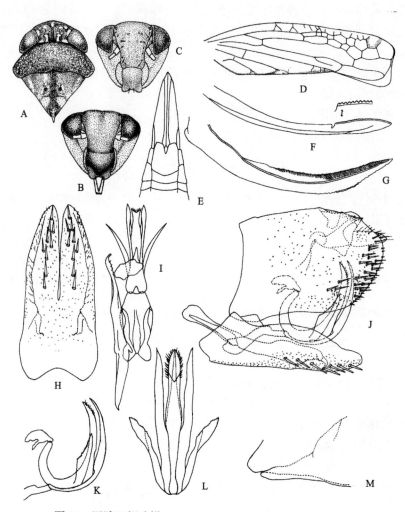

图 18　网脉刀翅叶蝉 *Daochia reticulata* Wei, Zhang & Webb

A. 头、胸部背面观；B. 雄虫颜面；C. 雌虫颜面；D. 前翅；E. 雌虫尾节端部腹面观；F. 第Ⅱ产卵瓣侧面观；G. 第Ⅰ产卵瓣侧面观；H. 生殖瓣、下生殖板腹面观；I. 阳茎、阳基侧突、连索背面观；J. 雄虫尾节侧面观；K. 阳茎侧面观；L. 阳茎后面观；M. 雄虫尾节侧瓣前腹角侧面观

　　头冠中域明显凹陷；颊在复眼下区域纵凹。连索阔，前缘凹入，但中部向前延伸形成 1 短突。阳基侧突内基突阔圆。阳茎干侧面观细长，端部具棘突；前腔发达，且基部具 1 对长侧突和 1 对弯曲的短侧突，长侧突近端部处前缘齿状。

　　观察标本：1♂ (正模，TMNH)，广西龙胜天平山，1964.Ⅷ.30，刘胜利采。

　　分布：广西。

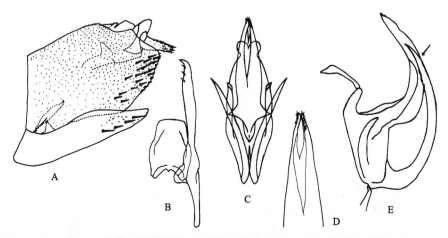

图 19　龙胜刀翅叶蝉 *Daochia longshengensis* Wei, Zhang & Webb

A. 雄虫尾节侧面观；B. 连索、阳基侧突背面观；C. 阳茎后面观 (图 E 箭头所示角度)；D. 阳茎端部后面观；E. 阳茎端部
侧面观

(20) 双突刀翅叶蝉 *Daochia bicornis* Wei, Zhang & Webb, 2006 (图 20)

Daochia bicornis Wei, Zhang & Webb, 2006a: 2065.

体长：♂6.5 mm。

雄虫体背面及颜面整体为黄褐色，散布淡黄色斑纹；复眼暗褐色；单眼红色。前翅
中部近前缘处具 1 三角形淡黄色斑；翅脉基本红色，但爪区翅脉黄白色。腹板及足黄
白色。

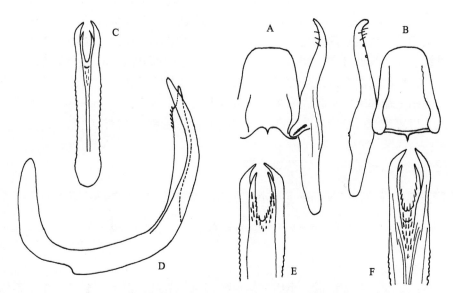

图 20　双突刀翅叶蝉 *Daochia bicornis* Wei, Zhang & Webb

A. 连索和阳基侧突背面观；B. 连索和阳基侧突腹面观；C. 阳茎后面观；D. 阳茎侧面观；E. 阳茎端部前面观；F. 阳茎端
部后面观

雄虫连索宽阔。阳茎侧面观"U"形；阳茎干细长，端部分叉，近端部处腹、背面均具棘突；近中部具 1 对发达细长侧突，与阳茎干紧密贴合，且近端部处边缘锯齿状。

观察标本：1♂ (正模，IRSNB)，P. R. China, Yunnan Prov., Meng-La Co. (21.48 °N, 101.56 °E), 1999.Ⅲ.7, river, P. Grootaert 采。

分布：云南。

11. 残瓣叶蝉属 *Wyuchiva* Zhang, Wei & Webb, 2006

Wyuchiva Zhang, Wei & Webb, 2006b: 57.

Type species: *Wyuchiva elegantula* Zhang, Wei & Webb, 2006.

头冠与前胸背板近等宽，中长小于复眼间距，前缘略弧形突出，后缘明显凹入；前唇基发达，除近前缘处较低外，其余显著突隆，前缘弧形凹入；触角檐发达，斜盖在触角窝上方，触角纤长，与体长近等。前胸背板中长大于头冠及小盾片中长，后缘弧形凹入。小盾片近三角形，基部宽度略大于侧缘长，横刻痕略后弯。前翅窄长，缘片极窄，2闭合端前室，m-Cu$_2$ 缺如；爪区 A$_1$ 与 A$_2$ 之间、A$_1$ 与爪缝间均有横脉相连接。

雄虫尾节奇特，侧面观腹缘近基部及近端部处均显著凹入，致使中部呈近似指状突出且连接于生殖瓣与下生殖板相接处；整个尾节侧瓣形似倒置笔架；近端部处腹缘骨化弱，边缘不甚清晰；整个尾节侧瓣密布棘突，端半部具短刚毛，背缘与肛节相接处具数根粗大刚毛；近端部处具 1 内突，大部分与尾节侧瓣愈合，但骨化明显，端部尖锐，指向腹后方。生殖瓣阔，腹面观侧后缘与下生殖板分界明显，但后缘中部则与下生殖板愈合。下生殖板略长，密生长棘突及稀疏粗大刚毛，侧端缘向内上方加厚并形成卷脊，卷脊具短刚毛。阳基侧突细长，内基突短小，外基突发达；内端突短而弯曲，外端突极长、直，具数根刚毛。连索基部发达，两侧臂之间区域骨化弱，膜质，透明；主干较长。阳茎基部发达，侧面观近直立，端部略头背向弯曲，近中部处前方具 1 分叉突起；前背面观基部阔，其后端向渐窄，近中部突起分叉各指向侧外方；头背向弯曲的端部中央显著凹入，致使阳茎端部呈二叉状，分叉端部尖锐。

雄虫第Ⅵ腹节腹板后缘显著凹入；第Ⅶ腹节腹板后缘中央深凹尤显著。

分布：东洋区 (中国；泰国)。

本属全世界已知 2 种，中国已知 1 种。

(21) 勐腊残瓣叶蝉 *Wyuchiva menglaensis* Zhang, Wei & Webb, 2006 (图 21)

Wyuchiva menglaensis Zhang, Wei & Webb, 2006b: 60.

体长：♂6.0 mm。

体褐色；颜面、前胸背板、小盾片侧角暗褐色；头冠红褐色，端部具 2 个不规则模糊横带；复眼内缘与唇基间、小盾片中域、前翅爪上黄白色；前唇基端部暗褐色；前、中足淡黄色；前翅中域具淡色斑。

雄虫尾节侧瓣突起长，粗壮，端部上弯，渐细。阳基侧突端部指状，直，端向渐细，内缘近基部具脊状突起，显著上翻，并与一膜质区相连；阳茎干中度发达，侧扁，端部略侧延展，2 分叉；前腔 2 分叉，分叉侧弯；基部阔，侧面观腹向弯曲。

观察标本：1♂ (正模，IRSNB)，CHINA: Yunnan Prov., Mengla Co. (101.56 °N, 21.48 °E), (19)99.III.8, rain forest, P. Grootaert 采。

分布：云南。

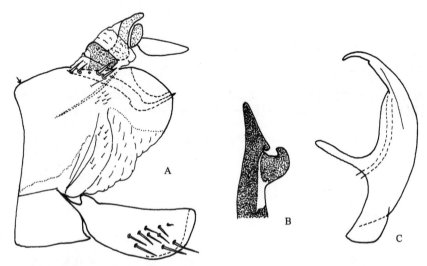

图 21　勐腊残瓣叶蝉 *Wyuchiva menglaensis* Zhang, Wei & Webb

A. 雄虫尾节侧面观；B. 阳基侧突端部；C. 阳茎侧面观

12. 弓背叶蝉属 *Cyrta* Melichar, 1902

Cyrta Melichar, 1902: 136(61); Zhang, Wei & Sun, 2002: 28; Wei, Webb & Zhang, 2008: 2.
Placidus Distant, 1908a: 341; Zhang & Wei, 2002a: 63; Wei, Webb & Zhang, 2008: 2.
Type species: *Cyrta hirsuta* Melichar, 1902.

头冠明显小于前胸背板，前缘显著弧形突出，后缘凹入，中域平坦、略凹陷或明显凹陷，冠缝直抵头冠前缘 (极个别种类冠缝略短)，中长略小于复眼间宽；颜面长略大于宽，额唇基区隆起，唇基沟不明显，前唇基长大于宽，端向渐阔，端缘弧形突出或近直，与舌侧板端部平齐或略超出，近端部处常具 1 对较长刚毛；舌侧板近半圆形；颊侧缘弧形；复眼大；单眼明显，着生于头冠前缘，常被 1 圈黄褐色包围，靠近额缝处着生；触角长，第 1、2 节膨大，圆柱形，其后长线状。

前胸背板横阔，中域隆起，宽度约为头宽的 2 倍，前缘在复眼间弧形突出，后缘略凹入，侧缘圆弧形或略呈角状。小盾片近三角形，约与前胸背板等长，基部宽度几等于侧缘长度，侧缘具簇状长毛，横刻痕浅，其后部分端向逐渐增厚隆起。前翅透明，无色斑或具数个暗色斑块，基部具短的簇状刚毛，端缘圆，缘片发达；翅脉稍暗，疏生细小刚毛；端室 5，闭合端前室 2，m-Cu$_2$ 缺失。足粗壮，具长刺列。

雄虫尾节侧瓣长，基部较阔，端向渐窄，腹内突有或无。生殖瓣基部阔，后侧缘弧圆或有缢缩，端缘弧圆。下生殖板近三角形，端向渐窄，基部愈合或分离，少数与生殖瓣愈合。连索大多"T"形 (极少数为"Y"形)，主干长，中央部分骨化，侧区膜质。阳基侧突发达，细长，基半部较直；端半部弯曲，有些具细密鳞片状刻痕，外缘有 1 个小齿或弧圆，端部较直或略弯曲。阳茎基部发达，阳茎干管状，头背向弯曲。

分布：东洋区 (中国；尼泊尔，马来西亚)，少数种类向北迁播到与古北区相接的印度西北部、阿富汗及中国腹地的秦岭等地。

全世界已知 20 种，中国已知 16 种；其中，分布于台湾的透翅弓背叶蝉 *Cyrta hyalinata* (Kato, 1929) 仅根据 1 头雌虫建立，且最初被归于短胸叶蝉属 *Kunasia*，此后再无相关记载；Wei *et al.* (2008) 根据 Kato (1929) 关于该种的外部形态描记及形态图，将其转移至弓背叶蝉属 *Cyrta*，但该种是否为其他种类的异名一直难以确认，有待进一步研究。

种 检 索 表[*]

1. 雄虫尾节侧瓣腹侧缝显著 ··· 龙王山弓背叶蝉 *C. longwanshensis*
   雄虫尾节侧瓣腹侧缝无或不明显 ··· 2
2. 雄虫尾节具长内突 ··· 3
   雄虫尾节无内突 ··· 6
3. 阳茎近基部两侧各具 1 端部分歧的长突 ······················· 花顶弓背叶蝉 *C. flosifronta*
   阳茎无侧突 ··· 4
4. 阳茎腹面观近基部处显著缢缩；生殖瓣与下生殖板无愈合 ·········· 条痕弓背叶蝉 *C. striolata*
   阳茎非如上所述；生殖瓣与下生殖板愈合 ··· 5
5. 雄虫尾节内突显著背向弯曲，端部伸出尾节侧瓣背缘 ··········· 连理弓背叶蝉 *C. coalita*
   雄虫尾节内突略背向弯曲，端部不及尾节侧瓣背缘 ··········· 福建弓背叶蝉 *C. fujianensis*
6. 阳茎干基部具 1 对长侧突 ····································· 长突弓背叶蝉 *C. longiprocessa*
   阳茎干基部无侧突 ··· 7
7. 阳茎阔，端部 3/5 处具发达粗壮刚毛 ····························· 狼牙弓背叶蝉 *C. spinosa*
   阳茎非如上所述 ··· 8
8. 阳茎端部具 2 对刺突 ·· 叉茎弓背叶蝉 *C. furcata*
   阳茎非如上所述 ··· 9
9. 阳茎干密生小棘突 ·· 10
   阳茎干无小棘突 ·· 11
10. 阳茎干侧面观基部到端部迅速变窄 ····················· 天坛山弓背叶蝉 *C. tiantanshanensis*
    阳茎干侧面观基部到端部逐渐变窄 ··························· 多毛弓背叶蝉 *C. hirsuta*
11. 阳茎干侧面观显著腹向弯曲，端部分歧，形成 1 对突起 ··········· 东方弓背叶蝉 *C. orientala*
    阳茎干非如上所述 ·· 12

---

[*] 透翅弓背叶蝉 *Cyrta hyalinata* 仅知雌虫，未编入检索表。

(22) 东方弓背叶蝉 *Cyrta orientala* (Schumacher, 1915) (图 22；图版Ⅱ：15)

Placidus orientalis Schumacher, 1915: 104.

Cyrta orientala (Schumacher): Wei, Webb & Zhang, 2008: 4.

体长：♂7.8-8.0 mm，♀8.1 mm。

头冠暗赭褐色，后缘及端部黑褐色，冠缝、额缝黑色；复眼黄褐色，内缘与后缘交接处黑褐色；单眼黑褐色，为 1 圈黄白色包围；触角黄褐色；额唇基区黑色，基部略淡，黑褐色；额缝与复眼间区域黄白色，近触角窝处黑色；前唇基及舌侧板黑色，前唇基前缘具 2 根黄色刚毛；颊大部分黑色，近复眼处黄白色，其中具 2 个黑色纵斑。前胸背板绝大部分黑褐色，侧区具大片黄白色区域。小盾片绝大部分黑褐色，基部近侧缘处暗黄褐色，侧缘中部近横刻痕两端处各具 1 个三角形暗黄白色斑；小尖角暗黄白色；侧缘近基部处及近尖角处具黑色长簇毛。前翅透明，淡烟黄色；中域附近略加深，烟褐色；翅脉淡黄褐色，爪片后缘端半部黑色，翅疏具黑褐色小刚毛。体腹面绝大部分黑色；前、中足胫节端部及各足跗节黄褐色，其余黑色。

头冠中长大于复眼间宽之半，冠缝直抵头冠前缘，后缘略翘起。前胸背板后缘明显钝角状凹入。小盾片基半部平坦，横刻痕后端向加厚抬升。

雄虫尾节侧瓣侧面观细长，背、腹缘近平行，端缘弧圆；近背缘及端部处具较密集大刚毛。生殖瓣腹面观基部较阔，于近基部 2/5 处明显缢缩，其后端向渐窄，端部尖角状。下生殖板近三角形，具大小不一大刚毛，近基部侧缘生有较长刚毛。阳基侧突基半部粗壮，外弯，与连索相接处有 1 较大片状突；中部略膨大，外缘具数根刚毛；端半部细长，近内缘处部分区域有少数细刻痕，端部尖细，向内弯曲。连索"T"形，基缘凹入，主干中央骨化强，两侧膜质；侧面观端部翘起。阳茎管状，头背向弯曲，尤以尖细的端部更为显著，弯向腹后方；腹缘与肛节相连的膜质长突约发生于腹缘近基部 2/5 处；背面观阳茎基部略阔，端向渐细，至近端部处明显向两侧扩展且端部分歧，并向腹后方呈钩状弯曲；阳茎孔位于近端部处。

观察标本：1♂ (NWAFU)，Nan-shan Chi, Nantou, Prov. Taiwan, T. Endo Leg., 1982.Ⅴ.5, M. Hayashi；1♀ (BMSYS)，Formosa, Horl (Pull. Polisia), Taichong, Distr. 800 m Met., (19)17. Ⅷ.22, L. Gressitt 采。

讨论：本种阳茎近端部处明显向两侧扩展且端部分歧，并向腹后方呈钩状弯曲，易与本属其他种类相区别。

分布：中国台湾。

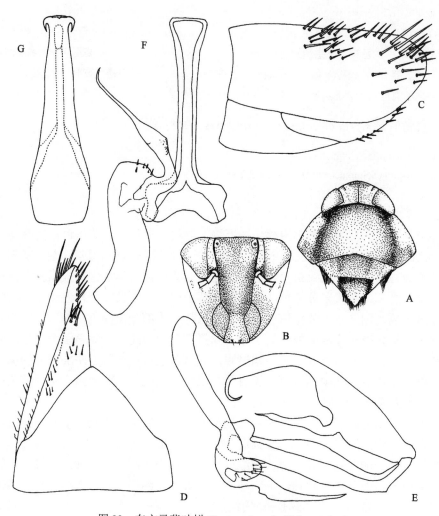

图 22 东方弓背叶蝉 *Cyrta orientala* (Schumacher)

A. 头、胸部背面观；B. 颜面；C. 雄虫尾节侧面观；D. 雄虫尾节腹面观；E. 阳基侧突、连索、阳茎侧面观；F. 阳基侧突、连索腹面观；G. 阳茎背面观

(23) 棕面弓背叶蝉 *Cyrta brunnea* (Kuoh, 1992) (图 23)

Placidus brunneus Kuoh, 1992: 298.
Cyrta brunnea (Kuoh): Wei, Webb & Zhang, 2008: 4.

以下描述引自 Kuoh (1992)。

体长：♂6.7 mm。

头部甚小，为前胸背板宽度的一半、长度的 2/3，头冠在复眼前强圆突出，中长略大于两复眼间宽，冠面中域平坦而微凹，单眼生于头部前缘，背腹两面均可见到，位于后额缝内侧，复眼至中线 2/5 处；颜面长度显然大于宽度，隆起，额区延伸至头冠，后额缝延伸至头冠中央，额唇基区侧缘扭曲，后唇基侧区具有不甚明显的横印痕列；前唇基向端部渐次膨大，末端平截；颊狭长，侧缘成圆角弯曲；触角生于近复眼前角处。前胸背板前缘近于平截，后缘略凹入，侧缘显著地向侧后方斜伸，致最宽处大于前缘宽的 1/3，由两侧向中域渐次隆起；小盾片大，三角形，基缘略大于侧缘，横刻痕平直伸达侧缘，刻痕的基方平坦，端方隆起；前翅宽大，超过腹部末端甚多，端片发达，具有 4 个端室，2 个端前室，前缘室内仅有 1 横脉，第 2 臀脉成角状折曲，在翅基部翅脉上疏生短小刺毛；各足均粗壮，腿节相当膨大，前足与中足所生刺列粗壮，后足胫节异常长，长于腿节的 2/5，胫刺亦粗长，前足基节且生有刺，少数生有长刺。雄虫生殖节与外生殖器各构造特征如图 23D-I 所示。

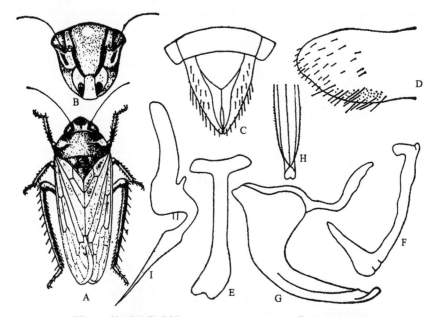

图 23　棕面弓背叶蝉 *Cyrta brunnea* (Kuoh) (仿 Kuoh, 1992)

A. 体躯背面观；B. 颜面；C. 雄虫尾节端部腹面观；D. 雄虫尾节侧瓣侧面观；E. 连索背面观；F. 连索侧面观；G. 阳茎侧面观；H. 阳茎端部背面观；I. 阳基侧突背面观

头冠淡黄褐色，端部有 1 大黑斑，此斑向基部延伸收狭而减淡；颜面额唇基与前唇基棕红色，基部中央与单眼周围淡黄，额唇基的侧缘区黑色，颊侧缘区灰黑色，内域淡黄色，内有 1 黑色长斑，舌侧板基部大半淡黄色，端部黑色。前胸背板灰黑色，两侧各有 1 淡黄色横斑，小盾片基半灰黑色，端半棕红色；前翅透明，翅脉淡黄色，爪片后缘黑褐色；胸部腹面与各足黑色，前足腿节基端、腿节与胫节内面、中足胫节及各足附节、所有刺毛均淡黄褐色。腹部黑色，各背、腹板后缘污白色，各侧板具橙黄色圆斑，斑内有 1 小黑点，尾节侧面亦橙黄色。个体间浅色部分色泽存在深浅变化。

观察标本：未见标本。

分布：四川。

(24) 黄褐弓背叶蝉 *Cyrta testacea* (Kuoh, 1992) (图 24)

Placidus testaceus Kuoh, 1992: 299.
Cyrta testacea (Kuoh): Wei, Webb & Zhang, 2008: 4.

以下描述引自 Kuoh (1992)。

体长：♂7.4 mm。

体形构造如同前种棕面弓背叶蝉，唯头部更小，头冠部狭长犹如梯形，中长仅大于两复眼间宽 1/4，将近前胸背板长度 3/4，整个头部包括复眼的宽度为前胸背板宽度一半的 3/4，后额缝明显延伸至头冠中央 1/2 处，单眼位置较接近复眼，生在复眼至中线的 1/3 处。雄虫外生殖器各构造如图 24 所示。

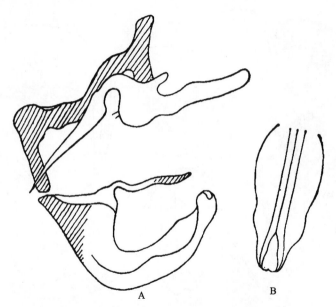

图 24　黄褐弓背叶蝉 *Cyrta testacea* (Kuoh) (仿 Kuoh, 1992)

A. 阳基侧突、连索和阳茎侧面观；B. 阳茎端部背面观

头部黄褐色，其中颊区与舌侧板色泽略浅淡，额缝包括头冠区的后额缝与后唇基侧缘、侧区的横印痕列及唇基间缝黑色，在头冠部中央有 1 黑色中纵线的侧区具有黑色纵块斑，其复眼、单眼及触角为黑褐色。前胸背板中前部灰黄白带有褐泽，基部晦暗为灰褐色；小盾片基半黄褐色，端半色淡橙黄；前翅透明微具橙黄晕，翅脉浅污金黄色，爪片后缘色黑；胸部腹面与各足黑色，胸部侧板侧缘与侧缘区内具生的小斑块及前足腿节腹面黄红色，前足胫节腹面、附爪与中后足腿节末端、中足附节及各足所生的刺为肉色。整个腹部全为黑色，仅各背板与腹板后缘、侧板侧边、基瓣中域两点及尾节侧面 1 长形斑为棕红色。

观察标本：未见标本。

分布：陕西、四川。

(25) 龙王山弓背叶蝉 *Cyrta longwanshensis* **(Li & Zhang, 2006)** (图 25)

Placidus longwanshensis Li & Zhang, 2006: 155.

Cyrta longwanshensis (Li & Zhang): Wei, Webb & Zhang, 2008: 6.

以下描述引自 Li 和 Zhang (2006)。

体长：♂6.3-6.5 mm，♀6.5 mm。

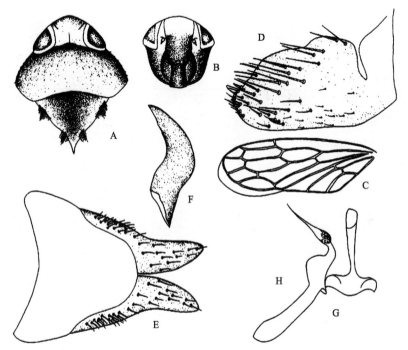

图 25　龙王山弓背叶蝉 *Cyrta longwanshensis* (Li & Zhang) (仿 Li & Zhang, 2006)

A. 头和胸部背面观；B. 颜面；C. 前翅；D. 雄虫尾节侧瓣侧面观；E. 生殖瓣和下生殖板腹面观；F. 阳茎侧面观；

G-H. 连索和阳基侧突腹面观

　　本种外形特征概如叉茎小头叶蝉。唯头冠部冠缝明显，复眼较大，其直径微大于头冠宽度的 1/4，前唇基近似长方形，端部扩大不明显，小盾片中央长度与前胸背板中长近似相等，侧缘近基部和近端部各有 1 簇细毛。雄虫尾节侧瓣长形，端缘圆，端区有粗刚毛；基瓣扩大，端缘宽圆突出；下生殖板由基至端渐细，端缘微圆，外侧弯曲，散生粗刚毛；阳茎圆筒状弯曲，由基至端渐细；连索近似 "T" 形，主干较细，中长是臂长的 2 倍；阳基侧突中部较大，端部尖细，基部和中部光滑，亚端部结节状，并生细皱纹。头冠黄白色，复眼黑褐色，触角淡黄白色，颜面基部淡黄白色，端半部黑褐色。前胸背板淡黄微带褐色色泽，基部色较深；小盾片淡黄褐色；前翅透明无斑纹，翅脉淡黄褐色；胸部腹板黑褐色，胸足淡黄褐色，胫节和跗节淡黄白色。腹部背、腹面均黑褐色无斑纹。

　　雌虫体色比雄虫较淡。

　　观察标本：未见标本。

分布：浙江。

(26) 长突弓背叶蝉 *Cyrta longiprocessa* (Li & Zhang, 2007) (图 26)

Placidus longiprocessus Li & Zhang, 2007: 148.
Cyrta longiprocessa (Li & Zhang): Wei, Webb & Zhang, 2008: 6.

以下描述引自 Li 和 Zhang (2007)。

体长：♂4.8 mm。

头小，头部宽度明显窄于前胸背板。头冠平坦，前端宽圆突出，中央长度微大于两复眼内缘间宽，冠面较平坦，光滑无毛；单眼位于头冠前缘域，靠近复眼的前角，与复眼的距离约等于单眼直径的 4 倍；复眼较小，其直径约等于头冠宽度的 1/4；触角较长，向后伸达小盾片末端；颜面长大于宽，额唇基近似长方形，纵向隆起，前唇基由基至端渐次扩大，端缘平切，舌侧板宽大。前胸背板宽大拱凸，具细毛，前、后缘接近平行，侧缘向上反折似脊；小盾片宽大，但较前胸背板略短，生微毛，中域微凹，侧缘基部有细毛丛，端部尖细；前翅长超过腹部末端，翅脉明显，具 3 个端前室、4 个端室，端片宽大。

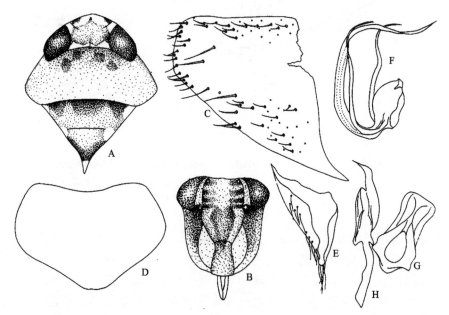

图 26 长突弓背叶蝉 *Cyrta longiprocessa* (Li & Zhang) (仿 Li & Zhang, 2007)
A. 头和胸部背面观；B. 颜面；C. 雄虫尾节侧瓣侧面观；D. 生殖瓣腹面观；E. 下生殖板腹面观；F. 阳茎侧面观；
G. 连索腹面观；H. 阳基侧突腹面观

雄虫尾节侧瓣宽圆突出，蔓生刚毛，端缘接近平直；下生殖板近似三角形，外侧有长刚毛；阳茎弯曲，由基至端渐细致成尖刺状，基部两侧各由 1 根细长的突起，长度接近阳茎亚端部；连索近似 "T" 形，主干较长，约等于臂长的 4 倍；阳基侧突基部细，中部较粗大，末端细，端部尖细。

头冠淡黄白色，中央有 1 枚多角形的橘红色斑，复眼红褐色，触角淡黄白色，颜面基半部淡黄白色，端半部黑褐色。前胸背板淡黑褐色，其前端有黑褐色斑；小盾片亦淡黑褐色，基域和亚端部色较深暗；前翅淡黄白色透明，翅脉淡褐色，纵横脉交汇处多具褐色纹；胸部腹面黑褐色，足淡黄色。腹背腹面黑褐色。

观察标本：未见标本。

分布：贵州。

(27) 叉茎弓背叶蝉 *Cyrta furcata* **(Li & Zhang, 2006)** (图 27)

Placidus furcatus Li & Zhang, 2006: 155.

Cyrta furcata (Li & Zhang): Wei, Webb & Zhang, 2008: 4.

以下描述引自 Li 和 Zhang (2006)。

体长：♂7.5-7.8 mm，♀7.8 mm。

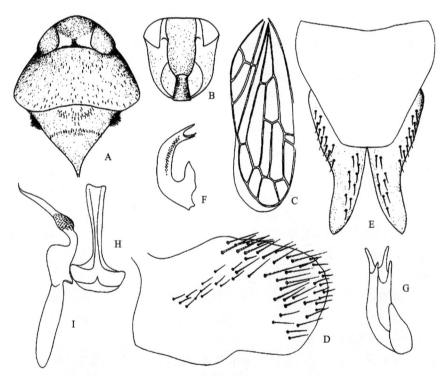

图 27　叉茎弓背叶蝉 *Cyrta furcata* (Li & Zhang) (仿 Li & Zhang, 2006)

A. 头和胸部背面观；B. 颜面；C. 前翅；D. 雄虫尾节侧瓣侧面观；E. 生殖瓣和下生殖板腹面观；F. 阳茎侧面观；G. 阳茎背面观；H. 连索背面观；I. 阳基侧突背面观

头小，宽度明显窄于前胸背板。头冠平坦，前端宽圆突出，中央长度微大于二复眼内缘间宽，冠面较平坦，光滑无毛；单眼位于头冠前缘域，靠近复眼的前角；与复眼的距离约等于单眼直径的 4 倍；复眼较小，其直径约等于头冠宽度的 1/4；触角较长，向后伸达小盾片末端；颜面长大于宽，额唇基近似长方形，纵向隆起，前唇基由基至端渐次扩大，端缘平切，舌侧板宽大。前胸背板宽大拱凸，具细毛，前、后缘接近平行，侧缘向上反折似脊；小盾片宽大，但较前胸背板微短，生微毛，中域微凹，侧缘基部有 1 簇细毛，端部尖细；前翅长超过腹部末端，翅脉明显，具 3 个端前室、4 个端室，端片宽大。雄虫尾节侧瓣近似长方形，端缘宽圆，端区有粗长刚毛；生殖节基瓣近似梯形；下生殖板基部宽，端部渐细，外侧弯曲，基部外侧和中部内侧均具粗刚毛，阳茎管状微弯，末端 4 叉状，基部背域有 1 枚大的突起；连索近似 "T" 形；阳基侧突细长，中部弯折向外弯，末端尖细，亚端部成结节状，密生皱纹。

体黑褐色。头冠黑褐色，基域二复眼间有 1 枚黄白色横斑，复眼边缘黄白色，颜面黑褐色无斑纹；前胸背板和小盾片黑褐色无斑纹；前翅白色透明，翅脉黄褐色，翅的基部淡黄色；胸部腹板及胸足黑褐色，各足胫节末端和跗节黄白色。腹部背、腹面黑褐色无斑纹。

观察标本：未见标本。

分布：湖北。

(28) 条痕弓背叶蝉 *Cyrta striolata* (Zhang & Wei, 2002) (图 28)

Placidus striolatus Zhang &Wei, 2002a: 65.
Cyrta striolata (Zhang & Wei): Wei, Webb & Zhang, 2008: 4.

体长：♂7.4 mm。

头冠黑色，基部两侧各具 1 黄褐色大斑；复眼内缘黄褐色；单眼黑色，为 1 圈黄色包围。前胸背板黑色，后缘褐色。小盾片黑色，侧缘中部具 1 黄褐色楔形斑，尖角淡黄色。前翅透明，翅脉淡黄色至暗褐色，爪区后缘暗棕色。颜面黑色，额唇基区近基部处具 1 略长黄色斑及 1 很小圆斑；颊基部与复眼相接处黄色。胸部腹面黑色；前足胫节、跗节黄褐色，前足腿节端部 2/3 及中足黄褐色；后足跗节黄褐色；前、中足腿节刺黑色；部分后足胫节刺及腿节端部弯刺黄色，其余刺黑色；足其余部分黄褐色。体背柔毛及翅脉端部小刚毛灰白色，小盾片侧缘基部及端部长毛黑色。

头冠中长近等于复眼间宽之半，宽略大于前胸背板宽度之半；除中域略凹陷外，整体近平坦。前胸背板阔，中长近等于小盾片长。小盾片显著，基半部近平坦，端半部端向渐厚，基缘略长于侧缘。后足腿节约为胫节的 2/3。

雄虫尾节侧瓣基部阔，端向渐狭，背部具大刚毛，端部具长细毛；内突细长，于近基部 1/3 处分歧，背支短，腹支长，均端向渐尖细。下生殖板近三角形，端向渐窄，侧缘及端部具长刚毛。阳基侧突基半部略直，中部膨大，内缘与连索相接处形成 1 较大突起。连索 "T" 形。阳茎略扁，在近端部约 1/3 处具数根长条痕，阳茎干头背向弯曲，腹缘近中部处具 1 指状长突，近端部处不规则锯齿状。

观察标本：1♂ (正模，IZCAS)，云南大围山，1350 m，1956.Ⅴ.22，邦浦洛夫采。

分布：云南。

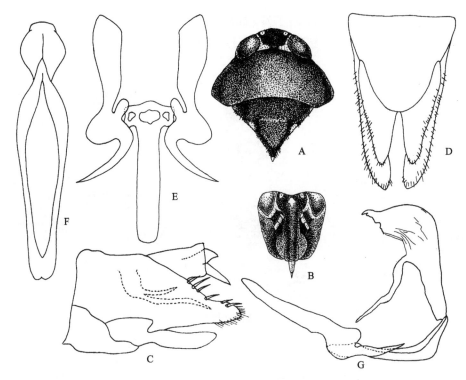

图28　条痕弓背叶蝉 *Cyrta striolata* (Zhang & Wei)

A. 头、胸部背面观；B. 颜面；C. 雄虫尾节和肛节侧面观；D. 雄虫尾节腹面观；E. 阳基侧突、连索腹面观；F. 阳茎背面
观；G. 连索、阳基侧突、阳茎侧面观

(29) 花顶弓背叶蝉 *Cyrta flosifronta* **(Zhang & Wei, 2002)** (图 29)

Placidus flosifrontus Zhang & Wei, 2002a: 67.

Cyrta flosifronta (Zhang & Wei): Wei, Webb & Zhang, 2008: 4.

体长：♂5.8 mm，♀7.8 mm。

雄虫头冠黑色，每侧近复眼处具 1 黄褐色大斑；单眼黑色，为 1 圈黄色包围。前胸背板黑色，近侧缘处略染暗褐色。小盾片黑色，侧缘中域楔形斑淡黄棕色，尖角淡黄色。前翅透明，翅脉淡褐色，爪区后缘中部和端部暗棕色。颜面黑色，额唇基区基部具 1 黄棕色花状斑。胸部腹面黑色。前、中足胫节、跗节褐色，后足胫节端部及跗节褐色，其余黑色；后足胫节刺及腿节端部长弯刺棕色，其余黑色。体背及前翅端部翅脉细刚毛浅黄色。

雌虫体色略浅，黄褐色；头冠及颜面部分区域黄白色；前唇基前缘具 1 对黄褐色刚毛和 1 对黑褐色斑。前翅透明，中域具淡黄褐色斑，爪区端部及其附近具黑褐色斑；翅脉黄白色，疏生较长黄白色刚毛。腹部背面绝大部分黄白色，各节近侧缘处具黄褐色斑，尾节侧面具 1 褐色纵斑。其余体色基本同雄虫。

头冠中长约为复眼间宽之半，头宽约为前胸背板宽度之 2/3；雄虫冠面近平坦，雌虫略凹陷；冠缝明显，雌虫略超出头冠前缘而在颜面可见极短一截。颜面长宽近等，额唇基区显著纵隆，光滑。小盾片显著，侧缘具较长刚毛，中域横刻痕近消失。后足腿节约为胫节长的1/3。

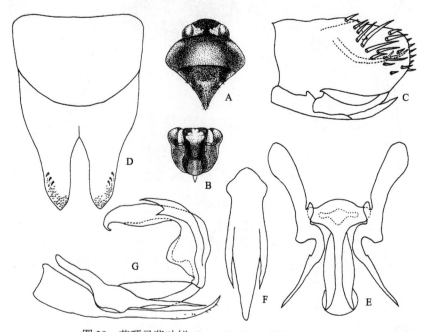

图 29　花顶弓背叶蝉 *Cyrta flosifronta* (Zhang & Wei)

A. 头、胸部背面观；B. 颜面；C. 雄虫尾节侧面观；D. 生殖瓣、下生殖板腹面观；E. 阳基侧突、连索腹面观；F. 阳茎背面观；G. 下生殖板、阳基侧突、连索、阳茎侧面观

雄虫尾节侧瓣阔，后缘弧圆，近端部处具较密大刚毛，内突细长，于近端部 1/5 处分歧，背支较短，腹支略长，分支均端向渐尖。下生殖板腹面观基部愈合，近三角形，端向渐窄，端部具鳞状刻痕及少数刚毛。阳基侧突基半部稍阔而直，近中部与连索相接处具 1 小突，端半部弯曲且端向渐细，外缘有 1 明显齿状突。连索"T"形，主干粗长。阳茎近镰刀状，端部钩状，阳茎干每侧具 1 长突，长突于近端部处分叉，端部尖细。

观察标本：1♂ (正模，NWAFU)，湖南郴州莽山，1985.Ⅶ.31，张雅林、柴勇辉采；1♀ (副模，NWAFU)，湖南郴州，1985.Ⅷ.5，张雅林、柴勇辉采。

讨论：本种雌雄虫个体虽为相近时间在同一地点采集，但外部形态差异较大，或许应为 2 个不同的物种，有待今后进一步研究。

分布：湖南。

(30) 密齿弓背叶蝉 *Cyrta dentata* **(Zhang & Wei, 2002)** (图 30；图版Ⅱ：16)

Placidus dentatus Zhang & Wei, 2002a: 68.

Cyrta dentata (Zhang & Wei): Wei, Webb & Zhang, 2008: 4.

体长：♂6.0 mm。

头冠端部、中域、冠缝及单眼黑色，复眼棕褐色，单眼被 1 圈黄色包围，头冠其他部分黄棕色。前胸背板颜色不统一，近头冠处暗棕色，近后缘处棕黑色，近侧缘处褐色，后缘中部黑色。小盾片红棕色，近前缘处棕黑色，尖角淡黄色。前翅透明，略带铁灰色，翅脉暗棕色；爪区后缘端部棕黑色。额唇基区基部淡棕黄色，侧缘黑色，其余部分红棕色，侧缘及近侧缘处短横纹黑色；前唇基基部暗褐色，其余黄白色。颊、舌侧板黄白色，颊中域具 1 小黑斑，舌侧板缝黑色。胸部腹面黑色。前足腿节、胫节背面黑色，其余黄色；中足胫节及跗节黄色，其余黑色；后足跗节、胫节外缘黄色，其余黑色。足刺列黄色。体背及前翅细毛黄色。

头冠中长约为复眼间宽的 3/4；头宽约为前胸背板宽度的 2/3，几与小盾片基部等宽；中域略凹。颜面长略大于宽，额唇基区中央纵隆，近侧缘处具黑色短横纹。前胸背板阔，从侧缘向中域逐渐隆起，后缘近直。小盾片基缘稍长于侧缘，横刻痕不明显。前翅透明，近基部翅脉具非常稀疏的小刚毛。后足腿节约为胫节长度的 3/4。

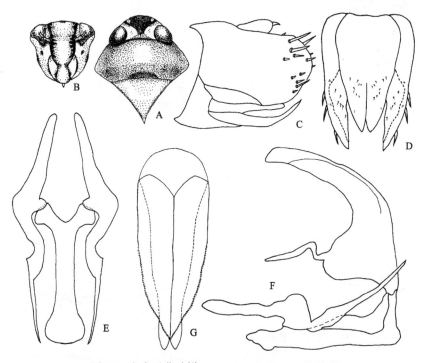

图 30　密齿弓背叶蝉 *Cyrta dentata* (Zhang & Wei)
A. 头、胸部背面观；B. 颜面；C. 雄虫尾节侧面观；D. 雄虫尾节腹面观；E. 阳基侧突、连索腹面观；F. 阳基侧突、连索、
阳茎侧面观；G. 阳茎背面观

雄虫尾节侧瓣阔，端部具粗大刚毛，后缘弧圆。下生殖板近三角形，基部愈合，端向渐细，腹面生细刚毛。阳基侧突细长，基半部直，中部略膨大，与连索相接处具 1 较大突起，端半部弯折，端向渐细。连索 “Y” 形，主干长，端部膨大。阳茎发达，位于连索背面，前腔具 1 细长弯曲突起，阳茎干背面观端半部锯齿状，端部分歧。

变异情况：副模舌侧板基半部黄白色，端半部黑色。

观察标本：1♂ (正模，IZCAS)，四川马尔康-道坪，3030 m，1961.Ⅵ.9，李贵富采；1？ (腹部及翅端部缺损，不能确定性别) (副模，IZCAS)，四川马尔康-道坪，3030 m，1961.Ⅵ.30，李贵富采。

分布：四川。

(31) 乌樽弓背叶蝉 *Cyrta nigrocupulifera* (**Zhang & Wei, 2002**) (图 31)

Placidus nigrocupuliferous Zhang & Wei, 2002a: 70.
Cyrta nigrocupulifera (Zhang & Wei): Wei, Webb & Zhang, 2008: 4.

体长：♂6.8 mm。

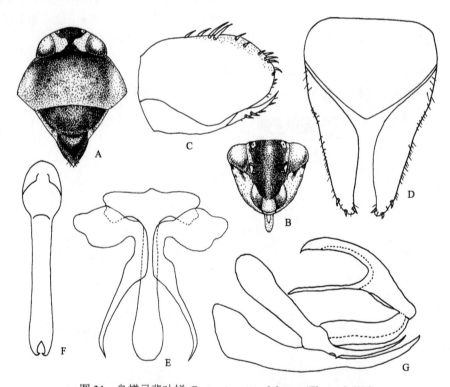

图 31 乌樽弓背叶蝉 *Cyrta nigrocupuliferous* (Zhang & Wei)
A. 头、胸部背面观；B. 颜面；C. 雄虫尾节侧面观；D. 生殖瓣、下生殖板腹面观；E. 阳基侧突、连索腹面观；F. 阳茎背
面观；G. 下生殖板、阳基侧突、连索、阳茎侧面观

头冠棕黄色，中央具 1 显著黑色杯形斑；单眼棕褐色，被 1 圈黄色包围。复眼暗褐色，个别部位黄棕色。前胸背板绝大部分黑色，近侧缘及后缘处黄褐色；中域略淡，褐色。小盾片基本黑色；侧缘基半部黄褐色，中央具 1 黄色楔形斑；尖角淡褐色。前翅透明，翅脉暗棕色，爪区后缘中部及端部黑色。额唇基区基部基本棕黑色，中央具 1 棕黄色椭圆斑，端部黑色，光滑；前唇基基部黑色，其余棕黄色；颊基本黄色，外缘黑色，

复眼下方近额唇基区处具 1 略长黑色斑；舌侧板基半部棕黄色，端半部棕黑色。胸部腹面黑色；各足腿节基本黑色，端部淡黄色；前、中足胫节黄色，后足胫节端部 1/4 及外缘黄色，其余黑色；各足跗节黄色。足刺列黄色。体背及前翅细毛淡黄色，小盾片端部侧缘刚毛黑色。

头冠中长略大于复眼间宽之半；头宽约为前胸背板宽度的 2/3，约与小盾片基缘等宽；中域略凹陷，其余近平坦；冠缝明显。小盾片近基部侧缘具 1 非常纤弱的纵脊，与侧缘近平行，基半部近平坦，端半部端向渐厚，横刻痕不明显，近端部处侧缘具数根较长刚毛。前翅透明，基部翅脉疏具微小刚毛。后足腿节约为胫节长的 2/3。

雄虫尾节侧瓣端部弧圆，近背后缘具细密刻点及大刚毛。下生殖板近三角形，端向渐窄，侧缘及端部具细长刚毛，端部具数根大刚毛。阳基侧突近 "S" 形，基部 1/3 (外基突) 膨大而短圆，不超过连索基缘；端部 2/3 渐细长。连索 "T" 形，主干发达。阳茎侧面观近 "Y" 形，腹支明显较背支细弱，阳茎干背面观端部分歧。

观察标本：1♂ (正模，NWAFU)，云南勐养，750 m，1991.VI.9，王应伦、田润刚采。

分布：云南。

(32) 连理弓背叶蝉 *Cyrta coalita* Wei, Webb & Zhang, 2008 (图 32)

Cyrta coalita Wei, Webb & Zhang, 2008: 8.

体长：♂8.0 mm。

头冠褐色，中域略深，暗褐色；冠缝、额缝黑色；复眼褐色；单眼黑褐色，被 1 圈黄色包围；触角黄褐色；额缝与复眼间区域黄色。额唇基基半部黄褐色，略对称具有数个黑褐色横斑；基部具 1 黑色斑，与冠缝相接；端半部深褐色，近侧缘处黑色。前唇基黑色，中域黄褐色，前缘具 2 根刚毛；舌侧板黑色；颊黄色，近中域处具 1 纵长黑褐色斑。前胸背板中域及近侧角处暗褐色，其余赭黄色，具极稀疏白色细毛。小盾片暗褐色，侧缘近基部处、中部及尖角黄褐色；横刻痕黑色；侧缘中部及近端部 1/3 处具黄色短簇毛。前翅近无色透明，翅脉淡棕黄色，爪片后缘具不连续黑褐色；翅脉具稀疏黑色刚毛。体腹面、前足腿节及各足跗节黄褐色，其余绝大部分黑色。

头冠中域略平坦，后缘略翘起；中长略大于复眼间距之半。前胸背板后缘弧形凹入。小盾片端半部略隆，具数根细弱横皱纹。

雄虫尾节侧瓣侧面观背缘后半部略凹入，端缘弧圆，具长短差异显著的大刚毛；中部近背缘处具密集近似棘突状小刚毛；内突发达，细长，弯曲，端部尖锐，略露出尾节侧瓣近端部处背缘，内突近端部 1/3 处背缘具 2 个小齿。生殖瓣腹面观基部阔，侧缘于近中部处显著缢缩；后缘与下生殖板愈合。下生殖板端向渐细，端部尖，具较多大刚毛。阳基侧突基半部较粗壮，中央骨化强；端半部显著弯曲，端向渐细，近中部处具细密刻痕，外缘具 1 显著齿突。连索 "T" 形，基部及主干中央骨化强，侧面观端部向上弯折。阳茎管状，头背向弯曲，端部尖；腹缘具 1 发达膜质区，其上发生膜质突起与肛节相连；背面观阳茎基部较阔，端向渐细，但端部明显膨大，端缘弧圆，阳茎孔位于近端部处。

观察标本：1♂ (正模，BMSYS), Yunnan, SW. China, Western Hills, near Kunming,

(19)40.Ⅶ.6, J. L. Gressit 采。

　　讨论：本种以其独特的阳茎结构、阳基侧突、尾节侧瓣内突等可与本属其他种类相区别。

　　分布：云南。

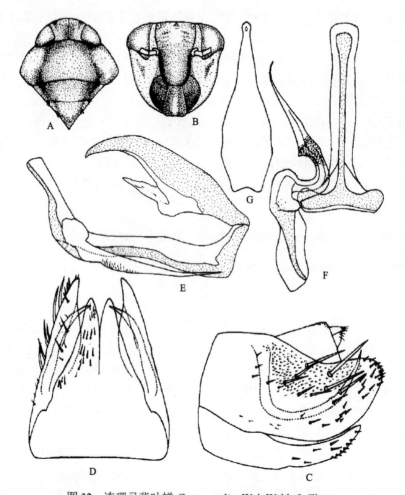

图 32　连理弓背叶蝉 *Cyrta coalita* Wei, Webb & Zhang

A. 头、胸部背面观；B. 颜面；C. 雄虫尾节侧面观；D. 雄虫尾节腹面观；E. 阳基侧突、连索、阳茎侧面观；F. 阳基侧突、
连索腹面观；G. 阳茎背面观

(33) 狼牙弓背叶蝉 *Cyrta spinosa* Wei, Webb & Zhang, 2008 (图 33)

Cyrta spinosa Wei, Webb & Zhang, 2008: 7.

体长：♂7.8 mm。

　　雄虫头冠暗褐色，后缘及端部黑褐色；冠缝基部黑色，其余黄褐色；额缝黑色；额唇基区绝大部分黑色，近前唇基处暗赭黄色；前唇基赭黄色，近端部处具 2 根黄色长毛及 1 对黑色斑；舌侧板大部分赭黄色，中域有大片黑褐色；颊暗赭色，近端部处及中域具模糊黑褐色；额缝与复眼间区域黄色；复眼黑色；单眼黑褐色，为 1 圈黄白色包围；触角暗黄褐色。前胸背板暗赭色，疏生黄色刚毛。小盾片暗赭色，基角及中域黑褐色；疏生黄色小刚毛；侧缘中部具 1 三角形赭黄色斑，近基部及端部各具黄色长簇毛，近尖角处具黑色长簇毛；前翅透明，淡烟黄色；翅脉黄褐色，疏生黑色小刚毛；爪片后缘黑褐色。体腹面及足绝大部分黑色，各足胫节端部及跗节污黄色。

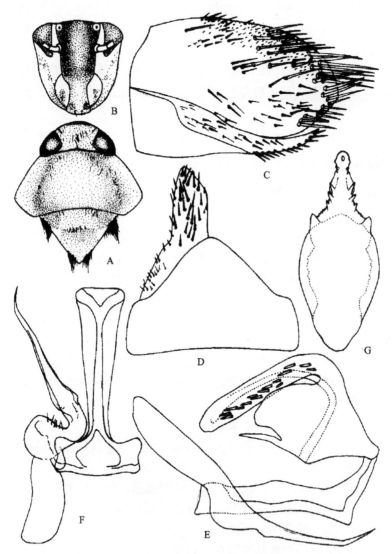

图 33　狼牙弓背叶蝉 *Cyrta sipinosa* Wei, Webb & Zhang

A. 头、胸部背面观；B. 颜面；C. 雄虫尾节侧面观；D. 生殖瓣、下生殖板腹面观；E. 阳基侧突、连索、阳茎侧面观；
F. 阳基侧突、连索腹面观；G. 阳茎背面观

头冠中域略凹陷，前缘及后缘抬升，致使近前缘处形成 1 条与前缘平行的脊起；中长大于复眼间距之半。前胸背板后缘略弧形凹入。小盾片基半部平坦，端半部略端向

抬升。

雄虫尾节侧瓣侧面观略长，密生长短不一的大刚毛，近背缘处密生棘突状小刚毛。生殖瓣腹面观基部约 2/5 阔，其后显著缢缩变窄，端向渐窄，端部圆角状。下生殖板密生长短不一的大刚毛；外缘中部凹入；内缘基部 2/3 较直，端部 1/3 外折，与外缘会聚，端部近角状。阳基侧突基半部略直，粗壮；中部略膨大，与连索相接处片突较圆，外缘近中部处具数根刚毛；端半部端向渐细，刻痕稀少。连索 "T" 形，主干中央骨化强，并在近端部处分歧；侧区及端部中央膜质；侧面观端部向上翘起。阳茎侧面观基部极发达；端部 3/5 细长，具多根粗壮刚毛；背面观阳茎干刚毛对称着生，阳茎端部弧圆，阳茎孔位于近端部处。

观察标本：1♂ (正模，TMNH)，湖北房县桥上，1977.VI.15，刘胜利采。

讨论：本种阳茎侧面观基部极发达，背面观阳茎干着生对称刚毛，易与本属其他种类相区别。

分布：湖北。

(34) 多毛弓背叶蝉 *Cyrta hirsuta* Melichar, 1902 (图 34)

Cyrta hirsuta Melichar, 1902: 136(61); Wei, Webb & Zhang, 2008: 5.

体长：♂6.5 mm。

雄虫头冠前缘具大片黑色，冠缝、额缝及近后头缘处黑色，其余暗黄白色；具较密集黄色或褐色较直立刚毛；额唇基区棕褐色，近侧缘处黑褐色；前唇基淡赭黄色，近前缘具 1 对黄褐色刚毛；舌侧板黄白色，舌侧板缝黑褐色；颊近额唇基区处黄白色，其余黑褐色；额缝与复眼间区域暗棕褐色。复眼黑褐色；单眼黑色，被 1 圈黄白色包围；触角淡黄褐色。前胸背板除侧区及近前缘处暗褐色外，其余黑褐色；具较密集黄白色细毛。小盾片暗赭黄色，中域疏生黄白色细毛；侧缘近基角及近尖角处具较长黑褐色簇毛。前翅透明，烟黄色，翅脉暗褐色，疏生黄白色小刚毛。体腹面大部分黑色。中、后足腿节黑褐色，其余暗赭黄色。

头冠中长大于复眼间距之半，冠缝直抵前缘；中域略凹陷，后缘略翘起；颜面长大于宽。前胸背板后缘轻微凹入。小盾片基半部略平坦，横刻痕后区域略抬升，具数根横皱纹。

雄虫尾节侧瓣侧面观背缘大部分较平直，端缘弧圆，腹缘波曲；具长短不一的大刚毛、刚毛，近背缘、端缘处密生小刚毛。生殖瓣腹面观基部 2/5 阔，其后急剧收缩，端向渐窄，端部尖。下生殖板腹面观基部较阔，端向渐窄，内缘直，外缘中部凹入；具较密集长短不一的刚毛。阳基侧突基半部直，粗壮；内缘与连索相接处片突发达；外缘近中部处具数根刚毛；端半部细长，具一些鳞状刻痕，外缘具 1 明显齿突；端部尖锐，直。连索 "T" 形，基部膜质；主干中央骨化强，并向横臂延伸呈 "Y" 状；主干侧区膜质；侧面观端部直立翘起。阳茎侧面观基部发达，端向渐细；背面观阳茎干侧区密生小棘突；端部缢缩变细，短管状，前缘中央略凹入；阳茎孔位于近端部处。

观察标本：1♂ (综模，MMB)，Sichuan Prov., (18)93.VI.12, Coll. Dr. L. Melichar 采。

分布：四川。

本种由 Melichar (1902) 根据 3 头标本 (综模) 建立，其标签记录信息为"West-China: Sze'-Chuan, Ta-tsien-lu, (18)93.Ⅵ.2, 3♂ von POTANIN gesammelt"。

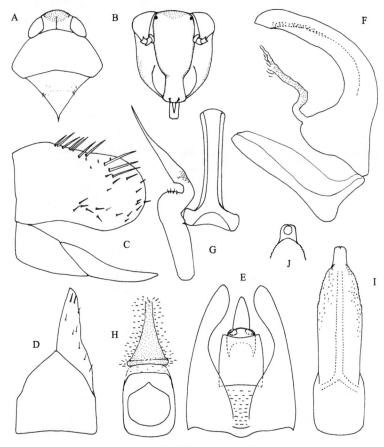

图 34　多毛弓背叶蝉 *Cyrta hirsuta* Melichar

A. 头、胸部背面观；B. 颜面；C. 雄虫尾节侧面观；D. 生殖瓣、下生殖板腹面观；E. 雄虫尾节背面观；F. 连索、阳茎侧
面观；G. 阳基侧突、连索腹面观；H. 阳茎基部和背连索前腹面观；I. 阳茎背面观；J. 阳茎端部腹面观

(35) 福建弓背叶蝉 *Cyrta fujianensis* Wei, Webb & Zhang, 2008 (图 35)

Cyrta fujianensis Wei, Webb & Zhang, 2008: 8.

体长：♂6.5 mm，♀7.1-7.5 mm。

雄虫头冠黄白色，中域及近后缘处各具 1 对模糊淡褐色斑；冠缝、额缝及后缘褐色；额唇基区基部黄白色，其余黑色；前唇基、舌侧板黑色，前唇基前缘具 1 对长毛；颊端部黑色，基部污黄白色；复眼近黄白色；单眼淡褐色，被 1 圈黄白色包围；触角黄褐色。前胸背板大部分黄白色，中央近前缘处有一片黑褐色区域，近后缘处灰色；疏具白色细毛。小盾片黄白色，中域具 1 近似倒"Y"形大黑斑，具较长黄白色细毛；侧缘近基部及近尖角处具棕黄色或黑褐色长簇毛。前翅无色，透明；翅基具褐色簇毛；翅脉白色至淡黄色，疏具淡褐色小刚毛。体腹面大部分黑色；各足腿节端半部及跗节黄白色，其余黑褐色。

雌虫体色基本统一，淡黄色。颜面绝大部分淡黄色至黄色；额唇基区近侧缘处对称生有明显或不明显的横形黑褐色斑。前翅端脉及近前缘中部处有1片淡褐色斑块。其余基本同雄虫。

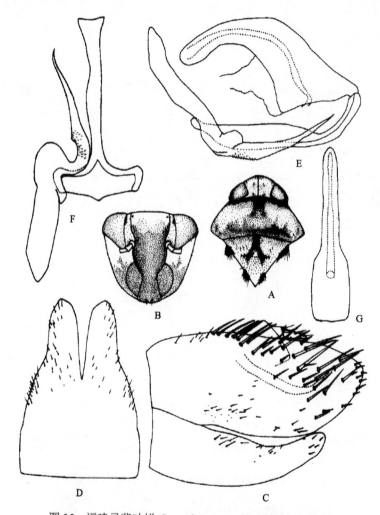

图 35 福建弓背叶蝉 *Cyrta fujianensis* Wei, Webb & Zhang

A. 头、胸部背面观；B. 颜面；C. 雄虫尾节侧面观；D. 生殖瓣、下生殖板腹面观；E. 阳基侧突、连索、阳茎侧面观；F. 阳基侧突、连索腹面观；G. 阳茎背面观

头冠中长大于复眼间宽之半，冠面平坦或略凹陷；雄虫冠缝刚好抵达前缘，雌虫冠缝略超出而在颜面可见极短一截；颜面长略大于宽。前胸背板后缘略凹入。小盾片近横刻痕处凹陷，其后略抬升加厚。

雄虫尾节侧瓣侧面观背、腹缘较直，端缘略呈圆角状；具长短不一的大刚毛及刚毛；

具 1 细长内突。生殖瓣与下生殖板愈合。生殖板腹面观基部阔，端向渐细，端部圆角状，生有比较密集、长短不一的刚毛。阳基侧突腹面观基半部较直；中部略膨大，与连索相接处具 1 片状突；端半部细长，外缘具 1 明显齿突，齿突附近具细密鳞状痕。连索"T"形，横臂前缘膜质，前缘中央钝齿状向前突出，侧缘及后缘骨化强，向后延展形成连索主干，略不对称。阳茎管状，侧面观基部发达，端向渐细；近基部腹缘与肛节相连的膜质突发达，阔；背面观基部 1/3 阔，其后渐窄，端部略尖，阳茎孔位于近端部处。

观察标本：1♂ (正模，NKU)，福建南靖和溪，1965.Ⅴ.4，王良臣采；1♀ (副模，SEMCAS)，福建永安西洋，1962.Ⅳ.26，金根桃采；1♀ (副模，CAU)，福建德化水口，1974.Ⅺ.6，李法圣采。

分布：福建。

(36) 天坛山弓背叶蝉 *Cyrta tiantanshanensis* Wei, Webb & Zhang, 2008 (图 36)

Cyrta tiantanshanensis Wei, Webb & Zhang, 2008: 7.

头冠近复眼处赭黄色，其余黑色；冠缝、额缝黑色，额唇基区黑色。前唇基基部 1/3 深黑褐色；端部 2/3 大部分暗棕黄色，近侧缘各具 1 黑色斑，近端缘处具 2 根黄褐色长刚毛。舌侧板基半部淡赭黄色，端半部黑色；具一些黄褐色细毛。颊大部分赭黄色，从复眼下缘至端部有 1 片不规则淡灰褐色区域；具一些黄褐色细毛。额缝与复眼间区域暗赭黄色；复眼灰黑色；单眼灰黑色，为 1 圈黄白色包围；触角赭黄色。前胸背板绝大部分黑色，疏生黑褐色至淡黄色刚毛。小盾片黑色；侧缘基半部暗赭黄色，具数根黑色短簇毛。前翅透明，烟黄色，基部具数根较长褐色刚毛；翅脉淡褐色，爪区后缘略呈深褐色；翅脉疏生淡黄褐色刚毛。体腹面绝大部分黑色。前足腹面除基节黑色外，其余黄褐色，背面大部分黑色；中、后足胫节及跗节大部分黄褐色，其余黑色。

头冠中域微凹，后缘略翘起，冠缝几达头冠前缘；中长大于复眼间距之半。前胸背板后缘略凹。小盾片横刻痕凹陷弱，其后略端向抬升。

雄虫尾节侧瓣侧面观背、腹缘近平行，端缘弧圆；具密集长短不一的大刚毛及小刚毛；端半部近背缘处密生小刚毛。生殖瓣腹面观基半部阔，其后急剧缢缩，端向渐窄，端部角状。下生殖板基部阔，端向渐窄，端部尖；外缘中部略凹入；生有较多长短不一的刚毛。阳基侧突基半部较直，粗壮；近中部与连索相接处片状突较发达，外缘具数根刚毛；端半部窄长，外缘具 1 较明显的齿突，近齿突处内缘具细密鳞状刻痕；端部尖细。连索"T"形，横臂大部分膜质，近侧缘处骨化强，并向后延展形成主干的纵中部分；主干侧区膜质，端部略膨大，侧面观端部近直立。阳茎侧面观基部发达，端向渐细，头背向弯曲，近端部处腹缘略呈不规则细齿状，端部尖钩状；背面观基部略阔，端向渐窄，端半部侧区密生小棘突，侧缘细锯齿状，端部窄，端缘弧圆，阳茎孔位于近端部。

观察标本：2♂ (正模、副模，NWAFU)，陕西凤县天坛山，2000 m，1998.Ⅵ.9，杨玲环采。

讨论：本种与多毛弓背叶蝉 *C. hirsuta* 近似，但以下特征明显不同：①前者头冠黑斑从后缘直抵前缘，后者头冠仅端部具有黑斑；②前者舌侧板基半部淡赭黄色，端半部黑色，后者舌侧板为统一的黄白色；③阳茎端部背面观前者弧圆，后者中部形成凹刻。

分布：陕西。

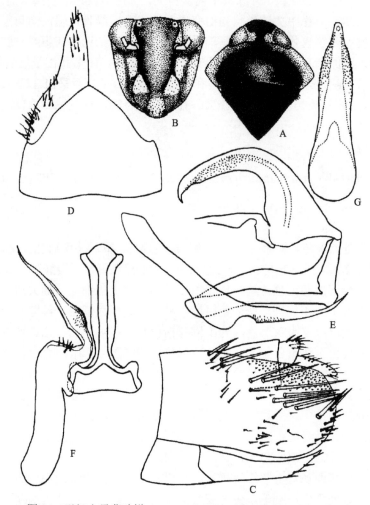

图 36 天坛山弓背叶蝉 *Cyrta tiantanshanensis* Wei, Webb & Zhang

A. 头、胸部背面观；B. 颜面；C. 雄虫尾节侧面观；D. 生殖瓣、下生殖板腹面观；E. 阳基侧突、连索、阳茎侧面观；

F. 阳基侧突、连索腹面观；G. 阳茎背面观

(37) 透翅弓背叶蝉 *Cyrta hyalinata* (Kato, 1929)

Kunasia hyalinata Kato, 1929: 547.

Cyrta hyalinata (Kato): Wei, Webb & Zhang, 2008: 25.

Kato (1929) 根据 1 头雌虫建立该种，Wei *et al.* (2008) 根据 Kato (1929) 关于该种的简单形态描记，将其转移至弓背叶蝉属 *Cyrta*，但该种是否为其他种类的异名一直难以确认，有待进一步研究。

分布：中国台湾。

13. 异弓背叶蝉属 *Paracyrta* Wei, Webb & Zhang, 2008

Paracyrta Wei, Webb & Zhang, 2008: 9.
Type species: *Cyrta blattina* Jacobi, 1944.

头冠小，明显窄于前胸背板，前缘在复眼间弧形突出，后缘凹入，冠缝直抵或近达头冠前缘，中长小于复眼间宽；额唇基区隆起，唇基沟不明显，前唇基长大于宽，端向渐阔，端缘弧形，与舌侧板端部平齐或略超出；舌侧板近半圆形；颊侧缘弧形；复眼大；单眼小，不明显，靠近额缝处着生；触角长，第 1、2 节膨大，圆柱形，其余长线状。

前胸背板横阔，中域隆起，宽度约为头宽的 2 倍，前缘在复眼间部分弧形突出，后缘略凹入，侧缘圆弧形。小盾片近三角形，约与前胸背板等长，基部宽度几等于侧缘长度，横刻痕浅，其后部分端向逐渐增厚隆起。前翅透明，端缘圆，缘片较窄；翅脉稍暗，疏生细小刚毛，端室 5，闭合端前室 2，m-Cu$_2$ 缺失。足粗壮，具长刺列。

雄虫尾节侧瓣长，基部较阔，端向渐窄。生殖瓣基部阔，端向渐窄。下生殖板近三角形，向后渐窄。连索 "T" 形，主干长，中央部分骨化，侧区膜质。阳基侧突近 "S" 形，基半部较直，端突弯曲并有细密鳞片状刻痕，外缘有 1 个小齿，内缘细密锯齿状，端部弯钩状。阳茎基部发达，前缘有 1 膜质突与肛节相连；阳茎干管状，端向渐细，端部 2 分叉或完整。

分布：东洋区 (中国；泰国，尼泊尔)。

Jacobi (1944) 根据 1 头雌虫标本建立 *Cyrta blattina*，且将其误记为雄虫。张雅林等 (2002) 检视正模时，发现其为雌虫，同时在此基础上建立了 8 新种。Wei *et al.* (2008) 在对 *Cyrta* 及相关类群进行修订研究时，确认 *Placiduas* Distant 为 *Cyrta* 的异名，并发现 *C. blattina* 与其他 *Cyrta* 种类差异显著，遂建立了 *Paracyrta*，并将张雅林等 (2002) 建立相关种类移入该属。由于相关种类标本均非常稀有，*Placiduas* 和 *Cyrta blattina* 的系统地位长期未被认识，导致 *Cyrta*、*Placiduas* 和 *Paracyrta* 等类群的关系长期未能厘清。张雅林等 (2002) 在对 *Cyrta* 修订时编制了 *Cyrta* (主要为 *Paracyrta* 种类) 分种检索表；本志在其基础上，结合新的研究结果编制了 *Paracyrta* 的分种检索表。

本属全世界已知 9 种，中国已知 9 种。

种 检 索 表

1. 额唇基区大部分褐赭色，中央隆起处色浅，淡黄色，并向侧缘对称延伸 ······························ ··· **异额异弓背叶蝉 *P. parafrons***

　额唇基区颜色基本一致；如不一致，则大部分栗棕色，侧区有淡褐色横印痕 ·······················2

2. 体背面除每节背板中央及后缘黑褐色外，其余赭黄色 ················ **双斑异弓背叶蝉 *P. bimaculata***

　体背面非赭黄色，至少腹部背面大部分非赭黄色 ··3

3. 冠缝不达头冠前缘，约为头冠中长的 3/4；腹部背面大部分黑褐色，第 II - V 腹节背板侧区、第Ⅶ

　　腹节和生殖节背板大部分黄色 ·· **金异弓背叶蝉** *P. blattina*

　　冠缝直抵或几达头冠前缘，如较短则头冠后缘具1对淡黄色圆斑；腹部背面不如上述 ············ 4

4.　阳基侧突内缘中部与连索相接处无突起 ·· 5

　　阳基侧突内缘中部与连索相接处显著突起 ·· 7

5.　下生殖板近内缘处具1列大小不等逆生刚毛；连索主干两侧膜质部分弱，基半部发散呈须状 ······

　　··· **逆毛异弓背叶蝉** *P. recusetosa*

　　下生殖板无逆生刚毛；连索主干两侧膜质部分完整 ·· 6

6.　阳基侧突基半部具刚毛；阳茎末端分歧短而钝，不呈弯钩状 ············ **具毛异弓背叶蝉** *P. setosa*

　　阳基侧突基半部无刚毛；阳茎端部分歧长，弯钩状 ·············· **异色异弓背叶蝉** *P. bicolor*

7.　阳基侧突基半部在近中部处明显缢缩，内缘与连索相接处突起呈齿状 ··························

　　··· **尖齿异弓背叶蝉** *P. dentata*

　　阳基侧突基半部与中部相接处无明显缢缩，内缘与连索相接处突起不呈齿状 ···················· 8

8.　阳基侧突内缘与连索相接处具较长片状突；阳茎侧面观近端部处前腹缘深凹，使其前面部分形成

　　突起，指向阳茎端部 ···································· **长突异弓背叶蝉** *P. longiloba*

　　阳基侧突内缘与连索相接处突起较圆；阳茎侧面观近端部处前腹缘无凹陷 ······················

　　··· **版纳异弓背叶蝉** *P. banna*

(38) 金异弓背叶蝉 *Paracyrta blattina* (Jacobi, 1944) (图 37, 38)

Cyrta blattina Jacobi, 1944: 35.

Paracyrta blattina (Jacobi): Wei, Webb & Zhang, 2008: 11.

　　体长：♀9.6-11.0 mm。

　　头冠、前胸背板、小盾片栗棕色。冠缝、额缝黑色，复眼暗褐色；前胸背板侧区淡黄色，个别区域略呈暗褐色；小盾片端半部色较深，暗褐色，侧缘间有暗黄色，端角暗黄色；前翅翅脉淡黄色，疏生白色小刚毛。腹部背面大部分黑褐色，第 II-V 腹节背板侧区、第 VII 腹节及生殖节背板大部分黄色。额唇基区栗棕色；唇基缝、舌侧板缝暗褐色；前唇基、舌侧板淡黄色；颊黄白色，中域略呈暗褐色；额缝至复眼间区域淡栗棕色。前足腹面绝大部分棕黄色，腿节端半部淡黄色；背面除跗节淡黄色外，其余大部分棕黑色。中足除腿节大部分黑色外，其余淡黄色。后足腿节、胫节大部分黑色，棱脊淡黄棕色，跗节暗黄棕色。腹部腹面除基部两节间有黄色外，其余均为黑色。

　　头冠中域近平坦，后缘略抬升，冠缝约为中长的 3/4，不达端部。前胸背板中域具极浅的横刻痕。小盾片基部宽度约与侧缘等长，侧缘具数根小细毛，横刻痕后具数条浅横皱纹。

　　变异情况：正模标本右翅端前外室基部具1横脉，将端前外室基部分割成1个近五边形小室，左翅正常；另一观察标本右翅端前外室基部具1横脉，将端前外室基部分割成1个三角形小室，左翅正常。

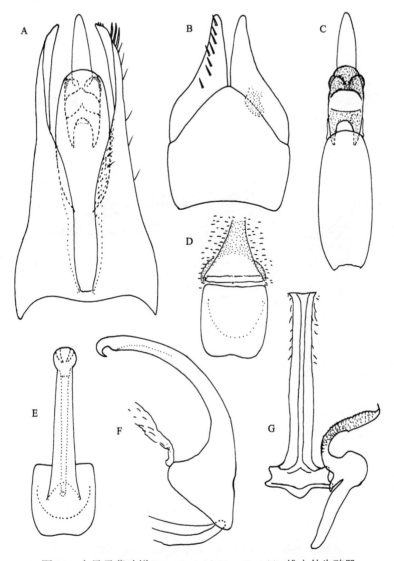

图 37　金异弓背叶蝉 *Paracyrta blattina* (Jacobi) 雄虫外生殖器

A. 雄虫尾节背面观；B. 生殖瓣、下生殖板腹面观；C. 肛管背面观；D. 阳茎基部及背连索基部后面观；E. 阳茎后面观；
F. 连索端部、阳茎侧面观；G. 阳基侧突、连索背面观

　　观察标本：1♀ (正模，ZFMK，Jacobi 在 1944 年发表时错记为♂)，CHINA, Fukien
(Fujian Prov.),1937.Ⅶ.21, J. Klapperich 采；2♀ (BPBM)，Fukien (Fujian Prov.), Shaowu, 1942.
Ⅳ-Ⅴ；1♂ (BPBM)，Fukien (Fujian Prov.), Tachulan, 1000 m, 1942.Ⅳ.7, T.C. Maa 采；2♀
(BPBM)，1942.Ⅴ.7, 1♀ (BPBM), Fukien (Fujian Prov.), Kenyang, Masha, 1943.Ⅷ.7, T.C.
Maa 采。

　　分布：福建。

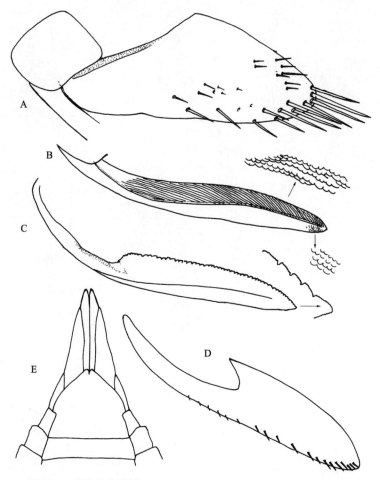

图 38　金异弓背叶蝉 *Paracyrta blattina* (Jacobi)　雌虫外生殖器

A. 尾节侧面观；B. 第Ⅰ产卵瓣；C. 第Ⅱ产卵瓣；D. 第Ⅲ产卵瓣；E. 腹部末端腹面观

(39) 逆毛异弓背叶蝉 *Paracyrta recusetosa* (Zhang & Wei, 2002) (图 39；图版Ⅱ：17)

Cyrta recusetosa Zhang & Wei, in Zhang, Wei & Sun, 2002: 30.

Paracyrta recusetosa (Zhang & Wei): Wei, Webb & Zhang, 2008: 11.

体长：♂8.5 mm，♀9.0 mm。

头冠栗褐色，冠缝黑色；复眼暗褐色，中域灰白色。前胸背板绝大部分栗褐色；两侧区淡黄色，部分区域黑褐色；在栗褐色中域侧后部各具 1 个黑斑。小盾片栗褐色；侧缘大部分淡黄色，在近基部 1/3 处间有一小段栗褐色；端角淡黄色。前翅翅脉褐色，疏生灰色小刚毛。腹部背面绝大部分黑褐色，每节背板近侧缘处及尾节背面中央棕色。额唇基区栗棕色；前唇基、舌侧板淡棕色；颊淡黄色，中域略呈暗褐色；唇基缝及其周围黑色，额缝与复眼间区域淡黄色，舌侧板缝黑褐色；触角淡黄棕色。前足腹面及胫节端半部红色，其余黑褐色。中足胫节、跗节淡黄棕色，腿节外侧淡棕红色，其余黑褐色。

后足腿节端部淡棕红色，腹面外侧白色，内侧黑色，背面黑色；胫节外侧棱脊棕红色，其余黑褐色；跗节淡棕红色。腹部腹面绝大部分黑褐色，生殖节略呈棕黄色，其他各节后缘黄白色。

　　头冠中长略小于复眼间宽，宽略小于小盾片基部宽度，冠缝抵头部前缘，前唇基近前缘处具稀疏细毛和 2 根较直立长毛。前胸背板远阔于头部，具不明显的横刻痕。小盾片横刻痕不明显，侧缘具数根细毛。

　　尾节侧瓣腹面观窄长，侧面观基部较窄，向中部渐宽，至后部收窄，端部弧圆，端部和背缘有长短不一的大刚毛，近背缘处有细密小棘突。生殖瓣腹面观后缘略呈角状突出。下生殖板明显短于尾节，腹面观近三角形，外缘略凹，近基部有长短不一的大刚毛，近内缘处有 1 列长短不一的逆生刚毛；侧面观近端部处有数根大刚毛。阳基侧突基半部较直，中部膨大；端半部弯曲，外缘具 1 大齿，内缘呈细密锯齿状，端部尖、弯钩状。连索主干长，中央骨化，两侧连有膜质构造，发散成须状。阳茎基部发达，阳茎干管状，端向渐细，端部 2 分叉，弯钩状。

　　观察标本：1♂ (正模，NKU)；2♀ (副模，NKU)；云南昆明筇竹寺，1978.XI.12。

　　分布：云南。

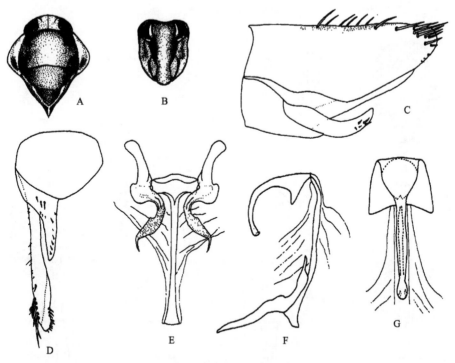

图 39　逆毛异弓背叶蝉 *Paracyrta recusetosa* (Zhang & Wei)

A. 头、胸部背面观；B. 颜面；C. 雄虫尾节侧面观；D. 雄虫尾节腹面观；E. 连索、阳基侧突、阳茎腹面观；F. 连索、阳基侧突、阳茎侧面观；G. 阳茎及连索主干背面观

(40) 具毛异弓背叶蝉 *Paracyrta setosa* (Zhang & Sun, 2002) (图 40；图版 Ⅱ：18)

Cyrta setosa Zhang & Sun, in Zhang, Wei & Sun, 2002: 31.

Paracyrta setosa (Zhang & Sun): Wei, Webb & Zhang, 2008: 11.

体长：♂8.8 mm，♀9.0 mm。

头冠、前胸背板、小盾片栗棕色；冠缝、额缝黑色；复眼中央黑色，其余淡黄色，半透明；头冠后缘具 1 对淡黄色斑。前胸背板两侧区呈不连续黄白色。小盾片侧缘呈不连续黄白色，近中部间有栗棕色，其后有 1 个黄白色斑；端角黄白色；侧缘细毛淡黄色。前翅翅脉淡褐色，疏生白色小刚毛。腹部背面绝大部分棕褐色。额唇基区、前唇基、舌侧板栗棕色，颊黄白色，额缝、唇基缝、舌侧板缝黑色，右额缝与右复眼间区域淡黄色，左额缝与左复眼间区域暗灰色；单眼小，黄色。前足腹面黄棕色，背面黑色。中足腿节棱脊、胫节基部以外至跗节淡黄棕色，其余黑色。后足绝大部分黑色，棱脊淡黄棕色，跗节棕褐色。腹部腹面基本棕黑色。

头冠后缘略抬升，中长略小于复眼间宽，头宽与小盾片基部约等宽，冠缝不达头冠前缘，约为头冠中长的 3/4。前胸背板光亮，中域具极细微横刻痕。小盾片侧缘长度稍大于基部宽度，横刻痕不明显，端半部具较粗的横皱纹，侧缘具细毛。

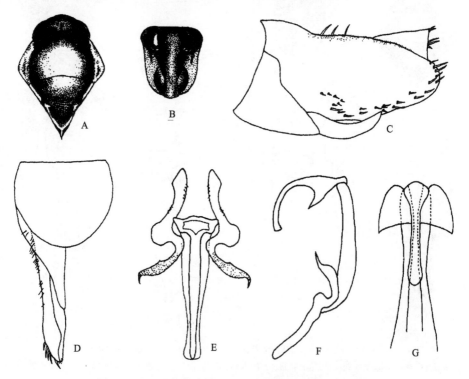

图 40 具毛异弓背叶蝉 *Paracyrta setosa* (Zhang & Sun)

A. 头、胸部背面观；B. 颜面；C. 雄虫尾节侧面观；D. 雄虫尾节腹面观；E. 连索、阳基侧突腹面观；F. 阳基侧突、连索、阳茎侧面观；G. 阳茎及连索主干背面观

　　尾节侧瓣腹面观较长，显著超出下生殖板，侧缘基部至中部具细长刚毛，近端部处具数根大刚毛，端部具数根小刚毛；侧面观较阔，向后渐窄，端部弧圆，背缘中部具 3 根大刚毛和一些小刚毛，接近背缘处生有细密小棘突，接近腹缘及端缘处具长短不一大刚毛。生殖瓣腹面观近半圆形。下生殖板较短，近三角形。阳基侧突腹面观基半部较直，内缘和外缘各具数根刚毛；中部膨大；端半部弯曲，具鳞片状细密刻痕，外缘具 1 尖齿，内缘呈细密锯齿状，端部渐尖。连索发达，腹面观主干中央骨化，两侧部分膜质。阳茎侧面观头背向弯曲，基部宽大，背腔发达，阳茎干近端部处前腹缘有缺刻。

　　观察标本：1♂ (正模，NWAFU)，Thailand: Phuping Palace, Chiangmai Prov., North Thailand, 1983.Ⅵ.2，M. Hayashi 采；1♀ (副模，TMNH)，云南瑞丽，1979.Ⅸ.2，刘胜利采。

　　分布：云南；泰国。

(41) 版纳异弓背叶蝉 *Paracyrta banna* (Zhang & Wei, 2002) (图 41；图版Ⅱ：19)

Cyrta banna Zhang & Wei, in Zhang, Wei & Sun, 2002: 32.
Paracyrta banna (Zhang & Wei): Wei, Webb & Zhang, 2008: 10.

　　体长：♂8.0 mm，♀8.0-8.2 mm。

　　雄虫头冠、前胸背板、小盾片黑褐色；头冠后缘具 1 对黄色斑，复眼暗褐色。前胸背板侧区姜黄色，近后侧角处隐约露出 1 对模糊的黑褐色斑。小盾片沿侧缘间有不规则淡黄棕色小斑，端角淡黄棕色；侧缘具黄色细毛。前翅透明，爪片末端及革片近端部处略呈烟褐色；翅脉淡褐色，疏生淡黄色小刚毛。额唇基区、前唇基栗棕色，中央突隆处较深，暗栗褐色；唇基缝及其外围黑色，额缝至复眼间区域亮白色；舌侧板棕褐色，舌侧板缝黑褐色；颊黄白色，中域具 1 条不明显淡褐色纵斑。前足背面除胫节及跗节棕黄色外，其余黑色；腹面除胫节略呈棕红色外，其余黄棕色。中足胫节、跗节淡黄棕色，其余黑色。后足除跗节及其他各节棱脊淡棕黄色外，其余黑色。

　　雌虫头冠、前胸背板、小盾片颜色较雄虫个体稍浅，栗褐色至深褐色；头冠后缘 1 对色斑不明显；小盾片侧缘间有更多黄色，几致侧缘具 1 条黄线；爪片和革片端部烟褐色较少，与翅面其他部分几乎一样透明；前足腿节腹面多少呈现出红棕色。其余特征与雄虫基本相同。

　　头冠后缘略抬升，中长略小于复眼间宽，头宽略小于小盾片基部宽度，冠缝几达前缘。前胸背板光滑，前缘略呈弧形突出，后缘略凹入。小盾片光滑，横刻痕不明显。

　　尾节侧瓣腹面观细长，显著超过下生殖板，有大刚毛和细长刚毛，端部具 1 列刚毛；侧面观背缘中部有一些小刚毛及细密小棘突，近背缘处具数根细长大刚毛，侧面具长短不一的大、小刚毛，端缘具 1 列小刚毛。下生殖板近三角形，向后渐细，具长短不一的粗刚毛。阳基侧突腹面观基半部较粗，中部膨大，内缘与连索相接处有 1 片状突；端半部具细密的鳞片状刻痕，外缘具 1 个大而钝的齿突，内缘锯齿状，端部弯曲，尖钩状。连索粗长，主干中央骨化，两侧部分膜质。阳茎侧面观头背向弯曲，基部阔，阳茎干管状，端向渐细，端部 2 分叉，弯钩状。

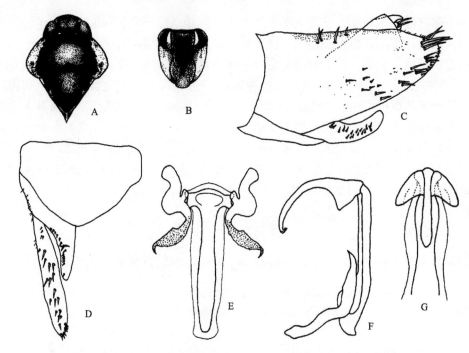

图 41 版纳异弓背叶蝉 *Paracyrta banna* (Zhang & Wei)

A. 头、胸部背面观；B. 颜面；C. 雄虫尾节侧面观；D. 雄虫尾节腹面观；E. 连索、阳基侧突腹面观；F. 连索、阳基侧突、
阳茎侧面观；G. 阳茎及连索主干背面观

观察标本：1♂ (正模，IZCAS)，云南西双版纳小勐养，850 m，1957.Ⅹ.14，臧令超采；1♀ (副模，IZCAS)，云南西双版纳小勐养，850 m，1957.Ⅲ.27，臧令超采；1♀ (副模，IZCAS)，云南西双版纳小勐养，850 m，1957.Ⅹ.24，王书永采。

分布：云南。

(42) 异色异弓背叶蝉 *Paracyrta bicolor* **(Zhang & Wei, 2002)** (图 42)

Cyrta bicolor Zhang & Wei, in Zhang, Wei & Sun, 2002: 34.
Paracyrta bicolor (Zhang & Wei): Wei, Webb & Zhang, 2008: 11.

体长：♂9.5 mm。

头冠、前胸背板、小盾片赭黄色；冠缝、额缝及其与复眼间区域黑褐色，头冠后部略呈暗褐色；复眼栗褐色。前胸背板两侧区黄白色，接近复眼处各具 1 个不规则黑斑，近后侧角处略呈赭黄色。小盾片侧缘近基部处及中部间有黄白色斑，其余黑色，疏生黄白色小刚毛；横刻痕两端黑色，中部间有赭黄色；端角白色。前翅翅脉淡黄色，稀生白色微小刚毛；爪片后缘近基部及中部各具 1 个白色晕斑。腹部背面大部分黑褐色，每节后缘及近侧缘处棕黄色。额唇基区、前唇基、舌侧板栗棕色，额缝、唇基缝、舌侧板缝黑褐色；额唇基区、前唇基对称着生淡褐色横斑；额缝与复眼间区域顶部黑褐色，其余白色；颊绝大部分黄白色，与唇基缝、舌侧板缝相接处黑褐色，中域有 1 个褐色纵斑；

单眼淡黄色，极小；触角淡黄色。胸部腹面绝大部分黑色。前足背面绝大部分黑色，腹面除基节及腿节前缘黑色外，其余淡黄棕色。中足绝大部分黑色，胫节和跗节黄白色。后足大部分黑色，棱脊及跗节黄白色。腹部腹面大部分棕黑色。

　　头冠后缘略抬升，中长明显小于复眼间宽，约与小盾片基部等宽，冠缝伸达头冠前缘。前胸背板中域近平坦，有数条明显的细横刻痕。小盾片横刻痕中部中断。

　　尾节侧瓣腹面观狭长，有长短不一的大刚毛及个别长细毛，端部有 1 列小刚毛；侧面观前、中部有长短不一的细刚毛，近端部处有长短不一的大刚毛，端部生有 1 列整齐的粗短刚毛，背缘中、后部生有一些小刚毛。生殖瓣腹面观近三角形。下生殖板腹面观近三角形，有长短不一的大、小刚毛，外缘略凹入；侧面观近腹缘处有较粗短刚毛。阳基侧突基半部较粗长，外缘凹入，内缘突出；中部略膨大；端半部具细密的鳞片状刻痕，外缘具 1 钝齿，内缘细密锯齿状，端部长弯钩状。连索主干长，中央骨化，两侧部分膜质。阳茎侧面观基部发达，阳茎干管状，近端部处内缘凹陷，端部 2 分叉，弯钩状。

　　观察标本：1♂ (正模，SEMCAS)，浙江庆元百山祖，1050 m，1963.Ⅳ.26，金根桃采。

　　分布：浙江。

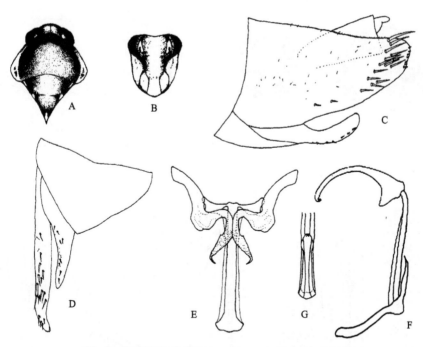

图 42　异色异弓背叶蝉 *Cyrta bicolor* (Zhang & Wei)

A. 头、胸部背面观；B. 颜面；C. 雄虫尾节侧面观；D. 雄虫尾节腹面观；E. 连索、阳基侧突腹面观；F. 连索、阳基侧突、
阳茎侧面观；G. 阳茎及连索主干背面观

(43) 长突异弓背叶蝉 *Paracyrta longiloba* (**Zhang & Wei, 2002**) (图 43；图版Ⅱ：20)

Cyrta longiloba Zhang & Wei, in Zhang, Wei & Sun, 2002: 35.

Paracyrta longiloba (Zhang & Wei): Wei, Webb & Zhang, 2008: 11.

体长：♂8.2-8.6 mm，♀8.6 mm。

雄虫头冠栗棕色，冠缝、额缝黑褐色，复眼暗褐色。前胸背板栗褐色，中域间有栗棕色，两侧区绝大部分姜黄色。小盾片栗棕色；侧缘基部一段黄色，中部有1个黄色斑，其余黑褐色；横刻痕端部较深，黑褐色，中部渐浅，褐色；端角黄色，近端角处有数根淡黄色细毛。前翅翅脉淡褐色，稀生黑色小刚毛。额唇基区、前唇基棕红色，唇基缝及其外围区域、额缝黑褐色，额缝与复眼间区域黄色，舌侧板淡黑褐色；颊从上至下由淡黄棕色渐变为黑褐色，有1条黑褐色纵长斑；单眼黄棕色，极不明显；触角黄棕色。前足腿节及胫节背面棕黑色，其余棕褐色至淡黄褐色；中足胫节、跗节淡黄棕色，其余黑色；后足腿节、胫节黑色，棱脊及跗节棕黄色。

雌虫头冠、前胸背板、小盾片栗棕色更均匀，小盾片端半部侧缘淡棕色；其余体色特征与雄虫基本相同。

头冠中长略大于复眼间宽之半，头宽略小于小盾片基部宽度，冠缝几达头冠前缘。前胸背板前缘略弧形突出，后缘略凹入，具细横刻痕。小盾片中域平坦，近端角处具数根细毛。

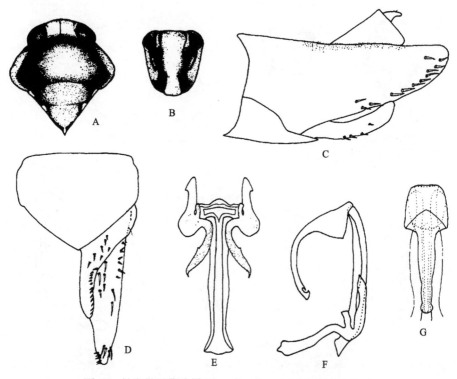

图 43 长突异弓背叶蝉 *Paracyrta longiloba* (Zhang & Wei)

A. 头、胸部背面观；B. 颜面；C. 雄虫尾节侧面观；D. 雄虫尾节腹面观；E. 连索、阳基侧突腹面观；F. 连索、阳基侧突、阳茎侧面观；G. 阳茎及连索主干背面观

尾节侧瓣腹面观较阔，端向渐细，侧缘近基部处有长短不一的刚毛，腹面及端部具长短不一的大刚毛；侧面观背缘中部有一些整齐的小刚毛及数根长刚毛，近背缘处密生

小棘突，近腹缘处有长短不一的大刚毛。生殖瓣腹面观基部略收缩，侧缘近平行，后缘角状突出。下生殖板腹面观近三角形，外缘略凹入，近基部处具数根较大刚毛，近外缘处具 1 列中等粗细刚毛。阳基侧突腹面观基半部较直，基部外侧略呈齿状；中部显著膨大，内缘与连索相接处具 1 个长突；端半部弯曲，具细密的鳞片状刻痕，外缘具 1 个大的尖齿，内缘细锯齿状，端部尖，钩状。连索主干中央骨化，两侧部分膜质。阳茎头背向弯曲，基部发达，阳茎干管状，端部 2 分叉，长弯钩状，侧面观近端部处前腹缘缘深凹，使其前面部分形成突起，指向弯钩状的阳茎端部。

观察标本：1♂ (正模，IZCAS)，Mokan Shan (浙江莫干山)，1936.Ⅴ.30，O. Piel 采。1♂ (副模，IZCAS)，Mokan Shan (浙江莫干山)，1936.Ⅴ.3，O. Piel 采；1♀ (副模，TMNH)，浙江新安江，1965.Ⅷ.26，刘胜利采。

分布：浙江。

(44) 尖齿异弓背叶蝉 *Paracyrta dentata* (**Zhang & Wei, 2002**) (图 44)

Cyrta dentata Zhang & Wei, in Zhang, Wei & Sun, 2002: 37.

Paracyrta dentata (Zhang & Wei): Wei, Webb & Zhang, 2008: 11.

体长：♂8.4 mm，♀8.6 mm。

雄虫头冠栗棕色，冠缝、额缝黑色，后缘接近复眼处具 1 对不明显的淡黄色斑，复眼暗褐色。前胸背板栗棕色，近后缘处较深，栗褐色，两侧区间有淡黄色。小盾片栗褐色，近前缘处较深，黑褐色；侧缘基部黄色，中部具 1 个黄色斑，其余黑色；端角黄色，横刻痕黑褐色；侧缘具数根细毛，黄白色。前翅透明，翅脉淡褐色，爪片基部、爪片后缘基部间有黄白色，爪片后缘中有 1 个黄白色斑。额唇基区、前唇基栗棕色，额缝、唇基缝及其周围区域棕黑色，额缝与复眼间区域黄白色；舌侧板棕褐色；颊绝大部分淡黄棕色，靠近舌侧板处略呈棕黑色，中域有 1 个不明显的暗褐色斑。前足腹面绝大部分棕黄色，背面除腿节及胫节基部黑褐色外，其余淡黄棕色。中足胫节、跗节及腿节棱脊淡黄棕色，其余黑褐色。后足跗节及其他各节棱脊淡棕色，其余黑褐色。

雌虫舌侧板黄棕色，颊中域斑点长而明显；其余体色特征与雄虫基本相同。

头冠前缘弧形突出，中长约等于复眼间宽之半，头宽明显小于小盾片基部宽度，冠缝抵达头冠前缘。前胸背板中域显著隆起，生有细横刻纹。小盾片横刻痕明显。

尾节侧瓣腹面观有长短不一的大刚毛，端部有 1 列短刚毛；侧面观基部阔，端向渐窄，生有稀疏小刚毛，背缘中部有一些整齐短刚毛及数根长刚毛，近后缘处生有长短不一的大刚毛和粗短刚毛。下生殖板腹面观基部阔，向后渐窄，端部钝圆，外缘略凹，有长短不一的大、小刚毛；侧面观背缘基半部不圆滑，有起伏，近腹缘处有 1 列大刚毛。阳基侧突腹面观基半部较直，至与中部相接处明显缢缩，内缘与连索相接处有 1 大齿突；端半部具细密鳞片状刻痕，外缘具 1 个小尖齿，内缘细密锯齿状，端部弯钩状。连索"T"形，主干长，中央部分骨化，两侧部分膜质。阳茎基部发达，阳茎干管状，端向渐细，端部分歧，弯钩状。

观察标本：1♂ (正模，IZCAS)，Mokan Shan (浙江莫干山)，1936.Ⅴ.29，O. Piel 采；

1♀ (副模，IZCAS)，Mokan Shan (浙江莫干山)，1936. Ⅴ.24，O. Piel 采。
　　分布：浙江。

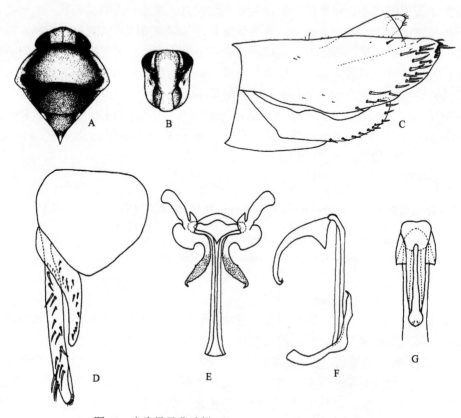

图 44　尖齿异弓背叶蝉 *Paracyrta dentata* (Zhang & Wei)

A. 头、胸部背面观；B. 颜面；C. 雄虫尾节侧面观；D. 雄虫尾节腹面观；E. 连索、阳基侧突腹面观；F. 连索、阳基侧突、
阳茎侧面观；G. 阳茎及连索主干背面观

(45) 双斑异弓背叶蝉 *Paracyrta bimaculata* (Zhang & Sun, 2002) (图 45；图版Ⅱ：21)

Cyrta bimaculata Zhang & Sun, in Zhang, Wei & Sun, 2002: 38.
Paracyrta bimaculata (Zhang & Sun): Wei, Webb & Zhang, 2008: 11.

体长：♀9.0-10.0 mm。

头冠赭黄色，冠缝、额缝黑色，复眼黄褐色，头冠后缘黄白色或不连续黄白色。前
胸背板横阔，赭黄色，近小盾片基角处略呈淡褐色；侧区黄白色，个别区域赭黄色；后
缘有 1 条黄白色细边。小盾片赭黄色，侧缘及端角黄白色，有亮黄色细毛；横刻痕黑色，
中部不明显，两端各连 1 个三角形黑斑。前翅透明，翅脉黄色，有黑褐色小刚毛。腹部
背面除每节背板中央及后缘黑褐色外，其余大部分赭黄色。额唇基区、前唇基、舌侧板
栗棕色，舌侧板个别部位栗褐色；颊白色，中域有 1 个不明显的暗褐色斑；额缝与复眼
间区域白色，唇基缝及其内侧临近区域、舌侧板缝黑色；触角暗褐色。前足除腿节及胫

节基部腹面黑色外，其余红棕色。中足除腿节腹面大部分黑色外，其余黄棕色。后足腿节大部分黑色，棱脊黄白色；胫节黑色，棱脊黄棕色；其余各节棕红色。腹部腹面生殖前节绝大部分黑色，各节后缘黄白色；第Ⅲ腹节基部中央具 1 对棕黄色圆斑，第Ⅶ腹节中央纵隆处及后缘略呈淡黄色，其余黑色。

头冠前缘弧形突出，中长约为复眼间宽的 3/4，头宽约等于小盾片基部宽度，冠缝几达头冠前缘。前胸背板横阔。小盾片横刻痕不明显。

变异：除正模第Ⅲ腹板基部中央具 1 对棕黄色圆斑外，其余观察标本第Ⅲ腹板基部无圆斑。

观察标本：1♀ (正模，TMNH)，2♀ (副模，TMNH)，昆明筇竹寺，1978.Ⅺ.11，刘胜利采；1♀ (副模，BMNH)，Pokhara (Napel)，1961.Ⅳ. 9，S. R. Wadhi 采。

分布：云南。

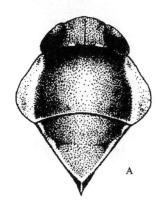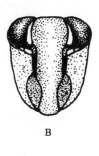

图 45　双斑异弓背叶蝉 *Paracyrta bimaculata* (Zhang & Sun)
A. 头、胸部背面观；B. 颜面

(46) 异额异弓背叶蝉 *Paracyrta parafrons* (**Zhang & Wei, 2002**) (图 46)

Cyrta parafrons Zhang & Wei, in Zhang, Wei & Sun, 2002: 39.
Paracyrta parafrons (Zhang & Wei): Wei, Webb & Zhang, 2008: 11.

体长：♀9.8 mm。

头冠赭黄色，冠缝及额缝黑色，复眼灰褐色，额缝与复眼间区域黄白色，头冠后缘具 1 对黄白色圆斑。前胸背板中域赭黄色；侧区黄白色，个别区域略呈暗赭色；后缘黄白色。小盾片赭褐色，基角及端半部较深，黑褐色；侧缘及端角黄白色；侧缘疏具黄白色细毛。中部横刻痕两端之前各具 1 个黄白色斑，与黄白色侧缘相连。前翅透明，淡烟黄色，翅脉暗赭色，疏生黑褐色小刚毛。腹部背面绝大部分黑褐色，第Ⅱ-Ⅴ腹节背板侧区及生殖节背板黄白色。额唇基区大部分褐赭色，中央纵隆处淡黄色，并向侧缘对称延伸；额缝、唇基缝黑褐色；额缝与复眼间区域白色；前唇基、舌侧板淡黄色，颊黄白色；舌侧板缝淡褐色；触角淡黄褐色。前足跗节黄色，其余各节腹面红色，背面黑色；中足腿节腹面外侧黑褐色，其余淡黄色至棕黄色；后足腿节、胫节大部分黑褐色，棱脊棕黄色，跗节棕红色。腹部腹面除每节后缘淡黄赭色外，其余黑褐色。

头冠小，拱形突出，后缘略抬升，冠缝不达中长之半；额唇基区横印痕明显。前胸背板横阔，光滑。

观察标本：1♀（正模，IZCAS），云南石鼓，1840 m，1958.Ⅷ.3，李传隆采。

分布：云南。

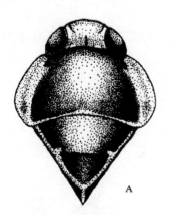

图 46　异额异弓背叶蝉 *Paracyrta parafrons* (Zhang & Wei)

A. 头、胸部背面观；B. 颜面

14. 异冠叶蝉属 *Pachymetopius* Matsumura, 1914

Pachymetopius Matsumura, 1914: 219; Capriles, 1975: 307.

Sabimamorpha Schumacher, 1915: 124.

Type species: *Pachymetopius decoratus* Matsumura, 1914.

头冠小，明显窄于前胸背板，约与小盾片基部等宽；端部在复眼前向前发展，前缘圆角状突出；后缘钝角状凹入；中长大于复眼间距，中央形成中纵脊。头冠与颜面相交处形成檐状脊起，颜面显著倾斜，致使头式稍近后口式。额唇基区基部阔，额缝与复眼几相接。前唇基区基部较窄，端向渐阔；或基部阔，端部窄收；前缘凹入。复眼大；单眼小，光亮；触角长，第 1、2 节膨大，圆柱形，其后长线状，约等于体长。

前胸背板阔，多具刚毛；侧缘弧圆或圆角状拱出；后缘多从中点分为 2 条反弧线与侧后缘相接，致使前胸背板呈领状，或后缘近圆弧形凹入。中长略小于头冠及小盾片中长。小盾片三角形，多具刚毛，基半部近平坦，横刻痕不甚明显，其后略端向抬升，有些种类侧缘具簇毛。前翅大部分与头冠及胸部颜色一致，具或大或小的透明斑块，翅基部具短簇毛，翅脉具刚毛，m-Cu$_2$ 消失，缘片较窄。足部除后足腿节外，其余各节均具发达刺列；后足腿节端部具数根较长刚毛，基跗节端部具 1 排刚毛。

雄虫尾节侧瓣较长，端部弧圆，内突发达。生殖瓣短阔；下生殖板较长，内、外缘近平行，端部具 1 排较长刚毛，腹面密生极短刚毛。阳基侧突纤细，外基突细长，内基突小；端突长，散布个别刚毛，近端部分为 2 支，外支阔大，内支较弱。连索近"T"

形，短阔。阳茎较短而阔。

分布：东洋区 (中国；越南，泰国，老挝)。

异冠叶蝉属 *Pachymetopius* Matsumura 的系统地位长期不明确。Matsumura (1914) 建立 *Pachymetopius* 时未指明其应归属的亚科。Schumacher (1915) 以 *Sabimamorpha speciosissima* 为模式种建立 *Sabimamorpha*，并将其置于 Bythoscopinae，但基于对 *Sabimamorpha speciosissima* 与 *Pachymetopius* 的模式种靓异冠叶蝉 *Pachymetopius decoratus* Matsumura 的比较研究，Wei *et al.* (2008) 确认 *Sabimamorpha speciosissima* 应为 *Pachymetopius decoratus* Matsumura 的异名。Evans (1947) 认为 *Pachymetopius* Matsumura 的地位暂不能确定。Metcalf (1966) 将其列入 Idioceridae (即 Idiocerinae)。Capriles (1975) 认为 *Sabimamorpha* 与 *Placidellus ishiharei* Evans 相近，并将其从 Idiocerinae 移至离脉叶蝉亚科 Coelidiinae；但 Nielson (1975) 认为包括 *Sabimamorpha* Schumacher 在内的多个属具有与当时已知各叶蝉亚科均不相同的特征，因此将其从离脉叶蝉亚科 Coelidiinae 移出，并声称将在日后建立新的亚科以容纳它们，但这一主张最终并未被付诸实施。Wei *et al.* (2008) 认为 *Pachymetopius* (=*Sabimamorpha*) 应被归入 Stegelytrinae。

本属全世界已知 6 种，中国已知 4 种。

种 检 索 表

1. 雄虫前唇基基部至近端部处逐渐变阔，端部显著向两侧扩展变阔⋯⋯⋯⋯**靓异冠叶蝉 *P. decoratus***
   雄虫前唇基基部阔隆⋯⋯⋯⋯⋯⋯⋯⋯⋯⋯⋯⋯⋯⋯⋯⋯⋯⋯⋯⋯⋯⋯⋯⋯⋯⋯⋯⋯⋯⋯2
2. 阳茎无侧突⋯⋯⋯⋯⋯⋯⋯⋯⋯⋯⋯⋯⋯⋯⋯⋯⋯⋯⋯⋯⋯**燕尾异冠叶蝉 *P. bicornutus***
   阳茎具 1 对侧突⋯⋯⋯⋯⋯⋯⋯⋯⋯⋯⋯⋯⋯⋯⋯⋯⋯⋯⋯⋯⋯⋯⋯⋯⋯⋯⋯⋯⋯⋯⋯⋯3
3. 阳茎侧突着生于阳茎干近基部⋯⋯⋯⋯⋯⋯⋯⋯⋯⋯⋯⋯**南靖异冠叶蝉 *P. nanjingensis***
   阳茎侧突着生于阳茎干近中部⋯⋯⋯⋯⋯⋯⋯⋯⋯⋯⋯⋯⋯**齿茎异冠叶蝉 *P. dentatus***

(47) 靓异冠叶蝉 *Pachymetopius decoratus* Matsumura, 1914 (图 47；图版Ⅱ：22)

Pachymetopius decoratus Matsumura, 1914: 218; Wei, Zhang & Webb, 2008b: 293.

Sabimamorpha speciosissima Schumacher, 1915: 124.

体长：♀6.1 mm，♂5.5-5.8 mm。

雌虫头冠浅橙红色，具 9 个大小不一的乳白色斑。复眼暗褐色，中域稍浅；单眼浅黄白色；触角浅黄色。颜面黄褐色，与冠面相交处檐脊紧下方具 4 个横形白斑。前唇基近端部处具 1 对黑色大斑，前缘具 1 对黄褐色刚毛。前胸背板、小盾片黄褐色，密布黑色小瘤点，其上生有黄褐色刚毛；前翅大部分黄褐色，个别部位加深呈黑褐色，翅面有规律排布数个透明斑，基半部翅脉约等距离排布小黑点，其上生有黄色刚毛，翅基具黄褐色簇毛。前、中足胫节、跗节白色，其余黄褐色；后足腿节大部分黑色，端部黄褐色，胫节基部黄褐色，其余黑色，跗节黄白色。

雄虫头冠、前胸背板、小盾片黑色或黑褐色；头冠乳白色斑 8 个，但近后缘处 1 对明显弱小，或乳白色斑仅 6 个。头冠与颜面相交处紧下方具 4 个乳白色斑，几乎连接在一起；前唇基前缘具 1 对黄褐色刚毛。复眼大部分黑褐色，中域浊白色；单眼亮白色；触角黄白色。前胸背板及小盾片密生黑色刚毛，另具少数黄白色刚毛。前翅黑褐色，基部簇毛黑褐色，翅面透明斑块位置及形状近似于雌虫，或明显较小，翅脉基半部具黑色小刚毛。腹部背、腹面均黑褐色。前、中足胫节、跗节白色，后足跗节黄色，其余黑色。

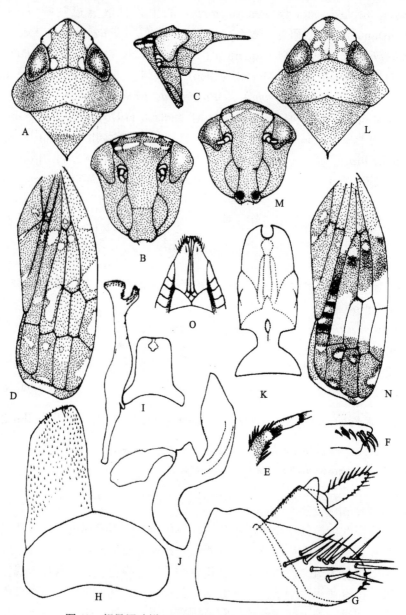

图 47　靓异冠叶蝉 *Pachymetopius decoratus* Matsumura

A. 雄虫头、胸部背面观；B. 雄虫颜面；C. 雄虫头、胸部侧面观；D. 雄虫前翅；E. 后足腿节端部腹面观；F. 后足胫节端部及基跗节腹面观；G. 雄虫尾节侧瓣侧面观；H. 生殖瓣、下生殖板腹面观；I. 阳基侧突、连索腹面观；J. 阳茎侧面观；K. 阳茎背面观；L. 雌虫头、胸部背面观；M. 雌虫颜面；N. 雌虫前翅；O. 雌虫腹部末端腹面观

雄虫生殖瓣阔，下生殖板较长，内、外缘近平行，端部具 1 排较长刚毛，腹面密生极短刚毛，中域刚毛尤短小。内突细长，不分支。阳基侧突与连索相接处片状突起较长；端半部具个别刚毛；近端部处分为 2 支，外支阔大，端部具鳞状痕，内缘具数根刚毛；内支较细弱，端部具数个鳞状痕，又具 1 尾状细突。连索近"T"形。阳茎基部发达，弯曲，阳茎干弯曲，端部较尖。

观察标本：1♂ (BPBM)，Taiwan, Sichongxi, Hengchun, 1997.Ⅺ.27, on shoot of bamboo, S. Kamitani 采；1♀ (BPBM)，Taiwan, Sichongxi, Hengchun, 1997.Ⅺ.27, on shoot of bamboo, S. Kamitani 采；1♂ (BPBM)，Taiwan: Peitou. Nr. Taipei, 50 m, 1957.Ⅸ.20, T.C. Maa 采；1♀ (NCSU)，Hassenzan Formosa, 1934.Ⅳ.24, L. Gressitt 采；1♀ (NCSU)，Hori Formosa, 1934. Ⅳ.9, L. Gressitt 采；1♀ (NCSU)，Hassenzan Formosa, 1934.Ⅳ.26, L. Gressitt 采；1♂ (NCSU)，Kurarun Formosa, 1934.Ⅳ.4, L. Gressitt 采；1♂ (NCSU)，Hori Formosa, 1934.Ⅳ.7, L. Gressitt 采。

分布：中国台湾。

(48) 燕尾异冠叶蝉 *Pachymetopius bicornutus* Wei, Zhang & Webb, 2008 (图 48)

Pachymetopius bicornutus Wei, Zhang & Webb, 2008b: 296.

体长：♀7.9-8.8 mm，♂8.1-8.2 mm。

雄虫头冠黑色，近前侧缘处具 1 白色条状斑，中央近前缘处具 1 细短白斑。颜面黑色，与头冠相交处檐脊下具 1 条白色横带；额唇基区近唇基缝处部分呈黄褐色；前唇基近前缘处具个别暗褐色刚毛及 1 对长刚毛。复眼淡褐色，中央具 1 污白色带斑；单眼灰白色，光亮。触角基部 2 节黄褐色，其余黄白色。前胸背板、小盾片黑色，密生黄褐色刚毛。翅基半部及端部 1/4 基本黑褐色，且具数个透明斑；近中部及近端缘处无色透明；翅基簇毛较短；透明区域翅脉黑褐色，爪脉端部白色；翅脉密生白色刚毛。体腹面绝大部分黑褐色；前足、中足胫节、跗节及后足跗节黄白色，其余黑褐色。

雌虫头冠、颜面、前胸背板、小盾片及翅的爪区栗黄色，其余体色与雄虫相近。

头冠中长略大于前胸背板中长，中域凹陷。前唇基基部阔 (部分个体显著加阔且突隆)，近中部处缢缩，近端部处又拓阔，前缘凹入。小盾片中长明显大于头冠及前胸背板中长，基半部平坦，横刻痕不明显，其后略端向抬升。前胸背板因后缘近弧形凹入而不呈领状。

雄虫尾节侧瓣基部阔，端向渐窄，端缘弧圆，端部约 2/5 生有较密大刚毛，腹后缘具 1 排短刚毛；近基部 2/5 处发生 1 对内突，呈燕尾状分叉，分支端部均尖锐。生殖瓣阔。下生殖板长，腹面密生极短刚毛，端部具一些小刚毛。阳基侧突细长，与连索相接处小突起细长；端部 2 分叉，内支端向渐细，尖锐，具鳞状刻痕；外支较粗，端向渐窄，端部钝圆，具鳞状痕；近分叉处具数根刚毛。连索基缘深凹，侧臂端部较细弱，主干端向渐窄。侧面观阳茎近基部处显著凹陷；近端部处略侧向扩展，随即又端向收窄；前侧缘弧圆，端缘中央深凹。

观察标本：1♂ (正模，CAU)，福建德化水口，1974.Ⅺ.11，李法圣采。1♂ (副模，IZCAS)，福建崇安星村三港，720 m，1960.V.12，蒲富基采；1♂ (副模，SEMCAS)，江西井冈山茨坪；1981.V.6，刘金、刘姚采；1♀ (副模，TMNH)，福建崇安三港，1968.VI.23，刘胜利采；2♀ (副模，BMSYS)，Kuangtung, S. China, Taam Yuen Tung, Lin-Hsien (District), 1934.VI.2-3，F.K. To 采。

分布：江西、福建、广东。

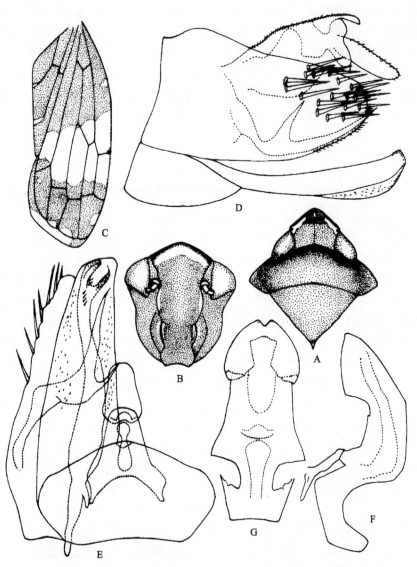

图 48　燕尾异冠叶蝉 *Pachymetopius bicornutus* Wei, Zhang & Webb

A. 头、胸部背面观；B. 颜面；C. 前翅；D. 雄虫尾节侧面观；E. 雄虫尾节腹面观；F. 阳茎侧面观；G. 阳茎背面观

(49) 齿茎异冠叶蝉 *Pachymetopius dentatus* **Wei, Zhang & Webb, 2008** (图 49)

Pachymetopius dentatus Wei, Zhang & Webb, 2008b: 297.

体长：♀6.8-7.0 mm，♂6.5 mm。

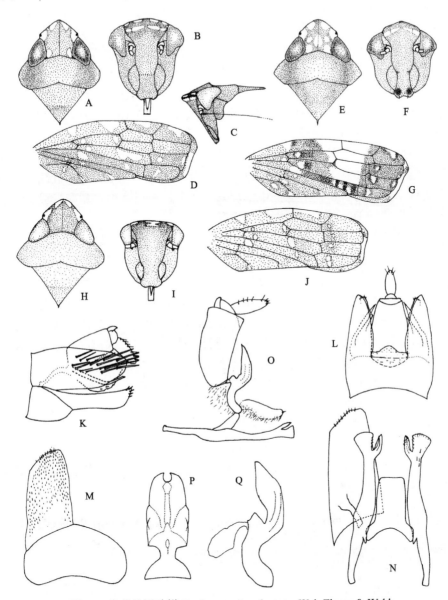

图49　齿茎异冠叶蝉 *Pachymetopius dentatus* Wei, Zhang & Webb
A. 雄虫头、胸部背面观；B. 雄虫颜面；C. 雄虫头、胸部侧面观；D. 雄虫前翅；E. 雌虫头、胸部背面观；F. 雌虫颜面；G. 雌虫前翅；H. 雄虫头、胸部背面观 (示变异)；I. 雄虫颜面 (示变异)；J. 雄虫前翅 (示变异)；K. 雄虫尾节侧面观；L. 雄虫尾节背面观；M. 生殖瓣、下生殖板腹面观；N. 下生殖板、阳基侧突和连索背面观；O. 阳基侧突、连索、阳茎、肛节侧面观；P. 阳茎后面观；Q. 阳茎侧面观

雄虫头冠黑色，前缘具4个白斑，中域具1个白斑，其两侧各具1对白斑；中域白斑之前具1近心形黄褐色斑。颜面黑色，与冠面相交处檐脊下具1条白色横带。额唇基区近触角窝处黄褐色；复眼暗褐色，中域黄白色；单眼近白色，光亮；触角基部2节暗

褐色,其余黄白色至黄褐色。前胸背板、小盾片黑色,密生黄褐色刚毛,小盾片侧缘中部具 1 黄褐色斑,基部具暗褐色簇毛。前翅大部分暗褐色,中域具 1 近梅花状透明大斑,前缘及端缘具大小不一的透明斑;梅花状透明斑中翅脉淡褐色,其余暗褐色至黑褐色,基半部翅脉具较密黄白色刚毛;翅基具黑色簇毛。腹部背面绝大部分黑褐色。体腹面绝大部分黑色;前、中足胫节、跗节及后足跗节黄白色,其余黑色。

雌虫体色黄赭色,头冠除具白斑外,前缘略呈黑色,无近心形黄褐色斑;前唇基端半部黑色;部分个体冠面具 1 对小黑点;颜面与冠面相交处檐脊下白色横斑下缘又具 1 黑色近条形斑。翅面中域透明斑显著扩延变大。

头冠中纵脊显著,中长大于前胸背板中长。雄虫前唇基基部阔而高隆,中央隆起处向前发展几近端缘,端半部较窄,前缘中央凹入;雌虫前唇基基部略窄,近端部处最阔,前缘凹入更深。前胸背板从侧后缘向中部反弧形凹入,至后缘中央相交形成最凹点。小盾片基半部平坦,横刻痕弱,其后端向渐抬升。

雄虫尾节侧瓣基部略阔,端部较窄,端缘弧圆,基部约 2/3 具较密细刻痕,端部 1/3 具粗大刚毛;近中部处发生 1 发达内突,约于近端部 1/5 处分歧,分支端部尖锐;又在近端部处腹缘具 1 发达腹突,片状,弯向前方,其端半部骨化弱,具数根刚毛。生殖瓣阔,基缘凹入,端缘平缓弧形。下生殖板较长,具密集短刚毛或棘突,侧面观端部略尖,上翘,并具 1 显著大刚毛。阳基侧突基部 1/3 近内缘处膜质,其余骨化强,与连索相接处突起细长;近端部处具数根刚毛;端部 2 分叉,内支较细,端部阔,具数根刚毛及 1 较大尖突,外支阔,端部平齐。连索阔,基缘深凹,侧臂较粗,向前方发展,主干侧缘波曲。阳茎较窄,约于侧缘近端部 2/5 处发生 1 突起,突起端部尖锐,并具 2 齿状突;侧面观阳茎在前缘近中部处具 1 发达支突。

观察标本:1♂ (正模,TMNH),海南吊罗山,1964.Ⅲ.26,刘胜利采;2♀ (副模,TMNH),同正模;1♀ (副模,TMNH),云南瑞丽,1979.Ⅸ.2,刘胜利采。

讨论:本种以其非常宽阔的连索、具有齿突的阳茎侧突与本属其他种类相区别。

分布:海南、云南。

(50) 南靖异冠叶蝉 *Pachymetopius nanjingensis* Wei, Zhang & Webb, 2008 (图 50)

Pachymetopius nanjingensis Wei, Zhang & Webb, 2008b: 297.

体长: ♂5.9 mm。

头冠、前胸背板、小盾片黑色;头冠前缘具 4 个白斑,檐脊下具 1 对较长黄白斑;颜面及复眼黑色,单眼淡灰色;触角基部 2 节黄褐色,其余白色。前胸背板、小盾片密生黄色刚毛;小盾片侧缘中部具 1 暗褐色斑。前翅绝大部分黑褐色,前缘、端缘具数个大小不一的白色透明斑;翅脉黑色,基部至近端缘皆疏具白色较长刚毛。腹部背面黑褐色;体腹面黑色;前、中足胫节、跗节及后足跗节白色,其余黑色。

头冠中长略大于前胸背板中长,中纵脊显著。前胸背板从侧后缘向中部反弧形凹入,至后缘中央相交形成最凹点,领形。小盾片近平坦,横刻痕不明显,基缘与侧缘近等。前唇基侧缘波曲,近基部处最阔,端半部较窄,前缘显著凹入;基部至近端缘处突隆,靠近端缘处低平。

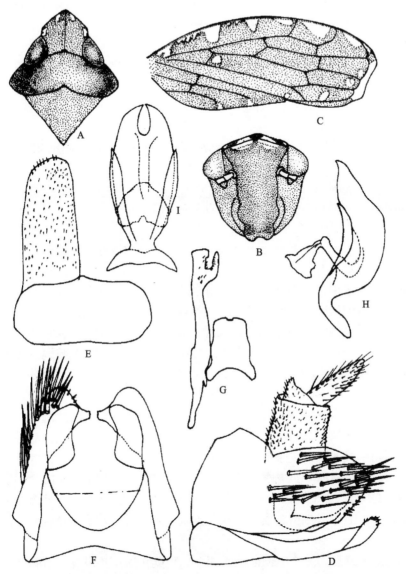

图50 南靖异冠叶蝉 *Pachymetopius nanjingensis* Wei, Zhang & Webb
A. 头、胸部背面观；B. 颜面；C. 前翅；D. 雄虫尾节侧面观；E. 生殖瓣、下生殖板腹面观；F. 雄虫尾节背面观；
G. 连索、阳基侧突背面观；H. 阳茎侧面观；I. 阳茎背面观

雄虫尾节侧瓣侧面观基部阔，近中部与肛节相接处凹入；端半部具密集粗大刚毛，端缘具1排短刚毛；具2个发达片状内突；腹面观背板后部具1近半圆形透明膜质区。生殖瓣阔，近方形，后缘中部略呈角状后延。下生殖板较窄长，密生小棘突，端缘具1排短刚毛；侧面观端部卷折翘起。阳基侧突细长，与连索相接处小突起较长；近端部处具数根刚毛，端部凹入深，外支端部平截，内支尖细，具数条刻痕。连索较长，基缘凹

入，端部中央凹入。阳茎后背面观基部阔，近基部处显著缢缩，其后渐阔，至近中部处复渐细，端部深凹；缢缩处两侧各发生 1 个端部尖锐的细长突起；侧面观前面近中部处具 1 发达突起。肛节发达，密生长短不一的刚毛。

观察标本：1♂ (正模，NKU)，福建南靖，1965.Ⅳ.22，王良臣采。

讨论：本种雄虫尾节侧瓣具 2 个发达片状内突，腹面观背板后部具 1 近半圆形透明膜质区，阳茎近基部缢缩处两侧各发生 1 个细长突起，明显异于本属其他种类。

分布：福建。

15. 拟多达叶蝉属 *Pseudododa* Zhang, Wei & Webb, 2007

Pseudododa Zhang, Wei & Webb, 2007: 415.
Type species: *Pseudododa orientalis* Zhang, Wei & Webb, 2007.

头冠小，明显窄于前胸背板，中长大于复眼间宽，前缘在复眼间弧形突出，冠面基部纵中略突隆但不形成脊起，靠近复眼内缘处略凹陷；单眼位于头冠前缘；复眼大；触角纤长，超过体长之半；颜面长大于宽，略突隆；额唇基侧面观突隆；唇基沟缺如；前唇基基部隆起，端向渐阔，端缘弧形突出；颊略纵凹；舌侧板扇形。前胸背板阔，为中长的 2.5-3.0 倍，自后缘中央向前形成短纵脊，长度最长约为中长之半或更短；侧缘圆角状；后缘凹入。小盾片大，近三角形，基部宽度略大于头宽，横刻痕弱，端半部向后延伸且具中纵脊。前翅窄长，明显超出腹末，基部和近端缘处具色斑，中域透明；5 端室，或在 R_{1a} 前具 1 横脉；m-Cu_2 消失，爪区 A_1 与 A_2 之间、A_1 与爪缝之间均有横脉相连，翅脉上疏生小刚毛，端片发达。足粗壮，除后足腿节外其余均具发达刺列；后足腿节粗壮，扁平，略弯曲，端部具数根长弯刺，腹面观弯刺前有 1 纵列刚毛；后足胫节扁平，略弯曲；第Ⅰ跗节腹面观具大小不一的刚毛。

雄虫尾节阔，近后缘处具大刚毛和 1 排短的大刚毛；生殖瓣非常阔；下生殖板近三角形；连索 "T" 形，主干端部略向两侧扩展；阳基侧突近 "S" 形，外缘近中部处有数根长毛，端部 1/3 具无数细密刻痕，外缘锯齿状；阳茎管状，基部膜质发达，阳茎干略头背向弯曲。

本属与多达叶蝉属 *Doda* Distant 非常相似，但其头冠不具纵脊，前胸背板中纵脊短(不超过中长之半)，前翅中域透明，无色斑，易与后者区别。

分布：东洋区 (中国；越南，老挝，泰国，印度)。
本属全世界仅知 1 种，中国已知 1 种。

(51) 东方拟多达叶蝉 *Pseudododa orientalis* Zhang, Wei & Webb, 2007 (图 51；图版Ⅱ：23)

Pseudododa orientalis Zhang, Wei & Webb, 2007: 419.

体长：♂7.6-9.2 mm，♀10.0-10.6 mm。

　　头冠大部分黑色，散布大小不一的棕黄色斑点。颜面大部分黑色，额唇基区近基部具不规则褐色斑点及 1 条窄横带；前唇基基部具 1 黄褐色斑，端部具 1 对黄褐色斑；舌侧板端部黄白色；复眼黑褐色，内缘及后缘暗黄褐色；触角黄褐色。前胸背板黑色，密布褐色斑点。小盾片黑色，端半部具数个褐色斑，横刻痕两端各具 1 个较大的棕黄色斑，中域具 1 对浅黄色圆斑。前翅基部及端部具不规则暗褐色斑块，中部透明；翅脉暗褐色至黑褐色，端部翅脉具微小透明斑点。胸部腹面及足大部分黑色；前足腹面具或大或小黄白色斑点。

　　颜面、触角基部及胸部具浅黄色短刚毛；前翅翅脉具稀疏浅黄色小刚毛。前胸背板中纵脊约为中长之半。前翅 R_{1a} 前具 1 短横脉。雄虫尾节侧瓣侧面观后部具一些大刚毛及 1 排短刚毛，后背缘略柔和波曲；生殖瓣后缘中部凹入；下生殖板外缘及端部具一些刚毛；连索基缘中部微凹；阳基侧突中部略膨大；阳茎端部背面观中部轻微凹入。

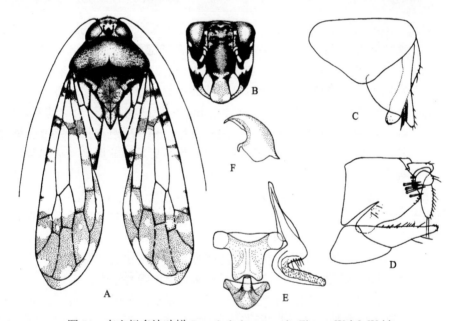

图 51　东方拟多达叶蝉 *Pseudododa orientalis* Zhang, Wei & Webb
A. 整体背面观；B. 颜面；C. 雄虫尾节腹面观；D. 雄虫尾节侧面观；E. 连索、阳基侧突、阳茎背面观；F. 阳茎侧面观

　　观察标本：1♂ (正模，BMNH)，VIETNAM, Thanhhoa Prov., Puluong National Nature Reserve, 700-1000 m, 20°21'-34'N, 105°02'-20'E, 2005；6♂ (副模，BPBM)，VIETNAM, 17 km S. of Dilinh, 1300 m, 1960. X.6-12, C.M. Yoshimoto 采；1♂ (NMNH)，INDIA: Assam, 10 ml N of Tingsukia, 1944.III.6, D.E. Hardy 采；1♂ (BMNH)，LAOS: Pou Mi, 1918.XI.24, R.V. de Sal-vaza 采；2♂ (BMNH)，Haut Mékong, Pang Tiac, 1918.V.14, R.V. de Salvaza 采。中国云南：1♂ (NWAFU)，勐养，海拔 800 m, 1991.VII.8, 王应伦、田润刚采；1♂ (TMNH)，勐腊，1979.IX.24, 刘胜利采；2♂ (IZCAS)，西双版纳大勐龙，海拔 650 m, 1958.IV.17, 王书永采；1♂ (IZCAS)，勐宋，勐龙版纳，海拔 1600 m, 1958.IV.23, 王书永采；1♂ (IRSNB)，1999.III.8, river, P. Grootaert 采。中国海南：1♂ (BNHM)，吊罗山，1964.III.27, 刘思

孔采；1♂ (TMNH)，尖峰岭，1964.Ⅴ.5，刘胜利采；1♀ (BNHM)，尖峰岭，1964.Ⅴ.6，刘思孔采；1♂ (BMSYS)，尖峰岭，1991.Ⅶ.3，苏庆宁采；1♂ (BMSYS，腹部丢失，根据外形判断为雄虫)，尖峰岭，1983.Ⅺ.11，陈振耀采；1♀ (BMSYS)，尖峰岭，1983.Ⅶ.6，陈振耀采。THAILAND: 1♂1♀ (BPBM)，NW. Chiangmai Prov., Chiangdao, 450 m, 1958. Ⅳ.5-11。

分布：海南、云南；越南，老挝，泰国，印度。

16. 奇脉叶蝉属 *Paradoxivena* Wei, Zhang & Webb, 2006

Paradoxivena Wei, Zhang & Webb, 2006b: 28.
Type species: *Paradoxivena zhamensis* Wei, Zhang & Webb, 2006.

头冠明显窄于前胸背板，约与小盾片基缘等宽；中长小于复眼间距；前缘在复眼间弧形突出，后缘略角状凹入；冠面平坦；冠缝短，只在基部可见；额缝向上延伸达冠面；颜面长宽近等。复眼大；单眼位于头冠前缘；触角长，约与体长近等，触角檐明显。前胸背板横阔，宽约为中长的 2.5 倍；后缘略角状凹入，侧缘圆角状。小盾片三角形，基缘稍大于侧缘，横刻痕明显。前翅透明，窄长，m-Cu$_2$ 脉缺如，2 闭合端前室，爪区 A$_1$ 与 A$_2$ 之间、A$_1$ 与爪缝间均有横脉相连接；端片发达；翅脉颜色奇特，黄白色与褐色规则相间。足粗壮，除后足腿节外，其余均具发达刺列；后足腿节扁平，端部具数根长刺及刚毛；胫节扁平，轻微弧形弯曲。

雄虫尾节侧瓣侧面观基部略阔，端向渐窄，端部尖角状；具较密集的大刚毛、刚毛；具 1 尖锐细长内突。生殖瓣腹面观基部略有收缩，中部侧缘略扩展，随后复变窄，端后缘圆弧状。下生殖板基部阔，端向渐细，端缘弧形，疏具较长刚毛。连索"T"形；横臂前缘、中央，以及主干侧区膜质，横臂近边缘处及主干中央骨化强；主干较长，端部略阔，端缘平齐。阳基侧突近基部约 2/5 处明显膨大，内缘与连索相接处具 1 较小片状突；其前部分较直；其后部分向外弯曲，端向渐细，端部具一些短刻痕，近端部处外缘具数根长刚毛。阳茎侧面观基部发达，阳茎干管状，前缘具 1 发达膜质长突与肛节相连，侧缘近端部 1/3 处各具 1 较大齿突，近端部处各具 1 尖齿，端部尖钩状；背面观基部发达，其后略细，近端部 1/3 处 1 对齿突明显，近端部处 1 对尖齿位于阳茎干腹面。

本属与弓背叶蝉属 *Cyrta* Melichar 头部、前胸背板及小盾片外形特征相似，但其前翅翅脉相间以 2 种颜色、生殖瓣及阳基侧突形状独特，易与后者区别。

分布：东洋区 (中国)。

本属全世界仅知 1 种，中国已知 1 种。

(52) 扎木奇脉叶蝉 *Paradoxivena zhamuensis* Wei, Zhang & Webb, 2006 (图 52)

Paradoxivena zhamuensis Wei, Zhang & Webb, 2006b: 30.

体长：♂6.2 mm。

　　头冠大部分赭黄色；冠面近前缘处淡黄色，中央具 1 小黑点；额缝暗褐色；冠缝黑色；复眼黄褐色；单眼暗褐色；颊基部近外缘处暗褐色，近触角窝处黑色。前胸背板暗褐色。小盾片黄色，横刻痕黑褐色，其前具 1 对黑褐色斑。前翅黄白色，翅脉黄白色与褐色规则相间，具极稀疏的黄白色、非常短的小刚毛；端片具 1 暗黄色浅斑。后翅白色，翅脉暗褐色。体腹面基本黑褐色；前足腿节、胫节大部分黄白色，中足胫节、后足跗节及各足刺列黄白色；其余黑褐色。

　　观察标本：1♂ (正模，CAU)，西藏扎木，1700 m，1978.Ⅶ.8，李法圣采。

　　分布：西藏。

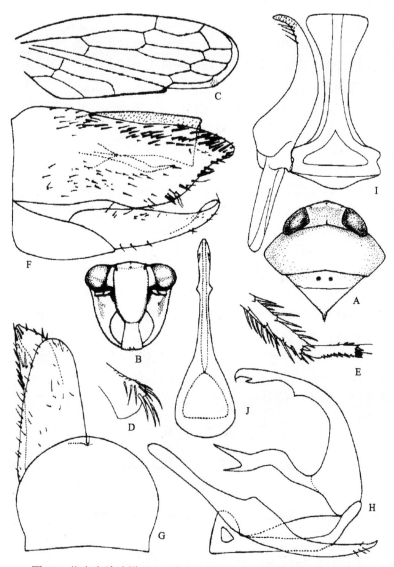

图 52　扎木奇脉叶蝉 *Paradoxivena zhamuensis* Wei, Zhang & Webb

A. 头、胸部背面观；B. 颜面；C. 前翅；D. 后足腿节端部腹面观；E. 后足胫节端部、基跗节腹面观；F. 雄虫尾节侧面观；
G. 雄虫尾节腹面观；H. 连索、阳基侧突、阳茎侧面观；I. 连索、阳基侧突腹面观；J. 阳茎背面观

17. 微室叶蝉属 *Minucella* Wei, Zhang & Webb, 2008

Minucella Wei, Zhang & Webb, 2008a: 34.

Type species: *Minucella divaricata* Wei, Zhang & Webb, 2008.

头冠小，明显窄于前胸背板，前缘在复眼间弧形突出，后缘凹入，中长略小于复眼间宽，冠缝几达头冠前缘。颜面长宽近等；额唇基区中央纵隆；唇基沟略直；前唇基长大于宽，端缘略直，超出颊端部；舌侧板扇形；颊侧缘弧形；单眼小，位于头冠前缘额缝内侧；复眼大，后端盖住小部分前胸背板；触角第1、2节膨大，圆柱状，其后细长，线状，稍短于体长。前胸背板横阔，向中域逐渐隆起；前缘在复眼间弧形突出；后缘略凹入；侧缘弧形突出。小盾片近三角形，基部宽约与侧缘长相等；中长大于前胸背板；横刻痕凹陷。前翅窄长，近前缘中部处及缘片各具1个较大色斑；端室5个，第5端室极小且恰被1色斑笼罩；端前外、中室闭合，m-Cu$_2$缺如；爪脉在中部愈合，并与爪缝间有横脉相连；缘片发达。足粗壮；除后足腿节以外，其余均具长刺列；后足腿节扁平，端部具数根或长或短的弯刺；后足胫节略弧形弯曲。

雄虫尾节侧瓣基侧面观部阔，背缘肛管前部分较直或微隆，其后向下弯折，后背缘与端缘略呈直角相接；端缘弧圆；腹缘基部与生殖瓣联合，其后平直后延或截然缢缩而形成显著缺刻；尾节侧瓣具大小不一的大刚毛或刚毛，近端部处具1内突；腹面观，生殖瓣基部略窄，近中部处最阔，其后复渐窄，后侧缘近中部处隆出，端部角状，略尖。下生殖板近三角形，端部略钝圆。阳基侧突内基突小，外基突细长，端前叶发达；端突向外弯曲，具细密鳞状刻痕，基部具数根刚毛，外缘微齿状，端部光滑，尖锐。连索"T"形，与阳基侧突相接处向外侧略延伸，主干中央骨化强，侧区膜质。侧面观，阳茎基部发达，具1膜质长突与肛节向连；阳茎干头背向弯曲，后背缘近基部处明显凹入，近基部1/3处具背突或端部和近端部处具端突，或近基部具发达腹突；背面观，大部分种类阳茎干在近中部处或近端部处显著侧向发展。

本属以其非常小的第5端室，以及特别的生殖器结构与本亚科其他属相区别。

分布：东洋区 (中国)。

本属全世界已知2种，中国已知2种。

种 检 索 表

阳茎干除端背突外，背缘近基部1/3处着生1非常粗壮的突起 ………… **枝突微室叶蝉 *M. divaricata***

阳茎干除端背突外，无其他背突 …………………………………………… **对突微室叶蝉 *M. leucomaculata***

(53) 对突微室叶蝉 *Minucella leucomaculata* (Li & Zhang, 2006) (图 53；图版 Ⅱ：24)

Placidus leucomaculatus Li & Zhang, 2006: 156.

Placidus maculates Li & Zhang, in Li, Zhang & Wang, 2007: 149.

Minucella leucomaculata (Li & Zhang): Wei, Zhang & Webb, 2008a: 37.

体长：♂5.5-5.8 mm，♀6.2-6.5 mm。

雄虫头冠黄褐色；冠缝基部黑色，其余黄褐色；后缘具 1 对白斑。额唇基区基半部黄褐色，具 1 近"T"形白斑；端半部黑色。前唇基黑色，端部中央略呈暗褐色。舌侧板、颊黑色，颊基部侧缘黄褐色。额缝黄褐色；额缝与复眼间区域大部分黄白色，近触角窝处暗褐色。复眼黄褐色，单眼暗褐色，触角黄褐色。前胸背板大部分黑色，后缘、侧区及近中域处暗黄褐色。小盾片黑色；侧缘近基角处污白色，中部具 1 大白斑；横刻痕前具 1 对暗褐色斑。前翅绝大部分透明，所具色斑暗褐色；翅脉褐色。

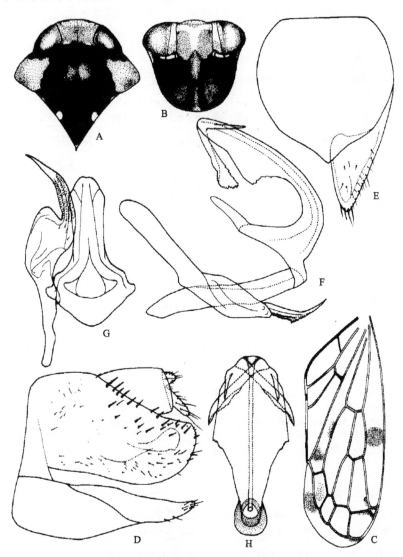

图 53　对突微室叶蝉 *Minucella leucomaculata* (Li & Zhang)

A. 头、胸部背面观；B. 颜面；C. 前翅；D. 雄虫尾节侧面观；E. 生殖瓣、下生殖板腹面观；F. 阳基侧突、连索、阳茎侧面观；G. 阳基侧突、连索背面观；H. 阳茎背面观

雌虫头冠前缘白色，中域黄褐色，近前缘黄白色或绝大部分白色。额唇基区基半部

绝大部分白色或具白色"T"形斑；端半部黑褐色。前唇基大部分黄白色，基部略呈黄褐色。前胸背板、小盾片大部分淡黄色至黄褐色。体腹面大部分黄白色，部分区域黑褐色。

雄虫尾节侧瓣侧面观，基部约 1/6 与生殖瓣结合，其后骤然缢缩而与之分离，形成 1 个非常显著的缺刻。生殖瓣腹面观，后侧缘近中部处微突隆，端部尖角状，中长大于宽。连索基部发达，基缘显著弧形突出。阳茎端腹突发达，指向外后方，背面观交叉，近端部边缘及端缘钝锯齿状；端背突尖细，约为端腹突长的 1/2；阳茎干背面观侧缘近基部 2/3 端向渐阔，约至近端部 1/3 处最阔，其后渐窄；侧面观阳茎干侧区明显腹向下弯，侧缘近中部处呈不规则锯齿状。

变异情况：本种不同个体体色有明显变异。

观察标本：1♂ (NWAFU)，陕西紫阳 (E108.55°，N32.56°)，1973.Ⅷ.11，路进生采；1♂ (BMSYS)，Omei Shan (四川峨眉山) , Shin-Kai-Zao (E103.29°，N29.36°)，1500 m，1940.Ⅷ.15, L. Gressitt 采；1♂ (CAU)，1974.Ⅵ.13， 1♂ (CAU)，1974.Ⅵ.11，福建德化水口 (E118.24°，N25.5°)，杨集昆采；1♀ (IZCAS)，福建崇安 (E118.02°，N27.76°)，720-800 m，1960.Ⅷ.10，姜胜巧采；1♀ (IZCAS)，福建建阳 (E118.07°，N27.21°)，300-320 m，1960.Ⅲ.29，蒲富基采；1♂ (IZCAS)，云南景洪 (E100.48°，N22.01°)，小勐养，1957.Ⅲ.26，臧令超采；1♂ (CAU)，云南勐海 (E100.5°，N21.95°)，1160 m，1981.Ⅳ.18，杨集昆采；1♂1♀ (NKU)，云南勐海，1979.Ⅹ.6，邹环光采；1♀ (IZCAS)，云南勐海，1200 m，1958.Ⅴ.28，孟绪武采；1♀ (IZCAS)，云南勐海，1200-1400 m，1958.Ⅴ.2，孟绪武采；1♂ (IZCAS)，云南勐阿 (E99.55°，N22.32°)，1050-1080 m，1958.Ⅹ.17，陈之梓采；1♀ (CAU)， 云南思茅 (E101.00°，N22.79°)，1320 m，1981.Ⅳ.7，杨集昆采；1♀ (CAU)，云南陇川 (E97.96°，N24.33°)，1430 m，1981.Ⅳ.28，杨集昆采；2♂ (IRSNB)，Yunnan Prov., Jing-Hong Co. (E100.48°, N22.01°), Mengyang, 05, 1999.Ⅲ.11, River Bed, P. Grootaert 采；1♂1♀ (TMNH)，云南丽江 (E116.26°，N29.42°)，1979.Ⅷ.5，刘胜利采；1♀ (NKU)，云南丽江象山，1979.Ⅷ.2，邹环光采；1♀ (NKU)，云南丽江象山，1979.Ⅷ.5，邹环光采。

分布：陕西、浙江、福建、四川、云南。

(54) 枝突微室叶蝉 *Minucella divaricata* Wei, Zhang & Webb, 2008 (图 54；图版Ⅲ：25)

Minucella divaricata Wei, Zhang & Webb, 2008a: 41.

体长：♂5.5-5.8 mm。

头冠黄白色，近前缘及后缘白色，基部冠缝两侧各具 1 黑褐色斑；冠缝基部黑色，其余向前渐变为黄白色；额缝暗褐色；额缝与复眼间区域大部分白色，近触角窝处黄褐色。额唇基区基半部纵中白色，侧区淡黄色并各具 3 个淡褐色斑；端半部黑色。前唇基、舌侧板、颊黑色，颊外缘基部黄色。复眼灰白色；单眼淡黄色；触角黄白色。前胸背板绝大部分黑色，侧区黄白色。小盾片黑色；侧缘基部污白色，中部具 1 近三角形大白斑；尖角黄白色；横刻痕前具 1 对微小橙黄色斑或无。前翅所具斑块暗褐色；翅脉白色至深褐色，具个别黄色小刚毛。体腹面绝大部分黑色。足暗褐色，个别部位白色。

　　雄虫尾节侧瓣侧面观与生殖瓣自基部分离，近基部处腹缘凹入形成缺刻；近腹缘处具 1 不规则脊折；散生长短不一的大刚毛、刚毛；内突异常阔大，超出尾节侧瓣端背缘。阳基侧突内基突较小，外基突长，略外弯；端前叶非常发达；端突具鳞状刻痕细密。连索基部发达，基缘弧形前突，两侧延伸形成耳突；主干纵中骨化强。阳茎奇特，阳茎干背缘波曲，端部圆，近端部腹缘具小齿；背缘近基部 1/3 处具 1 非常粗壮的背突；背面观背突分歧，端部平截，近端部外缘细锯齿状并具 1 次生侧突，侧面观次生侧突细长，前缘呈连续钝圆锯齿状。

　　观察标本：1♂ (正模，CAU)、1♂ (副模，CAU)、1♂ (副模，BMNH)，杭州灵隐，1974.Ⅹ.13，杨集昆采。

　　分布：浙江。

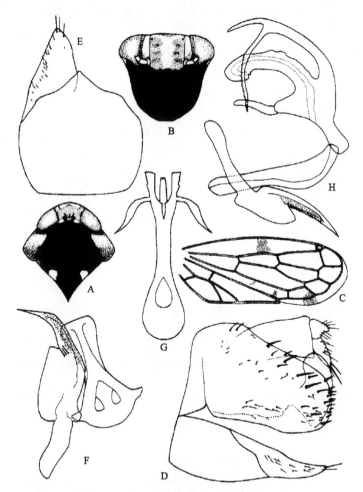

图 54　枝突微室叶蝉 *Minucella divaricata* Wei, Zhang & Webb

A. 头、胸部背面观；B. 颜面；C. 前翅；D. 雄虫尾节侧面观；E. 生殖瓣、下生殖板腹面观；F. 阳基侧突、连索背面观；

G. 阳茎背面观；H. 阳基侧突、连索和阳茎侧面观

18. 截翅叶蝉属 *Trunchinus* Zhang, Webb & Wei, 2007

Trunchinus Zhang, Webb & Wei, 2007: 506.

Type species: *Trunchinus laoensis* Zhang, Webb & Wei, 2007.

头冠窄于前胸背板；前缘在复眼间微弧形突出；后缘微钝角状凹入；中长几等于复眼间宽的 1/2。颜面长大于宽；唇基沟不甚明显；前唇基基部阔，近中部收窄，近端部处又增阔，端部复略窄，前缘中部略凹或近平直。复眼大，后部遮盖小部分前胸背板；单眼明显，位于头冠前缘；触角位于近复眼下角处，长超过体长。前胸背板阔，侧缘圆角状突出，后缘轻微凹入或近直，背侧线脊起。小盾片三角形，基缘约与头冠等宽；中长略大于侧缘长，与前胸背板近等长；横刻痕稍凹。前翅透明，5 端室，m-Cu$_2$ 缺如；爪区 A$_1$ 与 A$_2$ 之间、A$_1$ 与爪缝间均有横脉相连；缘片发达，端缘近平截。足粗壮，具发达刺列；后足腿节端部具多根大刚毛；后足胫节略扁平，弯曲。

雄虫尾节侧瓣侧面观略窄长，近端部处具长短不一的大刚毛、刚毛，近后背缘处具密集小刚毛。生殖瓣宽阔，腹面观中长约为宽的 1/2，与尾节侧瓣在侧面相连接。下生殖板腹面观可见部分窄短，端外缘具刚毛。阳基侧突内基突小，外基突直长；端前叶发达，外缘具数根刚毛；端突细长，端向渐细，具细密刻痕。连索基部略横向加阔，主干纵长。阳茎管状，侧面观基部发达，具 1 发达膜质长突与肛节相连；端向渐细，端部弯钩状，二分歧；阳茎孔位于端部。雄虫第VII腹板后缘波曲，中部明显后延，中长约为前一节中长之 3 倍。

本属与弓背叶蝉属 *Cyrta* Melichar 相近，但前唇基及雄虫尾节生殖瓣、下生殖板等形状明显有异，可相互区别。

分布：东洋区 (中国；老挝)。

本属世界已知 3 种；中国已知 2 种。

种 检 索 表

前唇基基部较窄，侧缘略波曲；阳基侧突端突端向渐细……………………… 老挝截翅叶蝉 *T. laoensis*

前唇基基部阔隆，显著宽于端半部；阳基侧突端突近端部处发达，宽阔…… 中斑截翅叶蝉 *T. medius*

(55) 老挝截翅叶蝉 *Trunchinus laoensis* Zhang, Webb & Wei, 2007 (图 55)

Trunchinus laoensis Zhang, Webb & Wei, 2007: 508.

体长：♂6.5 mm，♀6.6 mm。

雄虫体赭黄色。头部及前胸背板部分区域淡褐色。额唇基区大部分赭黄色；近基部与头冠相汇处黄白色，具 1 淡黄色较大横斑；近侧缘处对称具有数个暗褐色斑；近前唇基处具 1 "U" 形暗褐色斑。颊、舌侧板、前唇基大部分淡黄色；颊近基部及中域具暗褐色斑；前唇基近基部处中央具大片褐色，两侧隆起处暗褐色。小盾片横刻痕黑褐色，中间一截中断。前翅淡黄色，透明；翅脉深褐色；缘片具大块淡烟灰色斑，爪区及前缘区近端部处略带黄色；翅面中域具个别褐色小斑。体腹面及足赭黄色至深褐色。

　　雌虫额唇基区近侧缘处褐色小斑更显著；腹部绝大部分黄白色，第Ⅵ腹板具 1 对大黑褐色斑；第Ⅶ腹节大部分黑褐色，侧面具 1 黄白色小圆斑。其余基本与雄虫个体相近。

　　冠缝仅基部明显；前唇基侧缘近基部处阔且两侧隆起。雄虫生殖瓣腹面观后缘钝圆角状突出。连索近"T"形，横臂很短，中部膜质，半透明。体及翅面光滑，无刚毛。

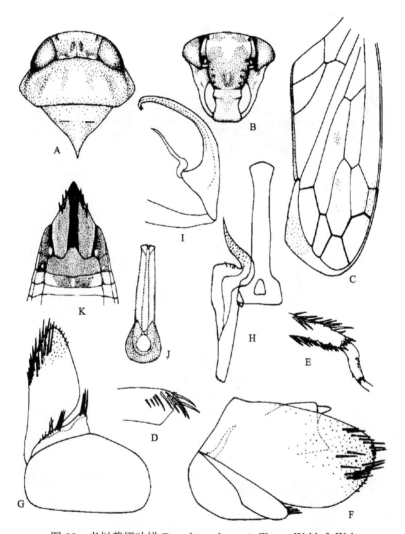

图 55　老挝截翅叶蝉 *Trunchinus laoensis* Zhang, Webb & Wei

A. 头、胸部背面观；B. 颜面；C. 前翅；D. 后足腿节端部腹面观；E. 后足胫节端部、基跗节腹面观；F. 雄虫尾节侧面观；
G. 雄虫尾节腹面观；H. 阳基侧突、连索背面观；I. 连索端部、阳茎侧面观；J. 阳茎背面观；K. 雌虫腹末数节腹面观

　　观察标本：1♂ (正模，MMB)，3♂ (副模，MMB、BMNH)，LAOS, Louang Phrang Prov. (20.55°-20.57°N, 102.23°E): Ban Song Cha (5 km W), ±1200 m, 1999.Ⅳ.24-Ⅴ.16, vit Kubáň Leg, BRNO；1♀ (副模，MMB)，LAOS, Louang Namtha Prov. (21.15°N, 101.32°E): Namtha to Muang, 900-1200 m, 1997.Ⅴ.5-31, vit Kubáň Leg, BRNO；1♂ (副模，BPBM)，LAOS,

Vientiane Prov. (17.95°N, 102.57°E): Ban Van Eue, 1966.Ⅺ.30, Native (Bishop 1997 loan 18766)；1♀ (副模，CAU)，中国云南瑞丽 (24.00°N，97.83°E)，1981.Ⅴ.2，杨集昆采。

分布：云南；老挝。

(56) 中斑截翅叶蝉 *Trunchinus medius* Zhang, Webb & Wei, 2007 (图 56)

Trunchinus medius Zhang, Webb & Wei, 2007: 513.

体长：♂5.5-5.7 mm。

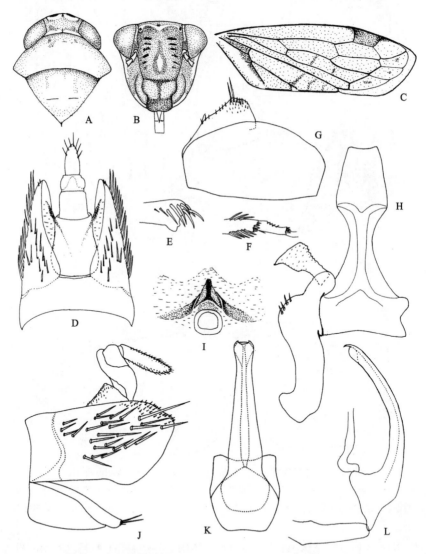

图 56　中斑截翅叶蝉 *Trunchinus medius* Zhang, Webb & Wei

A. 头、胸部背面观；B. 颜面；C. 前翅；D. 雄虫尾节背面观；E. 后足腿节端部腹面观；F. 胫节端部、基跗节腹面观；
G. 生殖瓣、下生殖板腹面观；H. 阳基侧突、连索背面观；I. 阳茎基部、背连索前面观；J. 雄虫尾节和肛节侧面观；K. 阳
茎背面观；L. 阳茎侧面观

头冠棕色，前缘具 1 近 "W" 形白斑，其后缘中部具 1 小黑斑；后缘白色，其前方略呈暗褐色；冠缝仅基部黑褐色。额唇基区暗褐色，中下部具 1 白斑并被 1 圈黑褐色包围；侧区对称具有黑褐色横斑。前唇基大部分暗褐色，基部两侧浅黄褐色。颊暗褐色，侧缘较浅，黄褐色。舌侧板暗褐色。单眼黑色，复眼暗褐色，触角黄褐色。前胸背板浅黄色；前缘近复眼处棕黄色。小盾片基部黄褐色，其后棕色，并逐渐过渡为浅黄色。前翅后缘棕黄色，亚后缘白色；其余大部分透明，近前缘端部约 1/3 处具大片棕色，另有个别部位具黑褐色小斑块；翅脉黑褐色。体腹面大部分黄褐色。足除后足腿节前缘白色外，其余黑褐色。

雄虫尾节侧瓣侧面观窄长，具较密集大刚毛，近端背缘处具小刚毛。生殖瓣宽阔，中长略小于宽度之 1/2，后缘弧形。下生殖板腹面观可见部分窄短，端外缘具大刚毛及短刚毛。阳基侧突内基突小；外基突粗壮，向外弯曲；端前叶略发达，外缘具数根刚毛；端突基部明显缢缩，且缢缩处外缘分层；近端部处略膨大，具鳞状刻痕，内缘钝锯齿状，外缘略波曲，端部尖。连索基部横向加阔；主干纵长，近中部处略细，纵中骨化强，侧区膜质，近端部 2/5 处膨大，其后复收窄，端缘中部略凹；侧面观主干近端部 2/5 处上、下缘形成钝齿。阳茎管状，侧面观基部发达，具 1 发达膜质长突与肛节相连；端向渐细，近端部处腹缘膜质，端部弯钩状，尖锐；背面观端部中央凹入；阳茎孔位于近端部处。

观察标本：1♂（正模，MMB），LAOS, Louang Phrang Prov. (21.83°-21.98°N, 101.00°-101.42°E): Ban Song Cha (5 km W), ±1200 m, 24.Ⅳ.-1999.Ⅴ.16, vit Kubáň, BRNO 采；1 ♂（副模，IRSNB），CHINA, Yunnan Prov.: Meng La Co. (101.56°N, 21.48°E), Meng Lun, river, rain forest, 1999.Ⅲ.7, P. Grootaert 采。

分布：云南；老挝。

19. 短胸叶蝉属 *Kunasia* Distant, 1908

Kunasia Distant, 1908a: 339; Zhang & Wei, 2002b: 83.
Type species: *Kunasia novisa* Distant, 1908.

头冠小，明显窄于前胸背板，冠面光滑，前缘在复眼间弧形突出，中长小于复眼间宽，近前缘处略凹陷，其前略呈脊状隆起，冠缝不清晰。颜面长阔近等，光滑；前唇基端向渐阔，端缘略凹入；额唇基区发达，向中央纵隆；单眼近侧额缝；触角非常长，近等于体长；复眼大，侧面观明显高于前胸背板肩角及侧隆线。前胸背板短而阔，宽度约为中长的 3 倍，前缘略在复眼间拱出，后缘略凹入，前后缘近平行，侧缘略呈角状拱出。小盾片近三角形，基缘与侧缘近等长，中长大于前胸背板，横刻痕弱，端半部具中纵脊。前翅端缘弧圆，除 m-Cu$_2$ 缺失外，其余翅脉完整；爪区 A$_1$ 与 A$_2$ 之间、A$_1$ 与爪缝之间均有横脉相连；缘片相当发达，延伸至外端室。后足胫节略弯曲，刺列发达。

雄虫尾节阔，近背缘基部靠近第 X 腹节处具 1 长突，指向下后方。生殖瓣大，近三角形。下生殖板相对较短，侧缘具有大刚毛。阳基侧突相当长；内基突很短，外基突纵长；端突略扭曲，端向渐细。连索相当发达，基部侧臂愈合膨大，主干长。阳茎简单，阳茎干管状，头背向弯曲，端向渐细。

分布：东洋区 (中国；泰国，马来西亚，缅甸)。

本属全世界已知 2 种，中国已知 1 种。

(57) 白痕短胸叶蝉 *Kunasia novisa* Distant, 1908 (图 57；图版Ⅲ：26)

Kunasia novisa Distant, 1908a: 339; Zhang & Wei, 2002b: 84.

体长：♂5.4 mm，♀6.5 mm。

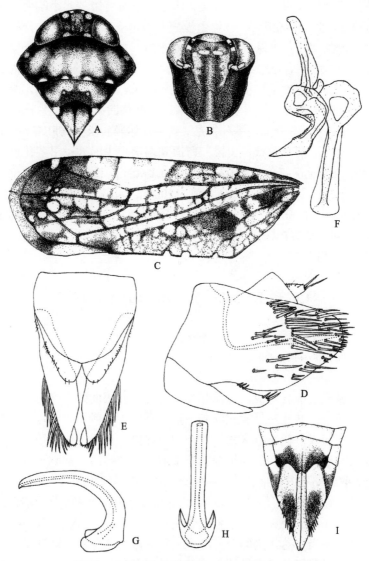

图 57　白痕短胸叶蝉 *Kunasia novisa* Distant

A. 头、胸部背面观；B. 颜面；C. 前翅；D. 雄虫尾节侧面观；E. 雄虫尾节腹面观；F. 阳基侧突、连索腹面观；G. 阳茎
侧面观；H. 阳茎背面观；I. 雌虫腹部末端腹面观

雄虫头冠暗褐色；前缘有 1 对白色圆斑，背、腹面观均可见，近前缘处有 1 对白色大圆斑；后缘有 1 对半圆形白斑；额唇基区绝大部分黑褐色，侧区棕黄色，近基部处有 1 对长圆形白斑；颊黑褐色，外缘棕黄色；前唇基黑褐色；额缝与复眼间区域暗褐色，各具 1 白斑。复眼灰白色；单眼灰白色；触角黑褐色。前胸背板黑褐色，中域一些局部区域黄褐色，近前侧缘处有 1 白色圆斑，后缘有 4 个白斑。小盾片大部分黄褐色，基部及中域黑褐色，近中域处具 1 对灰白色小圆斑；横刻痕两端的侧缘各具 1 灰白色大斑；端半部中纵脊黑褐色，其余黄白色。前翅暗褐色，不规则布有较浅垩白色斑块及数个圆斑。腹部背面基本黑褐色。体腹面基本暗褐色，足黑褐色。

雌虫头冠、前胸背板及小盾片基本棕黄色；其上白斑几乎均被 1 圈黑青色包围。额唇基区棕色；颊内缘黑褐色，外缘浅棕黄色。前翅浅棕色。足基本红褐色。其余近似雄虫。

雄虫冠缝不清晰，雌虫仅基部清晰。雄虫唇基沟角状上拱，雌虫唇基沟近弧形。雄虫前翅第 2、3 端室近四边形，雌虫前翅第 2、3 端室近五边形。体表刚毛白色。尾节侧瓣内突细长。下生殖板较短。连索基部略发达；主干长，中央骨化强。阳茎端部背面观近平截。雌虫第Ⅶ腹板长于第Ⅵ腹板，后缘波曲。

观察标本：1♂ (NWAFU)，云南勐海至车里途中，1000 m，1957.Ⅳ.23，臧令超采；1♀ (NWAFU)，Thailand, Phuping Palace, Chang Mai Province, 1984.Ⅳ.30, M. Hayashi 采。

分布：云南；缅甸，泰国。

20. 离瓣叶蝉属 *Placidellus* Evans, 1971

Placidellus Evans, 1971: 43; Zhang, Wei & Shen, 2002: 240.

Type species: *Placidellus ishiharei* Evans, 1971.

头冠明显窄于前胸背板；前缘微突；中长约为复眼间距之半；冠缝短，只在近后缘处可见。颜面长明显大于宽，侧缘中部略凹陷；前唇基近端部处最阔，明显宽于基部，端部远超出舌侧板，端缘中部凹入。复眼大；单眼明显；触角非常长，触角檐发达。前胸背板阔，前缘在复眼间轻微突出，后缘近直或中部略前凹。小盾片大，向后显著延伸，中长约为前胸背板的 2 倍；端半部具较弱的中纵脊及侧纵脊。前翅端缘弧圆，除 m-Cu$_2$ 缺失外，其余翅脉完整；爪区 A$_1$ 与 A$_2$ 之间、A$_1$ 与爪缝之间均有横脉相连。后足胫节略弯曲，刺列发达。

雄虫尾节侧瓣侧面观背缘极短，端部窄，略呈圆角状。生殖瓣与尾节侧瓣完全分离。下生殖板短。阳基侧突略长，与连索近等长，内基突膨大，外基突长，端突端向渐细。连索发达，主干阔，侧臂短。阳茎纤巧，侧面观极度弯曲，端部 2 分支；阳茎孔位于近端部处。

分布：东洋区 (中国；泰国)。

本属全世界已知 2 种，中国已知 1 种。

(58) 双支离瓣叶蝉 *Placidellus conjugatus* Zhang, Wei & Shen, 2002 (图 58；图版Ⅲ：27)

Placidellus conjugatus Zhang, Wei & Shen, 2002: 240.

体长：♂7.8 mm，♀8.8 mm。

雄虫头部浅黄褐色，具不规则黑斑。前胸背板基本暗褐色；中域略深，浅黑色；侧缘、后缘白色。小盾片浅黑褐色，中域两侧各具 1 条浅黄色纵带；侧缘后半部浅黄色。前翅玻璃状透明，爪区后缘端部脊起，浅黑褐色；翅脉浅黄色。

雌虫体色大部分棕色并点缀一些浅色斑点；小盾片暗棕色，中域周围淡黄色；复眼近内缘处略呈红色。

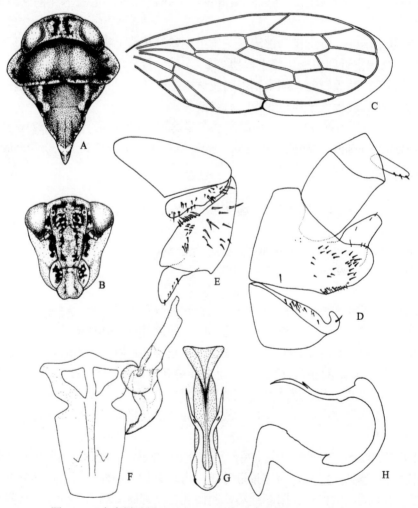

图 58　双支离瓣叶蝉 *Placidellus conjugatus* Zhang, Wei & Shen

A. 头、胸部背面观；B. 颜面；C. 前翅；D. 雄虫尾节侧面观；E. 雄虫尾节腹面观；F. 阳基侧突、连索腹面观；G. 阳茎背面观；H. 阳茎侧面观雄虫尾节侧瓣近端部处具 1 大片状突起，尾节侧瓣及突起均具或长或短的刚毛。下生殖板短，具或长或短的刚毛，侧面观近端部 2/5 向背面弯曲。阳基侧突略长，与连索近等长，内基突膨大，外基突长，端突端向渐细，内缘锯齿状。阳茎细长，侧面观极度弯曲；阳茎干筒状，端部具 1 对弯曲长突，1 长突各具 1 齿状突；阳茎孔位于近端部处。

观察标本：1♂ (正模，NWAFU)，中国福建闽清，1985.Ⅶ.7，植保系 1982 级学生采集；1♀ (副模，NWAFU)，中国福建福州，1983.Ⅵ，植保系 1980 级学生采集。

分布：福建。

21. 琼州叶蝉属 *Quiontugia* Wei & Zhang, 2010

Quiontugia Wei & Zhang, 2010: 34.

Type species: *Quiontugia fuscomaculata* Wei & Zhang, 2010.

头冠稍窄于前胸背板，前缘在复眼间轻微弧形突出，后缘显著弧形凹入，中长远小于复眼间距之半，冠面与颜面交接处极为圆滑。复眼大；单眼明显，椭圆形，位于头冠与颜面交接处，紧临侧额缝处着生；触角位于颜面近复眼下角处，触角檐发达，触角非常长，略短于体长。颜面长稍大于宽，侧缘基半部近平行，端半部渐向前唇基汇聚；前唇基基部窄，端半部阔，端部明显超出舌侧板，端缘中部凹入。侧额缝向上延伸超过单眼所在位置。前胸背板较短，后缘中部凹入，背侧线脊起。小盾片近三角形，基缘明显窄于头冠，中长稍大于前胸背板中长；横刻痕显著向后弯曲，其后具发达中纵脊。前翅绝大部分不透明，但具透明圆斑或其他色斑；端室 5，闭合端前室 2，m-Cu$_2$ 缺如；爪区 A$_1$ 与 A$_2$ 之间、A$_1$ 与爪缝间均有横脉相连接；缘片发达。足粗壮，具发达刺列；后足腿节端部大刚毛较少 (仅留刚毛断痕)；后足胫节轻微弯曲。

雌虫第Ⅶ腹板中长约为第Ⅵ腹板中长的 4 倍，后缘显著圆角状后延。

本属与离瓣叶蝉属 *Placidellus* Evans 及长板叶蝉属 *Paraplacidellus* Zhang, Wei & Shen 相近；但本属小盾片较短，横刻痕显著向后弯曲且仅具中纵脊而无其他脊起，前翅绝大部分不透明，明显与后两者有异。

分布：东洋区 (中国)。

本属全世界仅知 1 种，中国已知 1 种。

(59) 斑翅琼州叶蝉 *Quiontugia fuscomaculata* Wei & Zhang, 2010 (图 59)

Quiontugia fuscomaculata Wei & Zhang, in Wei, Webb & Zhang, 2010: 35.

体长：♀7.5 mm。

体棕黄色。头部密布白色小斑点，头冠后缘具 4 个大白斑；前唇基及颊边缘棕红色，前唇基具中等稠密、极细微黄白色刚毛。单眼淡黄褐色；复眼黑红色，具数个白斑；触角棕黄色。前胸背板疏具白色或铅黄色小斑点。小盾片横刻痕黑色，中纵脊白色。前翅棕黄色，散布一些近圆形或椭圆形透明斑；爪区具一大一小 2 个白斑，外缘均为黑红色，大白斑中部略呈黄色，前翅合拢时左右翅爪区斑块刚好对拢；翅脉棕红色。

观察标本：1♀ (正模，TMNH)，海南万宁，1964.III.12，刘胜利采。

分布：海南。

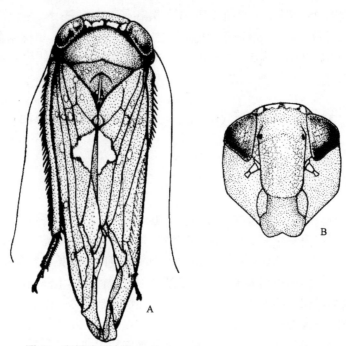

图 59 斑翅琼州叶蝉 *Quiontugia fuscomaculata* Wei & Zhang

A. 整体背面观；B. 颜面

22. 窄板叶蝉属 *Stenolora* Zhang, Wei & Webb, 2006

Stenolora Zhang, Wei & Webb, 2006: 290.

Type species: *Stenolora malayana* Zhang, Wei & Webb, 2006.

头冠小，明显狭于前胸背板，中长小于复眼间宽，前缘在复眼间弧形突出，后缘角状凹入；单眼位于近前缘处；复眼大；额唇基侧面观隆起；前唇基阔，基部突隆，侧缘波曲，前缘中央凹入；舌侧板窄。前胸背板阔，侧隆线脊起，侧缘弧形拱出，后缘轻微凹入。小盾片近三角形，基缘约与侧缘等长，侧缘略波曲，中长稍长于前胸背板，横刻痕弱，后半部具中纵脊。前翅 5 端室，2 闭合前端室，但 R_{1a} 和 R_{1b} 非常模糊，m-Cu_2 消失，端片发达。后翅 4 端室。足粗壮，除后足腿节外，其余均具发达刺列；后足腿节阔，端部具数根长弯刺；后足胫节弯曲，第 1 跗节端部具明显大小不一的刚毛。

雄虫尾节侧面观长大于宽，后缘弧圆，具长短不一的大刚毛；生殖瓣阔，约等长于下生殖板；下生殖板近三角形；阳基侧突长，基部 2/3 粗壮且中央骨化强，端部 1/3 端向渐细，外缘近端部 1/3 处有许多小齿；连索 "T" 形，主干细长；阳茎筒状，与第 X 腹节之间有 1 突起相连，阳茎干头背向弯曲，在亚端部处分歧。第 X 腹节有 1 对内突，内突近基部各具 1 小齿。

　　本属与短胸叶蝉属 *Kunasia* Distant 相近，但本属前唇基侧缘波曲，舌侧板细窄而非扇形，尾节侧瓣背缘无内突，连索具有短的侧臂，易与后者相区别。

　　分布：东洋区 (中国；马来西亚)。

　　本属全世界仅知 2 种，中国已知 1 种。

(60) 短板窄板叶蝉 *Stenolora abbreviata* Zhang, Wei & Webb, 2006 (图 60)

Stenolora abbreviata Zhang, Wei & Webb, 2006: 291.

体长：♂6.5 mm。

　　头冠黑褐色，前缘具 1 条黄白色横带，横带后缘波曲；近复眼内缘处各具 1 暗黄色斑；近后缘处具 1 对暗黄色斑。颜面黑褐色，额唇基区近基部处具 1 横形黄白斑；前唇基近端缘处具 1 对刚毛；额缝与复眼间区域具 1 黄白色圆斑；复眼浅褐色；单眼黑褐色；触角浅黄色。前胸背板大部分黑褐色，散布一些黄色斑，靠近每只复眼处各具 3 个白斑，近侧缘处暗黄色。小盾片大部分黑褐色，基角及中域具微小黄白色斑，横刻痕黑褐色；中纵脊基部 1/3 黄褐色，其余黑色。前翅褐色至暗褐色，具不规则近透明斑块；翅脉黑褐色；后翅烟褐色，翅脉黑褐色。体腹面及足大部分暗褐色。

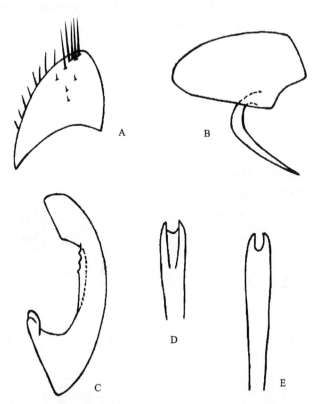

图 60　短板窄板叶蝉 *Stenolora abbreviata* Zhang, Wei & Webb

A. 下生殖板腹面观；B. 雄虫腹部第 X 节侧面观；C. 阳茎侧面观；D. 阳茎干端部前面观；E. 阳茎干后面观

雄虫尾节侧瓣侧面观近后缘处密生大刚毛，仅外缘处具一些较短刚毛，近基部处细微刻痕及 1 条透明纵带，近腹缘处具 1 细长弯曲长突；下生殖板端部具一些刚毛；连索基部膜质显著向前发展，近基部略扩展，近端部略窄。阳茎端部侧面观略膨大，后面观端部 2 分叉。

观察标本：1♂ (正模，IRSNB)，China, Nangling Ruyuan, Guangdong, stream, 1500 m, 2004.Ⅴ.9, P. Grootaert 采。

分布：广东。

三、缘脊叶蝉亚科 Selenocephalinae Fieber, 1872

Selenocephalidae Fieber, 1872: 10.

Selenocephalinae: Linnavuori & Al-Ne'amy, 1983: 19; Oman *et al*., 1990; Zhang & Webb, 1996: 5; Viraktamath, 1998: 154.

Selenocephalini: Evans, 1947: 217; Ribaut, 1952: 312; Evans, 1966: 244; Hill, 1969: 101; Hamilton, 1983: 21; Zahniser & Dietrich, 2010: 506; Zahniser & Dietrich, 2013: 155.

Type genus: *Selenocephalus* Germar, 1833.

头冠前缘通常突出或近叶形，具缘脊或沟；头冠和颜面相交处阔圆的种类，具粗糙横皱；单眼缘生，少数种类在颜面 (Ianeirini)，多数远离复眼；颜面平整或微隆；额唇基缝明显 (*Drabescus*) 或无；前足胫节端部背面扩展或正常；前幕骨臂镰刀形，少数种类近端部钝并侧向扩展。

分布：主要分布于非洲区和亚太地区，少数种类分布在欧洲。

全世界已知 3 族 69 属 467 种，中国已知 3 族 18 属 92 种。

族 检 索 表

1. 触角檐弱或缺失；前足胫节圆或背部微扁；前翅端片狭或阔 ······························2
   触角檐强；前足胫节背面平坦且边缘尖削，端部有时扩展；前翅端片阔 ······**胫槽叶蝉族 Drabescini**
2. 触角短，明显短于体长之半，位于复眼近中部到复眼下角 ···············**缘脊叶蝉族 Selenocephalini**
   触角长，接近或超过体长之半，位于复眼中部到复眼上角 ···············**脊翅叶蝉族 Paraboloponini**

(一) 缘脊叶蝉族 Selenocephalini Fieber, 1872

Selenocephalidae Fieber, 1872: 10.

Selenocephalini: Evans, 1947: 217; Linnavuori & Al-Ne'amy, 1983: 57; Zhang & Webb, 1996: 7.

Type genus: *Selenocephalus* Germar, 1833.

单眼缘生；触角明显短于体长之半，位于复眼近中部到复眼下角；头冠前缘弧圆，有粗横皱；额唇基区端向明显加宽。

缘脊叶蝉族全世界已知 15 属，主要分布于非洲区，中国仅分布有齿茎叶蝉属 *Tambocerus*。

分布：主要分布于非洲区，其次分布于东洋区、古北区和澳洲区。

全世界已知 15 属 161 种，中国已知 1 属 4 种。

23. 齿茎叶蝉属 *Tambocerus* Zhang & Webb, 1996

Tambocerus Zhang & Webb, 1996: 8; Shen, Shang & Zhang, 2008: 242.

Type species: *Selenocephalus disparatus* Melichar, 1903.

体黄色或黄褐色，有或无褐色微点；头冠横宽，向前略突出，前缘具缘脊，近端部有 1 较浅横凹，冠域平滑，具不明显的纵纹；单眼缘生，靠近复眼；前幕骨臂"Y"形；触角较长，但短于体长之半，位于复眼前方中部高度处，触角窝浅，触角檐钝；额唇基阔，微隆；唇基间缝明显，侧额缝伸达相应单眼；前唇基基部窄，端部略膨大；头与前胸背板等宽或稍窄；前胸背板横宽，前缘微隆，侧缘短，具细密横皱，后缘横平凹入；小盾片宽大于长，盾间沟明显；前翅长方形，具 4 端室，3 端前室；前足胫节背面圆，刚毛式 5+5 或 1+5，后足腿节端部刺式 2+2+1。

雄虫外生殖器尾节侧瓣后缘渐狭，端部具细小的骨化齿；下生殖板三角形或基半部呈不规则形，其上着生 1 列大型刚毛；阳基侧突端突长或短，端向渐尖；连索"Y"形，干长臂短；阳茎端干指状，背向弯曲，侧面具细齿，阳茎口位于干端部腹面。

分布：东洋区 (中国；斯里兰卡，印度)。

本属全世界已知 18 种，中国已知 4 种。

种 检 索 表

1. 阳茎端部有一大一小 2 对突起····················四突齿茎叶蝉 *T. quadricornis*
   无上述特征···2
2. 下生殖板阔、方，2/3 处端向收缩成指状，侧缘具大刚毛·············· 长齿茎叶蝉 *T. elongatus*
   下生殖板基部较阔···3
3. 阳茎端部侧面观膨大似叶状·····························三角齿茎叶蝉 *T. triangulatus*
   阳茎侧面观不膨大；尾节侧瓣分布有许多小刺状突，具 1 长尾节突······ 刺突齿茎叶蝉 *T. furcellus*

(61) 长齿茎叶蝉 *Tambocerus elongatus* Shen, 2008 (图 61；图版Ⅲ：28)

Tambocerus elongatus Shen, in Shen, Shang & Zhang, 2008: 243.

体长：♂6.0-6.8 mm。

体小型，土黄色；头冠前缘弧形突出，中长是两侧长的 1.5 倍，冠缝明显，两侧靠近前缘处各有 1 半月形淡褐色斑；近前域有 1 横凹；单眼缘生，从背部可见，靠近复眼；颜面三角形，额唇基微隆，基部较宽，端向略收缩；前唇基基部窄，端向略膨大，具中纵脊，唇基间缝明显；触角短，未过体长之半，位于复眼前方中部高度以下，触角窝浅，触角脊弱，侧额缝伸达相应单眼。

头比前胸背板窄；前胸背板前缘弧形，后缘横平凹入，中、后域略隆起，具细密横皱；小盾片三角形，中长小于前胸背板中长，盾间沟明显，基部沿盾间沟两侧各有 1 白色小条形斑；前翅浅褐色透明，密布褐色网纹，翅脉明显，具 4 端室，3 端前室，端片极窄；体下及足黄色，前足胫节端部背面不扩展，后足腿节端部刺式 2+2+1。

雄虫尾节侧瓣长三角形，端缘角状；生殖瓣梯形；下生殖板基部阔方，约为端部的 2 倍长，2/3 处端向急剧收缩，端部指状；侧缘有 5 根大型粗刚毛，基部近侧缘有 1 排竖刚毛；阳基侧突基部较宽，中部收缩，端突极长，端向收缩，端部尖锐状，侧叶短，和侧叶形成 1 深 "V" 形凹；连索 "Y" 形，干粗而长，为臂长的 2 倍多，两臂夹角小；阳茎端向弯折，几成直角状，近端部有 1 对小叶状突起，侧缘齿状。

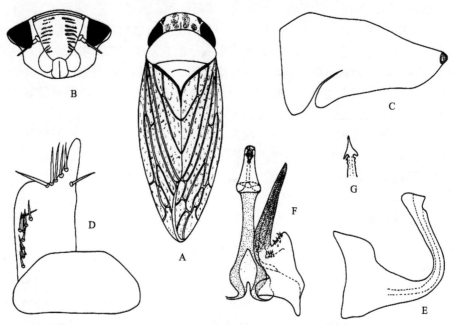

图 61　长齿茎叶蝉 *Tambocerus elongatus* Shen

A. 雄虫背面观；B. 颜面；C. 尾节侧瓣侧面观；D. 生殖瓣、下生殖板腹面观；E. 阳茎侧面观；F. 阳茎、连索和阳基侧突背面观；G. 阳茎端部后面观

讨论：此种相似于离齿茎叶蝉 *Tambocerus disparatus*，与后者主要区别如下：①下生殖板基部阔方，约为端部的 2 倍长，2/3 处端向急剧收缩，端部指状，侧缘有 5 根大型粗刚毛，基部近侧缘有 1 排竖刚毛；②连索干粗而长，为臂长的 2 倍多，两臂夹角小；③阳茎端向弯折，几成直角状，近端部有 1 对叶状小突起，侧缘齿状。

观察标本：1♂ (正模，NWAFU)，湖北武当山太子坡，2001.Ⅶ.22，贺志强采；4♂4♀ (副模，NWAFU)，湖南衡山，1985.Ⅷ.7，张雅林、柴勇辉采；2♂2♀ (副模，NWAFU)，1985.Ⅷ.8，余同前；5♂ (副模，NWAFU)，1985.Ⅷ.10，余同前；2♂2♀ (副模，NWAFU)，灯诱，1985.Ⅷ.8，余同前；2♂2♀ (副模，NWAFU)，1985.Ⅷ.11，余同前；2♂5♀ (副模，

NWAFU)，1985.Ⅷ，余同前；1♀（副模，NWAFU），1985.Ⅷ.10，余同前；1♂（副模，NWAFU），湖南郴州，1985.Ⅶ.26，张雅林、柴勇辉采；1♂3♀（副模，NWAFU），1985.Ⅷ.7，余同前；1♂（副模，NWAFU），1985.Ⅷ.13，余同前；1♀（副模，NWAFU），1985.Ⅶ.26，余同前；1♀（副模，BMSYS），Kuangtung, S. China, Hau-leng, Tin-tong, Loh-chang Dist.,1947.Ⅷ.1, W. T. Tsang & Lom 采；7♂2♀（副模，NWAFU），河南西峡黄石庵林场，800-1300 m，1998.Ⅶ.17，灯诱，胡建采；1♂（副模，NWAFU），河南鸡公山，1997.Ⅶ.11，余同前；5♂1♀（副模，NWAFU），河南内乡葛条爬，600-700 m，1998.Ⅶ.14，余同前；1♀（副模，NWAFU），贵州梵净山护国寺，950 m，2001.Ⅷ.4，孙强采；1♀（副模，NWAFU），湖南张家界森林公园，650 m，2001.Ⅷ.7，余同前；2♂（副模，NWAFU），陕西太白科协馆，1984.Ⅶ.12，柴勇辉采；1♀（副模，IZCAS），陕西宁陕火地塘，1580 m，灯诱，1998.Ⅷ.17，袁德成采；1♀（副模，IZCAS），广西龙州三联，350 m，2000.Ⅵ.13，姚建采；2♂（副模，NWAFU），广西大瑶山，2000.Ⅸ.9，刘振江采；1♂1♀（副模，NWAFU），广西花坪，2000.Ⅷ.31，灯诱，余同前；1♂（副模，NWAFU），广西九万山杨梅坳，600 m，2001.Ⅷ.24，灯诱，周善义采；1♂（副模，NWAFU），广西拱北老山，1130-1300 m，2001.Ⅷ.28，蒋国芳采；2♂（副模，NWAFU），灯诱，2001.Ⅷ.27，余同前；1♂（副模，NWAFU），海南岛那大，1983.Ⅴ.20，张雅林采；1♀（副模，NWAFU），广东鼎湖山，1985.Ⅶ.18，余同前；1♀（副模，BMSYS），广东连县大东山，1992.Ⅸ.5，程昉采；1♂（副模，NWAFU），湖北武当山南岩，灯诱，2001.Ⅶ.20，黄敏、张桂林采；1♀（副模，NWAFU），福建武夷山龙渡，1988.Ⅷ.21，杨忠歧采；2♀（副模，NWAFU），陕西汉中天台，1980.Ⅷ，魏建华采；1♀（副模，CAU），四川峨眉，1961.Ⅷ.21，洪培华、金瑞华采；1♀（副模，BMSYS），四川灌县青城山，1982.Ⅷ.8，陈振耀采；1♂（副模，CAU），安徽黄山温泉，1977.Ⅶ.18，杨集昆采。

分布：河南、陕西、安徽、湖北、湖南、福建、广东、海南、广西、四川、贵州。

(62) 三角齿茎叶蝉 *Tambocerus triangulatus* Shen, 2008（图62）

Tambocerus triangulatus Shen, in Shen, Shang & Zhang, 2008: 246.

体长：♂6.2-6.8 mm。

体小型，土黄色；头冠前缘弧形突出，有1对褐色小圆斑，中长是两侧长的1.5倍，具褐色散状纹，近前缘有1浅横凹，冠缝明显，前缘有1黄色横带，其上、下缘褐色；单眼缘生，和相应复眼之间的距离是其自身直径的1倍；颜面三角形，额唇基基部隆起，端向收缩，外缘具褐色线状斑；前唇基基部窄，端向略膨大，唇基间缝明显；触角短，未超过体长之半，位于复眼前方中部高度下方，触角窝深，触角脊钝，侧额缝伸达相应单眼。

头比前胸背板窄；前胸背板前缘弧圆，侧缘短而突出，后缘横平微凹，中、后域微隆，密布黄色小点；小盾片三角形，盾间沟模糊；前翅长方形，均匀密布褐色点状斑，翅脉明显，具4端室，3端前室，端片窄；体下及足与体同色，前足胫节端部背面不扩展，后足腿节端部刺式2+2+1。

雄虫外生殖器尾节侧瓣长三角形，分布有小刚毛，具1尾节突；生殖瓣半圆形；下生殖板基部宽，1/2 端向收缩，端部指状，侧缘具大刚毛；阳基侧突基部宽，中部窄，端突长而钝，端部角状，侧叶短，具丛生感觉毛；连索"Y"形，干粗壮，为臂长的 2 倍多；阳茎背向极度弯曲成钩状，端部膨大，边缘齿状，似荷叶状，近端部有 1 对小突起。

讨论：此种相似于离齿茎叶蝉 *Tambocerus disparatus*，主要区别如下：①尾节侧瓣长三角形，具 1 尾节突，分布有小刚毛；②生殖瓣半圆形；③下生殖板基部宽，1/2 端向收缩，端部指状，侧缘具大刚毛；④阳茎背向极度弯曲成钩状，端部膨大，边缘齿状，似荷叶状，近端部有 1 对小突起。

观察标本：1♂ (正模，IZCAS)，陕西周至厚畛子，1350 m，1999.Ⅵ.24，朱朝东采；1♂ (副模，BMSYS)，海南尖峰岭天池，1981.Ⅶ.3，郭秋明采。

分布：陕西、海南。

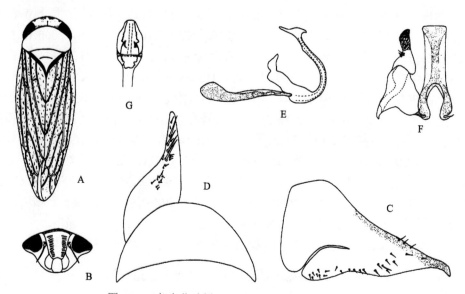

图 62 三角齿茎叶蝉 *Tambocerus triangulatus* Shen

A. 雄虫背面观；B. 颜面；C. 尾节侧瓣侧面观；D. 生殖瓣、下生殖板腹面观；E. 阳茎、连索侧面观；F. 连索、阳基侧突背面观；G. 阳茎、连索端部背面观

(63) 刺突齿茎叶蝉 *Tambocerus furcellus* Shang & Zhang, 2008 (图 63；图版Ⅲ：29)

Tambocerus furcellus Shang & Zhang, in Shen, Shang & Zhang, 2008: 247.

体长：♂6.0 mm。

体小型，土黄色；头冠前缘弧圆突出，中长约为两侧长的 1.5 倍，中域有隐约褐色斑；单眼缘生，从背部可见，和相应复眼之间的距离是其自身直径的 2 倍；颜面三角形，额唇基微隆，基部宽，端向略收缩；前唇基基部窄，端向略膨大，唇基间缝明显；触角位于复眼前方中部高度略上，触角窝浅，触角脊弱。

头比前胸背板窄；前胸背板前缘弧圆，后缘横平凹入，侧缘较长，中、后域略隆起，具细密横皱，前缘具隐约花纹；小盾片三角形，盾间沟明显，沿其两侧有褐色纹；前翅长方形，浅褐色，密布絮状花纹，沿爪脉端部及端室外缘有深色斑，具 4 端室，3 端前室，端片窄；后足腿节端部刺式 2+1+1。

雄虫外生殖器尾节侧瓣阔方，具数根大型刚毛，有 1 鱼尾状尾节突，上面布满刺状突；生殖瓣三角形；下生殖板基部阔方，1/2 处端向收缩，端部指状，侧缘具细长刚毛；阳基侧突基部突出，中部收缩，端突直而长，刀状，侧叶突出，具感觉毛；连索"Y"形，干粗壮，约为臂长的 2 倍，其长度接近阳基侧突长；阳茎背向弯曲，端部具 1 对突起，侧缘齿状，阳茎口开口于端部。

讨论：此种外形相似于长齿茎叶蝉 Tambocerus elongatus，主要区别如下：①尾节侧瓣阔方，具 1 鱼尾状尾节突，上面布满刺状突；②阳基侧突端突直而长，刀状，侧叶突出；③阳茎端部具 1 对突起，侧缘齿状，阳茎口开口于端部；④连索长，其长度接近阳基侧突长。

观察标本：1♂ (正模，NWAFU)，湖南衡山，1985.Ⅷ.8，张雅林、柴勇辉采。

分布：湖南。

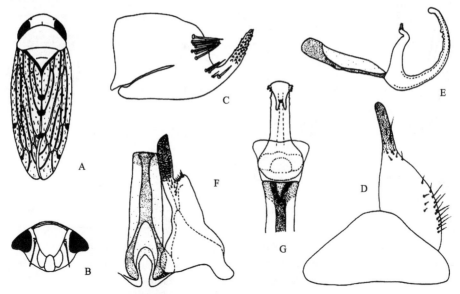

图 63　刺突齿茎叶蝉 Tambocerus furcellus Shang & Zhang

A. 雄虫背面观；B. 颜面；C. 尾节侧瓣侧面观；D. 生殖瓣、下生殖板腹面观；E. 阳茎、连索侧面观；F. 连索、阳基侧突腹面观；G. 阳茎、连索端部背面观

(64) 四突齿茎叶蝉 *Tambocerus quadricornis* Shang & Zhang, 2008 (图 64；图版Ⅲ：30)

Tambocerus quadricornis Shang & Zhang, in Shen, Shang & Zhang, 2008: 248.

体长：♂6.0-6.5 mm。

体小型，褐色，具深褐色花纹；头冠前缘弧圆突出，中长大于两侧长，近前缘有 1 横凹；单眼缘生，从背部可见，和相应复眼之间距离是其自身直径的 1 倍；颜面三角形，额唇基微隆，端向略收缩；前唇基基部窄，端部略膨大，具中纵脊，唇基间缝明显；触角短，短于体长之半，位于复眼前方中部高度处，触角窝浅，触角脊弱，额唇基侧缘紧靠相应复眼边缘。

头比前胸背板窄；前胸背板前缘弧圆，侧缘长，后缘近平截；小盾片三角形；前翅长方形，褐色半透明，具同色网纹，翅脉明显，沿爪脉端部及外缘有深色斑，具4端室，3端前室，端片窄。

雄虫外生殖器尾节侧瓣基部阔，端向收缩成鱼尾状，具尾节突，突起末端齿状；下生殖板近梯形，基部阔方，端向收缩成指状，侧缘具大型刚毛和细长刚毛；阳基侧突端突直而长，端缘平截，侧叶宽，具感觉毛；连索"Y"形，干粗壮，约为臂长的2倍，臂短，两臂夹角小；阳茎背向弯曲，背腔发达，具一大一小2对侧突，阳茎干粗壮，侧缘齿状，端部尖，阳茎口开口于端部。

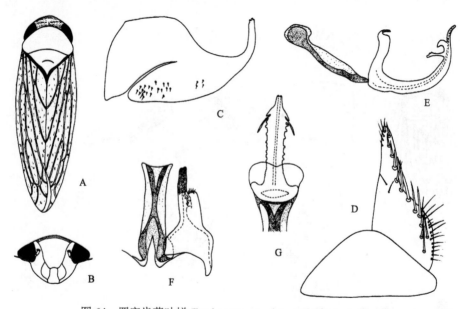

图64　四突齿茎叶蝉 *Tambocerus quadricornis* Shang & Zhang

A. 雄虫背面观；B. 颜面；C. 雄虫尾节侧瓣侧面观；D. 生殖瓣、下生殖板腹面观；E. 阳茎、连索侧面观；F. 连索、阳基侧突腹面观；G. 阳茎、连索端部背面观

该种雄虫外形相似于刺突齿茎叶蝉 *Tambocerus furcellus*，主要区别如下：①尾节侧瓣基部阔，端向收缩成鱼尾状，具尾节突，突起末端齿状；②阳基侧突端突直而长，端缘平截；③阳茎干粗壮，具一大一小2对侧突，侧缘齿状，端部尖。

观察标本：1♂（正模，IZCAS），广西金秀圣堂山，900 m，1999.Ⅴ.18，杨星科采；1♂（副模，IZCAS），广西金秀金忠公路，1100 m，1999.Ⅴ.12，李文柱采。

分布：广西。

(二) 胫槽叶蝉族 Drabescini Ishihara, 1953

Drabescidae Ishihara, 1953: 6.

Drabescinae: Linnavuori, 1960: 36; Linnavuori, 1978: 41.

Drabescini: Linnavuori & Al-Ne'amy, 1983: 21; Zhang & Webb, 1996: 22.

Type genus: *Drabescus* Stål, 1870.

头部前缘平滑或具不规则细横皱，有时有 1 卷曲的口上沟；额唇基粗糙，额唇基沟存在；触角长，超过体长之半，位于复眼上方；触角脊强而倾斜；前足胫节背面明显扩展或正常；前幕骨臂镰形；前翅端片阔。

分布：除纳塔尔胫槽叶蝉 *Drabescus natalensis* 和张氏胫槽叶蝉 *D. zhangi* 分布于非洲外，其余均分布于亚太地区。

全世界已知 2 属 66 种，中国已知 1 属 34 种。

24. 胫槽叶蝉属 *Drabescus* Stål, 1870

Drabescus Stål, 1870: 738; Zhang & Webb, 1996: 23; Zhang, Zhang & Chen, 1997: 238.

Drabescus (*Ochrescus*) Anufriev & Emeljanov, 1988: 174.

Drabescus (*Leucostigmidium*) Anufriev & Emeljanov, 1988: 174.

Paradrabescus Kuoh, 1985: 379.

Tylissus Stål, 1870: 739.

Type species: *Bythoscopus remotus* Walker, 1851.

中到大型叶蝉，体粗壮，黑褐色、楔形；头短而阔，少数种类头冠前缘向前伸长，冠域凹或平坦，有细纵纹；头部前缘具缘脊或侧面观阔圆但具细横线；单眼缘生，位于脊间凹槽内，远离复眼；颜面平整，宽大于长；触角长，位于复眼上方，触角窝深，触角脊强而倾斜，有些种类额唇基沟明显；额唇基区平坦或微隆，有纵皱，基部较宽，端向略收缩；前唇基基部窄，端向膨大；舌侧板大；颊区阔，基部凹陷；前胸背板横宽，前缘突出，侧缘具隆线，后缘横平微凹，中域有细密横皱，具刻点；小盾片阔三角形，微皱；前翅端片阔，具 4 端室，3 端前室；前足胫节背面扁平，端部扩展或正常，缘刺式不规则或 1+4，后足腿节端部刺式 2+1、2+2+1 或 2+2+1+1。

雄虫外生殖器尾节侧瓣有或无大型刚毛，有或无尾节突；生殖瓣半圆形或三角形；下生殖板长三角形，无大型刚毛或具细小刚毛；阳基侧突端突较骨化；连索短或长，"Y"形；阳茎对称，有或无侧基突，阳茎口开口于近端部腹面。

分布：除纳塔尔胫槽叶蝉 *D. natalensis* 和张氏胫槽叶蝉 *D. zhangi* 分布于非洲外，其余种类广泛分布于亚洲及太平洋地区。

本属全世界已知 63 种，中国已知 34 种。

种检索表*

1. 头冠前缘侧面观似角状突出，阳茎有或无背腔，前腔有或无 ·······························2
   头冠前缘侧面观似宽圆，阳茎无背腔，具前腔 ··························· **海南胫槽叶蝉 *D. hainanensis***
2. 阳茎干腹面观无突起 ···3
   阳茎干腹面观具突起 ···6
3. 阳基侧突近端部无齿突 ···4
   阳基侧突近端部有小齿突 ····························· **数斑胫槽叶蝉 *D. multipunctatus***
4. 尾节侧瓣近端部腹缘无齿突 ···5
   尾节侧瓣近端部腹缘具齿突 ··························· **尖突胫槽叶蝉 *D. cuspidatus***
5. 阳茎干侧面观近端部背向扩展 ························· **河南胫槽叶蝉 *D. henanensis***
   阳茎干侧面观近端部不扩展 ··························· **赭胫槽叶蝉 *D. ineffectus***
6. 阳茎干侧面观背缘无齿突 ··7
   阳茎干侧面观背缘具小齿状突 ························· **双瓣胫槽叶蝉 *D. bilaminatus***
7. 阳茎干有 1 对突起 ···8
   阳茎干有 2 对突起 ································· **四突胫槽叶蝉 *D. quadrispinosus***
8. 阳茎干突起端部分叉 ···9
   阳茎干突起端部不分叉 ···13
9. 分叉处无小突起 ···10
   分叉处有小突起 ····································· **金秀胫槽叶蝉 *D. jinxiuensis***
10. 阳茎干侧面观近端部扩展 ···11
    阳茎干侧面观近端部不扩展 ···12
11. 生殖瓣似三角形；下生殖板内缘紧缩，具长端突 ········· **叉突胫槽叶蝉 *D. furcatus***
    生殖瓣似拱形；下生殖板内缘平直 ····················· **片茎胫槽叶蝉 *D. lamellatus***
12. 阳茎干较短，端向急剧收缩 ··························· **细板胫槽叶蝉 *D. gracilis***
    阳茎干较长，圆柱状，端部弧圆 ······················· **李氏胫槽叶蝉 *D. lii***
13. 阳茎干突起长度短于或接近干长 ···14
    阳茎干突起长度超过干长 ····························· **台湾胫槽叶蝉 *D. formosanus***
14. 阳茎干突起位置位于干近中部以上 ···15
    阳茎干突起位置位于干基部或近基部 ···16
15. 阳基侧突端突狭长 ································· **横带胫槽叶蝉 *D. albofasciatus***
    阳基侧突端突短 ····································· **白带胫槽叶蝉 *D. limbaticeps***
16. 头冠、前胸背板和小盾片亮黄色 ······················· **淡色胫槽叶蝉 *D. pallidus***
    头冠、前胸背板和小盾片无上述特征 ···17
17. 阳基侧突近端部无齿突 ···18

---

* 玉带胫槽叶蝉 *D. albostriatus*、阔胫槽叶蝉 *D. extensus* 和酱红胫槽叶蝉 *D. fuscorufous* 仅知雌虫，黑胫槽叶蝉 *D. atratus* 和斑胫槽叶蝉 *D. notatus* 没有标本或资料，以上种未编入检索表。

阳基侧突近端部有齿突 ⋯⋯⋯⋯⋯⋯⋯⋯⋯⋯⋯⋯⋯⋯⋯**卷曲胫槽叶蝉 *D. convolutus***

18. 阳茎干侧面观弯曲似"C"形 ⋯⋯⋯⋯⋯⋯⋯⋯⋯⋯⋯⋯⋯⋯⋯⋯⋯⋯ 19
    阳茎干侧面观相对平直 ⋯⋯⋯⋯⋯⋯⋯⋯⋯⋯⋯⋯⋯⋯⋯⋯⋯⋯⋯⋯⋯ 22

19. 阳基侧突侧叶显著突出 ⋯⋯⋯⋯⋯⋯⋯⋯⋯⋯⋯⋯⋯⋯⋯⋯⋯⋯⋯⋯⋯ 20
    阳基侧突无侧叶 ⋯⋯⋯⋯⋯⋯⋯⋯⋯⋯⋯⋯⋯⋯⋯⋯**韦氏胫槽叶蝉 *D. vilbastei***

20. 阳茎干突起长度超过干长之半 ⋯⋯⋯⋯⋯⋯⋯⋯⋯⋯⋯⋯⋯⋯⋯⋯⋯⋯ 21
    阳茎干突起长度短于干长之半 ⋯⋯⋯⋯⋯⋯⋯⋯⋯**尼氏胫槽叶蝉 *D. nitobei***

21. 阳茎干腹面观基部突起与干分开 ⋯⋯⋯⋯⋯**点脉胫槽叶蝉 *D. nervosopunctatus***
    阳茎干腹面观基部突起与干靠拢 ⋯⋯⋯⋯⋯⋯**透翅胫槽叶蝉 *D. pellucidus***

22. 阳茎干侧面观端部扩展 ⋯⋯⋯⋯⋯⋯⋯⋯⋯⋯⋯⋯⋯⋯⋯⋯⋯⋯⋯⋯⋯ 23
    阳茎干侧面观端部不扩展 ⋯⋯⋯⋯⋯⋯⋯⋯⋯⋯⋯⋯⋯⋯⋯⋯⋯⋯⋯⋯ 28

23. 头部和胸部中域具淡黄色纵带 ⋯⋯⋯⋯⋯⋯⋯⋯⋯⋯⋯⋯⋯⋯⋯⋯⋯⋯ 24
    头部和胸部中域不具上述特征 ⋯⋯⋯⋯⋯⋯⋯⋯⋯⋯⋯⋯⋯⋯⋯⋯⋯⋯ 27

24. 连索干长约为臂长的 2 倍多 ⋯⋯⋯⋯⋯⋯⋯⋯⋯⋯⋯⋯⋯⋯⋯⋯⋯⋯⋯ 25
    连索干长短于臂长的 2 倍 ⋯⋯⋯⋯⋯⋯⋯⋯⋯⋯⋯⋯⋯⋯⋯⋯⋯⋯⋯⋯ 26

25. 连索干端部分叉；阳茎无背腔 ⋯⋯⋯⋯⋯⋯⋯⋯**白缘胫槽叶蝉 *D. albosignus***
    连索干端部不分叉；阳茎背腔发达 ⋯⋯⋯⋯⋯⋯**沥青胫槽叶蝉 *D. piceatus***

26. 阳茎干突起背缘具不规则齿状突起 ⋯⋯⋯⋯**多齿胫槽叶蝉 *D. multidentatus***
    阳茎干突起背缘不具上述特征 ⋯⋯⋯⋯⋯⋯⋯⋯**宽胫槽叶蝉 *D. ogumae***

27. 连索干细长 ⋯⋯⋯⋯⋯⋯⋯⋯⋯⋯⋯⋯⋯⋯⋯⋯**细茎胫槽叶蝉 *D. minipenis***
    连索干宽短 ⋯⋯⋯⋯⋯⋯⋯⋯⋯⋯⋯⋯⋯⋯**石龙胫槽叶蝉 *D. shillongensis***

28. 前唇基和额唇基黑色 ⋯⋯⋯⋯⋯⋯⋯⋯⋯⋯⋯⋯**黑额胫槽叶蝉 *D. piceus***
    前唇基和额唇基黄褐色 ⋯⋯⋯⋯⋯⋯⋯⋯⋯⋯⋯**黄额胫槽叶蝉 *D. testaceus***

(65) 横带胫槽叶蝉 *Drabescus albofasciatus* Cai & He, 1998 (图 65；图版Ⅲ：31)

Drabescus albofasciatus Cai & He, 1998: 24; Lu, Webb & Zhang, 2019: 240-241.

Drabescus peltatus Shang & Zhang, 2012: 3; Wang, Qu, Xing & Dai, 2016: 119. Synonymized by Zhang, 2017: 81.

以下描述引自 Cai 和 He (1998)。

体长：♂10.2 mm。

体色暗黑褐色；头冠为暗黄褐色，头冠与颜面交界处为浅黄色缘线；前胸背板密生黄褐色细小斑点，小盾片也有少量分布；前翅暗黑褐色，基部多少隐现出灰白色透明斑，以中央 1 近透明灰白色横带较明显，翅脉间生有灰白色微小斑点。颜面、胸部腹面、腹部及足均为暗黑褐色，仅腹部腹板后缘红褐色，足侧缘及胫刺略带红褐色。

头部微宽于前胸背板，前端弧圆；头冠短阔，前、后缘平行，整个冠面坡向前缘低洼，冠缝细弱。颜面额唇基基缘域凹洼成浅横沟状，前唇基近长方形，末端圆起。前胸背板横皱纹细密，小盾片横刻痕略为弧形，端部低平，并于中央有 1 浅纵刻痕。

　　雄虫腹部第Ⅷ腹板长条形，中长与其前节相等。尾节侧瓣较宽阔，背缘凹曲，端部向背后方收窄圆起，其下方腹缘末端有 1 弯曲的短刺状突，仅在末端表面生有少许细刚毛。生殖瓣宽"V"形。下生殖板较狭长，端向渐窄，末端稍扭曲近膜质。连索"Y"形，干略长于两臂长。阳基侧突自基部急剧收缢成条形，端向渐窄，端部向侧方弯曲。阳茎长弯管状，自中部端向渐细，中部腹面侧生 1 对短刺突，阳茎口位于末端背面。

　　观察标本：1♂ (NWAFU)，河南内乡葛条爬，600-700 m，1998.VII.14，胡建采。

　　分布：河南。

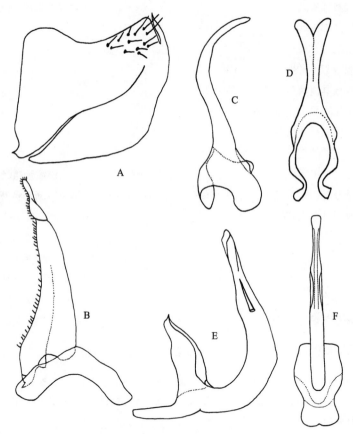

图 65　横带胫槽叶蝉 *Drabescus albofasciatus* Cai & He (仿 Cai & He, 1998)

A. 雄虫尾节侧瓣侧面观；B. 生殖瓣和下生殖板腹面观；C. 阳基侧突腹面观；D. 连索腹面观；E. 阳茎侧面观；
F. 阳茎腹面观

(66) 白缘胫槽叶蝉 *Drabescus albosignus* Li & Wang, 2005 (图 66)

Drabescus albosignus Li & Wang, 2005: 175.

　　以下描述引自 Li 和 Wang (2005)。

　　体长：♂9.6 mm，♀9.5-10 mm。

　　头冠淡黄色，混生不规则黑褐色纹。沿前缘黑褐色，前缘冠面相交处淡黄色。复眼黑褐色，单眼淡黄色。雄虫颜面黑色，雌虫额唇基、前唇基、舌侧板黑褐色，颊区黄褐色。前胸背板淡黄色，混生黑褐色不规则纹。小盾片中域淡黄色，其中央有褐色纵纹，基侧角黑褐色。前翅灰褐色，半透明，密生横皱纹，翅脉黑色，散生白色小点，前缘及端区褐色。前部腹板及胸足黄褐色，有黑色斑块。腹部背面褐色，腹黄褐色，雌虫第Ⅶ腹板侧叶淡黄褐色。

头冠前缘呈角状突出，中央长度大于两复眼内缘间宽度之半，前缘反折向上似脊。单眼位于头冠前缘，着生在冠面相交处，其间的距离等于与复眼距离的 3 倍。前胸背板略小于头部宽，中域隆起，密生横皱纹。小盾片中央长度小于前胸背板中长，横刻痕弧形弯曲，伸不达侧缘。前翅长超过腹部末端，翅脉明显，端片发达。前足胫节扩大，上面有较宽的凹槽。

雄虫尾节侧瓣由基至端渐狭，腹缘域刺状突。下生殖板宽大，端区骤变细，密生细柔毛，阳茎呈棒状，腹缘有 1 对弯曲的突起，其长度伸不及阳茎端缘。连索长"Y"形，主干长是臂长的 2 倍。阳基侧突长大，由基至端渐细，较直。雌虫第Ⅶ腹板中央深凹入，两侧叶端部圆形。

观察标本：未见标本。

分布：贵州。

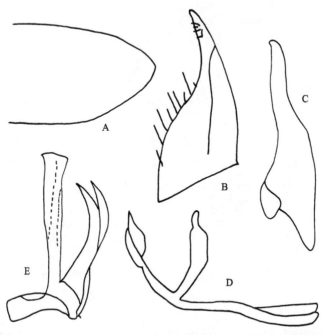

图 66　白缘胫槽叶蝉 Drabescus albosignus Li & Wang (仿 Li & Wang, 2005)

A. 雄虫尾节侧瓣侧面观；B. 下生殖板腹面观；C. 阳基侧突腹面观；D. 连索侧面观；E. 阳茎侧面观

(67) 玉带胫槽叶蝉 Drabescus albostriatus Yang, 1995 (图 67)

Drabescus albostriatus Yang, in Yang & Zhang, 1995: 42; Zhang & Webb, 1996: 24.

以下描述引自 Yang 和 Zhang (1995)。

体长：♀11-12 mm。

体色灰褐色，翅具白带斑。头冠短，宽为长的 4 倍，前缘具黄边；颜面污黄色，近前缘有黑色横纹，后唇基宽阔向端部渐窄，两侧有短横纹，前唇基狭长而中部缢缩。前胸背板窄于头部，前缘拱突，后缘弓弯；小盾片近等边三角形，与前胸背同样密布黑黄色雀斑。前翅中部有 1 白色横带斑，脉黑褐色，间有稀疏小黄点，翅膜上密布褐色雀斑。足大部分黑色，跗节黄褐色有黑斑。胸腹的腹面污黄色，第Ⅶ腹板深裂为双叶，中央黑色。

观察标本：未见标本。

分布：浙江。

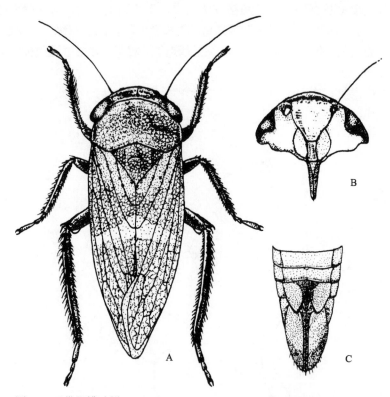

图 67　玉带胫槽叶蝉 *Drabescus albostriatus* Yang (仿 Yang & Zhang, 1995)
A. 整体背面观；B. 颜面；C. 雌虫生殖节腹面观

(68) 黑胫槽叶蝉 *Drabescus atratus* Kato, 1933

Drabescus atratus Kato, 1933c: 456; Zhang & Webb, 1996: 24.

观察标本：未见标本。

分布：中国台湾。

(69) 双瓣胫槽叶蝉 *Drabescus bilaminatus* Yu, Webb, Dai & Yang, 2019 (图 68)

Drabescus bilaminatus Yu, Webb, Dai & Yang, 2019: 45.

以下描述引自 Yu *et al.* (2019)。

体长：♂11.6 mm。

体黄褐色。头冠前缘处具 1 条黑色横带。头冠、前胸背板、小盾片和前翅均密布褐色斑点。前翅浅褐色，翅脉褐色。

头冠前缘弧圆突出，近前缘凹陷；单眼缘生，单眼至邻近复眼处的距离约为其自身长度的 4 倍，触角着生于靠近复眼上部位置，额唇基似三角形，中域扁平，其两侧缘处有褐色肌纹；前唇基端部略微膨大；前胸背板后缘近平直，密布细横纹；小盾片与前胸背板近等长；端室大，端片阔；后足腿节端部刺式为 2+2+1。

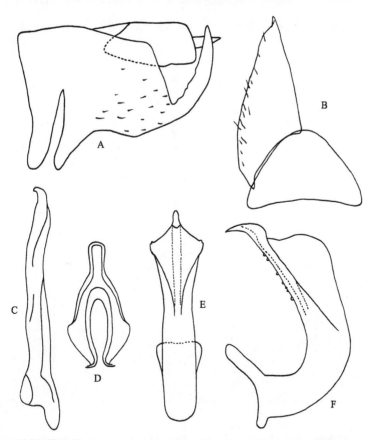

图 68　双瓣胫槽叶蝉 *Drabescus bilaminatus* Yu, Webb, Dai & Yang (仿 Yu *et al.*, 2019)
A. 雄虫尾节侧瓣侧面观；B. 生殖瓣和下生殖板腹面观；C. 阳基侧突腹面观；D. 连索腹面观；E. 阳茎腹面观；
F. 阳茎侧面观

雄虫尾节侧瓣近似四边形，端部无粗壮刚毛，腹缘端部具锯齿状的粗壮长突，背向延伸；生殖瓣三角形；下生殖板长三角形，端突短，侧缘具生细小刚毛；阳基侧突纤细，内缘波曲，无明显侧叶；连索"Y"形，干较短，约为其两臂长的 1/2；阳茎干粗壮，似圆柱形，背向均匀弯曲，腹缘有 1 片状突起从近基部延伸至近端部，干侧面观背缘中部具小齿状突，端部指状突出；阳茎口位于阳茎干端部。

观察标本：未见标本。

分布：广西。

(70) 卷曲胫槽叶蝉 *Drabescus convolutus* Wang, Qu, Xing & Dai, 2016 (图 69)

Drabescus convolutus Wang, Qu, Xing & Dai, 2016: 122.

以下描述引自 Wang *et al.* (2016)。

体长：♂7.6 mm。

体黄褐色。前胸背板前缘具 1 条亮黄色横带，并与小盾片均具有大量褐色斑块。颜面额唇基区域为黑色，复眼及触角窝区域为棕色，其余部位为亮黄色。前翅中部有 1 条透明横带。

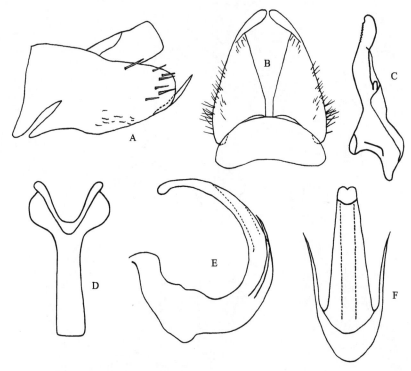

图 69　卷曲胫槽叶蝉 *Drabescus convolutus* Wang, Qu, Xing & Dai (仿 Wang *et al.*, 2016)

A. 雄虫尾节侧瓣侧面观；B. 生殖瓣和下生殖板腹面观；C. 阳基侧突腹面观；D. 连索腹面观；E. 阳茎侧面观；F. 阳茎腹面观

头冠前缘弧圆略突出；单眼缘生；颜面宽大于长，侧额缝延伸至相应单眼，触角着生于靠近复眼中部位置；前胸背板宽大，后缘平直，侧缘平截；小盾片与前胸背板均具有大量细横纹，横刻痕弧形且凹陷；后足腿节端部刺式为 2+2+1。

　　雄虫尾节侧瓣基部宽，端部收窄，端部区域具有大量刚毛，腹缘近端部内向卷曲，腹后缘具 1 长突起；生殖瓣半圆形；下生殖板近三角形，外缘近端部向内弯折，侧缘着生散乱排列的细小刚毛；阳基侧突狭长，近端部边缘具小齿；连索 "Y" 形，干较长，约为其臂长的 2 倍；阳茎干侧面观背向均匀弯曲，似 "C" 形，端向渐收缩，干端部略微膨大，似球状，干近基部具 1 对细长侧刺突，其长度约为阳茎干长度的 1/3，干基部突起明显分开；阳茎口位于阳茎干腹侧。

　　观察标本：未见标本。

　　分布：贵州。

(71) 尖突胫槽叶蝉 *Drabescus cuspidatus* Wang, Qu, Xing & Dai, 2016 (图 70)

Drabescus cuspidatus Wang, Qu, Xing & Dai, 2016: 120.

以下描述引自 Wang *et al.* (2016)。

体长：♂6.4-6.7 mm。

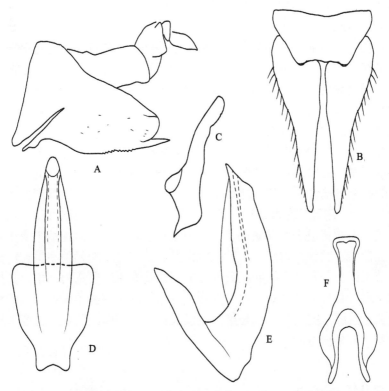

图 70　尖突胫槽叶蝉 *Drabescus cuspidatus* Wang, Qu, Xing & Dai (仿 Wang *et al.*, 2016)

A. 雄虫尾节侧瓣侧面观；B. 生殖瓣和下生殖板腹面观；C. 阳基侧突腹面观；D. 阳茎腹面观；E. 阳茎侧面观；F. 连索腹面观

体黄褐色。前胸背板与小盾片浅黄色，具棕色斑点。前翅半透明，翅脉棕色，翅中域具白色条带。颜面复眼区域、额唇基和前唇基棕色到黑色，其余部位为亮黄色。

头冠前缘弧圆，略突出；单眼缘生，与相应复眼之间的距离是其自身直径的 3 倍；触角位于靠近复眼中部以上位置；侧额缝延伸至相应单眼；前唇基端部略微膨大；前胸背板与小盾片密布横细纹，横刻痕明显；后足腿节端部刺式 2+2+1。

雄虫尾节侧瓣基部阔，端部窄，腹缘近端部具齿状突起，端部无粗壮刚毛；生殖瓣近梯形；下生殖板近长三角形，侧缘具细刚毛；阳基侧突狭长，基部较宽，端部较窄，似指状；连索"Y"形，干和臂近等长；阳茎干无突起，背缘宽，自基部至端部逐渐收缩，阳茎干侧面观端部平截；阳茎口开口于腹面。

观察标本：未见标本。

分布：海南、广西。

(72) 阔胫槽叶蝉 *Drabescus extensus* Kuoh, 1985

Drabescus extensus Kuoh, 1985: 377; Zhang & Webb, 1996: 24.

以下描述引自 Kuoh (1985)。

体长：♀10.7 mm。

体色酱红色，其中前胸背板与中胸小盾片的两侧区色较深暗；前足胫节、跗节为酱褐色；头冠前缘两脊、颊侧下缘脊、前胸背板前缘脊，前足与中足、后足胫节刺及雌虫产卵器的缘脊浅烟黑色；复眼与触角基部 2 节及雌虫腹部第Ⅶ腹板后缘突出部色黑色；单眼、触角鞭节与腹部背、腹板后缘淡污黄色；前翅烟污色，翅脉烟黑色，翅脉上散生淡白色斑点相聚致较明显，其余均不显著。

头冠宽短，中长约为复眼间宽 1/3，大于近复眼处长的 1/4 强，在近前缘处 1 横内槽，表面生有稀疏纵皱，前缘扁薄，背腹有 2 条细缘脊，单眼位于两缘脊间，于复眼距中点的 2/5 处；颜面额唇基区的亚基缘处有 1 微波曲横埂，基半具有数条深刻的纵皱，端半皱纹细密成橘皮状，侧区各有数条明显的横刻痕；前唇基有 1 中纵隆脊，表面生有横皱；颊亦生有纵皱。前胸背板表面横皱稠密，并散生有小颗粒；小盾片端半密生短小不明显的横皱，全面散布小颗粒；前端翅脉除端室区外其上间生不明显的小颗粒，翅面凹凸不平；前足胫节上缘显著向外方扩展成弧形，最宽处几为原胫节宽的 3 倍，扩展片的两面具有纵凹槽；后足腿节端部刺式 2+1。雌虫腹部第Ⅶ腹板后缘中区向后呈舌状突出，其两侧向内成弧形深凹，突出处中长与第Ⅵ腹板长相等；产卵器不超过尾节末端。

观察标本：未见标本。

分布：云南。

(73) 台湾胫槽叶蝉 *Drabescus formosanus* Matsumura, 1912 (图 71；图版Ⅲ：32)

Drabescus formosanus Matsumura, 1912: 294; Zhang & Webb, 1996: 24.
Drabescus trichomus Yang & Zhang, 1995: 41; Zhang & Webb, 1996: 24.

体长：♂7.2-8.0 mm，♀8.5-9.0 mm。

体色黄褐色；头冠、前胸背板和小盾片密布黑褐色斑点；颜面前唇基、舌侧板和颊区黑褐色，额唇基黄褐色；前翅中域有1白色横带，其下方爪缝近端部有1黑褐色宽斑带。

头冠前缘弧圆，中长约等于两侧长；单眼位于头冠正前缘，背面可见；头与前胸背板近等宽；后足腿节端部刺式为2+2+1+1。

雄虫尾节侧瓣端向收缩，近端部具少许长刚毛，腹后缘具1长尾节突，突起不均匀二分叉，背向弯曲；阳基侧突端突端向收狭，侧叶显著；连索似"Y"形，干略长于臂长；阳茎干侧面观背向弯曲，基部具1对长侧突，突起长度超过干端部，突起近端部扩展，端向收狭；阳茎口位于干端部。

观察标本：1♂1♀ (NWAFU)，浙江开化古田山，1992.Ⅶ.28，吴鸿采；1♂ (NKU)，福建南靖，1965.Ⅳ.20，王良臣采。

分布：浙江、福建。

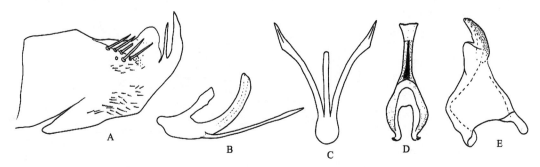

图 71　台湾胫槽叶蝉 *Drabescus formosanus* Matsumura (仿 Zhang & Webb, 1996)

A. 雄虫尾节侧瓣侧面观；B. 阳茎侧面观；C. 阳茎后面观；D. 连索腹面观；E. 阳基侧突腹面观

(74) 叉突胫槽叶蝉 *Drabescus furcatus* Cai & Jiang, 2002 (图 72)

Drabescus furcatus Cai & Jiang, 2002: 16.

以下描述引 Cai 和 Jiang (2002)。

体长：♂8.9-9.2 mm，♀10.2 mm。

体色暗褐色，头冠前缘黄色，其后常有 1 条不规则的黑褐色线纹，冠面、前胸背板和小盾片基半部密生黄色小点，致使整个体前部色较浅，小盾片端半部黄色甚明显。前翅黄褐色半透明，因翅脉暗褐色，并且翅面散生暗褐色蚀状斑点，致使呈现暗褐色，中央有 1 条无色透明横带。有的个体色较浅，体前部大致为黄色带绿色泽，颜面和腹部明显呈红褐色。

头部微宽于前胸背板，前端弧圆；头冠中长略短于复眼处冠长，冠面横向极浅凹洼。颜面触角窝连同附近颊区深凹洼，额唇基端向渐窄，而前唇基趋向末端渐宽致使略呈鞋拔状。前胸背板长度为头冠中长的 6 倍，为自身宽度的 1/2，前缘弧圆，后缘微弧凹。小盾片略长于前胸背板，中央横刻痕弧曲不达及侧缘。前翅长近为宽的 3 倍，具 2 端室 4

端前室，后足腿节刚毛刺式 2+2+1。雌虫第Ⅶ腹板中长近其前一节的 4 倍，后缘中央锥状突出甚长。

　　雄虫第Ⅷ腹板长方形，近与其前一节等长。生殖瓣略呈元宝形。尾节侧瓣腹缘端向渐次收窄末端圆起，端大半部生有大刚毛。下生殖板呈燕尾状，极细长，基部外侧域着生一丛细刚毛。连索长"U"形，主干宽扁。阳基侧突较粗短，端部细缭。阳茎干纵扁管状，阳茎口位于末端；阳茎背突扁片状，腹面观末端近呈"Y"形；阳茎侧基突甚发达，管状，伸过阳茎末端，近末端内向裂生 1 短刺突致成叉状。

　　观察标本：未见标本。

　　分布：河南。

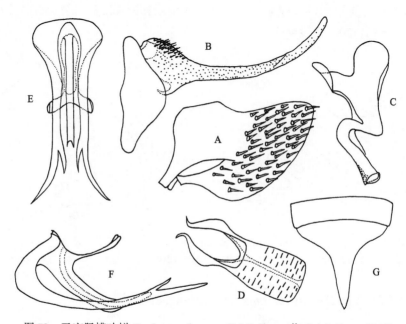

图 72　叉突胫槽叶蝉 *Drabescus furcatus* Cai & Jiang（仿 Cai & Jiang, 2002）

A. 雄虫尾节侧瓣侧面观；B. 生殖瓣和下生殖板腹面观；C. 阳基侧突腹面观；D. 连索腹面观；E. 阳茎腹面观；F. 阳茎侧
面观；G. 雌虫第Ⅵ、Ⅶ腹板腹面观

(75) 酱红胫槽叶蝉 *Drabescus fuscorufous* Kuoh, 1985（图版Ⅲ：33）

Drabescus fuscorufous Kuoh, 1985: 378; Zhang & Webb, 1996: 24.

　　以下描述引自 Kuoh (1985)。

　　体长：♀9.7 mm。

　　体色浅酱红色，鲜明，复眼、触角基部 2 节、前唇基端缘、喙端部、自颜面触角侧下方向侧后方延伸迄止于中胸腹面侧后缘的纵带、各足腿节端部以下部分、雌虫腹部第Ⅶ腹板突出部与产卵器等为黑褐色；单眼与各足胫节刺淡污黄色；整个前翅烟黑色；在距基端 3/5 的近前缘处有 1 相当大的不规则形透明斑。

外形特征相似于阔胫槽叶蝉 *Drabescus extensus* Kuoh，唯颜面额唇基区的亚基缘仅均匀隆起而没有横埂；前足胫节上缘向外方扩展部十分强烈，最宽处为原胫节宽的 2 倍；雌虫腹部第Ⅶ腹板后缘成宽大的半圆形突出，两侧渐次平伏，突出部中长为第Ⅵ腹板长的 2.5 倍，在其端缘中央有 1 个 "U" 形小切刻；体背有光滑感，在头冠单眼和复眼间后域的纵轴密集明显，胸背末生小颗粒；颜面额唇基基侧区无横刻痕，端背不皱成橘皮状。

讨论：本种与阔胫槽叶蝉 *Drabescus extensus* 相似，但有鲜明的体色，前翅的透明斑，雌虫腹部第Ⅶ腹板突出部大而为黑褐色及黑色产卵器，易于区分。

观察标本：未见标本。

分布：云南；巴布亚新几内亚。

(76) 细板胫槽叶蝉 *Drabescus gracilis* Li & Wang, 2005 (图 73)

Drabescus gracilis Li & Wang, 2005: 174-175.

以下描述引自 Li 和 Wang (2005)。

体长：♂9.5-9.8 mm。

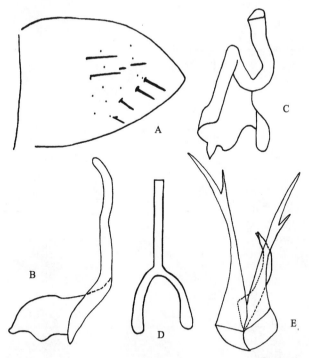

图 73　细板胫槽叶蝉 *Drabescus gracilis* Li & Wang (仿 Li & Wang, 2005)

A. 雄虫尾节侧瓣侧面观；B. 下生殖板腹面观；C. 阳基侧突腹面观；D. 连索腹面观；E. 阳茎腹面观

头冠前缘域黑褐色，中后部淡黄色，混生褐色斑，冠面相交处淡黄色。复眼黑褐色，单眼淡黄色，颜面黑色。前胸背板淡黄色，混生不规则黑褐色线状纹。小盾片淡黄色，基半部混生不规则黑斑。前翅淡黄褐色半透明，翅脉黑褐色，中部有 1 灰褐色横带纹，翅室内有不规则褐色斑。胸部腹板及胸足黑褐色。腹部背腹面黑褐色。头冠前端宽圆突出，中长约等于两复眼内缘间宽之半，前缘有脊。单眼位于头冠前缘着生在冠面相交处，其间的距离约等于与复眼间距的 3 倍。前胸背板与头部近等宽，密布横皱纹。小盾片较前胸背板短，横刻痕弧弯伸不及侧缘。前翅长超过腹部末端，翅脉明显，有横皱纹，端片发达，端室 4 个。前足胫节弯曲，不显著扩大，其上方有 1 个明显的凹槽。

雄虫尾节侧瓣近似长方形突出，端区有粗刚毛。下生殖板基部宽，中端部逐渐变细形如针刺状。阳茎短刺状，微弯曲。腹缘突起 2 支，长是阳茎中长的 1 倍强，其中端部突起分叉。连索似"Y"形。阳基侧突基部宽扁，中部曲折，端部匀称，端缘反卷。

观察标本：未见标本。

分布：贵州。

(77) 海南胫槽叶蝉 *Drabescus hainanensis* Lu, Webb & Zhang, 2019 (图 74；图版Ⅲ：34)

Drabescus hainanensis Lu, Webb & Zhang, 2019: 242-244.

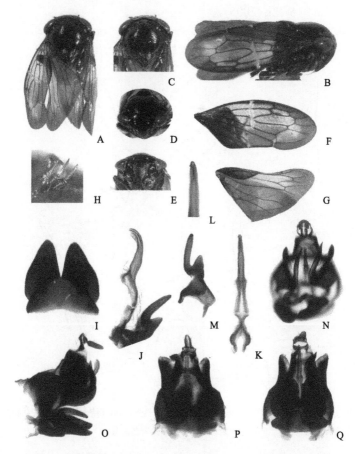

图 74　海南胫槽叶蝉 *Drabescus hainanensis* Lu, Webb & Zhang

A-B. 雄虫背面观和侧面观；C-D. 头、胸背面观和前背面观；E. 颜面；F. 前翅；G. 后翅；H. 后足腿节端部；I. 生殖瓣和下生殖板腹面观；J. 阳茎、连索和阳基侧突侧面观；K. 阳茎和连索腹面观；L. 阳茎端部腹面观；M. 阳基侧突腹面观；N-Q. 雄虫尾节后面观、侧面观、背面观和腹面观

体长：♂8.0 mm。

体黑褐色，唇基两侧黄褐色。前翅淡褐色，透明，亚前缘脉深褐色，前翅中部革区到爪区具 1 突起的白色窄横带。单眼淡黄色。头部略宽于前胸背板，侧面观前缘阔圆，触角檐间具 1 微弱的脊起。头冠较短，前后缘近平行，近复眼处圆角状，后缘抬起，冠缝退化，单眼间具纵条纹。单眼缘生，4 倍单眼直径于两侧复眼处。唇基窄，中间具横皱纹。前胸背板近侧前缘凹陷，具横纹。前翅第 1 端室最大，第 4 端室最小。前足胫节扁平。

雄虫尾节长，侧瓣上不具大刚毛；后腹缘具 1 背向延伸的长突。生殖瓣阔三角形。下生殖板短，三角形不具大刚毛，端部无指突，具细微的小刚毛。阳基侧突端部突起相当长，端前叶发达，锐角状延伸。连索"Y"形，主干短于侧臂。阳茎简单，干细窄，光滑不具突起，背向略弯曲，端部向上翘，阳茎口位于端部。阳茎前腔相当长，端部向前延伸与连索相关键；背腔退化。

观察标本：1♂(正模，NWAFU)，海南尖峰岭，980 m，2008.Ⅴ.7，门秋雷采；1♂(副模，BMNH)，Hainan Prov., Kitung-shan District, Mount Rangel, Tai-pin-ts'uen, Lamkaheung, Lai-mo-ling, 1935.Ⅳ.25-26, F.K. To 采。

分布：海南。

(78) 河南胫槽叶蝉 *Drabescus henanensis* Zhang, Zhang & Chen, 1997 (图 75)

Drabescus henanensis Zhang, Zhang & Chen, 1997: 239.

体长：♂11.5 mm，♀12-12.5 mm。

头冠褐黄色，有细纵纹，前缘中部略向前突出成角状，近前端横向微凹，冠域具褐色斑纹；复眼黑色；头部前缘有 1 污黄色横带，上下缘褐色，单眼缘生，远离复眼；颜面污黄色，光滑，宽大于长；触角位于复眼前上方，触角脊强，斜伸向复眼前上角；额唇基区侧缘直，端向收狭；唇基间缝可见，侧额缝伸达单眼；前唇基端部扩大，端缘黑色；舌侧板大；颊区阔，中域微凹，侧缘波曲。前胸背板横宽，宽大于长的 2 倍多，前缘及侧缘具隆线，后缘微凹，中域微隆，密布细横纹，黄色，散布褐色网状纹；小盾片黄色，三角形，长于前胸背板，散布褐色网纹。前翅浅黄褐色，透明，翅脉褐色，脉间具褐色纹，沿 A_1 脉端部有 1 条浅色短横纹；端部黑褐色，端室大，端片阔；体腹面及足污黄色，前足腿节前面及各足前跗节黑色，前、中足胫节背面黑色，扁平，端部不膨大；后足腿节端部刚毛式为 2+2+1+1，后足胫节具强壮刺毛列，刚毛基部黑色；雌虫生殖前节腹板端缘中部"V"形凹入，凹陷两侧齿状突出。

雄虫外生殖器尾节褐色；尾节突长，从后腹缘伸出，背向弯曲，其背缘近中部有 1 小齿突；下生殖板长，近呈三角形，端部背向弯折；背侧缘着生许多小刚毛；生殖瓣近半圆形；阳基侧突狭长，端突指状，基叶不扩展；连索倒"Y"形，长度略小于阳基侧突之半；阳茎背向弯曲，干端半部侧扁，侧翼背侧向扩展，阳茎口位于阳茎端部。

讨论：本种相似于赭胫槽叶蝉 *Drabescus ineffectus* (Walker)，不同之处在于本种尾节突背面中部有 1 齿状突起，阳茎干背侧缘翼状扩展，而后者尾节突上无齿状突起，阳茎干腹侧缘扩展，且形状不同；另外，本种头冠前缘角状突出，而后者头冠前端圆，易于区分。

观察标本：1♂1♀(正模、副模，NWAFU)，河南嵩县白云山，1400 m，1996.Ⅷ.16，张文珠采；1♀(副模，NWAFU)，河南栾川龙峪湾，1000 m，1996.Ⅷ.13，张文珠采。

分布：河南。

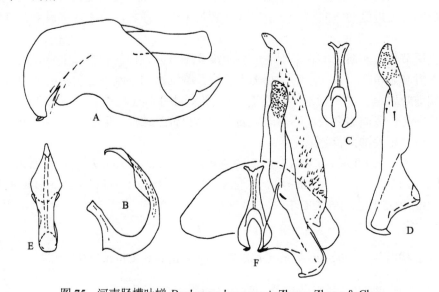

图 75　河南胫槽叶蝉 *Drabescus henanensis* Zhang, Zhang & Chen

A. 雄虫尾节侧瓣侧面观；B. 阳茎侧面观；C. 连索背面观；D. 阳基侧突背面观；E. 阳茎后面观；F. 生殖瓣、下生殖板、阳基侧突和连索背面观

(79) 赭胫槽叶蝉 *Drabescus ineffectus* (Walker, 1858) (图 76；图版Ⅲ：35)

Bythoscopus ineffectus Walker, 1858: 266.

Drabescus [sic] *ineffectus* (Walker): Distant, 1908b: 145.

Athysanopsis fasciata Kato, 1932: 224.

Drabescus ochrifrons Vilbaste, 1968: 116.

Drabescus ineffectus (Walker): Zhang & Webb, 1996: 24.

体长：♂11.2-11.5 mm，♀11.5-12.0 mm。

体粗壮，体色黄褐色；头冠正前缘有1条黄色横带，其上、下缘黑色；前翅翅脉黄褐色，翅面密布褐色网纹。

头冠横宽，前缘弧圆突出，中长略大于两侧长，近前端有 1 横凹，单眼缘生，从背部可见；颜面光滑，前唇基基部窄，端部略膨大，舌侧板宽，颊区具斜皱，侧缘粗糙，触角长，触角窝深，触角脊强而倾斜；头宽于前胸背板，前胸背板侧缘长，具脊，中、后域微隆起，具细密横皱；前翅翅脉明显。

雄虫尾节侧瓣腹后缘具 1 长尾节突，背向弯曲；下生殖板基部较宽，端向收缩，近端部强烈背向弯曲，侧缘分布散乱排布的细小刚毛；阳基侧突端突长指状，端部钝圆，侧叶缺失；连索似"Y"形，干和臂近等长；阳茎干侧面观背向弯曲，端向收狭，近基部到中部两侧缘具侧叶；阳茎口开口于干端部。

观察标本：1♀ (NWAFU)，浙江开化古田山，1993.Ⅷ.8，300m，吴鸿采；1♂ (NWAFU)，安徽天井山，1974.Ⅵ.17，赵明花采；1♂ (NKU)，湖北神农架松柏，1977.Ⅵ.22，郑乐怡采；1♀ (IZCAS)，广西那坡德孚，1350 m，2000.Ⅵ.19，陈军采；2♀ (IZCAS)，李文柱采，余同前；1♀ (IZCAS)，广西金秀永和，500 m，1999.Ⅴ-Ⅶ，黄复生采；1♀ (IZCAS)，广西金秀林海山庄，1000 m，2000.Ⅶ.2，姚建采；1♂ (NWAFU)，陕西太白山蒿坪寺，1200 m，1982.Ⅶ.14，王海丽采，陕西太白山昆虫考察组；1♂ (NWAFU)，陕西延安，1976.Ⅶ.14；1♂ (IZCAS)，陕西留坝县城，1020 m，1998.Ⅶ.18，张学忠采；1♂ (IZCAS)，姚建采，余同前；1♀ (IZCAS)，陕西留坝庙台子，1350 m，1998.Ⅶ.21，姚建采；1♀ (NWAFU)，陕西太白科协馆，1984.Ⅶ.12，柴勇辉采。

分布：陕西、安徽、浙江、湖北、广西；俄罗斯，印度。

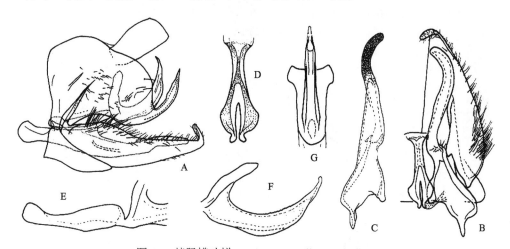

图 76　赭胫槽叶蝉 Drabescus ineffectus (Walker)
A. 雄虫尾节侧面观；B. 生殖瓣、下生殖板、阳基侧突和连索背面观；C. 阳基侧突腹面观；D. 连索腹面观；E. 连索和阳茎基部侧面观；F. 阳茎侧面观；G. 阳茎后面观

(80) 金秀胫槽叶蝉 *Drabescus jinxiuensis* Zhang & Shang, 2003 (图 77)

Drabescus jinxiuensis Zhang & Shang, 2003: 96.

体长：♂9.5-10.5 mm。

体粗壮；头冠横宽，褐色；中长稍短于两侧长，近前缘有 1 个横向凹槽，具纵皱，散布褐色小斑纹；前缘有 1 条黄色横带，其上、下缘黑色；单眼缘生，从背部可见，与相应复眼之间的距离是其自身直径的 3 倍；头部侧面观阔圆，颜面深褐色，额唇基微隆，基部宽，端向略收缩，基部中域背凹；前唇基基部窄，端部略膨大，中域具中纵脊；颊区侧缘粗糙，具斜皱；触角长，超过体长之半，位于复眼前方中部高度以上，触角窝深，触角脊强而倾斜。

头比前胸背板稍窄；前胸背板前缘弧形，侧缘较长，中、后域微隆起，具细密横皱，密布黄色小点，后缘横平凹入；小盾片三角形，中长略长于前胸背板中长，基部黑褐色，分布有稀疏黄色小点，端部黄色，中域褐色具黄色小点；前翅褐色透明，翅脉明显，具网纹，沿外爪脉端部有 1 条浅色横带，翅外缘及爪脉端部具块状斑，具 4 端室，3 端前室，端片阔；体下及足深褐色，前、中足跗节黄色，前足胫节背面平坦，端部不扩展，后足腿节端部刺式 2+2+1。

雄虫外生殖器尾节侧瓣长方形，端部角状，着生许多大刚毛，无尾节突；生殖瓣三角形；下生殖板基部较宽，距基部约 1/4 处端向收缩，端部尖狭细长，长度为阳基侧突的 2 倍多，侧缘着生许多细小刚毛；阳基侧突端突柱状，端缘平截，中域有感觉毛，基部略膨大；连索 "Y" 形，干比臂长，干粗壮，两臂夹角小；阳茎长，阳茎端干背向弯曲，阳茎口位于干端部，阳茎基部具 1 对长的侧基突，近端部 2 分叉，短的分叉上又有小突起，端部尖细。

观察标本：1♂ (正模，IZCAS)，广西金秀永和，500 m，1999.V.11，肖晖采；1♂ (副模，IZCAS)，1999.V.12，韩红香采，余同前。

分布：广西。

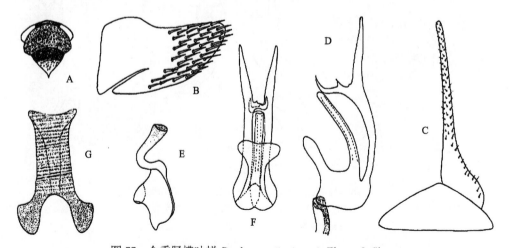

图 77　金秀胫槽叶蝉 *Drabescus jinxiuensis* Zhang & Shang

A. 雄虫头、胸部背面观；B. 雄虫尾节侧瓣侧面观；C. 生殖瓣和下生殖板腹面观；D. 阳茎和连索端部侧面观；E. 阳基侧突腹面观；F. 阳茎背面观；G. 连索背面观

(81) 片茎胫槽叶蝉 *Drabescus lamellatus* Zhang & Shang, 2003 (图 78；图版Ⅲ：36)

Drabescus lamellatus Zhang & Shang, 2003: 99.

体长：♂9.0-10.0 mm，♀9.5-10.5 mm。

外部形态特征相似于金秀胫槽叶蝉 *Drabescus jinxiuensis*，只是体色较浅。雄虫外生殖器尾节侧瓣长方形，端向收缩，端部钝圆，分布有许多大型刚毛；生殖瓣半圆形；下生殖板基部阔圆，1/4 处端向收缩成尖细状；阳基侧突端突长，柱状，侧叶适中长，具感觉毛；连索"Y"形，干粗壮，干长臂短；阳茎背弯，侧面观宽阔，近端部膨大，具 1 对侧基突，长度超过干端部，突起近端部分叉；阳茎口开口于端部腹面。

观察标本：1♂ (正模，NWAFU)，甘肃文县店坝，950 m，1998.VI.15-16，杨玲环采；1♂ (副模，NWAFU)，甘肃文县上单乡，1150 m，1998.VI.14，余同正模；1♂ (副模，NMNH)，Shrnkaisi Mt. Omei，4000-6000 ft，1934.VI.14，D.C. Graham 采；1♀ (副模，IZCAS)，甘肃文县铁楼，1450 m，1999.VII.24，姚建采；1♀ (副模，NWAFU)，同正模；1♀ (副模，IZCAS)，甘肃文县碧口中庙，700 m，1998.VI.24，张学忠采；1♂ (NWAFU)，陕西子午岭槐树庄，2019.VII.28，灯诱，黄伟坚采。

分布：陕西、甘肃、四川。

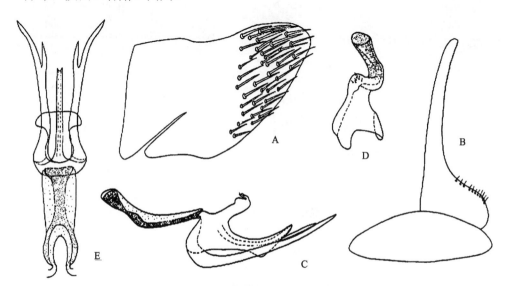

图 78　片茎胫槽叶蝉 *Drabescus lamellatus* Zhang & Shang
A. 雄虫尾节侧瓣侧面观；B. 生殖瓣和下生殖板腹面观；C. 阳茎和连索侧面观；D. 阳基侧突腹面观；
E. 阳茎和连索背面观

(82) 李氏胫槽叶蝉 *Drabescus lii* Zhang & Shang, 2003 (图 79)

Drabescus lii Zhang & Shang, 2003: 97.

体长：♂9.5-10.5 mm。

体粗壮；头冠中长几等于两侧长，具黄色小点。单眼缘生，和相应复眼之间的距离是其自身直径的 2 倍；额唇基基部宽，端向略收缩，唇基间缝明显；触角长，超过体长之半。位于复眼中部高度以上，触角窝深，触角脊强而倾斜。

头比前胸背板稍窄；小盾片三角形，基部具许多小黄点，端部黄色。前翅长方形，褐色，翅脉明显，沿爪脉端部有 1 浅色横带，翅外缘有块状斑；前足胫节背面平坦，端部不扩展，后足腿节端部刺式 2+2+1。

雄虫尾节侧瓣端半部具许多大型刚毛，无尾节突。生殖瓣三角形，侧缘中部略收缩；

下生殖板基部近方形，距基部约 1/6 处开始收缩，端部狭长，侧缘及基部着生许多小型刚毛；阳基侧突端突钝而圆，侧叶短，中部具感觉毛，基部宽；连索"Y"形，干粗壮，臂短；阳茎干背向弯曲，基部具 1 对长侧基突，近端部分叉，其长度超过阳茎干端部；阳茎口位于端部。

观察标本：1♂（正模，BMNH），贵州贵阳，1979.Ⅷ.1，李子忠采。

分布：贵州。

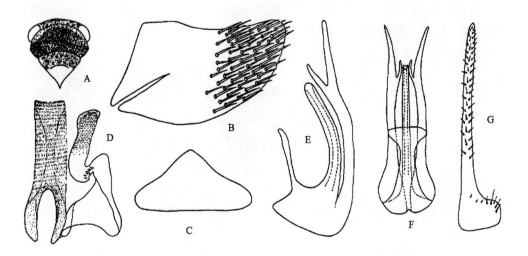

图 79　李氏胫槽叶蝉 Drabescus lii Zhang & Shang

A. 雄虫头、胸部背面观；B. 雄虫尾节侧瓣侧面观；C. 生殖瓣腹面观；D. 阳基侧突和连索腹面观；E. 阳茎侧面观；F. 阳
茎背面观；G. 下生殖板腹面观

(83) 白带胫槽叶蝉 *Drabescus limbaticeps* (Stål, 1858) (图 80)

Selenocephalus limbaticeps Stål, 1858: 453.

Drabescus limbaticeps Melichar, 1903: 170.

Drabescus conspicuous Distant, 1908a: 306; Merino, 1936: 395.

雄虫尾节侧瓣近三角形，近端部着生少量刚毛，腹后缘具 1 齿状突起；下生殖板长指状，侧缘具细小刚毛；阳基侧突端突短粗指状，侧叶显著，具感觉毛；连索"Y"形，干长于臂长；阳茎干端向收缩，干近中部侧缘具 1 对短突，突起延伸至干近端部，未超过干端部，阳茎口位于干腹缘顶端。

观察标本：未见标本。

分布：贵州、云南、台湾；印度，日本，菲律宾，斯里兰卡。

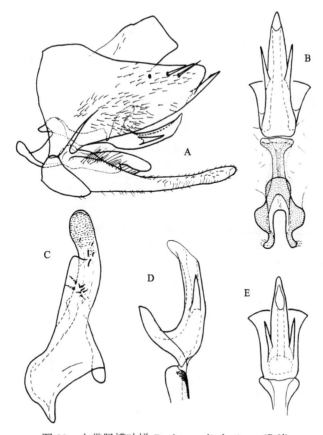

图 80　白带胫槽叶蝉 *Drabescus limbaticeps* (Stål)

A. 雄虫尾节侧面观；B. 阳茎和连索腹面观；C. 阳基侧突腹面观；D. 阳茎和连索端部侧面观；E. 阳茎和连索端部腹面观

(84) 细茎胫槽叶蝉 *Drabescus minipenis* Zhang, Zhang & Chen, 1997 (图 81；图版Ⅳ：37)

Drabescus minipenis Zhang, Zhang & Chen, 1997: 240.

体长：♂9.0-10.0 mm，♀10.0-10.5 mm。

体黑色，较大型，头部略宽于前胸背板；头冠前缘略突出，中长大于两侧长度的 1/4，前端中部有 1 褐黄色斑，中域具纵条纹；复眼黑色；头部前缘有 1 黄色横带，单眼位于横带上缘，远离复眼。颜面宽为长的 2 倍多，黑色，粗糙，端缘角状；触角接近复眼上角，触角窝深，触角脊强，斜伸向复眼前上角，两触角脊间有 1 横埂；额唇基区长大于基部宽，中域有纵条纹，侧缘黄色；前唇基中域隆起成脊状，基部收缢，端部扩大，端缘具隆线；颊区阔，中域凹陷，散布纵横条纹，侧缘端向逐渐收狭。前胸背板黑色，前端 1/4 具不规则隆起，中后域密布横条纹；小盾片三角形，与前胸背板等长，具细纵条纹，端区褐色，具横条纹；前翅褐色透明，翅脉黑色，中部及后部靠近前缘域各有 1 白色斑，沿翅脉稀疏散布数个白色点，A_1 脉端部白色；体腹面及足黑色；前足胫节背面平坦，端部不膨大，后足腿节端部刚毛式为 2+1。

　　雄虫外生殖器尾节侧瓣狭长，后部着生数根大刚毛，后腹缘齿状骨化；下生殖板长，端部指状，侧缘着生许多细长刚毛；生殖瓣后缘突出，近呈角状，前缘凹入；连索倒"Y"形，干细长；阳茎干细小、侧扁，侧基突细，伸达阳茎近端部，阳茎口位于阳茎端部。

　　观察标本：1♂ (正模，NWAFU)，河南栾川龙峪湾，1998.Ⅷ.11，张文珠采；1♂ (副模，NWAFU)，西康西昌，1939.Ⅹ.3-7，周尧、郑凤瀛、郝天和采；1♂ (副模，NWAFU)，陕西翠华山，1987.Ⅷ.22，门宏超采；1♂ (副模，NWAFU)，陕西宁陕，1986.Ⅷ.24；1♀ (副模，NWAFU)，陕西太白山沙坡，1982.Ⅶ.14；1♀ (副模，NWAFU)，太白山蒿坪寺，1200 m，1982.Ⅶ.18，周静若、刘兰采；1♂ (副模，NWAFU)，太白山蒿坪寺，1200 m，1982.Ⅶ.16，马长贵采；1♂ (副模，NWAFU)，太白山中山寺，1500 m，1982.Ⅶ.17，周静若、刘兰采。

　　分布：河南、陕西、台湾、四川、云南。

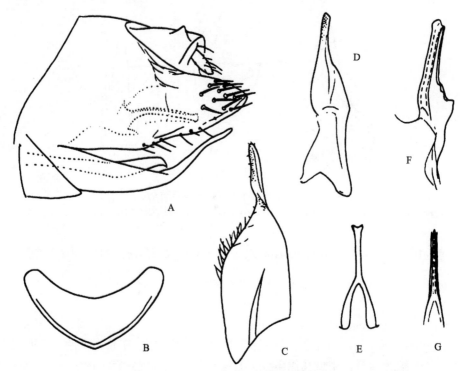

图 81　细茎胫槽叶蝉 *Drabescus minipenis* Zhang, Zhang & Chen
A. 雄虫尾节侧面观；B. 生殖瓣背面观；C. 下生殖板腹面观；D. 阳基侧突腹面观；E. 连索背面观；F. 阳茎侧面观；
G. 阳茎后面观

(85) 多齿胫槽叶蝉 *Drabescus multidentatus* Wang, Qu, Xing & Dai, 2016 (图 82)

Drabescus multidentatus Wang, Qu, Xing & Dai, 2016: 123.

以下描述引自 Wang *et al.* (2016)。
体长：♂7.8-8.1 mm。

体黄褐色。头冠到小盾片之间有 2 条较为明显的黄色纵带。颜面黑褐色。前翅浅褐色，翅脉褐色，具大量黑色斑块及少量白色斑点。

头冠弧圆略突出，前缘具横脊；单眼缘生；侧额缝延伸至相应单眼，触角着生于靠近复眼上部位置，触角窝强，额唇基中域隆起，端部收窄；前胸背板与头冠近等宽；前胸背板密布细横纹，两侧缘弧形，后缘平直；小盾片横刻痕弧形且明显；前翅半透明；后足腿节端部刺式为 2+2+1。

雄虫尾节侧瓣近三角形，腹缘波曲，端部收缩成钩状，具少量刚毛；生殖瓣阔，似"V"形；下生殖板中部到近端部渐缢缩，端部指状延伸，侧缘具细小刚毛；阳基侧突端突狭长；连索"Y"形，干略长于两臂，阳茎干侧面观平直，圆柱状，干端部扩展；阳茎干腹侧基部具 1 对长突起，紧贴干延伸至近干近端部，突起背缘具不规则齿状突；阳茎口位于阳茎干腹缘近顶端。

观察标本：未见标本。

分布：山西。

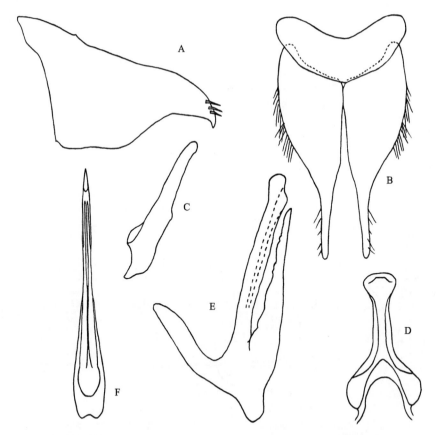

图 82　多齿胫槽叶蝉 *Drabescus multidentatus* Wang, Qu, Xing & Dai (仿 Wang *et al.*, 2016)

A. 雄虫尾节侧瓣侧面观；B. 生殖瓣及和下生殖板腹面观；C. 阳基侧突腹面观；D. 连索腹面观；E. 阳茎侧面观；F. 阳茎腹面观

(86) 数斑胫槽叶蝉 _Drabescus multipunctatus_ Yu, Webb, Dai & Yang, 2019 (图 83)

Drabescus multipunctatus Yu, Webb, Dai & Yang, 2019: 45-48.

以下描述引自 Yu _et al._ (2019)。

体长：♂10.7 mm。

体黄褐色。头冠前缘处具 1 条黑色横带。头冠、前胸背板、小盾片和前翅均密布黑色斑点。前翅浅褐色，端片乳白色。

头冠横宽，前缘弧圆，前后缘近平行，中长约为两侧长，正前缘中域具 2 条横脊，单眼着生其间，单眼至邻近复眼处的距离约为其自身长度的 3 倍；触角着生于靠近复眼中部以上位置，触角窝深；额唇基平坦且宽阔；前唇基端部膨大，舌侧板宽大，半圆形；前胸背板侧缘弧圆，前后缘近平行；小盾片横刻痕明显；前翅半透明，端片阔；后足腿节端部刺式为 2+2+1。

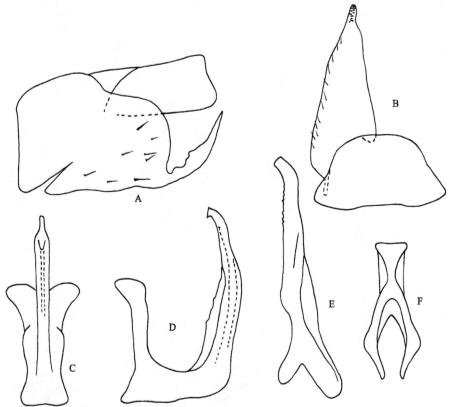

图 83　数斑胫槽叶蝉 _Drabescus multipunctatus_ Yu, Webb, Dai & Yang (仿 Yu _et al._, 2019)
A. 雄虫尾节侧瓣侧面观；B. 生殖瓣及和生殖板腹面观；C. 阳茎腹面观；D. 阳茎侧面观；E. 阳基侧突腹面观；F. 连索腹面观

雄虫尾节侧瓣端部弧圆，无粗壮刚毛，腹后缘具 1 锯齿状的粗壮长突，突起内缘波曲，背向延伸；生殖瓣近似半圆形；下生殖板长三角形，端突短，侧缘具细小刚毛；阳基侧突狭长，侧叶缺失，端突内向弯曲，近端部边缘齿状；连索"Y"形，干与两臂近等长；阳茎干似长圆柱形，端向渐收缩，干侧面观背缘近基部至中部具1片状突起，侧向扩展；阳茎口位于阳茎干背面近端部。

观察标本：未见标本。

分布：海南。

(87) 点脉胫槽叶蝉 *Drabescus nervosopunctatus* Signoret, 1880 (图 84；图版Ⅳ：38)

Drabescus nervosopunctatus Signoret, 1880: 209; Zhang & Webb, 1996: 25.

体长：♀8.5-9.0 mm。

雄虫尾节侧瓣端向收缩，后缘弧圆突出，近端部着生粗壮长刚毛；阳基侧突端突粗指状，侧叶明显突出，具感觉毛；连索似"U"形，干短粗，与臂近等长；阳茎干具1对侧基突，基部突起位置与干分开，端向收狭，伸至干近端部，长度短于干长，阳茎口位于干腹缘端部。

观察标本：1♀ (CAU)，北京门头沟小龙门，1976.Ⅸ.4，杨集昆采。

分布：北京；印度，印度尼西亚。

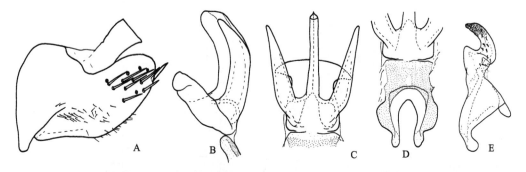

图 84　点脉胫槽叶蝉 *Drabescus nervosopunctatus* Signoret

A. 雄虫尾节侧瓣侧面观；B-C. 阳茎、连索端部侧面观和后面观；D. 连索和阳茎基部腹面观；E. 阳基侧突腹面观

(88) 尼氏胫槽叶蝉 *Drabescus nitobei* Matsumura, 1912 (图 85；图版Ⅳ：39)

Drabescus nitobei Matsumura, 1912: 291-292.

Drabescus elongaus Matsumura, 1912: 292.

Drabescus nakanensis Matsumura, 1912: 293-294.

Drabescus nitobei Matsumura: Zhang & Webb, 1996: 25.

体长：♂6.3-8.5 mm，♀10.5 mm。

体褐色，头冠、前胸背板和小盾片散布黄色斑；额唇基区黑色，侧缘黄色，舌侧板和颊区褐色，散步稀疏的黄色小点。

头冠横宽，前后缘近平行，近前域有1横凹，具纵皱，前缘有1黄色缘带，其上、下缘黑色，具横皱；单眼缘生，从背部可见，远离复眼，额唇基基部宽，端向略收狭，前唇基端向略膨大，触角位于复眼上方，触角脊强而倾斜。头几与前胸背板等宽；前胸背板前缘弧圆，中后域具细密横皱；小盾片阔三角形，端部粗糙，具横皱；前翅透明，翅脉明显，褐白相间，瘤状突明显，沿爪片端部和爪脉端部各有 1 浅色横带，前足胫节端部背面不扩展，后足腿节端部刺式 2+1。

　　雄虫外生殖器尾节侧瓣分布有数根大刚毛，有 1 个细长突起，腹缘齿状，下生殖板基部阔，端向收缩，端部指状，侧缘有许多小刚毛；阳基侧突端突指状，侧叶长；连索较长，干粗壮；阳茎背向弯曲，具 1 对细侧基突，长度不超过干端部；阳茎口位于阳茎端部腹面。

　　观察标本：1 ♂ (ZSU)，海南尖峰岭天池，1982.Ⅶ.8，华立中采；1♀ (NWAFU)，广西花坪，2000.Ⅷ.30，刘振江采；1♂ (SUJ)，Budozawa, Yamagata Pref., Japan, 800-1000 m, 1988.Ⅷ.19, M. Hayashi 等采；1♂ (SUJ)，Uchiyama Pass, Nagano Pref., Japan, 1070 m, 1986.Ⅷ.1, M. Hayashi 等采；1♂ (SUJ)，Osawa-Jizoyama, lide Mts. Fukushima Pref., Japan, 900-1480m, 1988.Ⅷ.18，M. Hayashi 等采；1♂ (SUJ)，Oncaida Yakushima Is. Japan, 1983. Ⅴ.11, K. Konishi 采；1♀ (BMNH)，India, H. P. Simla, 2133 m, 1979.Ⅹ.14, C.A. Viraktamath 采。

　　分布：海南、广西；日本，印度。

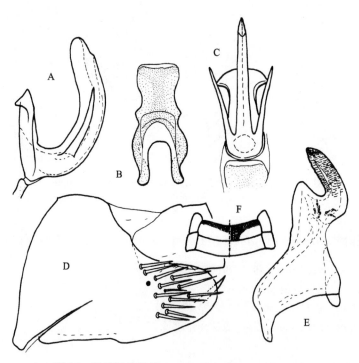

图 85　尼氏胫槽叶蝉 *Drabescus nitobei* Matsumura

A. 阳茎和连索端部侧面观；B. 连索腹面观；C. 阳茎和连索端部腹面观；D. 雄虫尾节侧瓣侧面观；E. 阳基侧突腹面观；
F. 雌虫腹部第Ⅵ、Ⅶ节腹板腹面观

(89) 斑胫槽叶蝉 *Drabescus notatus* Schumacher, 1915

Drabescus notatus Schumacher, 1915: 99; Zhang & Webb, 1996: 25.

据记载，全模标本保藏在台湾 (Schumacher, 1915)，未说明性别。标本未找到，有可能丢失。

观察标本：未见标本。

分布：中国台湾。

(90) 宽胫槽叶蝉 *Drabescus ogumae* Matsumura, 1912 (图 86；图版Ⅳ：40)

Drabescus [sic] *ogumae* Matsumura, 1912: 291.
Drabescus ogumae Matsumura: Kuoh, 1966: 116; Zhang & Webb, 1996: 25.

以下描述引自 Kuoh (1966)。

体长：♂10.0 mm。

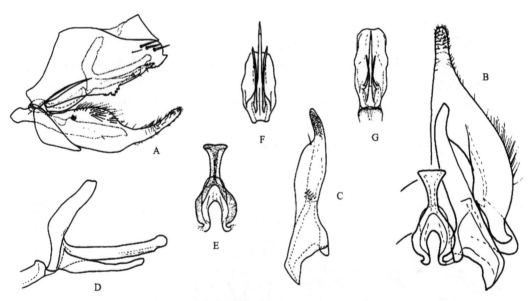

图 86　宽胫槽叶蝉 *Drabescus ogumae* Matsumura

A. 雄虫尾节侧瓣侧面观；B. 生殖瓣、下生殖板、阳基侧突和连索腹面观；C. 阳基侧突背面观；D. 阳茎侧面观；E. 连索腹面观；F. 阳茎后面观；G. 阳茎腹面观

体黄褐色至暗褐色。头冠部鲜褐色，前缘黑色，在前缘两侧部分黑色边缘加宽呈黑色条纹；颜面额唇基区及前唇基为黑色，其余部分褐色；而在头冠前缘与颜面基缘间有1 条明显的黄色条纹，单眼缘生。复眼黑褐色；触角基部 2 节赤褐色。前胸背板黄褐色至鲜褐色，两侧的前半部分黑褐色，有时此黑褐色部分向后扩延及至整个侧面部分，小盾片为黄褐色，两侧角暗黑褐色；前翅半透明，黄褐色至褐黑色；在近翅的前缘部分，

有白色斑纹 3 条，翅端部色泽深暗，翅脉为黑褐色，其上散布白色小点；后翅白色半透明。虫体腹面及足均为褐色，杂生黑色斑点。头冠前端微呈角状突出；额唇基区具有纵皱纹。前胸背板横皱明显，细而稠密；小盾板中央刻痕呈弧形弯曲，端部亦生有横皱；前翅密生粗大皱纹；前足胫节外侧缘特别扩大，以致前足胫节显著扁平。

　　观察标本：1♂ (NWAFU)，陕西秦岭，1995.Ⅶ.27，刘德国采；2♀ (NWAFU)，山东商河，2002.Ⅸ.28；1♀ (NWAFU)，甘肃文县邱家坝，1988.Ⅶ.25；1♀ (BMSYS)，Pormose Bahau, near Ural, Talpel District, 990 m, 1947.Ⅸ.5, Gressitt 采；1♂ (SMND)，Formosa (中国台湾) , Fuhosho, H. Sauter, 1907.Ⅶ, A. Jacobi 采；1♀ (SMND)，Formosa Hoozan, H. Sauter, 1910, A. Jacobi 采。

　　分布：山东、陕西、甘肃、浙江、台湾、广东、四川、云南；日本。

(91) 淡色胫槽叶蝉 *Drabescus pallidus* Matsumura, 1912 (图 87；图版Ⅳ：41)

Drabescus [sic] *pallidus* Matsumura, 1912: 291.
Drabescus pallidus Matsumura: Kato, 1933b: 26; Zhang & Webb, 1996: 25.

　　体长：♂8.0-8.5mm，♀8.5-9.0 mm。
　　体色淡黄色；头冠、前胸背板和小盾片均为黄色；头冠正前缘有1淡黄色横带，其上、下缘黑褐色；颜面前唇基和额唇基深黄色，舌侧板和颊区淡黄色；前翅中域有1白色透明横带，爪区及端片区域具深褐色斑点。

　　头冠前后缘近平行，近基部有 1 横凹；单眼缘生，远离复眼；颜面额唇基基部宽，端向略收狭，舌侧板大，颊区具稀疏的刻点，触角基部位于复眼上方位置，触角脊强而倾斜；头与前胸背板近等宽；前胸背板前缘弧圆，中后域具细密横皱；前翅翅脉瘤状突明显，端片阔；后足腿节端部刺式为 2+1+1。

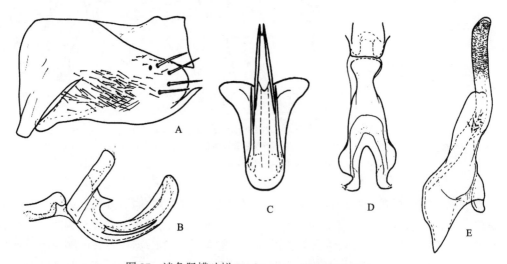

图 87　淡色胫槽叶蝉 *Drabescus pallidus* Matsumura
A. 雄虫尾节侧瓣侧面观；B. 阳茎和连索端部侧面观；C. 阳茎后面观；D. 连索和阳茎基部腹面观；E. 阳基侧突腹面观

雄虫尾节侧瓣近端部具数根长刚毛，腹后缘具 1 长突起；下生殖板三角状，端向收缩为指状；阳基侧突端突长指状，侧叶缺失；连索干粗壮，似"Y"形；阳茎干背向弯曲，具 1 对细侧基突，长度不超过干端部，阳茎背腔发达；阳茎口位于干腹缘端部。

观察标本：1♂1♀ (NWAFU)，陕西太白保护区管理站，？.Ⅷ.14；1♀ (NWAFU)，河南西峡黄石庵林场，1998.Ⅶ.17，800-1300 m，胡建采；1♂ (BMSYS)，河南信阳鸡公山，1936.Ⅷ；1♂ (NWAFU)，周至县板房子，1996.Ⅶ.21，任立云采。

分布：河南、陕西；日本，朝鲜。

(92) 透翅胫槽叶蝉 *Drabescus pellucidus* Cai & Shen, 1999 (图 88)

Drabescus pellucidus Cai & Shen, 1999a: 28.

以下描述引自 Cai 和 Shen (1999a)。

体长：♂6.5 mm，♀8.5-8.8 mm。

体前部黑色，背面密生黄褐色小点，小盾片末端和横刻痕两侧前方各有 1 黄褐色长点。前翅透明，翅脉黑色，除端部翅脉外其余各脉上皆疏生黄褐色小点，爪片中部和末端及前翅端室基部前方均有 1 条沥黑色横带，前翅端部黑褐色，自然状态下观察前翅似黑色，具 3 条透明横带。体腹面及腹部黑色，额唇基两侧缘红褐色，腹部各节腹板后缘黄褐色。足大部分黑色，仅前、中足胫节内侧及后足腿节内侧黄褐色至红褐色，胫节刺黄褐色。

头部宽于前胸背板，头冠前端宽，弧圆突出，单眼位于头冠前缘凹槽两侧，相互间距大于单眼与复眼的间距，冠缝极细弱不清晰。颜面额唇基区基部中域微洼，前唇基近基部略收窄，末端弧圆。前胸背板中长为头冠的 4 倍，为自身宽度 1/2 弱，前缘弧圆突出，后缘微凹入，表面密生横皱纹。小盾片长度略大于前胸背板，中域微洼，横刻痕弧曲不达侧缘。前翅长为宽 3 倍强，端片宽，刚伸达第 3 端室。

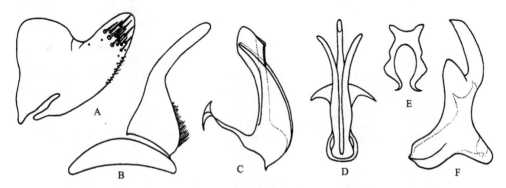

图 88　透翅胫槽叶蝉 *Drabescus pellucidus* Cai & Shen (仿 Cai & Shen, 1999a)
A. 雄虫尾节侧瓣侧面观；B. 生殖瓣和下生殖板腹面观；C. 阳茎侧面观；D. 阳茎腹面观；E. 连索腹面观；F. 阳基侧突背面观

雄虫腹部第Ⅶ腹节长方形，中长与其前节相等；生殖瓣狭长，前缘趋向两侧渐次向后缘收窄；尾节侧瓣近三角形，中部背面缢凹，端部指状，端前部着生大刚毛，下生殖板基大半三角形，端部细缢呈长条似燕尾，外缘基部 1/3 生有白色细刚毛；由后向前渐次变短；连索宽短，近"U"形；阳基侧突基大半部宽"Y"形，端部缢缩成长指状伸向后侧方；阳茎长片状，背向弯曲，基部附生 1 对长突起短于阳茎，阳茎背突端部似月牙铲状，阳茎口位于阳茎干末端腹缘。

讨论：本种外形及前翅斑纹相似沥青胫槽叶蝉 *Drabescus piceatus* Kuoh，但两者雄虫外生殖器各部分构造显著不同，易于区分。

观察标本：未见标本。

分布：河南。

(93) 沥青胫槽叶蝉 *Drabescus piceatus* **Kuoh, 1985** (图 89；图版Ⅳ：42)

Drabescus piceatus Kuoh, 1985: 378; Zhang & Webb, 1996: 25; Zhang, Zhang & Chen, 1997: 241.

以下描述引自 Kuoh (1985)。

体长：♂9.5 mm。

体色沥青色，体背生有许多污黄色小圆点，其中小盾片端部圆点密集连成带，在横刻痕基方尚有 1 淡黄色纵条；虫体腹面头部前缘两缘脊间区及单眼乌黄白色，前、中足内面与后足胫节刺、胸部腹面散生数枚污黄色斑点，额唇基的侧缘区具橘黄色纵条；复眼污黄褐色；前翅透明，翅脉与端缘区黑褐色，爪片端部浅黑褐色，相对的前缘区有许多浅黑褐色小斑点，翅脉上生淡污黄色小颗粒。

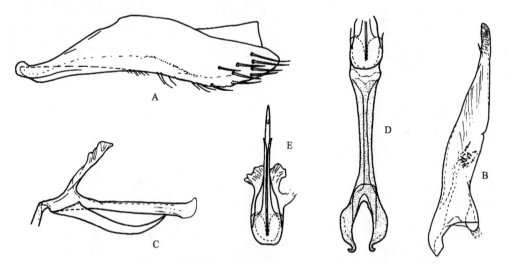

图 89　沥青胫槽叶蝉 *Drabescus piceatus* Kuoh

A. 雄虫尾节侧瓣侧面观；B. 阳基侧突腹面观；C. 阳茎侧面观；D. 连索和阳茎基部腹面观；E. 阳茎腹面观

外形特征概如阔胫槽叶蝉 *D. extensus*，只是头冠向前突出较小，中长为复眼间宽的 1/3.5，大于近复眼处长的 1/4，头冠表面纵皱较稠密，额唇基仅侧区生有横刻痕但较多；

胸背末生小颗粒，前足胫节上缘扩延的最宽处宽度仅近原胫节宽的 2 倍。其雄虫生殖节生殖瓣宽，为三角形；下生殖板端部狭细弯曲，伸达尾节末端；尾节末端宽截，端部生有数根刺毛；阳茎基"Y"形，主干长，阳茎较短，基部宽扁，向末端收狭，端半且略纵扁而稍弯向背方，阳茎孔开口于顶端，腹面生有 1 对长大突起，基部宽扁，端部收狭而尖出，整个微成"S"形波曲；阳基侧突甚狭长，伸近阳茎末端。

此种与宽胫槽叶蝉 *Drabescus ogumae* Matsumura 相似，但后者头冠、颊区与胸背中域为褐色，前翅前缘区褐色，其中有 3 块透明斑，虫体腹面及足亦为褐色而散生黑色斑点，二者明显可辨。

观察标本：1♂1♀ (NWAFU)，陕西太白保护区管理站，?.Ⅷ.14；1♀ (NWAFU)，河南西峡黄石庵林场，1998.Ⅶ.17，800-1300 m，胡建采；1♂ (BMSYS)，河南信阳鸡公山，1936.Ⅷ；1♂ (NWAFU)，周至县板房子，1996.Ⅶ.21，任立云采。

分布：河南、陕西。

(94) 黑额胫槽叶蝉 *Drabescus piceus* (Kuoh, 1985) (图 90)

Paradrabescus piceus Kuoh, 1985: 381.
Drabescus piceus (Kuoh): Zhang & Webb, 1996: 25.

以下描述引自 Kuoh (1985)。
体长：♂7.5 mm，♀8.7 mm。

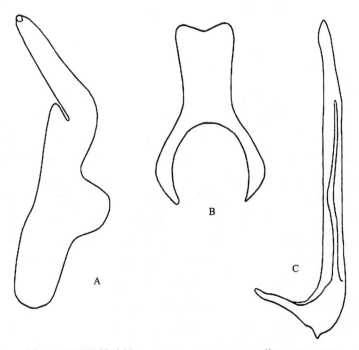

图 90 黑额胫槽叶蝉 *Drabescus piceus* (Kuoh) (仿 Kuoh, 1985)
A. 阳基侧突背面观；B. 连索腹面观；C. 阳茎侧面观

　　头冠、前胸背板前缘区与侧区及小盾片浅黄色微带橘黄色，头部前缘脊与前胸背板侧缘区黑色，复眼深褐色，前胸背板中域烟污色，内有许多淡色小圆点；前翅淡黄褐色近于透明，爪片内缘与后缘区淡黑褐色，在后缘近中部有 1 浅色斑，翅脉黑褐色，其上小颗粒黄白色。虫体腹面包括各足鲜淡黄色微带青色泽，其中颜面的额唇基区、前唇基、颊区的触角窝内大形三角斑与触角梗节黑色，又额唇基的侧缘与触角窝三角斑的侧区为浅红褐色，胸部腹面各足间、足基节及中胸侧区内 1 斑块黑褐色，各足腿节、胫节生有浅黑褐色纵纹，腹部背板、腹板中域烟黄褐色。雌虫腹部整个腹面为污黄微褐色，第Ⅶ节腹板突出部分与产卵器黑褐色，余同雄虫。

　　头冠中长略大于近复眼处长，为复眼间宽 1/5 弱；单眼位于头部前缘复眼距中线 1/2 处；在颜面近基缘处有 1 横埂。雄虫下生殖板端半狭细成条状；阳茎侧突末端成尖齿并折转；阳茎长管状，基部生有 1 对长刺突分列两侧。雄虫腹部第Ⅶ节腹板后缘中部呈长舌状突出，末端平截，其两侧各有 1 小三角形；产卵器伸过尾节末端。

　　讨论：本种与黄额胫槽叶蝉 *Drabescus testaceus* 相近似，最明显的鉴别特征是额唇基、前唇基与触角窝等处色泽不同，雄虫外生殖器各构造有异，雌虫腹部第Ⅶ节腹板后缘突出部分大小、形状及产卵器色泽不一致。

　　观察标本：未见标本。

　　分布：云南。

(95) 四突胫槽叶蝉 *Drabescus quadrispinosus* Shang, Webb & Zhang, 2014 (图 91)

Drabescus quadrispinosus Shang, Webb & Zhang, 2014: 143.

　　体长：♂6.7-8.8 mm，♀ 8.8 mm。

　　体中型，浅黄褐色；头冠前缘略弧形突出，中长略大于两侧长，近前缘有 1 横凹，前缘有 1 黄色横带，其上、下缘黑色；两侧靠近复眼处黑色缘边较宽；颜面三角形，前、后唇基和触角周围黑色，舌侧板黄褐色，其余黄色；额唇基基部较宽，额唇基沟明显，端向略收缩；前唇基基部窄，端向略膨大，具中纵脊，唇基间缝可见；颊区较阔，粗糙，具小刻点；触角长，超过体长之半，位于复眼前方中部高度处，触角窝较深，触角脊较强，侧额缝未伸达相应复眼。

　　头比前胸背板稍宽；前胸背板前缘弧圆，有 1 较宽浅黄色缘带，侧缘短，褐色，后缘横平凹入；中、后部略隆起，具细密横皱，密布黄色小点；小盾片三角形，密布黄色小点，两基角色深，端部黄色，基部沿盾间沟两侧有 2 条黄色纵带；前翅长方形，浅褐色近透明，翅脉明显，褐白相间，瘤状突明显，沿爪脉端部有 1 浅色横带；具 4 端室，3 端前室，端片窄；体下及足黄色，后足腿节端部刺式 2+1。

　　雄虫尾节侧瓣基部宽，端向略收缩，具 1 较长尾节突；生殖瓣半圆形；下生殖板基部较阔，端向收缩，侧缘具细小刚毛；阳基侧突宽而长，基部宽，外缘角向下极度延伸，中部收缩，端突角状，侧叶短，具感觉毛；连索 "Y" 形，干、臂近等长，干粗壮，两臂夹角小；阳茎基部背向弯曲，端半部腹向弯曲成钩状，背腔发达，具 2 对侧基突，分布在不同平面上，靠近阳茎的侧突细而长，远离阳茎的侧突宽而短。

观察标本：1♂ (正模，NMNH)，Szechwan (四川) China, Chengtu, 1700 ft, 1933.Ⅵ.1-20, D.C. Graham 采；1♂ (副模，IZCAS)，甘肃文县碧口中庙，700 m，1998.Ⅵ.24，灯诱，姚建采；1♂ (副模，NMNH)，Mt. Omei, Shin Kai Si, Near Kiating, 400 ft, 1921, other data same as the holotype；1♂1♀ (副模，NMNH)，1933.Ⅶ.1-2, other data same as the holotype；1♀ (副模，NMNH)，Beh Luh Din, 80 m, 6000 ft, 1933.Ⅶ-Ⅷ, other data same as the holotype。

分布：四川、甘肃。

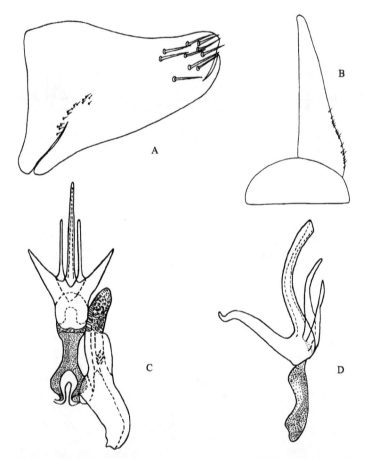

图 91　四突胫槽叶蝉 Drabescus quadrispinosus Shang, Webb & Zhang

A. 雄虫尾节侧瓣侧面观；B. 生殖瓣和下生殖板腹面观；C. 阳基侧突、连索和阳茎腹面观；D. 连索和阳茎侧面观

(96) 石龙胫槽叶蝉 *Drabescus shillongensis* Rao, 1989 (图 92；图版Ⅳ：43)

Drabescus shillongensis Rao, 1989: 65; Zhang & Webb, 1996: 25; Shang & Zhang, 2007: 431-432.

体长：♂7.0-7.5 mm，♀8.2-8.8 mm。

头冠淡黄褐色，具不明显横皱，中长略大于两侧长，近前域有 1 横凹陷；前缘有 1 黄色横带，其上、下缘黑色；单眼缘生，从背部可见；额唇基区黑色，侧缘黄色，颊区基部黑色，其余部分黄色；前胸背板前缘弧圆，具细密横皱，密布黄色小点，侧缘黑；

小盾片三角形，端部粗糙，具横皱；前翅长方形，浅褐色近透明，翅脉褐白相间；前足胫节背面端部不扩展，后足腿节端部刺式 2+1；雌虫生殖前节后缘中部舌状突出，中长为前一节中长的 2 倍。

　　雄虫外生殖器尾节侧瓣分布有数根大型刚毛，下生殖板端向收缩，端部细，侧缘着生有许多小刚毛，阳基侧突端突指状，侧叶较长，连索"Y"形，干粗壮；阳茎干直，具 1 对细侧基突，长度不超过干端部；阳茎口位于端部腹面。

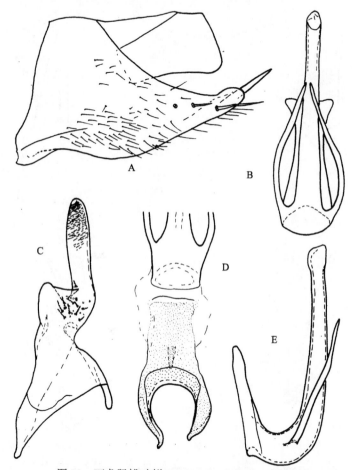

图 92　石龙胫槽叶蝉 *Drabescus shillongensis* Rao
A. 雄虫尾节侧瓣侧面观；B. 阳茎后面观；C. 阳基侧突腹面观；D. 连索和阳茎基部腹面观；E. 阳茎侧面观

　　观察标本：1♂ (NWAFU)，贵州毕节，1977.Ⅶ.5，李子忠采；1♀ (ZSU)，S. China, Eunan (=Yunnan Prov.), TaiKwong Village, Lam Mo District, 1934.Ⅶ.26-28, P.K. To 采；1♀ (ZSU), S. China, Kwangtung (=Guangdong Prov.), Tai-Ka, Ting-tong, Loh-chang District, 1949.Ⅷ.20, Taang & Lam 采；4♂13♀ (BPBM)，Vietnam, Dalat, 6 km S., 1400-1500 m, 1961.Ⅵ. 9-Ⅶ.7, N.R. Spencer 采；1♀ (BPBM)，Vietnam, 18 km, NW of Dalat, 1300 m, 1960.Ⅴ.4-15, L.W. Quate 采；1♀ (BPBM)，Vietnam, Dalat, 1500 m, 1960.Ⅴ.4-Ⅵ.29, S. Quate & L. Quate 采；1♀ (BPBM)，Vietnam, Dilinh, 1200 m, 1960.Ⅵ.22-28, at light, L.W. Quate 采。

分布：云南、贵州、广东；印度，越南。

(97) 黄额胫槽叶蝉 *Drabescus testaceus* (Kuoh, 1985) (图 93；图版Ⅳ：44)

Paradrabescus testaceus Kuoh, 1985: 380.

Drabescus testaceus (Kuoh): Zhang & Webb, 1996: 25.

以下描述引自 Kuoh (1985)。

体长：♂9.0 mm，♀9.6 mm。

体背淡污黄微绿色，其中前胸背板前缘区中域密生的小圆点及小盾片色浅淡，头冠二前缘脊与复眼黑褐色，在前胸背板侧缘区有 1 黑褐色纵条；前翅淡黄褐色近于透明，其中内、后缘及端部较深暗为黄褐色，在爪片后缘中部有 1 浅色色斑，各翅脉黑褐色，其上间生淡污黄色小颗粒。颜面额唇基、前唇基与喙黄褐色，中域生有黑褐色纵条带，颊区、舌侧板与头二前缘脊间以及单眼淡黄褐色；胸、腹部腹面及各足淡黄微褐色，其中前、中足前面色较深，在前足腿节与中足胫节基部具有黑褐色纵带，中胸腹面两侧区有 1 黑褐色斑块，又腹部腹面中域黑褐色；腹部背面橘黄色。雌虫体背色稍污暗，额唇基中域无黑褐色条带，腹部腹面中域非黑褐色，仅第Ⅶ节腹板中域及突出部分与产卵器侧缘为黑褐色，余同雄虫。

头冠中长近复眼处长的 1/3，为二复眼间宽近 1/3；单眼生于复眼距中线 2/5 处，在颜面近基缘处有 1 横埂。雄虫下生殖板于基部 1/3 处骤然收狭成长条状而略弯曲；阳茎侧突末端平截并折转；阳茎长管状，在基部腹面生 1 突起，至距基端 1/5 处分成 2 叉，渐狭细尖出成长刺形伸近阳茎末端。雌虫腹部第Ⅶ节腹板后缘成半圆形突出，两侧复有 1 较小的三角形突片，在中间突出部端缘中央有 1 小纵裂切刻；产卵器略伸过尾节末端。

讨论：本种除去具有属的构造特征外，体色也较特殊，易于区别于此类其他各种。

观察标本：未见标本。

分布：云南；泰国。

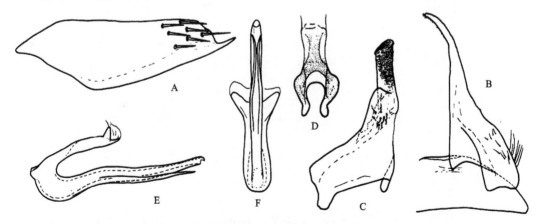

图 93　黄额胫槽叶蝉 *Drabescus testaceus* (Kuoh)

A. 雄虫尾节侧瓣侧面观；B. 生殖瓣和下生殖板背面观；C. 阳基侧突腹面观；D. 连索腹面观；E. 阳茎侧面观；F. 阳茎后面观

(98) 韦氏胫槽叶蝉 *Drabescus vilbastei* Zhang & Webb, 1996 (图 94；图版Ⅳ：45)

Drabescus vilbastei Zhang & Webb, 1996: 26.

Drabescus nigrifemoratus (Matsumura): Vilbaste, 1971: 105, figs. 63-68. Misidentification.

体长：♂8.3 mm，♀9.0 mm。

体色及外部形态特征相似于 *Drabescus evani*，但颜面下半部分黄色，而 *D. evani* 颜面具 1 条黄色侧横带。

韦氏胫槽叶蝉 *D. vilbastei* 的雄虫外生殖器相似于淡色胫槽叶蝉 *D. pallidus*，但可以通过以下特征来区分：前者阳基侧突端突短粗，连索干细长，阳茎侧基突伸达至阳茎干近端部；后者阳基侧突端突长，连索干短粗，阳茎侧基突伸达至阳茎干近中部。

讨论：本种曾被 Vilbaste (1971) 误鉴为 *Drabescus nigrifemoratus* (Matsumura)，但并不是该种，后来 Zhang 和 Webb (1996) 发现其为新种。

观察标本：1♂ (IZCAS)，1998.Ⅷ.20；1♀ (IZCAS)，1998.Ⅷ.14；1♂ (IZCAS)，1998.Ⅷ.18，陕西宁陕火地塘，1580 m，灯诱，袁德成采；1♂ (IZCAS)，陕西宁陕火地塘，1580 m，1998.Ⅷ.27，灯诱，姚建采；1♂ (CAU)，陕西秦岭，1961.Ⅷ.8，杨集昆采。

分布：陕西；日本，俄罗斯。

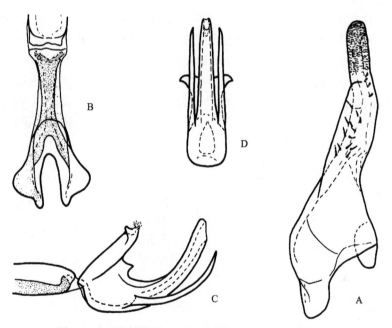

图 94 韦氏胫槽叶蝉 *Drabescus vilbastei* Zhang & Webb
A. 阳基侧突腹面观；B. 连索和阳茎基部腹面观；C. 阳茎和连索端部侧面观；D. 阳茎后面观

(三) 脊翅叶蝉族 Paraboloponini Ishihara, 1953

Paraboloponidae Ishihara, 1953: 5.

Paraboloponini: Linnavuori, 1960: 299; Zhang & Webb, 1996: 9.

Paraboloponinae: Eyles & Linnavuori, 1974: 39; Linnavuori, 1978: 457; Webb, 1981b: 41.

Bhatiini Linnavuori & Al-Ne'amy, 1983: 21-22. Synonymized by Zhang & Webb, 1996: 9.

Type genus: *Parabolopona* Matsumura, 1912.

脊翅叶蝉族 Paraboloponini 是 Ishihara 于 1953 年，根据日本的脊翅叶蝉属 *Parabolopona* Matsumura 建立的，当时作为科级单元，包括 *P. guttata* (Uhler) 和 *P. camphorae* Matsumura 2 个种，主要鉴别特征是体圆柱形，头顶圆锥形伸长，触角长。Linnavuori (1960b) 将其归入角顶叶蝉亚科 Deltocephalinae 脊翅叶蝉族 Paraboloponini，并描记 1 属 1 种；Eyles 和 Linnavuori (1974) 又将其提升到亚科水平；Linnavuori (1978b) 修订了非洲区的脊翅叶蝉亚科 Paraboloponinae 种类,以前幕骨臂镰刀形、触角位于背面、触角窝深对该类群作了重新定义；Webb (1981b) 对亚太地区的脊翅叶蝉亚科 Paraboloponinae 作了较为全面的修订，并描述了一批属种，编制了已知属种的检索表；Linnavuori 和 Al-Ne'amy (1983) 在进行非洲缘脊叶蝉亚科分类时,基于头部前缘的缘脊、短的头部及镰刀形前幕骨臂等特征,建立了沟顶叶蝉族 Bhatiini；Zhang 和 Webb (1996) 在进行亚太地区缘脊叶蝉亚科分类订正时将沟顶叶蝉族 Bhatiini 作为脊翅叶蝉族 Paraboloponini 的次异名，并建立了一批属种。

触角长，通常等于或大于体长之半，位于复眼前方近中部或中部高度以上；额唇基在触角处因触角窝扩展而收缩；前幕骨臂"T"形或镰刀形。

分布：主要分布于亚太地区，少数种类分布于非洲。

全世界已知 45 属 166 种，中国已知 16 属 54 种。

属 检 索 表

1. 后足腿节端部刚毛式 2+2+1 ·· 2
   后足腿节端部刚毛式 2+1+1 ·· 9
2. 前足胫节背面刚毛式 1+4 ·· 3
   前足胫节背面刚毛式 2+4、4+4 或更多 ··· 10
3. 头冠、前胸背板及前翅不具橙色斑 ·· 4
   头冠、前胸背板及前翅具有橙色斑 ··· 11
4. 尾节无肛突 ·· 5
   尾节具 1 对肛突 ··· 肛突叶蝉属 *Bhatiahamus*
5. 头冠前缘弧圆，中长约为两侧长 ··· 6
   头冠前缘似角状突出，中长约为两侧长的 2 倍 ····································· 13
6. 阳茎有侧基突 ·· 7
   阳茎无侧基突 ··· 14
7. 连索干端部腹向弯曲 ·· 长索叶蝉属 *Omanellinus*
   连索干端部不腹向弯曲 ··· 8
8. 小盾片近基角处有 1 对三角形黑斑 ···················· 肖顶带叶蝉属 *Athysanopsis*

小盾片近基角处无三角形黑斑···沟顶叶蝉属 *Bhatia*

9. 尾节侧瓣具内脊···叉茎叶蝉属 *Dryadomorpha*

尾节侧瓣无内脊···瓦叶蝉属 *Waigara*

10. 尾节侧瓣端部具突起···阔颈叶蝉属 *Drabescoides*

尾节侧瓣端部无突起···增脉叶蝉属 *Kutara*

11. 阳基侧突端突不分叉··12

阳基侧突端突分叉···纳叶蝉属 *Nakula*

12. 连索"Y"形···聂叶蝉属 *Nirvanguina*

连索"V"形···丽斑叶蝉属 *Roxasellana*

13. 头冠三角状突出,前缘具横纹···索突叶蝉属 *Favintiga*

头冠铲状突出,前缘具横脊···脊翅叶蝉属 *Parabolopona*

14. 连索干端部不分叉··15

连索干端部分叉···剪索叶蝉属 *Forficus*

15. 阳茎干端部有 2 对长突起···卡叶蝉属 *Carvaka*

阳茎干端部无突起或有 1 对小齿突···管茎叶蝉属 *Fistulatus*

25. 肖顶带叶蝉属 *Athysanopsis* Matsumura, 1914

Athysanopsis Matsumura, 1914: 184; Ishihara, 1954: 244; Zhang & Webb, 1996: 11.

Type species: *Athysanopsis salicis* Matsumura, 1905.

体中型,黄绿色;头冠短而宽,冠缝明显,前端弧圆突出,前、后缘近平行,前缘域具浅横凹;单眼缘生,远离复眼,侧额缝伸达相应的单眼;颜面额唇基基部宽,两侧缘近平行,端向收缩;前唇基基部窄,端向膨大;触角长,超过体长之半,触角基部位于复眼中部前方,触角窝深,触角脊强而倾斜。

头部略宽于前胸背板,前胸背板前缘弧圆,侧缘短而直,后缘近横直、微凹入,具细密横皱;小盾片三角形,盾间沟明显;前翅狭长,超过腹部末端,具 4 端室、3 端前室,端片阔;前足胫节背面刚毛式 1+4,后足腿节端部刚毛式 2+2+1。

雄虫尾节侧瓣后缘渐狭,具数根大刚毛;下生殖板基部宽,端部狭长;阳基侧突基部宽,端向狭窄;连索"Y"形;阳茎干背向弯曲,腹面基部具 1 对细长突起,阳茎口位于阳茎干腹缘端部。

无橙色或其他靓丽斑纹。头冠后部不抬升,颜面有侧颊缝。前翅爪脉之间无横脉。前足胫节背面刚毛式 1+4,后足腿节端部刚毛式 2+2+1。尾节侧瓣后缘有脊,下生殖板端半部内侧收狭,阳茎有成对的侧基突,连索与阳茎不愈合。

Metcalf (1966) 为分布于中国的 *Idiocerus guadripunctatus* Kato 提出了新名 *Athysanopsis katoi* Metcalf。葛钟麟 (Kuoh, 1966) 和张雅林 (Zhang, 1990) 先后报道了 *A. salicis* 在我国的分布。

分布:中国;日本。

说明：该属模式种八字纹肖顶带叶蝉 *Athysanopsis salicis* 由 Matsumura 于 1905 年发表，但当时并没有标注或说明这个属是新属，而文献最早的记载是在 1914 年建立该属。即由于早期分类工作的疏忽而导致属的建立时间晚于种的建立时间。

本属全世界已知 2 种，我国均有分布。

种 检 索 表

阳茎有 1 对细长侧基突，端部超过阳茎干··· 八字纹肖顶带叶蝉 *A. salicis*

阳茎有成对的侧基突，形状不如上述。·· 卡氏肖顶带叶蝉 *A. katoi*

(99) 八字纹肖顶带叶蝉 *Athysanopsis salicis* Matsumura, 1905 (图 95；图版Ⅳ：46)

Athysanopsis salicis Matsumura, 1905: [64]; Matsumura, 1914: 184; Ishihara, 1954: 244; Kuoh, 1966: 134; 1986: 167; Zhang, 1990: 76; Zhang & Webb, 1996: 11.

体长：♂7.0-7.5 mm，♀7.6-8.0 mm。

体黄绿色；头冠前缘区两侧各有 1 个大黑斑；颜面黄色；前胸背板近前缘处各有 1 列黑斑，呈"八"字形，每列由 4 个黑斑组成，其中以中央的黑斑最大；小盾片近基侧角处各有 1 个三角形黑斑，横刻痕上方也有 1 个较大黑斑，该斑有时分为 2 块。

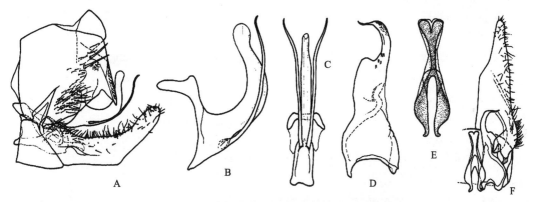

图 95　八字纹肖顶带叶蝉 *Athysanopsis salicis* Matsumura

A. 雄虫尾节侧面观；B. 阳茎侧面观；C. 阳茎后面观；D. 阳基侧突腹面观；E. 连索腹面观；F. 生殖瓣、下生殖板、阳基侧突和连索背面观

头冠宽短，前后缘近平行；颜面前唇基基部窄，端部明显膨大；头约等宽于前胸背板，前胸背板中后部密布横皱纹；前翅翅脉明显；后足腿节端部刺式 2+2+1。

雄虫尾节侧瓣近端部膜质，具少许粗壮刚毛和细小刚毛，腹后缘有 1 腹向弯曲的长齿突；下生殖板近中部收狭，端向收缩为长指状，侧缘具散乱排列的小刚毛；阳基侧突端突尖锐，侧叶显著；连索"Y"形，干端部似二分叉；阳茎干侧面观背向弯曲，干腹面基部具 1 对细长突起，突起长度超过干长，背腔发达，阳茎口位于干腹缘端部。

观察标本：1♂1♀ (NWAFU)，河南西峡黄石庵林场，1998.Ⅶ.17，800-1500 m，胡建采；1♂ (CAU)，安徽黄山温泉，1997.Ⅶ.18，杨集昆采；1♀ (IZCAS)，陕西佛坪，870-

1000 m，1998.Ⅶ.25，张学忠采；1♂ (NWAFU)，吉林临江闹枝，1993.Ⅶ.21，吴正亮、花保祯采。

分布：古北区，东洋区。

(100) 卡氏肖顶带叶蝉 *Athysanopsis katoi* Metcalf, 1966

Idiocerus quadripunctatus Kato, 1933a: 8.

Athysanopsis quadripunctatus Kato, 1933b: Plate 19, fig. 5. Misidentification; Metcalf, 1967: 421.

Athysanopsis katoi Metcalf, 1966: 96; Zhang & Webb, 1996: 12.

观察标本：未见标本。

分布：中国。

26. 沟顶叶蝉属 *Bhatia* Distant, 1908

Bhatia Distant, 1908a: 357; Zhang & Webb, 1996: 12; Viraktamath, 1998: 155; Zhang & Zhang, 1998: 177; Shang, Zhang, Shen & Li, 2006a: 565.

Melichariella Matsumura, 1914: 236; Ishihara, 1954: 243; Linnavuori, 1960: 36; 1983: 23.

Koreanopsis Kwon & Lee, 1979: 50.

Type species: *Eutettix* (?) *olivacea* Melichar, 1903.

本属由 Distant 于 1908 年建立，张雅林和 Webb (Zhang & Webb, 1996) 对其作了订正，将 *Melichariella* Matsumura 和 *Koreanopsis* Kwon & Lee 均作为其次异名。

头冠短而宽，近前端有 1 横凹，前缘阔圆，具数条横隆线；单眼缘生，远离复眼；触角长，位于复眼前部上方；额唇基稍隆起，端部收狭；前唇基端部膨大，中央收缩成匙形；前足胫节背面刚毛式 1+4，后足腿节端部刺式 2+2+1；雄虫外生殖器尾节侧瓣着生数根大型刚毛；下生殖板近三角形；连索"Y"形或"H"形；阳茎干前腔腹面具 1 对狭长的突起，超过干的长度。

分布：广泛分布于东洋区和环太平洋地区。

本属全世界已知 18 种，我国分布 11 种。

种 检 索 表

阳基侧突无侧叶 ·· 戟茎沟顶叶蝉 *B. hastata*

5. 阳基侧突端突似鸟喙状 ·· 6

   阳基侧突端突非鸟喙状 ·· 9

6. 阳茎干侧面观细长 ·· 7

   阳茎干侧面观粗短 ·· 指沟顶叶蝉 *B. digitata*

7. 尾节侧瓣端部角状突出 ·· 韩国沟顶叶蝉 *B. koreana*

   尾节侧瓣端部弧圆 ·· 长瓣沟顶叶蝉 *B. longiradiata*

8. 生殖瓣似四边形 ·· 双突沟顶叶蝉 *B. biconjugara*

   生殖瓣似五边形 ·· 四突沟顶叶蝉 *B. quadrispinosa*

9. 连索和阳茎间无骨化的附片 ·· 10

   连索和阳茎间具骨化的附片 ·· 萨摩沟顶叶蝉 *B. satsumensis*

10. 尾节侧瓣具内脊 ·· 绿沟顶叶蝉 *B. olivacea*

    尾节侧瓣无内脊 ·· 矢头沟顶叶蝉 *B. sagittata*

(101) 双突沟顶叶蝉 *Bhatia biconjugara* Zhang & Zhang, 1998 (图 96)

Bhatia biconjugara Zhang & Zhang, 1998: 178; Shang, Shen, Zhang & Li, 2006a: 566.

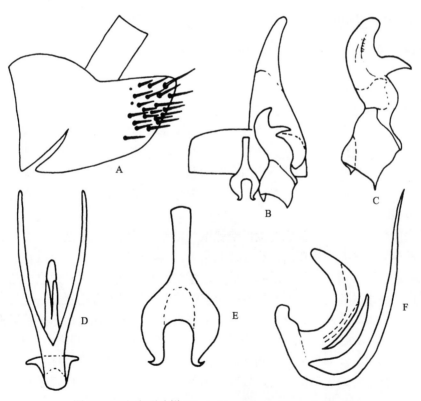

图 96　双突沟顶叶蝉 *Bhatia biconjugara* Zhang & Zhang

A. 雄虫尾节侧瓣及肛节侧面观；B. 生殖瓣、下生殖板、阳基侧突和连索背面观；C. 阳基侧突腹面观；D. 阳茎腹面观；
E. 连索背面观；F. 阳茎侧面观

体长：♂6.5-7.0 mm。

头冠黄色，近前缘有 1 褐色横向凹槽，冠中域两侧各有 2 枚楔形褐色点斑，侧区近基缘各有 1 枚褐色小圆斑；复眼黑色；头部前端黄色，单眼无色，周缘褐色，沿单眼前缘两复眼之间有 1 细的褐色横线；颜面黄褐色；前胸背板黄色，前端近中部各有 4 枚褐色斑点，复眼后方亦有 3 枚褐色斑点，呈线状排列，中后域有许多模糊的褐色小斑；小盾片黄色，二基角色暗，端部凹刻褐色；前翅灰黄色半透明，爪脉与爪片端部有褐色斑；体下及足黄褐色，前足基部黑色。

雄虫外生殖器尾节侧瓣后缘平直，端部角状，着生数根大刚毛；下生殖板近三角形，端部指状，侧域着生许多细小刚毛；生殖瓣四边形，端缘微突；阳基侧突基部侧扁，具端突，近端部亦有 1 突起外伸；连索倒 "Y" 形，干较细；阳茎端干背向弯曲，基腹面具 2 对突起，上部基突较短，略长于阳茎端干之半，下方基突长，超过阳茎端部，阳茎口位于阳茎近端部后方。

讨论：本种阳茎基腹面具 2 对突起，易与其他种相区别。

观察标本：1♂ (正模，BMSYS)，四川峨眉山，1500 m，1946.XⅢ.16，Gressitt 采；1♂ (副模，CAU)，广西花坪粗江，1963.Ⅵ.6，杨集昆采。

分布：广西、四川。

(102) 指沟顶叶蝉 *Bhatia digitata* Shang & Shen, 2006 (图 97；图版Ⅳ：47)

Bhatia digitata Shang & Shen, in Shang, Shen, Zhang & Li, 2006a: 568.

体长：♂6.8-7.5 mm。

体小型，黄褐色；头冠前缘钝三角形突出，中长是两侧长的 1.5 倍，冠缝明显；近前缘有 1 黑色横带，其余部分具褐色纹，前缘有 1 宽褐色横带，其上、下缘黑色；单眼缘生，和相应复眼之间的距离是其自身直径的 2 倍；颜面三角形，额唇基基部黄色，其余褐色；额唇基中度隆起，端向略收缩；前唇基基部窄，端向略膨大，具中纵脊，唇基间缝明显；触角长，超过体长之半，位于复眼前方上角，触角窝深，触角脊强，侧额缝伸达相应单眼。

头部比前胸背板略宽；前胸背板前缘弧圆，侧缘直，后缘横平凹入；中、后域略隆起，具细密横皱，密布褐色斑纹；小盾片三角形，盾间沟明显，具褐色带状纹；前翅长方形，浅褐色透明，翅脉明显，爪脉端部具点状纹；具 4 端室，3 端前室，端片窄；体下及足褐色，前足胫节端部背面不扩展，腿节扩展，后足腿节端部刺式 2+1。

雄虫外生殖器尾节侧瓣长方形，具数根大型刚毛；生殖瓣梯形；下生殖板基部阔，1/2 处端向收缩，端部弯指状；连索 "H" 形；阳基侧突基部宽，端突小，背缘近平截，端向收缩，端部尖细，似鸟头状，侧叶短；阳茎干粗短，端部钝圆，球状，密密排列有小感觉刺突；具 1 对细长后侧基突，长度是阳茎干的 2 倍多，端部侧缘波曲，具不规则脊状纹，两者通过膜质相连。

讨论：此种相似于韩国沟顶叶蝉 *B. koreana*，主要区别如下：①尾节侧瓣长方形，具数根大型刚毛；②连索 "H" 形；③阳茎干粗短，端部钝圆呈球状，密密排列有感觉小刺突；并具 1 对细长后侧基突，长度是阳茎干的 2 倍多，端部侧缘波曲，具不规则脊状纹，两者通过膜质相连。

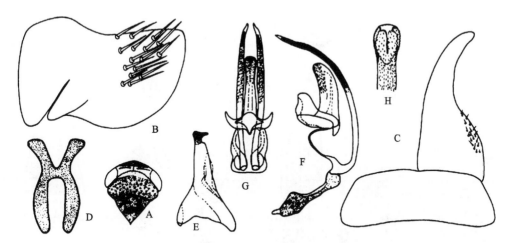

图 97　指沟顶叶蝉 *Bhatia digitata* Shang & Shen

A. 雄虫头、胸部背面观；B. 尾节侧瓣侧面观；C. 生殖瓣和下生殖板腹面观；D. 连索背面观；E. 阳基侧突腹面观；F. 阳茎和连索侧面观；G. 阳茎背面观；H. 阳茎端部后面观

观察标本：1♂ (正模，IZCAS)，广西金秀圣堂山，900 m，1999.Ⅴ.18，杨星科采；1♂ (副模，NWAFU)，河南内乡宝天曼，1998.Ⅶ.11，1300 m，胡建采。

分布：河南、广西。

(103) 戟茎沟顶叶蝉 *Bhatia hastata* Shang & Shen, 2006 (图 98)

Bhatia hastata Shang & Shen, in Shang, Shen, Zhang & Li, 2006a: 567.

体长：♂6.5 mm。

体小型，黄褐色；头冠腹向伸展，前缘向前弧圆突出，中长是其两侧长的 1.5 倍；冠缝明显，冠面具 2 条褐色横条纹；前缘有 1 条黄色横带，其上、下缘黑色；单眼缘生，从背部可见，和相应复眼之间的距离是其自身直径的近 3 倍；颜面三角形，深黄色；额唇基微隆，基部宽，端向略收缩，唇基间缝明显；触角长，超过体长之半，位于复眼前方上角，触角窝深，触角脊明显，侧额缝伸达相应单眼。

头部几与前胸背板等宽；前胸背板前缘弧形，有 1 条较明显深黄色缘带，侧缘较直，后缘横平凹入，分布有明显黑色点状斑纹；中、后域隆起，具细密横皱，密布黄色小点，有褐色纹；小盾片三角形，盾间沟明显，具几条褐色竖纵带纹；前翅长方形，褐色，爪脉端部有黑色点状斑；具 4 端室，3 端前室，端片窄；体下及足黄色，后足腿节端部刺式 2+2+1。

雄虫外生殖器尾节侧瓣基部阔，端向略收缩成钝三角形，具数根大刚毛；生殖瓣近长椭圆形，端缘中部角状突出，两侧略内凹；下生殖板长，基部阔，2/3 处略收缩，端部指状；阳基侧突基部外侧基向延伸，端突长，端向略收缩成鸟喙状，无侧叶；连索"H"

形；阳茎干粗，端向略膨大成球状，侧缘波曲状；侧面观端向膨大成戟状，具 1 长后侧突，长度超过阳茎干，侧缘波曲，前腔发达。

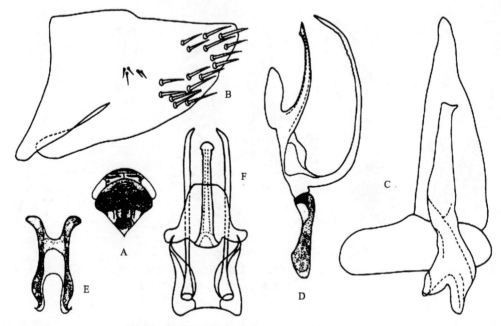

图 98　戟茎沟顶叶蝉 *Bhatia hastata* Shang & Shen

A. 雄虫头、胸部背面观；B. 尾节侧瓣侧面观；C. 生殖瓣、下生殖板和阳基侧突背面观；D. 阳茎和连索侧面观；E. 连索背面观；F. 阳茎背面观

讨论：此种相似于韩国沟顶叶蝉 *B. koreana*，主要区别如下：①尾节侧瓣基部阔，端向略收缩成钝三角形，具数根大刚毛；②阳基侧突基部外侧基向延伸，端突长，端向略收缩成鸟喙状，无侧叶；③生殖瓣近长椭圆形，端缘中部角状突出，两侧略内凹。

观察标本：1♂ (正模，IZCAS)，广西金秀圣堂山，900-1900 m，2000.VI.28，姚建采。

分布：广西。

(104) 韩国沟顶叶蝉 *Bhatia koreana* (Kwon & Lee, 1979) (图 99；图版Ⅳ：48)

Koreanopsis koreana Kwon & Lee, 1979: 50.

Bhatia koreana (Kwon & Lee): Zhang & Webb, 1996: 12.

体长：♂6.5-7.0 mm。

体中型，体色黄褐色；头冠近中域冠缝两侧有 2 条深褐色横纹，后缘靠近复眼处两侧各有 2 枚深褐色小圆斑；头冠正前缘具黄色横纹，其上、下缘深褐色；前胸背板密布散乱排列的黄褐色斑纹；前翅翅脉黄褐色，爪缝端部具黄褐色斑点。

头冠前缘弧圆突出，中长大于两侧长，冠缝明显；单眼位于头冠正前缘，较远离复眼；颜面额唇基基部宽，端向收缩，唇基间缝明显，舌侧板阔；触角长，触角基部位于复眼中部以上位置，侧额缝伸达至相应的单眼；头与前胸背板近等宽；前胸背板前缘弧圆，侧缘稍长，中、后域隆起，具细密横皱，后缘横平；小盾片盾间沟明显；前翅透明，端片阔；后足腿节端部刺式 2+2+1。

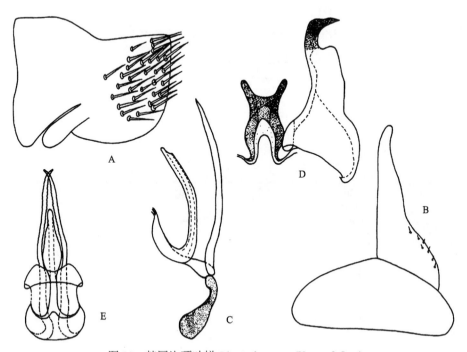

图 99　韩国沟顶叶蝉 *Bhatia koreana* (Kwon & Lee)

A. 雄虫尾节侧瓣侧面观；B. 生殖瓣和下生殖板腹面观；C. 阳茎和连索侧面观；D. 阳基侧突和连索腹面观；
E. 阳茎背面观

雄虫尾节侧瓣似长方形，后缘平直，近端部具较多粗壮长刚毛；生殖瓣似三角形；下生殖板基部阔，端向收缩为指状，侧缘具细刚毛；阳基侧突端突似鸟喙状，侧叶突出；连索"Y"形或"H"形，干粗壮，与臂近等长；阳茎干背向弯曲，干侧面扩展，边缘似波曲；干腹后缘基部具 1 对长突，端向收狭，近端部侧缘波曲，突起长度超过干长，阳茎背腔发达，背面观似 1 长片状，阳茎口位于干端部。

观察标本：1♂ (IZCAS)，陕西宁陕火地塘，1580 m，1998.Ⅷ.18，杨星科采；1♂ (NWAFU)，陕西柞水牛脊梁西峡沟，2014.Ⅷ.1，灯诱，陈芳颖、郝亚楠采。

分布：陕西；韩国。

(105) 长瓣沟顶叶蝉 *Bhatia longiradiata* Yu, Qu, Dai & Yang, 2019 (图 100)

Bhatia longiradiata Yu, Qu, Dai & Yang, 2019: 143.

以下描述引自 Yu *et al.* (2019)。

体长：♂7.0 mm。

体色黄棕色。前胸背板近前缘处有 1 对褐色斑点。小盾片两基角处有 1 对半圆形暗褐色斑。颜面亮黄色。前翅浅褐色，翅脉为亮黄色。

头冠前缘弧圆，前后缘近平行；单眼至邻近复眼处的距离约为其单眼自身长度的 4 倍；触角窝深，触角着生于靠近复眼近上部位置；额唇基两侧缘处具褐色肌纹；前唇基平坦，端部宽，舌侧板半圆形；头比前胸背板略宽；前胸背板密布细横纹，两侧缘平截，后缘平直凹入；小盾片中域隆起，横刻痕明显；后足腿节端部刺式为 2+2+1。

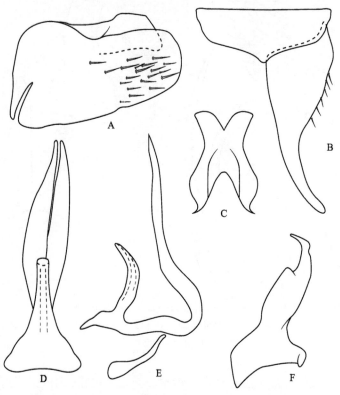

图 100　长瓣沟顶叶蝉 *Bhatia longiradiata* Yu, Qu, Dai & Yang (仿 Yu *et al.*, 2019)

A. 雄虫尾节侧瓣侧面观；B. 生殖瓣和下生殖板腹面观；C. 连索腹面观；D. 阳茎背面观；E. 阳茎和连索侧面观；F. 阳基侧突腹面观

　　雄虫尾节侧瓣端部弧圆，近端部区域着生大量刚毛，腹缘中部具缺刻；生殖瓣近似五边形；下生殖板基部宽大，中域变窄，侧缘具细刚毛，端部长指状；阳基侧突侧向弯曲，端突似鸟喙状；连索短粗，似 "H" 形；阳茎干短管状，侧面观背向弯曲；阳茎干基部具 1 对腹面突起，突起基部彼此紧贴，近中部宽大且分叉，突起长度约为干长的 2 倍；阳茎口位于阳茎干顶端。

　　观察标本：未见标本。

　　分布：广东、广西。

(106) 多突沟顶叶蝉 *Bhatia multispinosa* Lu & Zhang, 2015 (图 101；图版Ⅴ：49)

Bhatia multispinosa Lu & Zhang, 2015: 148.

体长：♂7.5-8.0 mm。

体色赭黄色到淡褐色。头冠深褐色，着生多变的横带；触角梗节深褐色；前胸背板具深褐色的小斑点。前翅灰褐色，透明状；爪脉的端部具深褐色的斑点。

头比前胸背板宽，前缘具横条纹。头冠宽短，宽为长的 2 倍，中部略大于两复眼处，中域不凹陷，向前倾斜。单眼远离复眼，到复眼的距离为单眼直径的 2 倍多。颜面额唇基基部宽，侧缘近中部肿胀，端部窄，唇基间缝明显，前唇基基部狭窄，端部明显膨大，舌侧板阔，宽于前唇基，颊区粗糙；触角长，触角基部位于靠近复眼上方位置，侧额缝伸达相应的单眼。

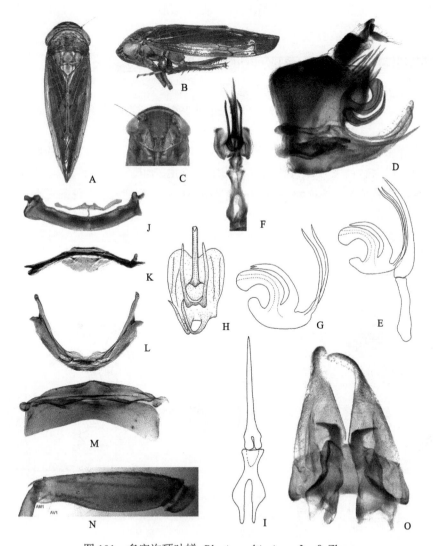

图 101　多突沟顶叶蝉 *Bhatia multispinosa* Lu & Zhang

A-B. 雄虫背面和侧面观；C. 颜面；D. 雄虫尾节侧面观；E-F. 连索、阳茎侧面和腹面观；G-H. 阳茎侧面和腹面观；I. 连索和附片腹面观；J. 第 2 背突背面观；K-L. 第 1 腹突前腹面和前面观；M. 第 2 腹突背面观；N. 前足腿节前面观；O. 生殖瓣、下生殖板和阳基侧突腹面观雄虫外生殖器尾节的背缘在亚端处极具倾斜，末端形成三角形；尾节侧瓣无内脊。阳基侧突端突向侧面弯曲，呈鸟喙状；前叶相当发达，近直角。连索"Y"形，主干短于分支，端部分叉。阳茎干短，侧向扁平，端部略微膨大，背向强烈弯曲，基部侧面具1对长的突起伸向干的端部，另具1对纤细的长突起超过阳茎干；阳茎口小，位于端部；连索和阳茎间具1个长单突（附突），与连索的端部和阳茎的前腔膜质相连并关键，指向后方；阳茎基部显著扩展，呈叶状。

讨论：本种具有2对阳茎基突，连索和阳茎间具1个附突，可与沟顶叶蝉属中其他种相区别。

观察标本：2♂（正模、副模，NWAFU），四川峨眉山，2009.Ⅶ.11，曹阳慧采。

分布：四川。

(107) 绿沟顶叶蝉 *Bhatia olivacea* (Melichar, 1903) (图 102)

Eutettix (?) *olivacea* Melichar, 1903: 191-192.

Bhatia olivacea (Melichar): Distant, 1908a: 357; Kuoh, 1966: 151; Zhang & Webb, 1996: 12.

雄虫尾节侧瓣似长方形，近端部着生粗壮长刚毛，有1斜内脊伸向腹缘；下生殖板端向收缩为短粗指状，侧背缘具散乱排列的细短刚毛；阳基侧突端突短，端部钝圆，侧叶显著突出；连索"Y"形，干比臂短，干端部似二分叉；阳茎干背向弯曲，侧面观近中部扩展，近端部有1对小侧突，未超过干端部，阳茎干腹后缘基部具1对长突，端向收狭，突起长度超过干长，阳茎口位于干端部。

观察标本：未见标本。

分布：海南；斯里兰卡。

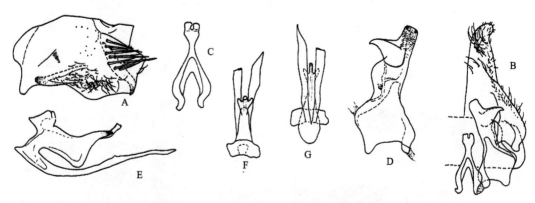

图 102　绿沟顶叶蝉 *Bhatia olivacea* (Melichar)

A. 雄虫尾节侧瓣侧面观；B. 生殖瓣、连索、阳基侧突和下生殖板背面观；C. 连索背面观；D. 阳基侧突背面观；E. 阳茎侧面观；F. 阳茎前面观；G. 阳茎后面观

(108) 四突沟顶叶蝉 *Bhatia quadrispinosa* Shang & Zhang, 2006 (图 103；图版Ⅴ：50)

Bhatia quadrispinosa Shang & Zhang, in Shang, Shen, Zhang & Li, 2006a: 571.

体长：♂7.8-8.2 mm，♀9.0 mm。

体中型，黄色；头冠前缘弧圆，冠面腹向伸展，中长大于两侧长，近前缘有 1 浅横凹，具褐色纹；中域有 1 条状斑，中央被冠缝分隔，冠缝明显，靠近复眼处有 2 条状斑；前缘有 1 黄色横带，其上、下缘褐色；单眼缘生，从背面不可见，和相应复眼之间的距离是其自身直径的 2 倍；颜面三角形，额唇基微隆，基部宽，触角处窄，端向略收缩；前唇基基部窄，端向略膨大，唇基间缝明显，颊区窄；触角长，超过体长之半，位于复眼前方上角，触角窝浅，触角脊弱，侧额缝未伸达相应单眼。

头比前胸背板略宽；前胸背板前缘弧圆，侧缘短，后缘横平凹入，中、后域略隆起，具细密横皱，分布有褐色散状纹；小盾片三角形，中长略短于前胸背板中长，盾间沟明显，具褐色隐约纹；前翅长方形，浅褐色透明，翅脉明显，沿爪脉端部有小褐色斑；体下及足黄色，后足腿节端部刺式 2+2+1；雌虫生殖前节后缘中央略舌状突出，中长超过前一节中长，产卵瓣超出腹末。

尾节侧瓣阔方，端向收缩，端部角状，具许多大型刚毛；生殖瓣近五角形；下生殖板基部宽，端向收缩，端部指状，侧缘具细刚毛；阳基侧突端突基部宽，端向收缩成鸟喙状，侧叶宽，向外突出；连索"Y"形，干、臂近等长，干粗壮，两臂夹角小；阳茎背向弯曲成月牙状，背腔发达；阳茎干粗壮，端部略膨大，具 1 对短基突和 1 对长后侧基突，前者长度不超过干端部，后者象牙状，远远超过干端部。

讨论：此种外形相似于双突沟顶叶蝉 B. biconjugara，主要区别如下：①生殖瓣近五角形；②阳茎干粗壮，端部略膨大，具 1 对短基突和 1 对长后侧基突，前者长度不超过干端部，后者远远超过干端部；③尾节侧瓣阔方，端向收缩，端部角状。

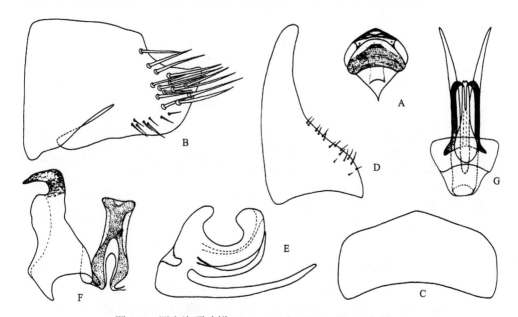

图 103　四突沟顶叶蝉 *Bhatia quadrispinosa* Shang & Zhang

A. 雄虫头、胸部背面观；B. 尾节侧瓣侧面观；C. 生殖瓣腹面观；D. 下生殖板腹面观；E. 阳茎侧面观；F. 阳基侧突和连索腹面观；G. 阳茎背面观观察标本：1♂1♀（正模、副模，CAU），四川峨眉清音阁，1961.Ⅷ.20，金瑞华采。
分布：四川。

(109)　矢头沟顶叶蝉 *Bhatia sagittata* Cai & Shen, 1999（图 104；图版Ⅴ：51）

Bhatia sagittata Cai & Shen, 1999b: 38.

体长：♂6.5-7.0 mm，♀7.5 mm。

雄虫尾节侧瓣近端部具数根大型刚毛，腹后缘无内突；生殖瓣近元宝形；连索"Y"形，主干与臂近等长；阳基侧突端部延伸，呈二叶状；阳茎干粗壮，背向弯曲，腹面观呈矢头状，干具 1 对腹后缘长突，突起长超过干长，突起中部向两侧扩展，端向收狭。

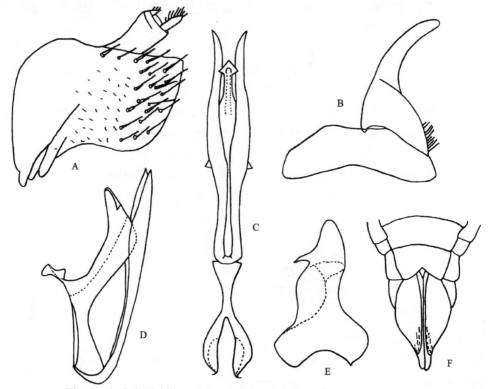

图 104　矢头沟顶叶蝉 *Bhatia sagittata* Cai & Shen（仿 Cai & Shen, 1999b）

A. 雄虫尾节侧瓣侧面观；B. 生殖瓣和下生殖板腹面观；C. 连索和阳茎腹面观；D. 阳茎侧面观；E. 阳基侧突腹面观；

F. 雌虫生殖节腹面观

观察标本：1♂（NWAFU），湖南湘西土家族苗族自治州吉首市矮寨镇，230 m，2019.Ⅷ.8，灯诱，梁宗蕾采；1♂（NWAFU），贵州省铜仁市江口县闵孝镇，2016.Ⅶ.25，林双虎采；2♀（NWAFU），湖南石门太平镇，250 m，2017.Ⅷ.17，薛清泉采；7♀（NWAFU），贵州省铜仁市江口县梵净山，500 m，2019.Ⅶ.29，灯诱，梁宗蕾采；2♀（NWAFU），贵州省铜仁市江口县梵净山麻梨湾，500 m，2019.Ⅶ.29，林双虎采；1♀（NWAFU），湖南省怀化市中方县铜湾镇渡江村，170 m，2019.Ⅷ. 5，林双虎采；1♂5♀ (NWAFU)，贵州省铜仁市江口县梵净山，500 m，2019.Ⅶ.29，孙启翰采；1♂ (NWAFU)，福建武夷山桐木村，2013.Ⅶ.27，灯诱，冯玲采；3♂ (NWAFU)，福建武夷山三港，2003.Ⅶ.18，段亚妮采；1♂ (NWAFU)，2003.Ⅶ.19，灯诱，余同前；2♂ (NWAFU)，2003.Ⅶ.22，余同前；2♂ (NWAFU)，江西井冈山，650-670 m，2004.Ⅷ.2，魏琮、杨美霞采。

分布：河南、湖南、贵州、福建、江西。

(110) 萨摩沟顶叶蝉 *Bhatia satsumensis* (Matsumura, 1914) (图 105；图版 Ⅴ：52)

Melichariella satsumensis Matsumura, 1914: 237; Ishihara, 1954: 242.

Bhatia satsumensis (Matsumura): Zhang & Webb, 1996: 12; Zhang & Zhang, 1998: 179; Shang, Shen, Zhang & Li, 2006a: 566.

体长：♂6.5 mm。

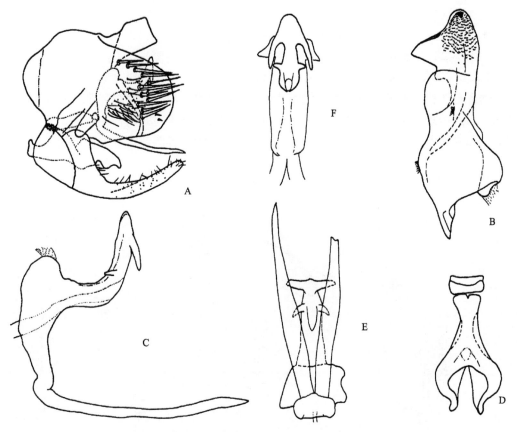

图 105　萨摩沟顶叶蝉 *Bhatia satsumensis* (Matsumura)

A. 雄虫生殖节侧面观；B. 阳基侧突腹面观；C. 阳茎侧面观；D. 连索腹面观；E. 阳茎腹面观；F. 阳茎后面观

头冠黄色，近前端有 1 横向褐色凹槽，两侧各有 2 枚褐色点斑；单眼淡黄色，缘生，远离复眼；颜面黄色，略显橙黄色，颊中域有 1 褐色点斑，侧域色浅，前胸背板前端近中部和侧区有数枚褐色点状斑；小盾片橙黄色，近端部有 1 褐色凹刻，其上方有 2 枚模糊的褐色点斑；前翅黄色半透明，爪脉及爪片端部各有 1 褐色斑；体下及足黄色。

雄虫外生殖器尾节侧瓣基半部背方骨化程度弱，端部圆，具数根大刚毛；下生殖板三角形，无刺状刚毛，端部尖狭；阳基侧突大，基叶阔，近端部有 1 突起外伸；连索倒"Y"形；阳茎端干背向弯曲，具 2 个小的端突和 1 对细长侧基突；阳茎口位于近端部腹缘。

观察标本：1♂ (NWAFU)，广东广州，1974.Ⅷ.15-17，周尧、卢筝采；1♂ (NWAFU)，浙江乌岩岭，670 m，2005.Ⅷ.2，灯诱，段亚妮采；1♂ (NWAFU)，广东肇庆鼎湖山，2017.Ⅶ.13，灯诱，唐玖采；1♂ (NWAFU)，海南尖峰岭自然保护区，2018.Ⅳ.13，惠紫嫣采；1♂ (NWAFU)，海南琼中黎母山，2018.Ⅴ.12，惠孜嫣采。

分布：广东、浙江、海南；日本。

(111) 单角沟顶叶蝉 *Bhatia unicornis* Shang & Li, 2006 (图 106；图版Ⅴ：53)

Bhatia unicornis Shang & Li, in Shang, Shen, Zhang & Li, 2006a: 573.

体长：♂6.8-7.5 mm，♀5.5-6.0 mm。

体中小型，污黄色；头冠前缘略弧圆突出，中长大于两侧长；冠缝明显，近前域有 1 横凹，深褐色，具细密纵皱，中域有 1 个条纹状横斑，并被冠缝中断，后缘靠近复眼处两侧各有 2 枚小圆斑，前缘有 1 较宽黄色缘带；单眼缘生，从背部可见，和相应复眼之间的距离是其自身直径的 2 倍；颜面三角形，额唇基基部宽，端向略收缩，唇基间缝明显；触角位于复眼前方中部高度以上，触角窝浅，触角脊弱，侧额缝伸达相应单眼。

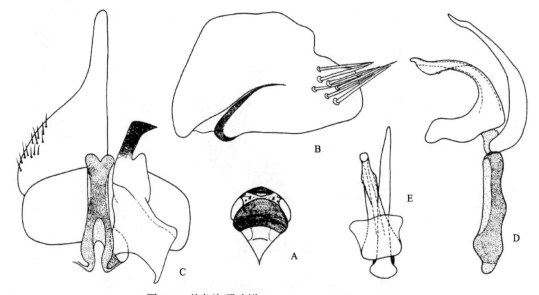

图 106　单角沟顶叶蝉 *Bhatia unicornis* Shang & Li

A. 雄虫头、胸部背面观；B. 尾节侧瓣侧面观；C. 生殖瓣、下生殖板、连索和阳基侧突背面观；D. 阳茎和连索侧面观；
E. 阳茎腹面观

头几与前胸背板等宽；前胸背板后缘横平微凹，中、后域略隆起，具细密横皱，分布有污褐色块状斑；小盾片三角形，盾间沟明显，两基角色深，端部粗糙，具细密横皱，并有 4 条短的褐色纵条纹斑；前翅长方形，浅褐色近透明，沿爪脉端部有 1 个点状斑；具 4 端室，3 端前室，端片窄；体下及足污黄色，后足腿节端部刺式 2+2+1。

雄虫外生殖器尾节侧瓣基部阔方，端部收缩呈钝圆状，具几根大型刚毛；生殖瓣五角形；下生殖板基部阔，端向收缩，端部指状，侧缘具细刚毛；阳基侧突端突长，略侧弯，端向收缩成尖细状，端缘平截，侧叶突出；连索 "Y" 形，干比臂短，干粗壮；阳茎背向弯曲，阳茎干粗壮，端向略收缩，端部细钩状；近端部有宽侧叶，边缘齿状，基部有 1 突起，两者膜质相连。

观察标本：1♂ (正模，NWAFU)，1♂1♀ (副模，NWAFU)，广东鼎湖山，1985.Ⅶ.18，张雅林采；1♂ (NWAFU)，广西上思十万大山，540-600 m，2017.Ⅸ.17，薛清泉采。

分布：广东、广西。

27. 肛突叶蝉属 *Bhatiahamus* Lu & Zhang, 2014

Bhatiahamus Lu & Zhang, 2014a: 371.
Type species: *Bhatia flabellata* Shang & Shen, 2006.

体黄褐色；头部前缘两复眼间着生 1-2 条深褐色横带。前胸背板着生不规则的褐色斑纹。前翅烟褐色，透明状，爪脉端部着生褐色的小圆斑。头冠短，中长略长于两复眼处长，亚端部着横皱纹。单眼位于头冠前缘，与复眼有一定距离，两单眼间有 1 条横脊。颜面宽度大于长度；触角长于身体的一半，着生于复眼的上眼角；触角窝深并扩延到额唇基；额唇基中域微突；前唇基中部窄，基部宽于端部；舌侧板大。前胸背板侧缘短，与小盾片近等长。前足腿节前腹缘刚毛 (AV1) 为 1 根，较长；中间的刚毛 (IC) 约为 13 根；AM1 近中域的端部；AV 缺失。前足胫节刚毛式 1+4。后足腿节端部刚毛式为 2+2+1。前翅 3 个端前室，且第 1 端前室开放；爪区具横脉，位于爪缝和爪脉间。

雄虫外生殖器尾节侧瓣基部宽，端部渐细或圆弧延伸，端部着生很多大刚毛。第 X 体节发达，具有 1 对发达的肛突。下生殖板长，端部指状，无大刚毛，仅有纤细刚毛着生在腹侧缘。阳基侧突端部突起短，具有横刻痕，向侧面延伸呈鸟喙状，侧叶微突，基部外臂较粗，内臂则短。连索短，"H" 形，主干短于侧臂。阳茎和连索间以附片相关联。阳茎背腔侧叶发达，腹面观呈花瓣状；阳茎干简单，圆柱状，侧面观背向弯曲或中域扭曲，端部具 1 对短突或呈三角形、扇形的突起；阳茎孔位于亚端部腹面。

吕林和张雅林 (Lu & Zhang, 2014a) 以 *Bhatia flabellata* Shang & Shen 为模式种建立了肛突叶蝉属 *Bhatiahamus*。

本属相似于沟顶叶蝉属 *Bhatia*，因其都具有连接阳茎和连索的骨片，并相关键 (图 107M, 108K)，但可依靠肛突的特征相区分。肛突叶蝉属与丽斑叶蝉属 *Roxasellana* 相似于阳茎背腔的形状，但前者具有连索和阳茎连接的附片 (图 107H, I, 图 108K, I)，而后者没有。本属也与伊萨叶蝉属 *Isaca* 相似于肛管具有突起，但前者两边各具有 1 个突起 (图

107F, 108L)，后者仅有 1 个突起。

分布：中国。

全世界已知 2 种，均分布于中国。

种 检 索 表

阳茎基腔侧叶小；阳茎干侧面观背向弯曲，中域无齿突，端部为扇形或近三角形······················· **扇茎肛突叶蝉 B. flabellatus**

阳茎基腔侧叶大；阳茎干侧面观扭曲，且中部背侧具很多小齿，干的端部具成对的指状突起，缘生细齿···**曲茎肛突叶蝉 B. sinuatus**

(112) 扇茎肛突叶蝉 *Bhatiahamus flabellatus* (Shang & Shen, 2006) (图 107；图版 V：54)

Bhatia flabellata Shang & Shen, in Shang, Shen, Zhang & Li, 2006a: 571.
Bhatiahamus flabellatus (Shang & Shen): Lu & Zhang, 2014a: 372.

体长：♂7.5-8.0 mm，♀8.2-8.8 mm。

体中型，黄褐色；头冠前缘略弧圆突出，有 1 黄色横带；中长大于两侧长，近前域有 1 横凹，凹线褐色；冠缝明显，其两侧各有 1 褐色条状纹，靠近后缘处各有 2 枚小圆褐色斑；单眼缘生，从背部可见，和相应复眼之间的距离是其自身直径的 2 倍多；颜面三角形，唇基间缝明显；额唇基两侧有短线状纹；触角位于复眼上角，触角窝较深，触角脊明显，侧额缝伸达相应单眼。

头与前胸背板等宽，前胸背板具细密横皱，密布黄色点状纹；小盾片三角形，盾间沟明显，沿盾间沟两侧有褐色竖条状纹；前翅长方形，浅褐色近透明，翅脉明显，端片较阔；后足腿节端部刺式 2+2+1。

雄虫外生殖器尾节侧瓣基部阔，端向收缩，端部钝圆，具数根大型刚毛，肛管突起弯钩形；生殖瓣元宝形；下生殖板基部阔，端向略收缩，端部钝圆，侧缘有极细小刚毛；阳基侧突端突极似鸟头状，端部向外伸出的突起长，侧叶突出；连索"H"形，干短于臂长，干约为臂长的一半；阳茎背向弯曲成弯钩状，腔复体发达，阳茎干长，端部膨大成扇状；阳茎口开口于干端部腹面。

观察标本：1♂ (正模, IZCAS)，广西金秀圣堂山，900-1900 m，2000.VI.28，姚建采；1♂1♀ (副模, IZCAS)，陈军采，余同前；1♂ (NWAFU)，河南内乡宝天曼，1300 m，1998.VII.11，胡建采；1♂ (NWAFU)，四川峨眉山万年寺，1000 m，2009.VII.23，张新民采。

分布：河南、广西、四川。

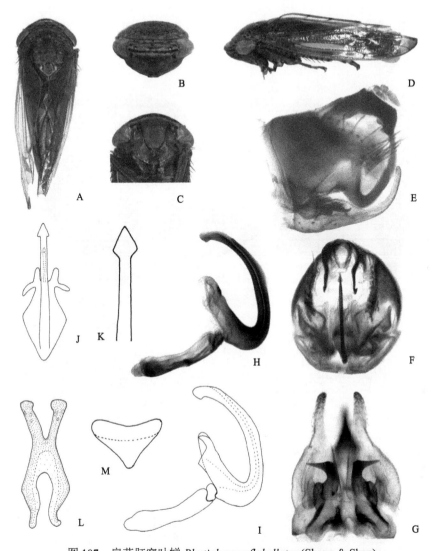

图 107　扇茎肛突叶蝉 *Bhatiahamus flabellatus* (Shang & Shen)

A. 雄虫背面观；B-C. 头前面观和颜面；D. 雄虫侧面观；E-F. 尾节侧面观和后面观；G. 生殖瓣、下生殖板和阳基侧突腹
面观；H-I. 阳茎和连索侧面观；J-K. 阳茎和阳茎干 (端部放大) 腹面观；L-M. 连索和附片腹面观

(113) 曲茎肛突叶蝉 *Bhatiahamus sinuatus* Lu & Zhang, 2014 (图 108；图版Ⅴ：55)

Bhatiahamus sinuatus Lu & Zhang, 2014a: 372.

体长：♂7.1 mm。

雄虫外生殖器尾节侧瓣基部阔，端向渐细，后缘具很短的尖突。第Ⅹ节肛管突起发达，端部渐细呈弯钩形。阳基侧突侧叶微弱。阳茎背腔发达，呈花朵状，近长于阳茎干；侧面观阳茎干中部扭曲，在背面中部扭曲处具小齿突，端部具成对的着生细齿的小端突；阳茎口开口于干亚端部腹面。

观察标本：1♂ (正模，NWAFU)，云南瑞丽勐秀龙塘山，2013.Ⅵ.11，灯诱，薛清泉采。

分布：云南。

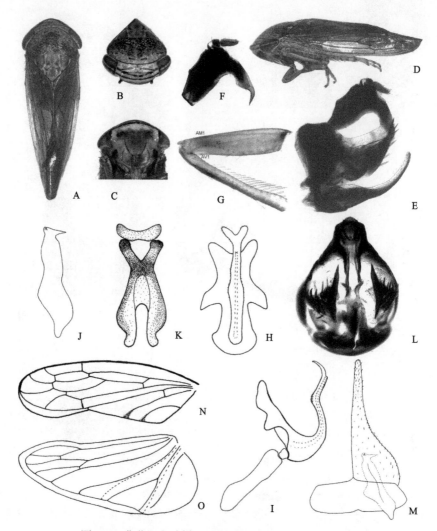

图 108 曲茎肛突叶蝉 *Bhatiahamus sinuatus* Lu & Zhang

A. 雄虫背面观；B-C. 头背前面观和颜面；D. 雄虫侧面观；E. 尾节和肛节侧面观；F. 肛节侧面观；G. 前足腿节前面观；H. 阳茎腹面观；I. 阳茎和连索侧面观；J. 阳基侧突；K. 连索和附片腹面观；L. 尾节和肛节后面观；M. 生殖瓣、下生殖板和阳基侧突腹面观；N. 前翅 (左)；O. 后翅 (右)

28. 卡叶蝉属 *Carvaka* Distant, 1918

Carvaka Distant, 1918: 40; Zhang & Webb, 1996: 13; Viraktamath, 1998: 158.

Type species: *Carvaka picturata* Distant, 1918.

头冠前缘略突出，宽为长的 2 倍，具数条横隆线；单眼缘生，靠近复眼；颜面宽大于长，端部圆；前胸背板宽约为长的 2 倍，前缘弧形突出于两复眼之间，侧缘短，后缘横平凹入，中域具细密横皱；小盾片三角形，宽大于长，盾间沟明显；前翅长方形，具 4 端室，3 端前室；前足胫节背面刚毛式 1+4，后足腿节端部刺式 2+2+1。

雄虫外生殖器尾节侧瓣具数根大型刚毛；生殖瓣长方形；下生殖板端部指状，无大型刚毛；连索 "Y" 形，较长；阳茎无侧基突，具端突，有时从后基部或由连索与阳茎之间或从连索伸出 1 突起，有时无突起；阳茎口位于阳茎端部。

分布：中国；印度，斯里兰卡，澳大利亚。

本属全世界现已知 23 种，我国分布 2 种，即台湾卡叶蝉 *Carvaka formosana* (Matsumura) 和对突卡叶蝉 *Carvaka bigeminata* Cen & Cai。

种 检 索 表

阳茎具 2 对突起，2 对突起均基向伸出，连索短于阳基侧突……………**台湾卡叶蝉 *C. formosana***

阳茎具 1 对突起背向伸出，1 对突起紧贴阳茎干，连索长于阳基侧突…… **对突卡叶蝉 *C. bigeminata***

(114) 对突卡叶蝉 *Carvaka bigeminata* Cen & Cai, 2002 (图 109；图版 V：56)

Carvaka bigeminata Cen & Cai, 2002: 116.

以下描述引自 Cen 和 Cai (2002)。

体长：♂6.0-6.2 mm，♀6.4-6.5 mm。

体前部黄褐色，头冠前半部大褐色斑中央有 1 浅黄色小圆点，中域两侧各有 1 横长斑，斑的后方又各有 2 小点均为褐色；复眼黑褐色，单眼无色透明围以褐色圈。前胸背板散生不规则虫蛀状褐色斑点，常以前缘域 6-8 个弧形排列的斑点较明显。小盾片基角或整体浅褐色。前翅亮褐色半透明，翅端褐色，臀脉和爪片的末端及革片上大部分横脉均为黑褐色。后翅烟褐色半透明，翅脉暗褐色。颜面、足及尾节浅黄褐色，额唇基两侧短横印痕列褐色，触角第 2 节和胫刺基部黑色。胸、腹部腹面浅黄色，腹部背面黑褐色。雌虫第Ⅶ节腹板黑色。

头冠前端宽，锐圆突出，中长约为复眼间宽的 3/5，冠缝可见基半部，复眼前方冠面低平，单眼位于前侧缘上，与复眼的距离等于自身直径。颜面额唇基微隆起，端向弧圆收窄，前唇基端向渐宽，末端伸达颜面边缘。前胸背板中长为头冠的 1.8 倍，为自身宽度的近 1/2，中后部具细密横皱纹，前缘弧圆突出，后缘略弧凹。小盾片近与前胸背板等长，横刻痕拱形达侧缘。前翅长为宽的 3.5 倍，端片较宽，包围第 1、2 室。雌虫第Ⅶ节腹板中长近为其前一节的 2 倍，后缘中部向后突出，中央有 1 小刻凹；产卵瓣略伸过尾节侧瓣，后者端半部腹缘域生有大刚毛。

雄虫第Ⅷ节腹板长方形，中长近与其前一节相等；生殖瓣略似元宝形，后缘中央稍突出；尾节侧瓣近方形，后缘域中上部密生大刚毛；下生殖板基部最宽，端向渐次收窄至 1/3 处细长延伸呈燕尾状，长过尾节侧瓣；连索细长，近 "Y" 形，臂长约为主干长的 3/5；阳基侧突基半部宽大，端半部细缢，末端钩状折向侧方尖出；阳茎细管状背向圆弧状弯曲，末端具 2 对长刺突，其中 1 对位于腹面并拢贴近阳茎干，另 1 对位于背面叉状指向背侧方；阳茎背突发达，两侧骨化；阳茎口位于阳茎末端。

讨论：本种与台湾卡叶蝉 *Carvaka formosana* (Matsumura)甚相似，区别在于后者 2 对阳茎端突均基向伸出，以及下生殖板形状也显著不同。

观察标本：1♂ (CAU)，杭州六和塔，1974.Ⅹ.15，李法圣采；1♂ (NWAFU)，湖北神农架新华镇，2017.Ⅶ.22，灯诱，薛清泉采。

分布：浙江、湖北。

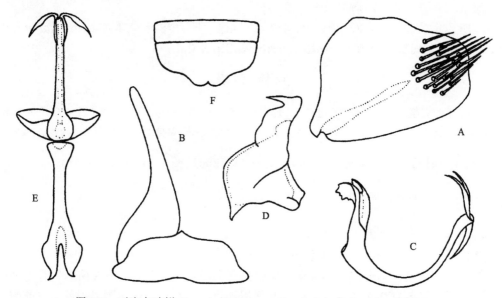

图 109　对突卡叶蝉 *Carvaka bigeminata* Cen & Cai (仿 Cen & Cai, 2002)

A. 雄虫尾节侧瓣侧面观；B. 生殖瓣和下生殖板腹面观；C. 阳茎侧面观；D. 阳基侧突腹面观；E. 阳茎和连索腹面观；F. 雌虫第Ⅵ、Ⅶ节腹板腹面观

(115) 台湾卡叶蝉 *Carvaka formosana* (**Matsumura, 1914**) (图 110；图版Ⅴ：57)

Melichariella formosana Matsumura, 1914: 238.

Carvaka formosana (Matsumura): Zhang & Webb, 1996: 13.

体长：♂4.8-5.2 mm。

体色黄褐色；头冠近前缘、中域和靠近后缘处具对称排布的褐色横纹；颜面额唇基两侧缘具褐色横纹；前胸背板分布散乱排列深褐色斑块；小盾片近基部处各有1个半圆形浅褐色大斑，近中域有2个深褐色斑点；前翅翅脉黄褐色，各横脉及爪脉端部处均具深褐色斑块。

头冠前缘弧圆突出，中长长于两侧长，单眼缘生，靠近复眼；颜面前唇基基部窄，端向膨大，舌侧板大；头冠近等长于前胸背板，前胸背板具细密横皱，侧缘短；小盾片盾间沟明显；前翅透明，具 3 端前室和 4 端室；前足胫节背面刚毛式 1+4，后足腿节端部刺式 2+2+1。

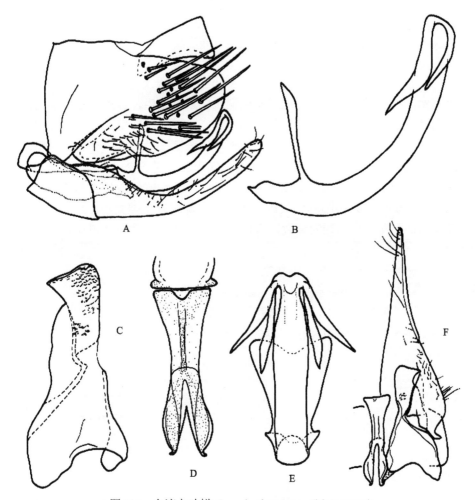

图 110　台湾卡叶蝉 *Carvaka formosana* (Matsumura)

A. 雄虫尾节侧面观；B. 阳茎侧面观；C. 阳基侧突腹面观；D. 连索和阳茎基部腹面观；E. 阳茎腹面观；F. 生殖瓣、下生殖板、阳基侧突和连索背面观

雄虫尾节侧瓣端向收缩，近端部着生大量粗壮刚毛，腹后缘无突起；下生殖板端向收狭，端部长指状，侧缘着生细小刚毛；连索似 "Y" 形，干粗壮，长于臂长；阳基侧突端突短粗，侧叶不显著；阳茎干侧面观背向弯曲，干端部具两对长突起，突起侧腹向延伸，阳茎口位于干端部。

观察标本：1♂ (CAU)，福建德化水口，1974.Ⅵ.6，李法圣采；1♂ (CAU)，福建德化水口，1974.Ⅵ.13，李法圣采。

分布：湖南、福建、台湾、广东、海南。

29. 阔颈叶蝉属 *Drabescoides* Kwon & Lee, 1979

Drabescoides Kwon & Lee, 1979: 53; Zhang & Webb, 1996: 14; Zhang, Zhang & Chen, 1997: 235;

Shang, Zhang & Shen, 2003: 257.

Drabescus (*Drabescoides*), Anufriev & Emeljanaov, 1988: 174.

Type species: *Selenocephalus nuchalis* Jacobi, 1943.

头冠横宽，前缘弧圆形，中长近等于两侧长；单眼缘生，远离复眼；触角位于复眼上角，触角窝较深，触角檐钝；额唇基端向收缩，前唇基基部窄，端向略膨大；舌侧板甚宽；前胸背板前缘突出，侧缘短，近直线形，后缘横平微凹入；小盾片三角形，端部尖细；前翅 5 端室，3 端前室，端片阔；前足胫节背面刚毛式 2+4、4+4 或更多，后足腿节端部刺式 2+2+1；雄虫外生殖器尾节侧瓣长方形，后缘着生数目不等的刺状突；下生殖板近三角形，端向收狭；阳基侧突近三角形，基部宽扁，端突小；连索"Y"形，干部膨大或宽扁；阳茎宽扁，端向膨大，端部有 1 小尖突，近端部有侧叶；阳茎孔开口于近端部腹面。

本属由 Kwon 和 Lee 于 1979 年建立，Anufriev 和 Emeljanaov (1988) 将其降为胫槽叶蝉属的亚属，Zhang 和 Webb (1996) 又恢复了其属级地位。

分布：中国；韩国，日本，俄罗斯。

全世界已知 5 种，中国均有分布。

种 检 索 表

1. 连索干端部膨大 ··· 2
   连索干端部不膨大 ······································· 长臂阔颈叶蝉 *D. longiarmus*
2. 阳茎干中部具侧叶 ··· 3
   阳茎干中部无侧叶 ··· 阔颈叶蝉 *D. nuchalis*
3. 连索干端部近球形 ··· 4
   连索干端部阔方形 ···································· 圆突阔颈叶蝉 *D. umbonata*
4. 连索"T"形 ································· 多突阔颈叶蝉 *D. complexa*
   连索"U"形 ··························· 波缘阔颈叶蝉 *D. undomarginata*

(116) 多突阔颈叶蝉 *Drabescoides complexa* Qu, Li & Dai, 2014 (图 111)

Drabescoides complexa Qu, Li & Dai, 2014: 348.

以下描述引自 Qu *et al.* (2014)。

本种尾节侧瓣具很少的大刚毛，后缘具 2-3 突起。生殖瓣半椭圆形。下生殖板近三角形。阳基侧突基部宽，端部渐细圆。连索端部膨大，端部细长，"T"形。阳茎干宽扁，背面观中部具衣领状的突起，具 1 对相对较窄的片层突起；阳茎口位于背缘亚端部。

观察标本：未见标本。

分布：浙江、福建。

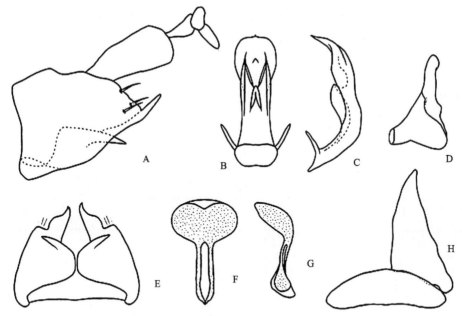

图 111　多突阔颈叶蝉 *Drabescoides complexa* Qu, Li & Dai (仿 Qu *et al*., 2014)

A. 雄虫尾节侧瓣侧面观；B-C. 阳茎背面观和侧面观；D. 阳基侧突背面观；E. 尾节侧瓣腹面观；F-G. 连索背面观和侧面观；H. 生殖瓣和下生殖板腹面观

(117) 长臂阔颈叶蝉 *Drabescoides longiarmus* Li & Li, 2010 (图 112)

Drabescoides longiarmus Li & Li, 2010: 31; Qu, Li & Dai, 2014: 349.

以下描述引自 Li 和 Li (2010)。

体长：♂7.0-7.3 mm，♀7.6-7.8 mm。

体背黄褐色，头冠中央有 1 不规则黑斑，前胸背板除前缘域外，具不规则黑褐色斑纹。小盾片基角及横刻痕暗褐色。复眼黑褐色，单眼淡黄色，且周边有黑斑，单眼与复眼间有 1 黑色长斑，前翅暗褐色，翅脉黑褐色。颜面、虫体腹面包括胸足黄褐色，其中胸足常具黑褐色条斑。

体躯粗壮。头部宽于前胸背板，头冠宽短，中长约为二复眼间宽的 1/4，前端宽弧圆，前缘具 2 条不平行的横隆脊；单眼位于两横脊之间，与复眼距离约 3 倍于其直径。额唇基端向渐次收窄，前唇基近似长方形，端部膨大，唇基间缝明显。前胸背板隆起，前缘弧圆，后缘微凹，侧缘较短，中央长度是头冠中央长度的 4 倍，后缘域具有明显横皱纹。小盾片略长于前胸背板，端部狭细尖出，横刻痕显著，不达侧缘，其后密生细横皱纹。前翅长度超过腹部末端，端室 5 个，端片发达。雄虫第Ⅶ节腹板后缘弧形深凹入，中央长度略短于其前一节；产卵瓣长于尾节侧瓣，后者端半部腹缘域着生大刚毛。

雄虫尾节侧瓣近三角形，末端具 2 个黑色短刺突；生殖瓣三角形，下生殖板端向渐次收窄；阳基侧突基部宽大，亚端部渐次收窄，端部向外突然弯曲膨大，呈马蹄状，表面着生微齿；连索"Y"形，干较细，两臂极长；阳茎干宽大，背向弯曲，背面两侧片状脊，且显著靠拢形成 1 深凹槽，阳茎孔位于亚端部，端部腹面观舌状，基部连接臂宽扁。

讨论：本种与圆突阔颈叶蝉 *Drabescoides umbonata* Shang, Zhang & Shen 相似，不同点：本种体型稍大，翅脉色泽较深，体背、颜面黄褐色，雄虫阳茎干背面 2 片状脊大且显著靠拢，尾节侧瓣三角形，具 2 个刺突，连索干细，臂极长，两臂夹角小，阳基侧突端部马蹄状，表面着生微齿，雌虫第Ⅶ节腹板后缘弧形深凹入。

观察标本：未见标本。

分布：海南。

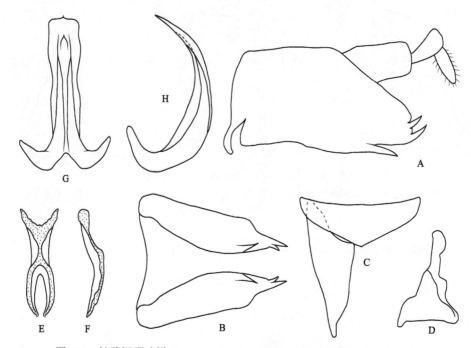

图 112　长臂阔颈叶蝉 *Drabescoides longiarmus* Li & Li (仿 Qu *et al.*, 2014)

A. 雄虫头和胸部背面观；B. 阳茎腹面观；C. 阳茎侧面观；D. 雌虫生殖节及第Ⅵ、Ⅶ节腹板腹面观；E. 阳基侧突腹面观；F. 生殖瓣和下生殖板腹面观；G. 连索腹面观；H. 雄虫尾节侧瓣侧面观

(118) 阔颈叶蝉 *Drabescoides nuchalis* (Jacobi, 1943) (图 113；图版Ⅴ：58)

Selenocephalus nuchalis Jacobi, 1943: 30.

Kutara brunnescens Distant: Vilbaste, 1968: 118. Misidentification.

Drabescus striatus Anufriev, 1971: 61.

Drabescus nuchalis (Jacobi): Anufriev, 1978: 42.

Drabescoides nuchalis (Jacobi): Kwon & Lee, 1979: 53; Anufriev, 1979: 166; Zhang & Webb, 1996: 14; Zhang, Zhang & Chen, 1997: 236; Shang, Zhang & Shen, 2003: 259.

体长：♂7.0-7.5 mm，♀8.3-8.6 mm。

体色黑褐色；头冠中部有 1 个"T"形黑斑，近中、后域靠近复眼两侧处具不规则的黑色斑块；前胸背板中域具黑色斑块；前翅翅脉褐色。

体中型；头冠前后缘近平行，单眼位于头冠正前缘，远离复眼；颜面额唇基基部较宽，端向略收缩；前唇基基部窄，端向略膨大，唇基间缝明显，舌侧板阔；头冠宽于前胸背板；前胸背板前缘弧圆，侧缘极短，中、后域略隆起；小盾片三角形，盾间沟明显；前翅长方形，翅脉明显；后足腿节端部刺式 2+2+1。

雄虫尾节侧瓣腹后缘近端部到端部分布有 2-4 个不等的齿状突起，突起背向弯曲；下生殖板近三角形，端向收缩为短指状，侧缘具少许细短刚毛；阳基侧突基部宽，端向收狭，端突短指状，侧叶缺失；连索似"H"形，臂纤细，干短粗，干端半部膨大加厚成圆形且二分叉；阳茎干侧面观背向弯曲，端向收缩，背面和腹面观干端部弧圆成小尖刺状，干背面观基部至中部两侧缘具侧叶，阳茎口开口于阳茎干背面近中部。

观察标本：1♂ (NWAFU)，新疆巴里坤，1984.Ⅶ.14，花保祯采；1♂1♀ (CAU)，北京龙头沟小龙门，1976.Ⅸ.4，杨集昆采；1♂ (CAU)，北京百花山，1961.Ⅸ.6，李法圣采；1♂ (CAU)，北京百花山，1961.Ⅸ.4，李法圣采；1♂ (CAU)，北京黄安坨，1960.Ⅸ.7，李法圣采；1♀ (NKU)，天津蓟县八仙深子，1995.Ⅶ.18；1♂ (IZCAS)，陕西宁陕旬阳坝，1350 m，1998.Ⅶ.29，姚建采；1♀ (IZCAS)，1580 m，灯诱，1998.Ⅷ.14，袁德成采，余同前；2♀ (NWAFU)，陕西凤县留风关，1995.Ⅶ.17，张文珠、任立云采；1♂ (NWAFU)，双石铺，1995.Ⅶ.13，余同前；1♀ (IZCAS)，陕西宁陕火地塘，1580 m，1998.Ⅷ.18，袁德成采；1♀ (NWAFU)，太白山中山寺，1500 m，1982.Ⅶ.17，周静若、刘兰采，陕西太白山昆虫考察组；1♂ (NWAFU)，太白山蒿坪寺，1200 m，1982.Ⅶ.18，赵晓明采，陕西太白山昆虫考察组；1♀ (NWAFU)，湖南郴州，1985.Ⅷ.5，张雅林、柴勇辉采；1♂ (NWAFU)，湖南张家界森林公园，650 m，灯诱，2001.Ⅷ.6，孙强采；1♀ (NWAFU)，湖南桑植天平山，1250 m，2001.Ⅷ.13，孙强采；1♂ (CAU)，湖南南岳，1963.Ⅵ.21，杨集昆采；3♂1♀ (CAU)，磨镜台，1963.Ⅵ.20，余同前；1♀ (IZCAS)，广西金秀圣堂山，700 m，1999.Ⅴ.19，黄复生采；1♂ (IZCAS)，900 m，1999.Ⅴ.17，余同前；1♀ (IZCAS)，广西金秀花王山庄，600 m，1999.Ⅴ.20；1♀ (IZCAS)，广西金秀林海山庄，1000 m，2000.Ⅶ.2，陈军采；1♀ (IZCAS)，姚建采，余同前；1♂ (IZCAS)，广西金秀圣堂山，900-1900 m，2000.Ⅵ.28，姚建采；1♀ (IZCAS)，广西金秀永和，500 m，1999.Ⅴ.11，肖晖采；2♂ (IZCAS)，广西金秀林海山庄，1000 m，2000.Ⅶ.2，朱朝东采；1♀ (NWAFU)，广西花坪，2000.Ⅷ.29，刘振江采；1♂ (CAU)，广西大瑶山，1982.Ⅵ.14，杨集昆采；2♂ (CAU)，广西金秀大瑶山，1982.Ⅵ.13，李法圣采；1♂ (CAU)，广西金秀，720 m，1982.Ⅵ.11；1♂ (NWAFU)，河南内乡葛条爬，1998.Ⅶ.14，600-700 m，灯诱，胡建采；2♂1♀ (NWAFU)，河南西峡黄石庵林场，1998.Ⅶ.17，800-1300 m，灯诱，胡建采；1♀ (NWAFU)，河南内乡宝天曼，1998.Ⅶ.11，1300 m，胡建采；1♂ (NWAFU)，河南龙峪湾，1000 m，1996.Ⅶ.15，张文珠采；1♂ (NWAFU)，1996.Ⅶ.13，余同前；1♂ (NWAFU)，四川峨眉万年寺，1988.Ⅸ.10，淑玲、徐秋园、周静若采；1♂ (BMSYS)，W. China, Szechuan, Pe-Pai, N of chungking, 300 m, 1940.Ⅶ.26, J.L. Gressitt 采；2♀ (BMSYS), W. China, Szechuan, Omei Shan:Skin-Kzi-220, 1000 m, 1940.Ⅷ. 9-16, L. Gressitt 采；1♂ (BMSYS), China, Kiangsi Prov. (江西), Kuling (Mountain), Kiu Kiang Piatriot, 1933.Ⅶ.23-26, Y.W. Djou 采；1♀ (BMSYS), S. China, Hunan Prov. (湖南), Tai Kwong Village, Lam Mo District, 1934.Ⅶ.26-28, F.K. To 采；1♂ (CAU)，

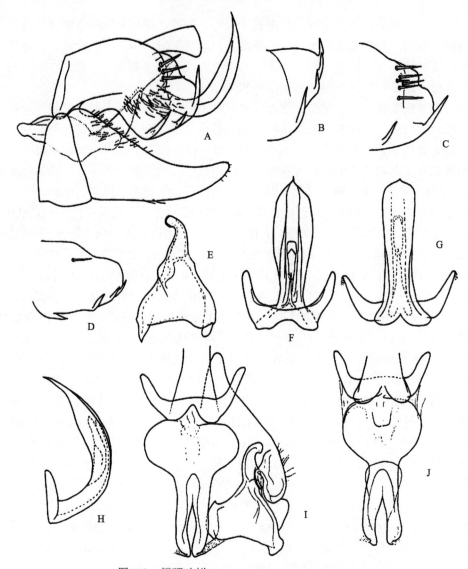

图 113　阔颈叶蝉 *Drabescoides nuchalis* (Jacobi)

A. 雄虫生殖节侧面观；B-D. 尾节侧瓣侧面观；E. 阳基侧突腹面观；F. 阳茎背面观；G. 阳茎腹面观；H. 阳茎侧面观；I. 下生殖板、阳基侧突、连索和阳茎基部背面观；J. 连索和阳茎基部腹面观

浙江杭州六 Kwong Village, Lam Mo District, 1934.Ⅶ.26-28, F.K. To 采；1♂ (CAU)，浙江杭州六和塔，1974.Ⅹ.15，杨集昆采；1♂ (CAU)，杭州灵隐，1974.Ⅹ.13，杨集昆采；1♀ (CAU)，杭州西湖灵隐，1957.Ⅵ.22，李法圣采；1♂ (CAU)，杭州西湖灵隐，1957.Ⅵ.21，冯连阁采；1♀ (IZCAS)，浙江乌岩岭，1983.Ⅶ.20-Ⅷ.10，震彬采；11♂ (NWAFU)，浙江天目山，1963.Ⅶ.21-22，周尧采；1♀ (CAU)，安徽黄山温泉，1977.Ⅶ.24，李法圣采；1♂ (NWAFU)，福建武夷三港，1938.Ⅷ.20，杨忠歧采；1♂ (NWAFU)，福建武夷山，1984.Ⅶ.13，梁爱萍采；1♂ (IZCAS)，福建崇安桐木关关坪，900 m，1960.Ⅶ.30，蒲富基采；1♂ (NKU)，福建邵武沿山，1965，王良臣采；1♂ (NWAFU)，福建武夷挂墩，1980.Ⅸ.24，

陈彤采；1♂ (CAU)，福建建阳坳头，1974.Ⅹ.26，杨集昆采；♀ (NWAFU)，福建邵武黄坑，1963.Ⅶ.8，周尧采；1♂ (BMSYS)，广东封开黑石顶，1984.Ⅹ.8，陈辉采；1♀ (BMSYS)，广东封开黑石顶，1984.Ⅵ.1，余翔采；1♂ (BMSYS)，1984.Ⅹ.8，余同前；1♂ (BMSYS)，广东连县潭岭，1992.Ⅶ，艾新宇采；1♀ (BMSYS)，广东连县大东山，1992.Ⅸ.5，王云华采；1♀ (BMSYS), S. China, Kuangtung, Cheung-tong-tsuen, Sheung-Shui-heung, Lin-hsien (District), 1934.Ⅷ.17, P.K. To 采；1♀ (BMSYS), S. China, Kwangtung, Naam-Xong-Taai, Yuoshan (Mt. Range), Yang-Shan Dist., 1934.Ⅹ.13-14, F.K. To 采；1♂ (BMSYS) , 1934.Ⅺ.2-3, 1♂ (BMSYS), 1934.Ⅹ.13-14, Naam-Kong-Paai, 其他信息同前；1♂, 1934.Ⅹ.18-20, 1♀ (BMSYS), 1934.Ⅸ.28, Kwangtung, Lu-Ling-Paai, Lin-hsien Dist., F.K. To 采；1♀ (BMSYS), Formosa (中国台湾) , Musha Talchung Dist., 1000m, 1947.Ⅷ.24, J. Linslay Gressitt 采；1♂ (NWAFU)，陕西子午岭槐树庄桦树沟，2019.Ⅶ.29，灯诱，黄伟坚采；1♂ (NWAFU)，陕西子午岭保护区老虎沟，2019.Ⅷ.6，党蕊采；1♂ (NWAFU)，湖南张家界市永定区杨家界，2015.Ⅶ.6，冯玲采；1♂ (NWAFU)，江西遂川五指峰，2004.Ⅷ.10，760 m，魏琮、杨美霞采；1♂ (NWAFU)，福建武夷山桐木村，2013.Ⅶ.27，灯诱，冯玲采。

分布：北京、天津、河南、陕西、新疆、浙江、江西、湖南、福建、广东、广西、四川、台湾；俄罗斯，日本，朝鲜。

(119) 圆突阔颈叶蝉 *Drabescoides umbonata* Shang, Zhang & Shen, 2003 (图114；图版Ⅴ：59)

Drabescoides umbonata Shang, Zhang & Shen, 2003: 258.

体长：♂7.0 mm。

体中型，黄色略带橙色；头冠前后缘近平行，中长近等于两侧长；近前缘有 1 横凹，中部有 1 个 "T" 形黑斑，前缘有 1 黄色横带，单眼周缘处有 1 黑色圆斑；单眼缘生，从背部可见，和相应复眼之间的距离是其自身直径的 3 倍；颜面三角形，额唇基平整，基部较宽，端向略收缩，侧缘具黑色短线状斑；前唇基基部窄，端向略膨大，唇基间缝明显，前、后唇基缘线明显，侧额缝伸达相应单眼，颊区阔；触角长，超过体长之半，位于复眼上角，触角窝深，触角檐钝。

头部比前胸背板宽；前胸背板前缘弧形，中部有隐约橙色缘线，侧缘极短，后缘横平凹入；中、后域略隆起，具细密横皱，有稀疏黄色小点；小盾片三角形，盾间沟明显；前翅长方形，浅褐色半透明，翅脉明显，略带橙色；体下及足黄色，后足腿节端部刺式 2+2+1。

雄虫外生殖器尾节侧瓣长方形，背缘较扁平，外缘钝圆，具 3 个大刺状尾节突，有几根小刚毛；生殖瓣三角形；下生殖板近不等边四边形，基部宽阔，端向略收缩，端部角状；阳基侧突基部宽阔，端突直而钝圆，侧叶短；连索 "Y" 形或 "H" 形，干粗宽，臂极短，两臂夹角大；阳茎背向弯曲，干中部有侧叶，使阳茎成槽状，端部侧面观尖钩状，和干几乎成直角；干粗扁，阳茎孔位于干背面近端部。

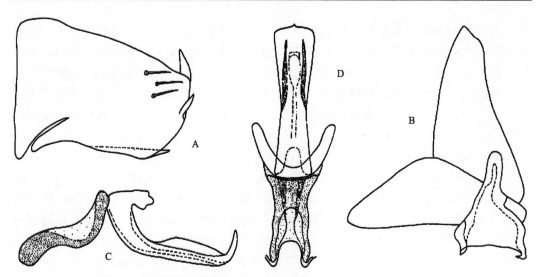

图 114　圆突阔颈叶蝉 *Drabescoides umbonata* Shang, Zhang & Shen

A. 雄虫尾节侧瓣侧面观；B. 生殖瓣、下生殖板和阳基侧突背面观；C. 阳茎和连索侧面观；D. 阳茎和连索背面观

讨论：此种相似于阔颈叶蝉 *D. nuchalis*，主要区别如下：①连索"Y"形或"H"形，干粗宽，臂极短，两臂夹角大；②阳基侧突基部宽阔，端突直，端部钝圆，侧叶短；③阳茎背向弯曲，干中部有侧叶，使阳茎成槽状，端部侧面观尖钩状，和干几乎成直角。

观察标本：1♂ (正模，NWAFU)，广西花坪，2000.Ⅷ.31，刘振江采。

分布：广西。

(120) 波缘阔颈叶蝉 *Drabescoides undomarginata* Cen & Cai, 2002 (图 115)

Drabescoides undomarginata Cen & Cai, 2002: 120; Shang, Zhang & Shen, 2003: 259.

以下描述引自 Cen 和 Cai (2002)。

体长：♂6.5-7.5 mm，♀8.0-8.1 mm。

体前部黄褐色，头冠前端有 1 黑色横长斑，前胸背板除前缘域外，具不规则虫蛀形黑色斑点，小盾片基角及横刻痕暗褐色。前翅浅褐色半透明，翅脉及翅室所具的晕斑褐色；后翅烟褐色半透明，翅脉褐色。颜面浅黄褐色，舌侧板缝及附近暗褐色至黑褐色，触角窝和触角第 2 节黑色。胸、腹部腹面与足暗黄褐色至褐色，后者常具黑褐色条斑，胫刺基部黑色，腹部背面黑褐色。

头冠前端宽圆突出，前、后缘相互平行，单眼位于前侧缘，与复眼的距离约为自身直径的 3 倍，单眼后方冠面横凹洼。颜面额唇基端向渐次弧曲收窄，前唇基长方形，末端略扩大伸达颜面边缘。前胸背板中长约为头冠的 4 倍，近为自身宽度的 1/2，前缘弧圆突出，后缘微弧凹，表面除前缘域外具有细密横皱纹。小盾片与前胸背板等长，横刻痕弧曲达侧缘。前翅长为宽的 3 倍，翅端圆，端片宽，围及第 3 端室中部。雌虫第Ⅶ节腹板中长与其前一节相等，后缘"W"形浅波曲；产卵瓣略伸过尾节侧瓣，后者端半部腹缘域生有大刚毛。

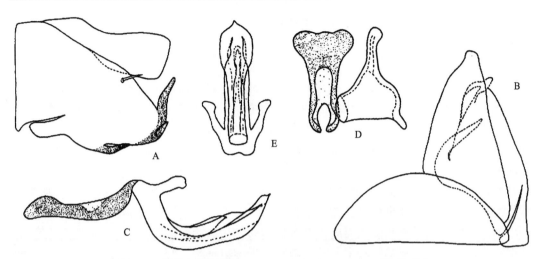

图 115　波缘阔颈叶蝉 *Drabescoides undomarginata* Cen & Cai

A. 雄虫尾节侧瓣侧面观；B. 生殖瓣、下生殖板和尾节侧瓣腹面观；C. 阳茎和连索侧面观；D. 阳基侧突和连索背面观；
E. 阳茎腹面观

雄虫第Ⅷ节腹板长方形，中长与其前一节相等，生殖瓣近半圆形，后缘中央微突出；尾节侧瓣端部角状尖出，末端具 2 或 3 个黑色短刺突，腹缘亚端部有 1 长刺突指向背方偏前，亚端部背缘域着生 2-5 根中等长大刚毛；下生殖板端向渐次收窄，末端内缘向内稍卷曲；连索臂部近 "U" 形，主干宽大、扁圆；阳基侧突基部宽大，亚端部渐次收窄，端部 2/3 细长伸出；阳茎宽扁，背后方弯曲，背面浅槽状，阳茎干亚端部两侧片状脊起，近基部背面附生 1 槽状舌形突起，阳茎背突叉状，阳茎孔梭形，位于阳茎亚端部腹面。

讨论：本种极相似于阔颈叶蝉 *Drabescoides nuchalis* (Jacobi)，区别在于后者颜面 (包括舌侧板) 通常淡黄色，雄虫阳茎背面无突起，雌虫第Ⅶ腹板后缘 "V" 形深凹入。

观察标本：1♂ (IZCAS)，广西金秀圣堂山，900-1900 m，2000.Ⅵ.28，姚建采。

分布：浙江、广西。

30. 叉茎叶蝉属 *Dryadomorpha* Kirkaldy, 1906

Dryadomorpha Kirkaldy, 1906: 335; Webb, 1981b: 49; Li, 1991: 162; Zhang & Webb, 1996: 14.

Paganalia Distant, 1917: 314.

Zizyphoides Distant, 1918: 73.

Rhombopsis Haupt, 1927: 22.

Calotettix Osborn, 1934: 247.

Yakunopona Ishihara, 1954: 12.

Rhombopsana Metcalf, 1967: 229.

Osbornitettix Metcalf, 1967: 229.

Khamiria Dlabola, 1979: 252.

Type species: *Dryadomorpha pallida* Kirkaldy, 1906.

体黄色、黄绿色或淡黄色,前翅在爪片和爪脉端部有 1 个小褐色斑或爪片内缘褐色,足上散布褐色小点。

头冠前缘尖锐,角状,有横纹;中长为两侧长的 1.5-3.0 倍,中域纵向扁平微凹,具纵条纹;前缘具横脊;单眼缘生,远离复眼;前幕骨臂向前弯曲,不分叉;颜面侧面观微凹或直,额唇基区狭长,侧缘靠近触角处收缩;前唇基延长,端部膨大,唇基间缝明显或不明显;舌侧板大;触角长,触角窝深,触角檐弱;头宽于前胸背板;前胸背板侧缘短,中域具细横隆线;小盾片与前胸背板等长,端部粗糙,具横皱;前翅具 4 端室,3 端前室;前足胫节背面刚毛式 1+4,后足腿节端部刺式 2+1+1;雌虫生殖前节后缘沿中线两侧各有 1 小突起;第 II 产卵瓣在第 I 背齿处愈合,末端轻微扩张,有 1 个前背突,背齿粗壮,具齿区域几乎达产卵瓣一半长度,背部骨化区较长。

雄虫外生殖器尾节侧瓣无突起,有 1 斜内脊伸达后腹缘,有大型刚毛;肛管长;生殖瓣三角形;下生殖板基部较宽,端向渐细,端部粗指状,侧缘有许多小刚毛;阳基侧突端突长;连索"Y"形,干短或长,臂短;阳茎背向弯曲,阳茎干长,有 2 个或 4 个端突;阳茎孔位于端部腹面。

分布:非洲区,古北区,东洋区,澳洲区。

全世界已知 9 种,我国仅知 1 种。

(121) 叉茎叶蝉 *Dryadomorpha pallida* Kirkaldy, 1906 (图 116;图版 V:60)

Dryadomorpha pallida Kirkaldy, 1906: 336; Webb, 1981b: 50; Zhang, 1990: 117; Li, 1991: 163; Zhang & Webb, 1996: 14.

Paganalia virescens Distant, 1917: 314.

Zizyphoides indicus Distant, 1918: 73.

Rhombopsis virens Haupt, 1927: 22.

Rhombopsis viridis Singh-pruthi, 1930: 34; Singh-pruthi, 1934: 26.

Platymetopius antennalis Lindberg, 1958: 181.

体长:♂5.0-5.5 mm,♀6.0-6.5 mm。

体色黄绿色;头冠近后缘靠近复眼处具 2 个模糊的棕色斑点;前翅爪脉端部有深褐色斑块;足上散布褐色小点。

体小型;头冠前缘角状突出,中长是两侧长的 2 倍多,冠缝明显;单眼缘生,远离复眼;颜面三角形,额唇基区狭长,其两侧缘近平行;前唇基端部膨大,舌侧板阔,触角长,触角基部位于复眼上方位置,触角檐弱;头冠近等宽于前胸背板;前胸背板侧缘极短,中域具细横隆线;前翅透明,具 3 端前室和 4 端室;前足胫节背面刚毛式 1+4,后足腿节端部刺式 2+1+1。

雄虫尾节侧瓣近端部着生有大型长刚毛,近端部有 1 斜内脊向腹缘伸达,腹后缘无突起;下生殖板端部粗指状,侧缘有较多细长刚毛;阳基侧突端向收狭,端突稍长,侧叶显著;连索"Y"形,臂短于干;阳茎干长,背向弯曲,干端部二分叉,具 2 个长突起,阳茎口位于干腹面端部。

观察标本：1♂ (NWAFU)，海南铜鼓岭，16 m，2008.Ⅳ.23，门秋雷采；1♂ (NWAFU)，湖南张家界森林公园，650 m，2001.Ⅷ.5，灯诱，孙强采；1♂ (NWAFU)，四川峨眉山，2005.Ⅶ.14，吕林采；1♂ (NWAFU)，贵州省铜仁市江口县梵净山麻梨湾，500 m，2019.Ⅶ.31，孙启翰采。

分布：非洲区，古北区，东洋区，澳洲区。

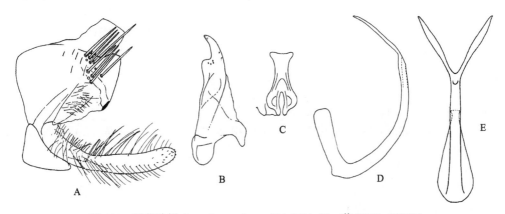

图 116　叉茎叶蝉 *Dryadomorpha pallida* Kirkaldy (仿 Webb, 1981b)

A. 雄虫生殖节侧面观；B. 阳基侧突腹面观；C. 连索背面观；D. 阳茎侧面观；E. 阳茎后面观

31. 索突叶蝉属 *Favintiga* Webb, 1981

Favintiga Webb, 1981b: 47; Zhang & Webb, 1996: 14; Shang, Zhang, Shen & Li, 2006: 35.

Type species: *Parabolopona camphorae* Matsumura, 1912.

体背黄褐色，腹面灰黄色；前翅在亚前缘区近中部有 1 褐色斑，爪片及爪脉端部、端前室和亚前缘区附加小脉处均有 1 小褐色斑。

头冠向前三角形伸长，中长约为两侧长的 2 倍，边缘轻微隆起，端部阔圆，中域具细纵条纹；头部侧面观角圆，具横隆线，中部弧状隆起；单眼缘生，远离复眼，从背部可见；前幕骨臂前缘卷曲不分叉；颜面侧面观近平直，粗糙，额唇基狭长，侧缘在近触角处收缩；前唇基长，端部膨大；唇基间缝可见；触角长，超过体长之半，触角窝深，内缘扩展到额唇基，触角檐弱；头部与前胸背板等宽；前胸背板侧缘长，具隆线，中域具细密横皱；小盾片端部粗糙，具横皱；前翅在亚前缘区有 1 附加小脉；前足胫节背面刚毛式 1+4，后足腿节端部刺式 2+2+1；雌虫第Ⅱ产卵瓣在第Ⅰ背齿处愈合，侧面观狭长，具 1 小前背突，背齿细小，扩展到端部 1/3 处。

雄虫外生殖器尾节侧瓣无突起，具几根大型刚毛；肛管较长，圆柱状；生殖瓣三角形；下生殖板基部较宽，端向收缩，端部指状，侧缘有细长刚毛；阳基侧突端突长，端向渐尖，侧叶显著，具感觉毛；连索"Y"形，干长，侧缘背向龙骨状扩展，腹面有 1 对端部分叉的突起，臂短；阳茎背弯，干端向渐尖，具 1 对侧基突；阳茎孔位于端部腹面。

分布：中国；日本。

本属全世界已知 3 种，中国已知 3 种。

种 检 索 表

(122) 索突叶蝉 *Favintiga camphorae* (Matsumura, 1912) (图 117)

Parabolopona camphorae Matsumura, 1912: 288.

Favintiga camphorae (Matsumura): Webb, 1981b: 48-49; Zhang & Webb, 1996: 14; Dai, Qu & Yang, 2016: 396.

雄虫尾节侧瓣端部弧圆，具数根大型刚毛；下生殖板基部宽，近中部缢缩，端部长指状；阳基侧突端突似鸟喙状；连索 "Y" 形，干长于两臂，干腹缘端部有 1 对分叉状的突出，端向急剧收缩，向腹面中部弯曲；阳茎干长，背腔发达，腹缘近基部着生 1 对

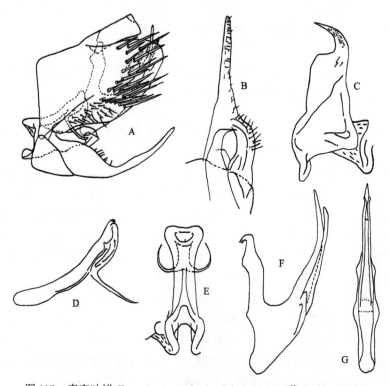

图 117　索突叶蝉 *Favintiga camphorae* (Matsumura) (仿 Webb, 1981b)

A. 雄虫尾节和肛节侧面观；B. 生殖瓣、阳基侧突端部和下生殖板背面观；C. 阳基侧突腹面观；D. 连索侧面观；E. 连索
背面观；F. 阳茎侧面观；G. 阳茎后面观

长突，紧贴干延伸至干近端部；阳茎口位于干腹侧端部。

　　观察标本：未见标本。

　　分布：福建、云南；日本。

(123) 细茎索突叶蝉 *Favintiga gracilipenis* Shang, Zhang, Shen & Li, 2006 (图 118；图版 VI：61)

Favintiga gracilipenis Shang, Zhang, Shen & Li, 2006: 35.

　　体长：♂5.8-6.5 mm，♀6.5-7.5 mm。

　　体小型，淡黄褐色；头冠前缘弧圆突出，中长是两侧长的 2 倍多，冠缝明显，沿冠缝有 1 浅黄色纵带；单眼缘生，从背部可见，和相应复眼之间的距离是其自身直径的近 4 倍；颜面三角形，额唇基基部较宽，触角处收缩，其下两侧近平行；前唇基基部窄，端部略膨大，唇基间缝明显，其长度约为额唇基长度的 1/3 强；触角长，超过体长之半，位于复眼上角，侧额缝伸达相应单眼。

　　头部几与前胸背板等宽；前胸背板侧缘短，中、后域略隆起，具细密横皱；小盾片三角形，盾间沟明显；前翅长方形，浅褐色透明，沿爪脉端部、前缘区中部及端室外缘有褐色小点，具 4 端室，3 端前室，端片窄，靠近端前外室和亚前缘区有几个小横脉，后足腿节端部刺式 2+2+1；雌虫生殖前节后缘向后舌状突出，突出部分的端缘平截，并具 2 个小褐色斑，在此意义上的中长约为其前一节中长的近 3 倍。

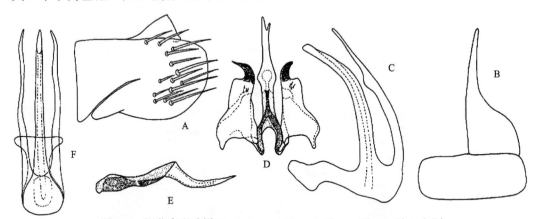

图 118　细茎索突叶蝉 *Favintiga gracilipenis* Shang, Zhang, Shen & Li

A. 雄虫尾节侧瓣和肛节侧面观；B. 生殖瓣、下生殖板腹面观；C. 阳茎侧面观；D. 阳基侧突和连索腹面观；E. 连索侧面观；F. 阳茎背面观

　　雄虫外生殖器尾节侧瓣长方形，端部略膨大，端缘钝圆，具数根大型刚毛；生殖瓣近长方形；下生殖板基部阔，距端部 1/2 处收缩成细指状；阳基侧突左右略有不同，左端突较短，端向收缩，端部略钝圆，侧叶突出，具感觉毛；右端突长，端向收缩成尖细状，似鸟喙状，侧叶同样具感觉毛；连索"Y"形，干、臂近等长，干向后延长，端部分叉，成一大一小 2 小叉；阳茎背向略弯，背腔发达而长，阳茎干粗壮，端向略细，阳

茎孔位于近端部腹面，具1对后基突，中部侧面观有1个小三角形突出，长度几乎到达干端部。

讨论：此种外形相似于索突叶蝉 *F. camphorae*，主要区别如下：①生殖瓣近长方形；②阳基侧突左右略有不同，左端突较短，端向收缩，端部略钝圆；右端突长，端向收缩成尖细状，似鸟喙状；③连索"Y"形，干、臂近等长，干向后延长，端部分叉，成一大一小2小叉。

观察标本：1♂(正模，CAU)，杭州灵隐，1974.X.13，李法圣采；1♂1♀(副模，CAU)，杨集昆采，余同前；2♀(副模，CAU)，六和塔，1974.X.15，余同前；1♀(副模，CAU)，杨集昆采，余同前。

分布：浙江。

(124) 拟细茎索突叶蝉 *Favintiga paragracilipenis* Lu & Zhang, 2018 (图119；图版Ⅵ：62)

Favintiga paragracilipenis Lu & Zhang, 2018: 449.

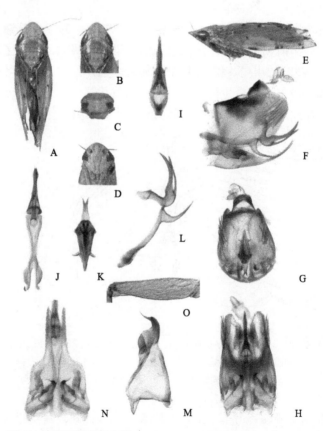

图119 拟细茎索突叶蝉 *Favintiga paragracilipenis* Lu & Zhang

A, E. 雄虫背面观和侧面观；B-C. 头、胸部背面观和前背面观；D. 颜面；F-H. 尾节和肛节侧面观、后面观和腹面观；I-L. 阳茎和连索后面观、腹面观、背面观和侧面观；M. 阳基侧突背面观；N. 生殖瓣、下生殖板和阳基侧突腹面观；O. 前足腿节前面观

体长：♂6.5 mm。

体淡黄褐色；前翅端室、革区和爪区端部具深褐色的小圆斑；单眼红色。

头冠抛物线状向前突出，前缘具 3 个脊和 2 个槽，上面具一些纵条纹；单眼距复眼 4 倍于单眼直径；冠缝伸达头冠中部，头冠长为两侧复眼处长的 1.5-2.0 倍；前腿节刚毛列 IC=11；后足腿节端部刚毛刺列 2+2+1。

雄虫尾节阳基侧突较长，端部鸟喙状，渐细，近丝状。连索"Y"形，主干长于侧臂 2 倍，端部具 1 端突着生于端腹部，先向腹部延伸，再背向延伸，突起端部剪刀状分叉。阳茎背腔发达，后面观两侧具齿状的小突起。阳茎干基部背面略膨胀，背向弯曲，端向渐细，具 1 对长基突，略短于阳茎干长度，突起腹面观靠近。

观察标本：1♂ (正模，NWAFU)，海南尖峰岭，980 m，2008.Ⅴ.7，门秋雷采。

分布：海南。

32. 管茎叶蝉属 *Fistulatus* Zhang, Zhang & Chen, 1997

Fistulatus Zhang, Zhang & Chen, 1997: 237; Shang, Zhang, Shen & Li, 2006b: 152; Lu & Zhang, 2014: 247.

Type species: *Fistulatus sinensis* Zhang, Zhang & Chen, 1997.

头冠长度小于复眼间距离之半，中长略大于两侧长，冠缝明显，冠域有斜条纹向头前方会聚，头冠近端部处微陷，端部平坦；头部前缘具数条横隆线；单眼缘生，远离复眼；颜面宽大于长；触角细长，位于复眼前上角，触角窝深，扩展到额唇基；额唇基区微隆起；前唇基两侧弧形内凹，端部扩大；舌侧板大；前胸背板前缘突出，侧缘较短，后缘近平直，微凹入，前端 1/3 具不规则微隆起，后端 2/3 具横条纹；小盾片三角形，与前胸背板等长；前翅具 4 端室，3 端前室；前足胫节背面刚毛式 1+4，后足腿节端部刚毛式 2+2+1；雄虫外生殖器尾节侧瓣具突起或内突，生殖瓣近梯形，连索"Y"形；阳茎背腔较发达，端干简单，有或无突起；阳茎口位于干端部。

分布：古北区，东洋区。

本属全世界已知 7 种，中国已知 5 种。

种 检 索 表

尾节侧瓣端向渐尖、内弯，阳基侧突无端部延伸，阳茎干近端部具突缘… **直管茎叶蝉 *F. rectilineus***

(125) 双齿管茎叶蝉 *Fistulatus bidentatus* Cen & Cai, 2002 (图 120)

Fistulatus bidentatus Cen & Cai, 2002: 117; Shang, Shen, Zhang & Li, 2006b: 152.

以下描述引自 Cen 和 Cai (2002)。

体长：♂6.8-7.2 mm，♀8.0-8.2 mm。

体前部背面黄褐色，前胸背板褐泽较深，单眼后方均有 1 小黑点，之间具 1 对褐色横长点，有时头冠后缘域靠近复眼也各有 1 小褐色点。前胸背板前缘域具 8 个黑点弧形排列，中间 1 对长点有时色泽较浅淡，小盾片横刻痕黑褐色。前翅浅褐色半透明，末端暗褐色，前缘域翅脉全部或部分及臀脉末端黑褐色，其余翅脉淡黄色；后翅烟灰色，翅脉黑褐色。体腹面及足淡黄色，有时具有褐泽，腹部背面和胫刺基部黑色。

头冠前端弧圆突出，中长大于复眼处冠长，近为复眼间宽的 1/2 弱，冠缝可见基半部，单眼位于前侧缘上，与复眼的距离约为自身直径的 2 倍，单眼后方冠面横向凹洼。颜面唇基整个微隆起，前唇基中部略收窄，末端稍扩大。前胸背板中长为头冠的 2 倍强，为自身宽度的 1/2，前缘圆形突出，后缘弧凹，表面除前缘域外具细密横皱纹。小盾片近与前胸背板等长，横刻痕拱形不达侧缘。前翅长为宽的 3.5 倍，翅端圆锐，端片较宽，包围第 1、2 端室。雌虫第Ⅶ腹板中长近为其前一节的 2 倍，后缘 "W" 形浅波曲；产卵瓣略伸过尾节侧瓣，后者端半部腹缘域疏生刚毛。

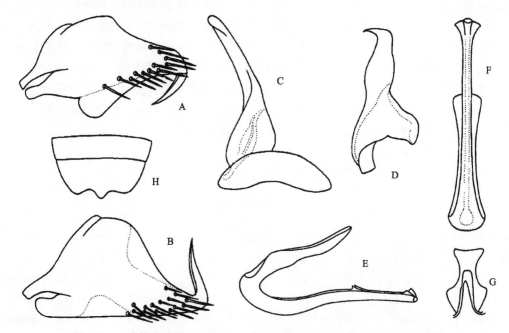

图 120 双齿管茎叶蝉 *Fistulatus bidentatus* Cen & Cai (仿 Cen & Cai, 2002)

A. 雄虫尾节侧瓣背侧面观；B. 尾节侧瓣腹侧面观；C. 生殖瓣和下生殖板腹面观；D. 阳基侧突腹面观；E. 阳茎侧面观；
F. 阳茎腹面观；G. 连索背面观；H. 雌虫第Ⅵ、Ⅶ节腹板腹面观

雄虫第Ⅷ节腹板长方形，中长近与其前一节相等；生殖瓣略似元宝形，后缘中部直；尾节侧瓣三角形，端部渐次收缢成长刺突状向内相向折曲，腹缘域部分内卷，端半部腹后缘具大刚毛 10 余根；下生殖板近与尾节侧瓣等长，基部 2/5 宽，端大半部细长延伸呈燕尾状；连索短小，近"Y"形；阳基侧突基部宽，趋向端部收窄，末端折向侧方尖出；阳茎细长，背面两侧脊起，末端及端前部各有 1 对齿状突，阳茎背突长大，阳茎口位于阳茎末端。

讨论：本种与中华管茎叶蝉 *F. sinensis* Zhang, Zhang & Chen 甚相似，但后者阳茎中部两侧各有 1 细小突起，以及尾节、下生殖板和阳基侧突形状不同，可以区别。

观察标本：1♂ (NWAFU)，湖北神农架林区新华镇，2017.Ⅶ.22，灯诱，薛清泉采。

分布：浙江、湖北。

(126) 黄脉管茎叶蝉 *Fistulatus luteolus* Cen & Cai, 2002 (图 121；图版Ⅵ：63)

Fistulatus luteolus Cen & Cai, 2002: 119; Shang, Shen, Zhang & Li, 2006b: 152.

以下描述引自 Cen 和 Cai (2002)。

体长：♂6.6-7.0 mm，♀8.0-8.4 mm。

体前部黄褐色，单眼后方各有 1 小黑点，前胸背板前缘域常有 8 个灰褐色至暗褐色小点弧形排列，触角第 2 节黑色。前翅浅褐色半透明，翅脉淡黄色，仅臀脉末端黑褐色；后翅烟灰色，翅脉黑褐色。体腹面及足黄色，有时带有褐泽，腹部背面和胫节刺基部黑色。

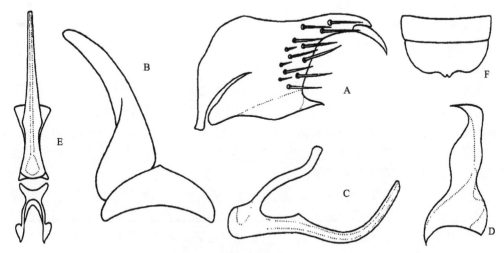

图 121　黄脉管茎叶蝉 *Fistulatus luteolus* Cen & Cai (仿 Cen & Cai, 2002)

A. 雄虫尾节侧瓣侧面观；B. 生殖瓣和下生殖板腹面观；C. 阳茎侧面观；D. 阳基侧突腹面观；E. 阳茎和连索腹面观；F. 雌虫第Ⅵ、Ⅶ节腹板腹面观

头冠前端弧圆突出，中长大于复眼处冠长，近为复眼间宽的 1/2 弱，冠缝可见基半部，单眼位于前侧缘上，与复眼的距离近为自身直径的 2 倍，单眼后方冠面横向凹注。

颜面额唇基微隆起，前唇基中部略收窄，末端稍扩大。前胸背板中长为头冠的 2 倍，为自身宽度的 1/2，前缘圆形突出，后缘弧凹，表面除前缘域外具细密横皱纹。小盾片近与前胸背板等长，横刻痕拱形不达及侧缘。前翅长为宽的 3.5 倍，翅端圆锐，端片较宽，包围第 1、2 端室。雌虫第Ⅶ腹板中长近为其前一节的 1.5 倍，后缘中部近呈"W"形波曲；产卵瓣略伸过尾节侧瓣，后者端大半部腹缘域疏生刚毛。

雄虫第Ⅷ节腹板长方形，中长近与其前一节相等；生殖瓣近弯月形，后缘中央略向后突出；尾节侧瓣近方形，背方各有 1 细长突起向内相向弯曲，腹缘域部分内卷，末端具 1 长齿突，后缘域疏生大刚毛 10 根左右；下生殖板狭长，长过尾节侧瓣，内缘弧曲，外缘自基部渐次收窄至 2/5 处细长延伸呈燕尾状；连索臂部"U"形，主干短，仅为臂长的 1/2；阳基侧突端向不规则收窄，末端折向侧方尖出；阳茎细弯管状略扁，端向渐细，阳茎背突片状，阳茎口位于阳茎末端。

讨论：本种相似于双齿管茎叶蝉 *F. bidentatus* 和中华管茎叶蝉 *F. sinensis*，主要区别在于后两者前翅翅脉全部或部分为褐色，阳茎具齿状或刺状突起。

观察标本：1♂ (NWAFU)，湖北神农架红坪，2001.Ⅶ.27，灯诱，黄敏、张桂林采。

分布：河南、浙江、湖北。

(127) 四刺管茎叶蝉 *Fistulatus quadrispinosus* Lu & Zhang, 2014 (图 122；图版Ⅵ：64)

Fistulatus quadrispinosus Lu & Zhang, 2014: 248.

体长：♂7.5 mm。

体淡褐色，头冠和前胸背板都着生淡褐色的不规则斑纹，单眼处着生黑色的小圆斑。颜面无斑纹。触角梗节深褐色。小盾片具淡褐色的纵条带。前翅烟褐色，透明状。

雄虫腹部：第 1、2 背突背面观见图 122K；第 1、2 腹内突正面观、前背面观和背面观见图 122L-N。

雄虫外生殖器尾节侧瓣的腹缘和背缘向后延伸成刺状的突起指向中部。生殖瓣近似五边形。下生殖板无大刚毛，端部延伸变细。阳基侧突端部成鸟喙状。连索"Y"形，主干极短，分枝端部聚合。阳茎端突非常发达；阳茎干长，管状，强烈的背向弯曲，侧面观背缘有扭曲，干的亚端部背面具突褶缘，中域附近具 1 对短的细突起，背向弯曲，端向渐细，而且端部有 1 对小齿突；阳茎口大，位于亚端部腹面。

观察标本：1♂ (正模，NWAFU)，浙江天目山清凉峰，龙塘山，2011.Ⅷ.5，吕林采。

讨论：本种与黄脉管茎叶蝉 *F. luteolus* 相似，但阳茎具很窄的成对突起与后者相区分；与双齿管茎叶蝉 *F. bidentatus* 相似，但缺尾节腹突，阳茎的形状与后者也不同。

分布：浙江。

(128) 直管茎叶蝉 *Fistulatus rectilineus* Shang & Zhang, 2006 (图 123)

Fistulatus rectilineus Shang & Zhang, in Shang, Shen, Zhang & Li, 2006b: 152.

体长：♂6.8-7.2 mm。

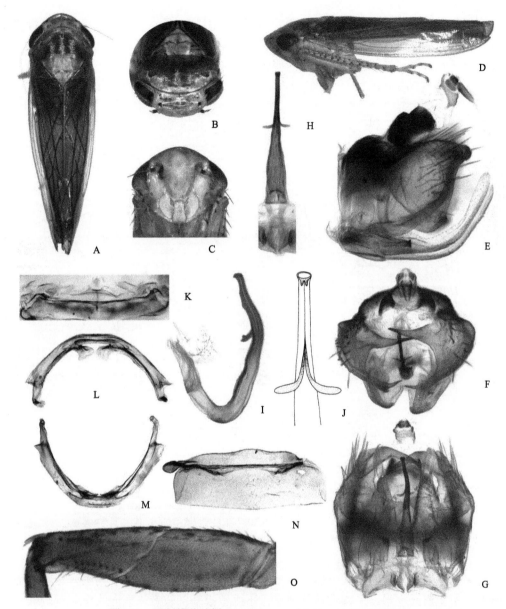

图122　四刺管茎叶蝉 *Fistulatus quadrispinosus* Lu & Zhang

A. 雄虫背面观；B-C. 头部前背面观和颜面；D. 雄虫侧面观；E. 雄虫尾节侧面观；F. 雄虫尾节后面观；G. 雄虫尾节腹面观；H-J. 阳茎腹面观、侧面观和背面观（端部放大）；K. 雄虫第2背端片背面观；L-M. 雄虫第Ⅰ腹内突背面观和前面观；N. 雄虫第Ⅱ腹内突背面观；O. 前足腿节前面观

　　体中型，浅黄绿色或浅黄色；头冠前缘三角形突出，中长约为两侧长的1.5倍，近前缘有1浅横凹，两侧各有1个小黑色点状斑，冠缝明显；单眼缘生，和相应复眼之间的距离是其自身直径的2倍；颜面三角形，额唇基微隆，基部宽，端向略收缩，侧缘具弧形排列的短线状纹；前唇基基部窄，端向略膨大，唇基间缝明显；触角长，超过体长之半，位于复眼前方中部高度以上，触角窝浅，触角脊弱，侧额缝伸达相应单眼。

　　头部与前胸背板等宽；前胸背板前缘弧圆，复眼下方具点状斑，侧缘直，后缘横平凹入；中、后域略隆起，具细密横皱；小盾片三角形，盾间沟明显，两基角各有 2 枚圆形斑；前翅长方形，淡黄色透明，翅脉明显，具 4 端室，端片窄；体下及足淡黄色，后足腿节端部刺式 2+2+1。

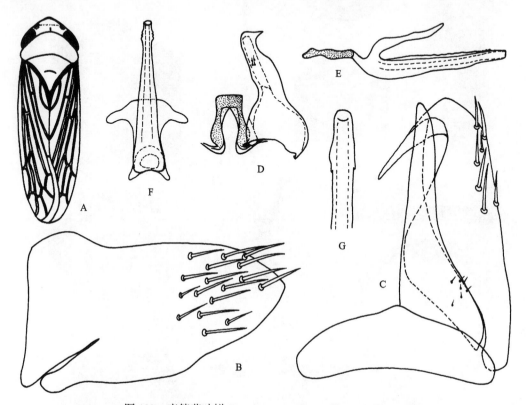

图 123　直管茎叶蝉 *Fistulatus rectilineus* Shang & Zhang

A. 雄虫背面观；B. 雄虫尾节侧瓣侧面观；C. 生殖瓣、尾节侧瓣和下生殖板腹面观；D. 阳基侧突和连索腹面观；E. 阳茎和连索侧面观；F. 阳茎腹面观；G. 阳茎端部腹面观

　　雄虫外生殖器尾节侧瓣长方形，端部略收缩，角状，外缘具 1 长内突，分布有数根大刚毛；生殖瓣元宝形，中部尖角状突出；下生殖板基部较宽，端向收缩，近端部略膨大，端部细，侧缘具小刚毛；阳茎直管状，基部宽，端向略收缩，近端部有 2 对小刺状突，腔复体较发达。

　　讨论：此种相似于双齿管茎叶蝉 *F. bidentatus*，但：①阳茎无突起；②连索短，干约为臂长的 1/3，两臂夹角小；③阳基侧突端突直，端部鸟喙状，侧叶极短，具感觉毛，而和后者相区别。

　　观察标本：1♂ (正模，CAU)，四川峨眉，1961.Ⅷ.23，金瑞华采；1♂ (副模，NKU)，四川马尔康，2600-2800 m，1963.Ⅷ.11，郑乐怡采。

　　分布：四川。

(129) 中华管茎叶蝉 *Fistulatus sinensis* **Zhang, Zhang & Chen, 1997** (图 124; 图版 VI: 65)

Fistulatus sinensis Zhang, Zhang & Chen, 1997: 237.

体长: ♂7.0-7.6 mm, ♀8.0 mm。

体黄褐色, 头部略宽于前胸背板; 头冠光滑, 前端弧形突出, 有模糊的纵向条纹向头前会聚, 头部近前缘横向下陷, 其两侧各有 1 褐色斑, 中部亦有 2 横向条斑, 有时较模糊; 复眼黑褐色; 头部前缘具数条横隆线; 单眼黄色, 缘生, 距复眼一段距离; 颜面宽大于长, 端部近角状, 触角长, 第 2 节黑色, 位于复眼上角处, 触角窝深, 扩展到额唇基; 额唇基微隆起, 侧缘近触角处收缢; 前唇基中部收缢, 端部膨大; 舌侧板大; 颊区侧缘收狭, 基部在复眼下方凹陷。前胸背板在复眼后方各有 3 褐色小点横向排列, 后端 2/3 具横条纹; 小盾片黄褐色或浅褐色, 盾间沟两端及盾片端部各有 1 污黄色斑点。前翅浅褐色半透明, 翅脉褐色, 爪脉及爪片端部各有 1 褐色斑点; 体腹面及足黄色。

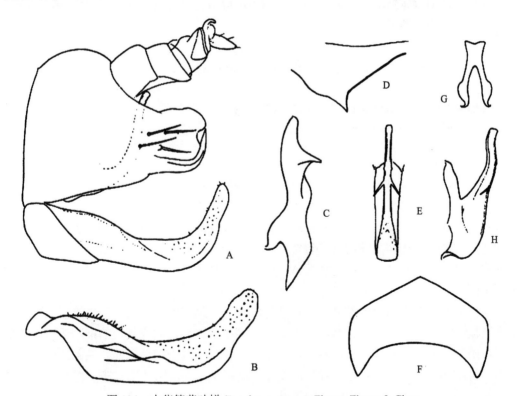

图 124 中华管茎叶蝉 *Fistulatus sinensis* Zhang, Zhang & Chen
A. 雄虫尾节和肛节侧面观; B. 下生殖板侧面观; C. 阳基侧突背面观; D. 雄虫尾节腹缘齿突后面观; E. 阳茎后面观; F. 生殖瓣腹面观; G. 连索背面观; H. 阳茎侧面观

雄虫外生殖器尾节侧瓣上着生 4-5 根大刚毛, 沿侧瓣后腹缘有 1 骨化突起, 突起基部内缘有 1 小的齿状突; 第 X 腹节较长, 筒状; 下生殖板近三角形, 端部膜质扩展; 生殖瓣后缘中部角状突出, 前缘凹入, 阳基侧突近端部有侧突, 连索短小; 阳茎背腔突较长，指向背方，阳茎干细管状，中部两侧各有 1 细小的基向突起，阳茎口位于阳茎端部。

观察标本：1♂ (正模，NWAFU)，河南嵩县白云山，1996.Ⅷ.16，张文珠采；2♂8♀ (NWAFU)，河南内乡宝天曼，1998.Ⅶ.11，1300 m，胡建采；1♂3♀ (NWAFU)，河南内乡宝天曼，1998.Ⅶ.14，600-700 m，灯诱，胡建采；3♂2♀ (副模，NWAFU)，陕西秦岭，1987.Ⅸ.10，周静若、王素梅采；2♀ (副模，NWAFU)，陕西秦岭，1987.Ⅸ.10，周静若采；3♂ (NWAFU)，陕西太白保护区管理站，Ⅷ.14，灯诱；1♀ (NWAFU)，陕西太白山，1989.Ⅶ.20，田润刚采；1♂ (副模，NWAFU)，陕西宁陕，1986.Ⅷ，徐卫采；1♀ (IZCAS)，陕西宁陕火地塘，1580 m，1998.Ⅶ.27，姚建采；4♂5♀ (IZCAS)，陕西宁陕火地塘，1580 m，灯诱，1998.Ⅷ.14，1998.Ⅷ.15，1998.Ⅷ.17，1998.Ⅷ.18，袁德成采；1♀ (副模，NWAFU)，陕西火地塘，1985.Ⅷ.27，刘社采；1♀ (副模，NWAFU)，陕西火地塘，1984.Ⅷ.17，张雅林采；1♀ (副模，NWAFU)，陕西火地塘，1986.Ⅶ，魏信平采；1♂ (NWAFU)，宁陕火地塘，2000.Ⅶ.22，刘振江、戴武采；1♂ (IZCAS)，甘肃文县邱家坝，2350 m，1999.Ⅶ.21，王洪建采；1♀ (IZCAS)，甘肃康县白云山，1250-1750 m，1998.Ⅶ.12，王书永采。

分布：河南、陕西、甘肃。

33. 剪索叶蝉属 *Forficus* Qu, 2015

Forficus Qu, in Qu, Webb & Dai, 2015: 266-267.
Type species: *Forficus maculatus* Qu, 2015.

以下描述引自 Qu *et al.* (2015)。

体色黄褐色。头冠前缘弧圆略突出，正前缘具 2 横脊。单眼缘生且背面观可见，和相应复眼之间的距离是其自身直径的 2 倍。颜面宽大于长，触角约为体长之半，着生于靠近复眼上部位置，触角窝扩展到额唇基；侧额缝强烈分开，延伸至相应单眼；前唇基端部宽，基部窄。头部与前胸背板等宽。小盾片横刻痕明显，弧形。前翅具 4 端室，3 端前室，仅端前内室开放。前足腿节 AV 缺失，AM1 存在，胫节背面刺式 1+4。后足腿节端刺刺式为 2+2+1。

雄虫尾节侧瓣端部向内卷曲，具较多粗壮刚毛。尾节第 X 节长。生殖瓣近似梯形。下生殖板内缘平直，外缘自近基部 1/3 处开始缩小至端部，侧缘具短的细刚毛，端突似指状。阳基侧突侧叶明显，端部收缩似鸟喙状突起。连索干向后延伸，端部二分叉形似剪刀，与阳茎膜质相连。阳茎干管状，侧面稍微扁平，端部略变窄，腹缘近端部具 1 对小突起，阳茎背腔发达，长度约与阳茎干相等；阳茎口位于干顶端。

分布：中国。

本属全世界已知 1 种，中国已知 1 种。

(130) 黑斑剪索叶蝉 *Forficus maculatus* Qu, 2015 (图 125)

Forficus maculatus Qu, in Qu, Webb & Dai, 2015: 268-269.

以下描述引自 Qu *et al.* (2015)。

体长：♂7.0-7.2 mm。

体色黄褐色。头冠前缘弧圆突出，正前缘具 2 横脊。单眼缘生，背面可见，和相应复眼之间的距离是其自身直径的 2 倍。颜面宽大于长，触角约为体长之半，着生于靠近复眼上部位置，触角窝扩展到额唇基；侧额缝强烈分开，延伸至相应单眼；前唇基端部宽，基部窄。头部与前胸背板等宽。小盾片横刻痕明显，弧形。前翅具 4 端室，3 端前室，仅端前内室开放。前足腿节 AV 缺失，AM1 存在，胫节背面刺式 1+4。后足腿节端刺刺式为 2+2+1。

雄虫尾节侧瓣端部向内卷曲，具较多粗壮刚毛。尾节第 X 节长。生殖瓣近似梯形。下生殖板内缘平直，外缘自近基部 1/3 处开始收缩至端部，侧缘具短的细刚毛，端突似指状。阳基侧突侧叶明显，端部收缩似鸟喙状突起。连索干向后延伸，端部二分叉形似剪刀，与阳茎膜质相连。阳茎干管状，侧面观微扁平，端部略变窄，腹缘近端部具 1 对小突起；阳茎背腔发达，长度约与阳茎干相等；阳茎口位于干顶端。

观察标本：未见标本。

分布：浙江、广东、广西、贵州。

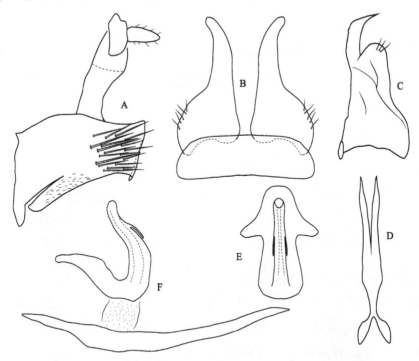

图 125　黑斑剪索叶蝉 *Forficus maculatus* Qu (仿 Qu *et al.*, 2015)

A. 雄虫尾节侧瓣侧面观；B. 生殖瓣和下生殖板腹面观；C. 阳基侧突背面观；D. 连索背面观；E. 阳茎腹面观；F. 阳茎和连索侧面观

34. 增脉叶蝉属 *Kutara* Distant, 1908

Kutara Distant, 1908a: 308; Kuoh, 1966: 119; Linnavuori, 1978a: 44; Zhang & Webb, 1996: 16; Zhang, Chen & Zhang, 1997: 173; Viraktamath, 1998: 167.

Type species: *Kutara brunnescens* Distant, 1908.

体褐色，头部、前胸背板和前翅分布有黑褐色斑纹；头冠横宽，向前略突出，中长近等于两侧长；端缘弧圆形，具细横皱，头冠后部通常隆起；单眼缘生，远离复眼；前幕骨臂镰形；触角长，通常超过体长之半，位于复眼上角，触角檐钝；额唇基区长大于宽，端向收狭；前唇基中部收狭，端部膨大；头部比前胸背板宽；前胸背板横宽，长度大于头冠长的 2 倍多，前缘弧圆形突出，侧缘短而近直线形，后缘横平凹入；小盾片宽大，端部狭细尖锐，盾间沟明显；前翅具 5 端室，3 端前室；前足胫节背面刚毛式 2+4、4+4 或更多，后足腿节端部刚毛式 2+2+1。

雄虫外生殖器尾节侧瓣分布有数根大型刚毛，一般无尾节突；下生殖板近三角形；阳基侧突宽扁；连索"Y"形，中部成一定角度向背方弯曲；阳茎干背向弯曲，有或无突起。

分布：东洋区，古北区，澳洲区。

本属全世界已知 15 种，中国分布 6 种。

种 检 索 表

1. 阳茎无突起···中华增脉叶蝉 *K. sinensis*
   阳茎具发达的突起或刺···2
2. 阳茎有多枚刚毛状或刺状突起···3
   阳茎有发达的突起···4
3. 阳茎具刚毛状突起；连索宽短，呈"凸"字形·····························黑带增脉叶蝉 *K. nigrifasciata*
   阳茎具强刺状突起；连索狭长，呈钳状·······································刺茎增脉叶蝉 *K. spinifera*
4. 阳茎干基半部腹面具 1 条纵脊，其端部成前后不对称叉突，阳茎干端部不对称 3 分叉·············
   ···增脉叶蝉 *K. brunnescens*
   阳茎干基半部腹面无纵脊，端部不如上述···5
5. 阳茎基部有 1 对侧基突，下生殖板短小···路氏增脉叶蝉 *K. lui*
   阳茎端部 2/5 处具 1 对腹突，下生殖板窄长·····························细茎增脉叶蝉 *K. tenuipenis*

(131) 增脉叶蝉 *Kutara brunnescens* Distant, 1908 (图 126；图版Ⅵ：66)

Kutara brunnescens Distant, 1908a: 308; Kuoh, 1966: 119; Linnavuori, 1978a: 44; Anufriev, 1979: 166; Zhang, 1990: 115; Zhang & Webb, 1996: 16; Viraktamath, 1998: 168; Zhang, Chen & Zhang, 1997: 174.

体长：♂7.0-7.5 mm，♀7.2-7.5 mm。

　　体色黄褐色；头冠近中部有 1 宽黑色斑纹；颜面额唇基两侧缘具褐色短横纹；前胸背板和小盾片淡黄褐色；前翅翅脉黄褐色。

　　头冠横宽，前缘弧圆，中长近等于两侧长，头冠后部隆起，单眼缘生，远离复眼；颜面额唇基端向收狭，前唇基端部略膨大，触角长，超过体长之半，触角基部位于复眼上角处，舌侧板阔；头冠宽于前胸背板；前胸背板横宽，前缘弧圆，侧缘短，后缘横平凹入；小盾片宽大，盾间沟明显；前翅透明，具 3 端前室和 4 端室，前翅端片阔；后足腿节端部刚毛式 2+2+1。

　　雄虫尾节侧瓣端向收缩，近端部分布有数根大型长刚毛；下生殖板端部收缩为短指状；阳基侧突端突宽扁，似短指状，侧叶不显著，具细小刚毛；连索"Y"形，干与臂近等长；阳茎干侧面观背向弯曲，干腹面近基部具 1 条强烈的纵脊或突起，突起端部具不对称的二分叉，而干端部具不对称的三分叉，中间刺突长于两侧突起，阳茎口位于干背面近端部。

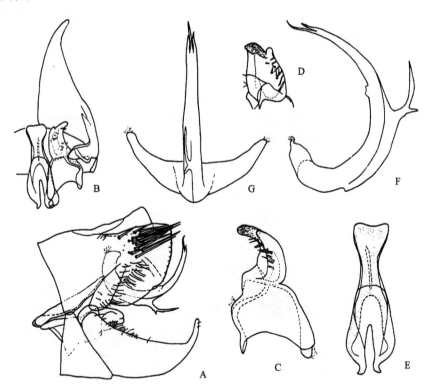

图 126　增脉叶蝉 *Kutara brunnescens* Distant

A. 雄虫尾节和肛节侧面观；B. 生殖瓣、下生殖板、连索和阳基侧突背面观；C. 阳基侧突腹面观；D. 阳基侧突端部侧面观；E. 连索腹面观；F. 阳茎侧面观；G. 阳茎后面观

　　观察标本：1♂ (NWAFU)，云南西双版纳勐龙，620 m，1974.V.11-13，周尧、袁锋采；1♂ (NKU)，云南景洪，1979.X.9，郑乐怡采；1♂ (NWAFU)，云南勐养，800 m，1991.VI.6，王应伦、田润刚采；1♂ (NWAFU)，云南打洛，650 m，1991.V.31，王应伦、

田润刚采；1♂ (NWAFU)，海南岛尖峰岭，1983.Ⅴ.19，张雅林采；1♂ (NWAFU)，海南岛坝王岭，1983.Ⅴ.28，张雅林采；1♂ (CAU)，海南尖峰岭，1974.Ⅻ.16，李法圣采；1♀ (NKU)，S. China, Hainan Is., Hoihow, K'lung-shan District, 1932.Ⅲ.28-31, F.K. To 采。

分布：海南、云南。

(132) 路氏增脉叶蝉 *Kutara lui* Zhang & Chen, 1997 (图 127；图版Ⅵ：67)

Kutara lui Zhang & Chen, in Zhang, Chen & Zhang, 1997: 176.

体长：♂6.7-7.0 mm。

体黄褐色，头冠中部有 1 大黑斑，其两侧被黄褐色斜线分割形成 1 小黑斑，颜面额唇基区有 2 排模糊的肌痕；前胸背板前部黄色，后部暗，具黑色网状斑块，小盾片上有界限不明确的黑斑。

头冠短，近前缘处微凹，致前缘略上翘，单眼位于头冠前缘，颜面前唇基端部显著扩展，舌侧片较大。前胸背板中长约等于头冠长的 3 倍，侧缘短，近后缘有横条纹，小盾片三角形，中长与前胸背板中长近相等，横刻痕明显，弧形，不达侧缘。

雄虫外生殖器尾节侧面观后半部有许多大刚毛；下生殖板很短，端部钝圆；阳基侧突近呈三角形，近端部缢缩，端部向内侧弯曲；连索倒"Y"形，干端部扩大，后缘凹入；阳茎干略呈侧扁，弧形弯向背前方，有 1 对侧基突，由阳茎口向端方阳茎干变细呈长刺突状，阳茎口位于阳茎干近端部。

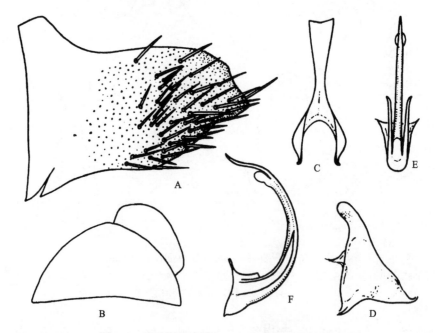

图 127 路氏增脉叶蝉 *Kutara lui* Zhang & Chen

A. 雄虫尾节侧瓣侧面观；B. 生殖瓣和下生殖板背面观；C. 连索背面观；D. 阳基侧突腹面观；E. 阳茎后面观；F. 阳茎侧面观

讨论：本种相似于增脉叶蝉 *K. brunnescens* Distant，但本种阳茎侧突近端部缢缩，末端不呈二指状；阳茎干有成对侧基突而非单一腹突，末端形状亦明显不同，容易区分。

观察标本：1♂ (正模，CAU)，云南腾冲，1650 m，1981.Ⅳ.27，李法圣采；1♂ (副模，IZCAS)，云南思茅，1300-1500 m，1957.Ⅱ.17，蒲富基采；1♂ (副模，IZCAS)，云南景东，1170 m，1956.Ⅵ.27，克雷让诺夫斯基采；1♂ (副模，NWAFU)，云南昆明温泉，1981.Ⅲ.24，周尧、刘铭汤、周静若采；1♀ (IZCAS)，云南西双版纳允景洪，710 m，1958.Ⅵ.29，张毅然采；1♀ (NWAFU)，广西上思平大，2001.Ⅺ.28，贺志强采；1♀ (副模，BMSYS)，广东信宜大雾岭，1988.Ⅶ.5，吴连英采。

分布：广东、广西、云南。

(133) 黑带增脉叶蝉 *Kutara nigrifasciata* Kuoh, 1992 (图 128)

Kutara [sic] *nigrifasciata* Kuoh, 1992: 300.
Kutara nigrifasciata Kuoh: Zhang & Webb, 1996: 16; Zhang, Chen & Zhang, 1997: 175.

体长：♂7.0 mm Kuoh (1992)。
观察标本：未见标本。
分布：四川、云南。

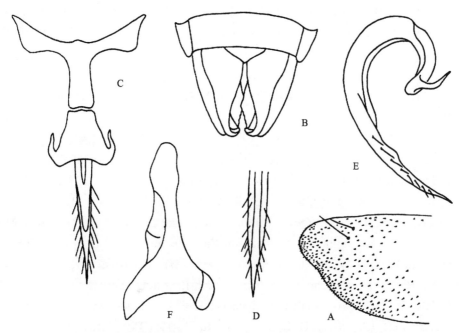

图 128　黑带增脉叶蝉 *Kutara nigrifasciata* Kuoh (仿 Kuoh, 1992)

A. 雄虫尾节侧瓣侧面观；B. 雄虫生殖节和生殖前节腹面观；C. 连索和阳茎背面观；D. 阳茎端部腹面观；E. 阳茎侧面观；F. 阳基侧突背面观

(134) 中华增脉叶蝉 *Kutara sinensis* (Walker, 1851) (图129；图版Ⅵ：68)

Bythoscopus sinensis Walker, 1851: 871.

Iassus sinensis (Walker): Metcalf, 1966: 89.

Kutara sinensis (Walker): Zhang & Webb, 1996: 16; Zhang, Chen & Zhang, 1997: 175.

体长：♂6.5-7.0 mm，♀7.5-8.0 mm。

体色黄褐色；头冠中部有 1 黑色横带；颜面前唇基和额唇基深褐色，颊区黄褐色；前胸背板和小盾片黄褐色；前翅翅脉黄褐色。

头冠前缘弧圆，正前缘具横脊，单眼位于其脊内，远离复眼；颜面额唇基近端部收狭，前唇基基部窄，端部膨大，唇基间缝明显，舌侧板阔，明显宽于前唇基，颊区粗糙，触角长；头冠宽于前胸背板；前胸背板前缘弧圆，侧缘短，具脊，后缘横平略凹入；小盾片盾间沟明显；后足腿节端部刚毛式 2+2+1。

雄虫尾节侧瓣端向收缩，后缘狭圆，分布有数根大型粗壮刚毛，无腹后缘突起；下生殖板端向收缩为短粗指状，侧缘具散乱排列的细刚毛；阳基侧突端突宽扁，近端部具细小刚毛，侧叶显著突出；连索"Y"形，干长于臂长，连索侧面观中部角状突出；阳茎干腹缘端向延伸为 1 长刺突，突起超过阳茎口，干腹面近中部两侧扩展，阳茎口位于干背面近端部。

观察标本：1♀ (IZCAS)，云南金平勐腊，400 m，1956.Ⅳ.29，黄克仁等采；1♀ (CAU)，广西弄岗，杨集昆采，1982.Ⅴ.19；1♀ (CAU)，广西龙州弄岗，240 m，1982.Ⅴ.20，李法圣采；1♀ (NWAFU)，广西宁明陇瑞，1984.Ⅴ.20，吴正亮、陆晓林采；1♀ (CAU)，福建德化水口，1974.Ⅺ.13，杨集昆采；1♀ (IZCAS)，云南元江，1100 m，1957.Ⅴ.15，蒲富基采；1♀ (BMSYS)，广东封开黑石顶，1984.Ⅹ.7，刘永胜采；1♀ (BMSYS)，nr. Hong Kong, Cheung-chow Id., 1940.Ⅴ.9-15, F.K. To 采；2♂ (NWAFU)，广东鼎湖山，1985.Ⅶ.17，张雅林采；1♂ (NWAFU)，1985.Ⅶ.18，张雅林采；1♂，Tonkin (北部湾) , Hoa-binh, 1936.Ⅷ.19, A-de Cooman 采；1♂，广东封开黑石顶，1987.Ⅷ.2，何淼采；1♀ (BMSYS), Kwangtung, S. China, Tsing Laung Shan, 13mi, S of Sai Yeung, Mei-hsien (District), 1933.Ⅹ.1-5, F.K. To 采；1♀ (BMSYS), Kwangtung, S. China, Lin Wa Toi, Lan-Tau Is. (near Hong Kong), 1934.Ⅷ.10, Y.W. Djou 采；1♀ (BMSYS), Canton, China, White Cloud Mt. , 1932.Ⅶ.6, Y.W. Djou 采；1♀ (BMSYS), Kwangtung, S. China, Yam Na Shan, 50±Li, SE. E. of Ping Chuen, Mei Hsien (District), 1933.Ⅷ.24-28, F.K. To 采；1♀ (NWAFU)，海南岛琼中县，1983.Ⅵ.4，张雅林采；1♀ (BMSYS), Hainan Is., S. China, Loh-fung-tung, Yai-Hsien (District), 1935.Ⅱ.19-20, F.K. To 采；1♀ (BMSYS), Hainan Is., S. China Hodoe, 75±mi, SW of Heihow, Tan-Hsien (District), 1932.Ⅵ.11, O.K. Lau & F.K. To 采；1♀ (BMSYS), Hainan Is., S. China, Yau-Ma-Wob, 3mi, SW of Nodoa, nr. Foot of Sha-Po-Ling, Tan-hsien (District), 1932.Ⅶ.8-9, F.K. To 。

分布：福建、广东、海南、香港、广西、云南。

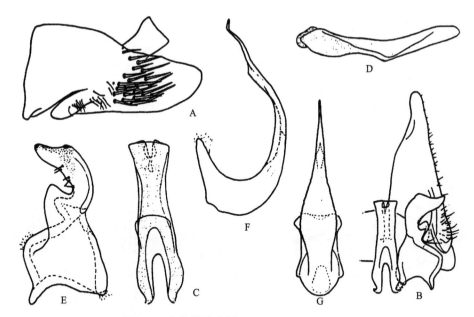

图 129　中华增脉叶蝉 *Kutara sinensis* (Walker)

A. 雄虫尾节侧瓣侧面观；B. 生殖瓣、下生殖板、连索和阳基侧突背面观；C. 连索腹面观；D. 连索侧面观；E. 阳基侧突腹面观；F. 阳茎侧面观；G. 阳茎后面观

(135) 刺茎增脉叶蝉 *Kutara spinifera* Zhang & Chen, 1997 (图 130；图版Ⅵ：69)

Kutara spinifera Zhang & Chen, in Zhang, Chen & Zhang, 1997: 177.

体长：♂7.1-7.5 mm，♀8.0 mm。

头冠污黄色，近前缘有 1 黑色横带，中部向后扩展，近呈"T"形；颜面黄褐色，额唇基区两侧有肌痕，唇基间缝两端深褐色，触角窝及触角第 2 节黑色；头前缘沟槽橘黄色。前胸背板前部污黄色，中、后部暗褐色，有污黄色斑点；中胸小盾片在横刻痕前方两侧有褐色斑，斑边缘深褐色。翅浅褐色，半透明，翅脉深褐色，前翅翅室内有不规则纵褐色斑。足浅褐色，有黑褐色斑。

头冠短，前后缘近平行，向后抬升。头前缘有 2 条强脊，两脊间形成 1 个沟槽，单眼位于槽内近复眼处。单眼与复眼间区域具横条纹，颜面顶缘横脊下方微凹，前唇基端部扩展变宽，舌侧片较大。头冠后缘略耸起，前胸背板前缘低于头冠后缘。前胸背板发达，中长约为头冠中长的 4 倍，近后侧缘处具横纹，侧缘短。小盾片中长与前胸背板中长近相等，横刻痕明显，弧形弯曲，不达侧缘。

雄虫外生殖器尾节褐色，侧瓣端向收狭，中后部背面有数根大刚毛，散生有许多小刚毛；下生殖板近三角形，外缘中部微凹，表面粗糙，基部散生许多小刚毛；生殖瓣近三角形，后缘钝角状突出；阳基侧突较小，近呈三角形，端向收狭，末端略膨大；连索钳状，臂长；阳茎发达，背向弯曲，干粗大，略呈背腹压扁，端向渐狭，末端尖刺状，端半部两侧有成列强刺突，阳茎口位于阳茎干近端部背面。

讨论：本种相似于黑带增脉叶蝉 *Kutara nigrifasciata* Kuoh，但后者连索横宽，呈"凸"字形，阳茎具刚毛而非强刺，容易区分。

观察标本：1♂(正模，IZCAS)，云南西双版纳勐阿，1050-1080 m，1951.Ⅴ.17，蒲富基采；1♂(副模，NWAFU)，云南景洪，1991.Ⅵ.2，王应伦、田润刚采；1♀(副模，IZCAS)，云南金平勐腊，370 m，1956.Ⅳ.14，黄克仁等采。

分布：云南。

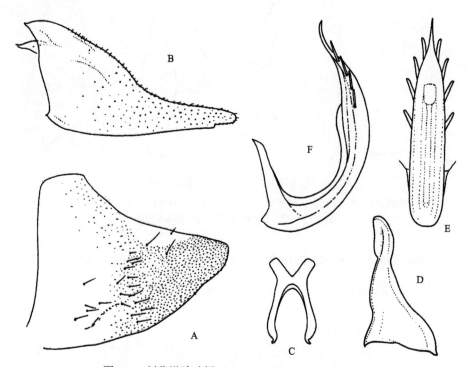

图 130　刺茎增脉叶蝉 *Kutara spinifera* Zhang & Chen

A. 雄虫尾节侧瓣侧面观；B. 下生殖板腹面观；C. 连索腹面观；D. 阳基侧突腹面观；E. 阳茎后面观；F. 阳茎侧面观

(136) 细茎增脉叶蝉 *Kutara tenuipenis* Zhang & Zhang, 1997 (图 131；图版Ⅵ：70)

Kutara tenuipenis Zhang & Zhang, in Zhang, Chen & Zhang, 1997: 178.

体长：♂7.0 mm。

体黄褐色，头部前缘浅橘黄色，头冠污黄色，中部有 1 个大黑斑，其两侧被黄褐色斜线分割出 1 个小黑斑；颜面浅黄褐色，额唇基区有 2 排深色肌痕；前胸背板前部黄色，中后部暗褐色有浅黄褐色小斑。翅浅褐色，翅脉深褐色，前翅爪片端部及翅室有不规则褐色斑。

头冠短，前后缘近平行，头前缘具 2 强横脊，单眼位于其形成的沟内近复眼处，单眼周围具细横条纹，颜面额唇基区略隆起，近顶缘处横脊下方微凹，前唇基端部向两侧显著扩展变宽，舌侧片较大。头冠后缘明显耸起，前胸背板前缘显著低于头后缘，后部具横条纹，前胸背板中长约为头冠中长的 3 倍，和小盾片中长近相等。小盾片横刻痕明显，弧形，不达侧缘。

雄虫外生殖器尾节褐色，侧瓣后上方有许多大刚毛；下生殖板狭长，近呈三角形，外缘微凹入，内缘平直；生殖瓣后缘钝角状突出；阳基侧突基部宽阔，端向渐狭，末端明显收缩变狭，向外侧弯曲，连索倒 "Y" 形，臂长，干端部变宽；阳茎细长，背向弯曲，末端分歧呈叉状，近端部 2/5 处腹面有 1 对短突，呈叉状，阳茎口位于近其基部处背面。

讨论：本种相似于横纹增脉叶蝉 *K. transversa* Zhang & Webb，但本种下生殖板、阳基侧突和连索的形状与后者明显不同。此外，后者阳茎腹突单一，不呈叉状，阳茎口在腹突基部端方。

观察标本：1♂ (正模，BMSYS)，Kwangtung Prov. (广东)，S. China, Lung-tau Shan, Alt. 400 m, Above Tso-kok-wan, 1947.Ⅵ.10, L. Gressitt & T.S. Lam 采；1♂，广西上思十万大山，280 m，2017.Ⅸ.16，薛清泉采。

分布：广东、广西。

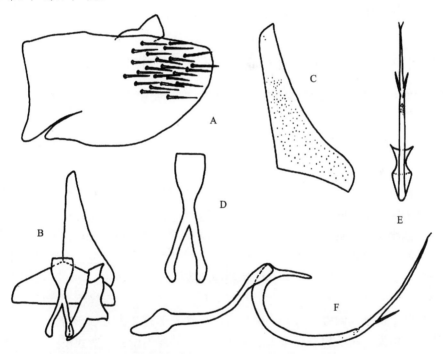

图 131　细茎增脉叶蝉 *Kutara tenuipenis* Zhang & Zhang
A. 雄虫尾节侧瓣侧面观；B. 生殖瓣、下生殖板、连索和阳基侧突背面观；C. 下生殖板腹面观；D. 连索腹面观；E. 阳茎后面观；F. 阳茎和连索侧面观

35. 纳叶蝉属 *Nakula* Distant, 1918

Nakula Distant, 1918: 39; Zhang & Webb, 1996: 17; Viraktamath, 1998: 173; Shang, Zhang, Shen & Li, 2006: 33.

Type species: *Nakula multicolor* Distant, 1918.

本属由 Distant 于 1918 年建立，Viraktamath (1998) 重新描记了采自缅甸和泰国的多彩纳叶蝉 *Nakula multicolor* Distant，并补充了雄虫外生殖器特征。

头冠横宽，前缘平截，中长略小于两侧长，复眼间距为头冠中长的 3 倍多，中部前缘与复眼外缘几乎成一直线；头部侧面观阔圆，前缘具粗横皱；单眼缘生，远离复眼；颜面宽大于长，端部收狭；触角长，位于复眼中部略下方，触角窝较深；额唇基隆起，基部较阔，端部收狭；唇基间缝明显，侧额缝扩展到相应单眼；前唇基中部收缢，端部膨大；颊区侧缘稍收狭；前胸背板为头冠长的 3 倍，中域隆起，前缘突出呈半圆形，侧缘基部 2/3 倾斜，后缘横平微凹入；小盾片宽大于长，盾间沟短；前翅近长方形，长为宽的 3 倍，具 4 端室，3 端前室；前足胫节背面刚毛式 1+4，后足腿节端部刺式 2+2+1。

雄虫外生殖器尾节侧瓣长方形，后缘中央具 1 小尾节突，具数根大型刚毛；生殖瓣半圆形；下生殖板基部阔，1/2 端向收缩，侧缘具细小刚毛；阳基侧突端突二分叉，侧叶向外伸展；连索"Y"形，干粗短，臂长，两臂夹角小；阳茎背向弯曲成弯钩状，阳茎干粗壮，端部二分叉。

分布：中国；缅甸，泰国。

全世界仅知 1 种，我国有分布。

(137) 彩纳叶蝉 *Nakula multicolor* Distant, 1918 (图 132；图版Ⅵ：71)

Nakula multicolor Distant, 1918: 39; Zhang & Webb, 1996: 18; Viraktamath, 1998: 173; Shang, Zhang, Shen & Li, 2006: 34.

体长：♂8.6-9.0 mm。

体中型，褐黄色；头冠前缘弧圆，前、后缘近平行，中长略大于两侧长，冠缝两侧具 2 个大型橙色斑，单眼处各有 1 小黑色斑；头冠和颜面虽近似圆弧相交，但相交面形成缘脊，单眼即位于此间，和相应复眼之间的距离是其自身直径的 2 倍；复眼黑色，中间有黄色斑；颜面三角形，额唇基微隆，端向略收缩；前唇基基部窄，中部收缩，端部膨大，唇基间缝明显；颊区侧缘橙色；触角长，超过体长之半，位于复眼前方中部高度以下，触角窝深，触角脊钝，侧额缝伸达相应单眼。

头部几与前胸背板等宽；前胸背板前缘三角形，侧缘短，后缘横平微凹；中、后域略隆起，具细密横皱，侧缘各有 1 小橙色斑，后缘基部有 2 个大圆形橙色斑；小盾片三角形，盾间沟明显，两基角各有 1 大型黑褐色斑，外缘为橙色斑所包围；前翅长方形，浅褐色透明，翅脉明显，爪区脉为橙色；具 4 端室，3 端前室，端片窄；体下及足黄色，后足腿节端部刺式 2+2+1。

雄虫外生殖器尾节侧瓣长方形，后缘中央具 1 尾状小尾节突，具数根大型刚毛；生殖瓣半圆形；下生殖板基部阔，1/2 端向收缩，端部向外弯曲，细指状，侧缘具细小刚毛；阳基侧突基部阔，中部收缩，端突二分叉，侧叶向外伸展，具感觉毛；连索"Y"形，干粗短，臂长，两臂夹角小；阳茎背向弯曲成弯钩状，阳茎干粗壮，端部二分叉。

观察标本：1♂ (NKU)，云南勐腊，1979.Ⅸ.21，尚勇、郑乐怡采；2♂ (CAU)，广西龙州弄岗，240 m，1982.Ⅴ.20-21，杨集昆采。

分布：广西、云南；缅甸，泰国。

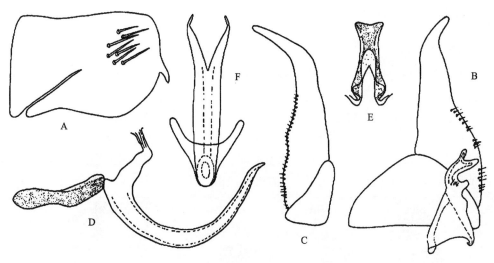

图 132　彩纳叶蝉 *Nakula multicolor* Distant

A. 雄虫尾节侧瓣侧面观；B. 生殖瓣、下生殖板和阳基侧突背面观；C. 生殖瓣和下生殖板侧面观；D. 阳茎和连索侧面观；
E. 连索背面观；F. 阳茎背面观

36. 聂叶蝉属 *Nirvanguina* Zhang & Webb, 1996

Nirvanguina Zhang & Webb, 1996: 18; Lu & Zhang, 2014: 599.
Type species: *Lamia placida* Evans, 1966.

　　头冠、前胸背板着橙黄色大斑点，前翅着棕色小斑点，端片无斑点，棕色透明状。头冠呈叶状突出，稍窄于前胸背板，前缘具 2 横脊，且头冠光滑，前缘呈抛物线状伸出，头冠中域明显凹入，冠缝稍长于复眼间距；单眼缘生，其到复眼的距离为单眼直径的 2 倍；唇基侧面观稍微有些凹入；触角长于身体的一半，触角位于颜面近复眼上角处，触角窝弱，并无侵入唇基；前翅内端前室密闭，端片发达；前足腿节具有 1 根粗壮的小刚毛 (AV1)，中间的毛序为 12 根 (IC=12)，AM1 很长，接近于腹面；后足腿节端部刺式 2+2+1。

　　雄虫外生殖器尾节侧瓣着生数根大刚毛，尾节背部具很长的齿状或梳状内突；下生殖板近三角形，腹部外侧缘具钝截的大刚毛；连索短，似"Y"形；阳茎适度的长和窄，亚端部背面具 1 对突起或褶缘突，背腔发达，阳茎口位于端部。

　　分布：东洋区，澳洲区。

　　本属由张雅林和 Webb (Zhang & Webb, 1996) 基于模式标本 *Lamia placida* Evans 建立，暂被放在脊翅叶蝉族内。Dmitriev (2004) 将脊翅叶蝉族归入角顶叶蝉亚科的胫槽叶蝉族 Drabescini (Dmitriev, 2004; Dietrich, 2005; Zahniser & Dietrich, 2008, 2010)。吕林等 (Lu & Zhang, 2014) 发现 1 新种。

　　全世界已知 2 种，中国已知 1 种。

(138) 梳突聂叶蝉 *Nirvanguina pectena* Lu & Zhang, 2014 (图 133；图版Ⅵ：72)

Nirvanguina pectena Lu & Zhang, 2014: 599.

体长：♂4.9 mm。

头冠着橙黄色斑纹，前胸背板两侧着不规则斑纹。头部窄于前胸背板。头冠中域凹陷。颜面的唇基侧面观稍凹入；颊的复眼处两侧缘强烈弯曲。

雄虫尾节侧瓣具有 1 对背突，端部呈 5 齿梳状。下生殖板具有大刚毛，端部平截。阳茎干适度长，侧面观端部窄圆，指状伸出，亚端部侧背面具有 1 对长齿突；腹面观阳茎干端部平截，近中部变细，阳茎口位于亚端部腹面；基部腔体粗大呈二叉状。

观察标本：1♂ (正模，NWAFU)，贵州梵净山，2012.Ⅷ.5，王洋采。

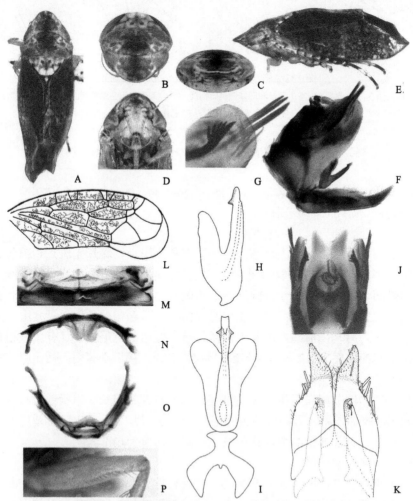

图 133 梳突聂叶蝉 *Nirvanguina pectena* Lu & Zhang

A. 雄虫背面观；B. 头部前背面观；C. 头部前面观；D. 颜面；E. 雄虫侧面观；F. 尾节侧面观；G. 尾节端部腹突的梳状突起放大；H. 阳茎侧面观；I. 连索和阳茎腹面观；J. 尾节背面观；K. 生殖瓣、下生殖板和阳茎侧突腹面观；L. 前翅 (右)；M. 第 2 背突背面观；N-O. 第 1 腹突前背面观和前面观；P. 前足腿节前面观

寄主：杜鹃花。

分布：贵州。

37. 长索叶蝉属 *Omanellinus* Zhang, 1999

Omanellinus Zhang, in Zhang, Chen & Zhang, 1999: 25.

Type species: *Omanellinus populus* Zhang, 1999.

头部和胸部黄色具褐色斑，头冠在近前缘处横向微凹，前端圆，光滑，长度约为复眼间宽的 1/3，中长与两侧等长，近端部有 1 个横沟且前缘上折，冠域具纵向条纹；头部前缘侧面观角圆，具 3-5 条横隆线；单眼赤褐色，位于头部前缘，和相应复眼之间的距离是单眼间距的 1/4；额唇基近三角形，基部阔，端部向前唇基收狭；前唇基延长，端部加宽；前足胫节背面刚毛式 1+4，后足腿节端部刺式 2+2+1。

雄虫外生殖器连索端部向后延长，阳茎位于连索背面并与连索中部膜质连接；雌虫产卵器和尾节长，产卵瓣狭长，长度超过尾节，伸达甚至超过前翅端部，第 II 产卵瓣端部具细齿。

分布：中国。

本属全世界仅知 1 种，中国有分布。

(139) 杨长索叶蝉 *Omanellinus populus* Zhang, 1999 (图 134；图版Ⅶ：73)

Omanellinus populus Zhang, in Zhang, Chen & Zhang, 1999: 25.

体长：♂7.3-7.8 mm，♀8.0-8.5 mm。

体黄色，头冠宽短，中长为复眼间宽的 1/3.5，前端圆，近端部有 1 横向凹槽，沿冠缝两侧有 2 个小褐点，凹槽两端紧靠单眼处各有 1 个小褐点，头冠后缘两侧有 2 个小褐点，冠域具纵向皱纹；复眼褐色；头部前缘侧面观角圆，具多条细的横隆线；单眼缘生，与复眼间距 2 倍于其直径，颜面阔，端缘具隆线，触角位于复眼中部高度处，触角窝较浅，触角檐钝；额唇基阔，端部收狭；前唇基端部加宽；前胸背板前端半圆形，侧缘较长，后缘收敛，宽约为长的 2 倍，前端 1/3 光滑，中后域具横皱，前侧缘在复眼下方各有 3 个褐色斑，排列整齐，中域有数个暗色斑块；小盾片三角形，端部具细的横皱，盾间沟褐色微凹，盾间沟上方横向排列 4 枚褐色点，近端部两侧各有 1 个褐色点；前翅黄色半透明，爪片及爪脉端部及革片所有横脉处均有 1 个褐色斑，爪片接合缝中部各有 1 个褐色斑，翅端缘浅褐色；体下及足黄褐色，前足胫节背面刚毛式为 1+4，后足腿节端部刚毛式为 2+2+1。

雄虫外生殖器尾节侧瓣后端阔圆，着生数根大刚毛；下生殖板阔三角形；生殖瓣窄，端缘圆；连索倒 "Y" 形，臂短，干部向后延长，端部腹向弯曲；阳茎位于连索背面近中部，与连索膜质相连，阳茎干短，端向渐细，具 2 个侧基突，伸达阳茎近端部，背突长，垂直指向背方；阳基侧突基部阔扁，内侧角伸长，端突指向外侧，端部变细。

观察标本:1♂ (正模,NWAFU) 1♀ (副模,NWAFU),云南西双版纳勐仑,1974.Ⅳ.21-30,
周尧、袁锋、胡隐月采;1♂ (副模,NWAFU),云南西双版纳景洪,545 m,1974.
Ⅴ.14-16(22-55),周尧、袁锋采;1♀ (副模,BMNH),云南西双版纳勐腊,670 m,1975.
Ⅴ.15,周尧、袁锋采;1♂,勐腊,670 m,1974.Ⅴ.1-5,周尧、袁锋采;1♂ (NWAFU),
广西花坪,2000.Ⅷ.30,刘振江采。

寄主:杨树 *Populus* sp.。

分布:广西、云南。

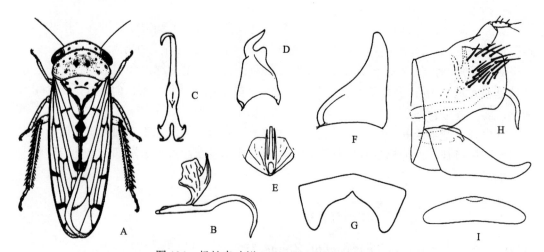

图 134 杨长索叶蝉 *Omanellinus populus* Zhang

A. 雄虫成虫背面观;B. 阳茎和连索侧面观;C. 连索腹面观;D. 阳基侧突腹面观;E. 阳茎后面观;F. 下生殖板腹
面观;G. 雌虫生殖前节腹板腹面观;H. 雄虫尾节和肛节侧面观;I. 生殖瓣腹面观

38. 脊翅叶蝉属 *Parabolopona* Matsumura, 1912

Parabolopona Matsumura, 1912: 288; Webb, 1981b: 42; Zhang, Chen & Shen, 1995: 9; Zhang & Webb,
1996: 19; Shang, Zhang, Shen & Li, 2006: 37.

Type species: *Parabolocratus guttatus* Uhler, 1896.

本属由 Matsumura 于 1912 年建立,Webb (1981b) 对该属作了修订,张雅林等 (Zhang
et al., 1995) 记述了分布于中国的种类。Zhang 和 Webb (1996) 对该属做了订正。

体黄色或黄绿色;头冠向前呈三角形或弧形突出,扁平,前缘檐状,具缘脊;单眼
缘生,与复眼之间的距离是其自身直径的 2 倍;颜面宽略大于长,额唇基区狭长,唇基
间缝明显;前唇基狭长,端部膨大;前胸背板横宽,宽度约为长度的 2 倍,侧缘具隆线;
小盾片与前胸背板等长;前足胫节背面刚毛式 1+4,后足腿节端部刚毛式 2+2+1。

雄虫外生殖器尾节侧瓣分布有数根大型刚毛和许多小刚毛;生殖瓣三角形;下生殖
板基部宽,端向收缩,端部指状;阳基侧突端突较长,侧扁,有端突;连索"Y"形,
干部向后延伸,在中部与阳茎以膜质相连,臂短;阳茎干直或向背面或腹面弯曲,端部

分叉或有成对端突或无突起；阳茎口位于干端部腹面；雌虫第Ⅱ产卵瓣基半部愈合，端部略膨大，无基突，背齿微小，背面骨化区长或短。

分布：东洋区，古北区。

全世界已知 13 种，均分布于亚洲，我国已知 11 种。

种 检 索 表

1. 阳茎干有突起···2
   阳茎干无突起···8
2. 阳茎干无基部突起···3
   阳茎干具基部突起···9
3. 连索干端部不二分叉···4
   连索干端部二分叉·····················阔茎脊翅叶蝉 *P. robustipenis*
4. 连索干端部直且窄···5
   连索干端部膨大···10
5. 连索干腹缘无突起···6
   连索干腹缘具 1 齿状突起···············云南脊翅叶蝉 *P. yunnanensis*
6. 尾节侧瓣端部有突起··7
   尾节侧瓣端部无突起························华脊翅叶蝉 *P. chinensis*
7. 生殖瓣似三角形···························石原脊翅叶蝉 *P. ishihari*
   生殖瓣似梯形·····························四突脊翅叶蝉 *P. quadrispinosa*
8. 阳茎背腔有 1 对长突起··················基突脊翅叶蝉 *P. basispina*
   阳茎背腔无长突起·························杨氏脊翅叶蝉 *P. yangi*
9. 阳茎干具 1 对基部突起·················吕宋脊翅叶蝉 *P. luzonensis*
   阳茎干具 1 基部单突·······················韦氏脊翅叶蝉 *P. webbi*
10. 阳基侧突端突刺状·······················鹅颈脊翅叶蝉 *P. cygnea*
    阳基侧突端突指状·······················点斑脊翅叶蝉 *P. guttata*

(140) 基突脊翅叶蝉 *Parabolopona basispina* Dai, Qu & Yang, 2016 (图 135)

Parabolopona basispina Dai *et al.*, 2016: 394.

以下描述引自 Dai *et al.* (2016)。

体长：♂5.5-6.0 mm。

体浅黄色至浅绿色。头冠和前胸背板具浅黄色及浅绿色斑点或斑块。额唇基中域黄色。前翅黄色，爪脉处具褐色斑点。

体纤细。头冠与前胸背板近等宽，头冠前缘具少量横纹，其中长约为两侧长的 2-3 倍，中域粗糙；单眼缘生，和相应复眼之间的距离约其自身直径的 1.5-2 倍；触角长，超过体长之半，位于复眼前方上角；前足腿节 AM1 刚毛长，IC 列约有细长刚毛 10 根，AV 列刚毛缺失；前足胫节背面刚毛序列 1+4；后足腿节端部刚毛刺式 2+2+1。

雄虫尾节侧瓣端部无突起，具数根大型刚毛；生殖瓣近半圆形；下生殖板似四边形，于基部 2/3 处开始收缩至端部，端部指状，侧缘具大量细小刚毛；阳基侧突基部宽，端突弯曲；连索"Y"形，臂短干长；阳茎干短粗，强烈背弯，背腔基部具 1 对较长突起，其长度远超过干端部，突起近基部处具 1 细小突起；阳茎口位于阳茎干背面顶端。

观察标本：未见标本。

分布：海南。

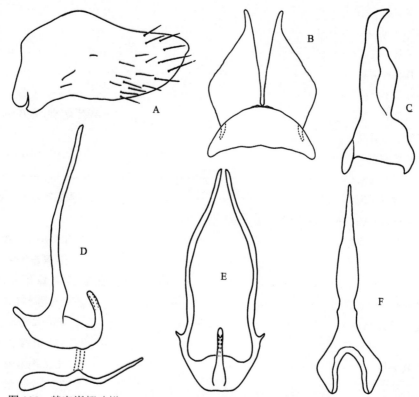

图 135　基突脊翅叶蝉 *Parabolopona basispina* Dai, Qu & Yang (仿 Dai *et al.*, 2016)

A. 雄虫尾节侧瓣侧面观；B. 生殖瓣和下生殖板腹面观；C. 阳基侧突腹面观；D. 阳茎和连索侧面观；E. 阳茎腹面观；F. 连索腹面观

(141) 华脊翅叶蝉 *Parabolopona chinensis* Webb, 1981 (图 136；图版Ⅶ：74)

Parabolopona chinensis Webb, 1981b: 45; Zhang, Chen & Shen, 1995: 11; Zhang & Webb, 1996: 19.

体长：♂6.5-7.0 mm，♀7.0-7.5 mm。

雄虫尾节侧瓣端向似角状收缩，近端部分布有数根粗壮刚毛；下生殖板端部长指状，侧缘具散乱排列的细长刚毛；阳基侧突端突短指状，侧叶不显著；连索"Y"形，干显著向后延伸，端向收狭，端部不分叉；阳茎干侧面观腹向弯曲，干端部具 1 对腹向延伸的突起，突起基部有小齿突，阳茎口开口于干端部。

观察标本：1♂(正模，CAS)，中国湖北四川交界，Mo-Tai-chi 和 Sang-Hou-Ken 之间，

1948.Ⅶ.19，灯诱，Gressitt & Djou 采；1♂ (NWAFU)，湖北神农架中岭，980 m，2017.Ⅶ.22，薛清泉采。

分布：浙江、陕西、湖北、四川。

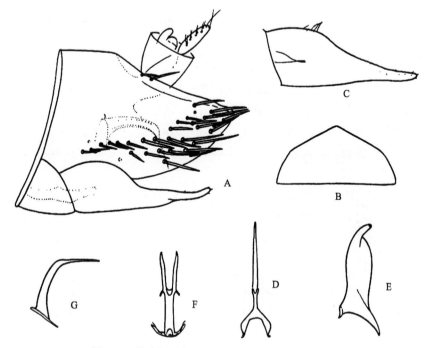

图 136　华脊翅叶蝉 *Parabolopona chinensis* Webb

A. 雄虫生殖节和肛节侧面观；B. 生殖瓣腹面观；C. 下生殖板腹面观；D. 连索背面观；E. 阳基侧突腹面观；F. 阳茎背面观；G. 阳茎侧面观

(142) 鹅颈脊翅叶蝉 *Parabolopona cygnea* Cai & Shen, 1999 (图 137；图版Ⅶ：75)

Parabolopona cygnea Cai & Shen, 1999a: 29.

以下描述引自 Cai 和 Shen (1999a)。

体长：♂6.5 mm，♀7.3 mm。

体色黄绿色至黄褐色。头冠及前胸背板有时具 2 条微红色纵纹，复眼黑褐色，单眼无色透明。前翅臀脉末端和爪片尖端黑褐色，翅面中域有 2 个黑褐色小点，端半部翅脉与翅缘相交处也具黑褐色小点，前翅末端褐色较深。腹部背面端大半部中域黑褐色。

头冠前端弧圆突出，中长略小于复眼间宽，单眼位于头部前侧缘，单眼与复眼间距离稍大于单眼直径，冠缝纤细仅存基大半部。前胸背板与头冠近等长，宽度略大于中长的 2 倍，中后域具微细横皱纹。小盾片约与前胸背板等长，横刻痕弧形弯曲不达侧缘。前翅狭长，长为宽的 3 倍，雄虫腹部第Ⅶ节腹板中长为其前一节的 3 倍，后缘向后钝圆锥状突出。

雄虫腹部第Ⅷ节腹节长方形，中长与其前一节相等；生殖瓣扁三角形；尾节侧瓣近三角形，末端膜片状，前端 1/3 着生大刚毛；下生殖板短小，端向渐次收窄成为三角形；连索细长，"Y"形，主干长度为臂长的 3 倍强，端部翘起并膨大似鹅头状；阳基侧突片状，基部最宽，端部 2/3 急剧渐次收窄，末端刺状尖出折向侧方；阳茎短小，近烟斗状，近末端背侧面有 1 片状脊突，阳茎口位于末端。

讨论：本种连索端部鹅颈状，短小的阳茎末端背侧面有 1 片状小脊突，显然不同于同属其他种。

观察标本：3♂ (NWAFU)，山西晋城市翼城历山自然保护区，2012.Ⅶ.16，灯诱，杨丽元采；2♀ (NWAFU)，山西晋城市翼城历山自然保护区，2012.Ⅶ.18，灯诱，杨丽元采；4♀ (NWAFU)，山西晋城市翼城历山自然保护区，2012.Ⅶ.19，灯诱，杨丽元采；1♂5♀ (NWAFU)，河南内乡葛条爬，600-700 m，1998.Ⅶ.14，灯诱，胡建采。

分布：河南、山西。

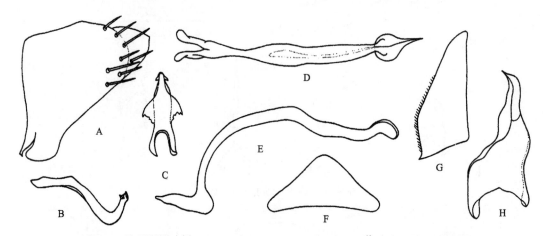

图 137　鹅颈脊翅叶蝉 *Parabolopona cygnea* Cai & Shen (仿 Cai & Shen, 1999a)

A. 雄虫尾节侧瓣侧面观；B. 阳茎侧面观；C. 阳茎腹面观；D. 连索腹面观；E. 连索侧面观；F. 生殖瓣腹面观；G. 下生殖板腹面观；H. 阳基侧突腹面观

(143) 点斑脊翅叶蝉 *Parabolopona guttata* (Uhler, 1896) (图 138)

Parabolocratus guttata Uhler, 1896: 291.

Parabolopona guttata (Uhler): Matsumura, 1912: 288; Webb, 1981b: 43; Zhang, Chen & Shen, 1995: 10; Zhang & Webb, 1996: 19.

体长：♂6.6-7.0 mm。

雄虫尾节侧瓣正前缘具片状突起，侧瓣端向收缩，近端部分布有数根粗壮刚毛；下生殖板基部阔，端向收缩为短指状，侧缘具散乱排列的细长刚毛；阳基侧突端突短指状，侧叶显著，具感觉毛；连索"Y"形，干显著向后延伸，干近中部向侧缘扩展，端部膨大为球状；阳茎干侧面观腹向弯曲，干端部二分叉，具 1 对腹向延伸的突起，突起近端部扩展，端向收狭。

观察标本：1♂ (Lectotype，NMNH)，Japan。

分布：中国台湾；日本。

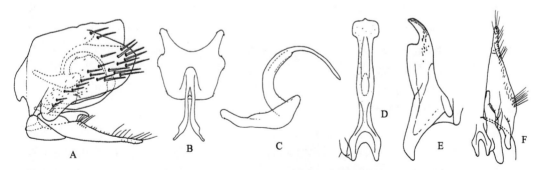

图 138　点斑脊翅叶蝉 *Parabolopona guttata* (Uhler) (仿 Webb, 1981b)

A. 雄虫生殖节侧面观；B. 阳茎背面观；C. 阳茎侧面观；D. 连索背面观；E. 阳茎侧突腹面观；F. 生殖瓣、下生殖板、阳基侧突和连索背面观

(144) 石原脊翅叶蝉 *Parabolopona ishihari* Webb, 1981 (图 139；图版Ⅶ：76)

Parabolopona ishihari Webb, 1981b: 45; Zhang, 1990: 116; Zhang, Chen & Shen, 1995: 11; Zhang & Webb, 1996: 19.

体长：♂6.5-7.0 mm，♀7.2-7.5 mm。

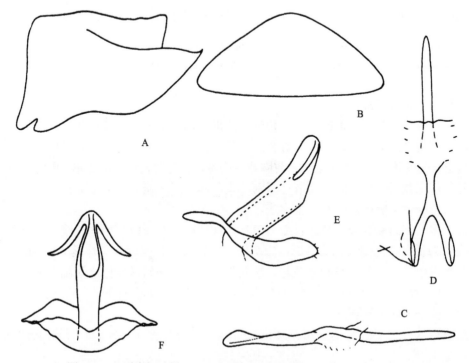

图 139　石原脊翅叶蝉 *Parabolopona ishihari* Webb (仿 Webb, 1981b)

A. 雄虫尾节侧瓣侧面观；B. 生殖瓣腹面观；C. 连索侧面观；D. 连索背面观；E. 阳茎侧面观；F. 阳茎后面观

体色黄色；头冠、前胸背板和小盾片具淡黄色纵纹；头冠近后缘靠近复眼处具 2 个模糊的棕色斑点；颜面淡黄色；前翅沿爪脉及翅外缘处有褐色斑点。

体中型；头冠前缘弧圆突出，略似铲状，中长是两侧长的 2 倍多，冠缝明显；单眼缘生，从背部可见；颜面三角形，额唇基基部阔，端向收缩，前唇基基部窄，端部明显膨大，舌侧板阔，触角长，超过体长之半，触角基部位于复眼上方位置；头与前胸背板近等宽；前胸背板具细密横皱，前缘弧圆，侧缘直；小盾片三角形，盾间沟明显；前翅翅脉明显；后足腿节端部刺式 2+2+1。

雄虫尾节侧瓣基部阔，端向收缩为角状，近端部分布有较多粗壮长刚毛；生殖瓣似三角形；下生殖板基部阔，端向急剧收缩为指状，侧缘具细刚毛；阳基侧突端突尖锐，似长弯钩状，侧叶显著，具感觉毛；连索"Y"形，干近基部似膨大，干显著向后延伸，端向收缩，端部不分叉；阳茎干粗壮，端部具 1 对侧突，突起侧腹向延伸，阳茎口位于干腹面端部。

观察标本：1♂(CAU)，广西武鸣大明山，1963.Ⅴ.24，杨集昆采；2♀(NWAFU)，湖南郴州，1985.Ⅷ.15，1985.Ⅶ.26，张雅林、柴勇辉采；1♀(CAU)，海南三亚，1974.Ⅶ.10，李法圣采；1♀(CAU)，北京妙峰山，1954.Ⅶ.8，杨集昆采；1♀(BMSYS)，海南尖峰岭天池，1981.Ⅶ.5，华立中采；1♀(NWAFU)，海南尖峰岭，1983.Ⅴ.29，张雅林采；1♀(NWAFU)，云南勐养，800 m，1991.Ⅵ.7，灯诱，彩万志、王应伦采。

分布：北京、陕西、湖南、海南、广西、云南；日本。

(145) 吕宋脊翅叶蝉 *Parabolopona luzonensis* Webb, 1981 (图 140；图版Ⅶ：77)

Parabolopona luzonensis Webb, 1981b: 46; Zhang & Webb, 1996: 19.
Parabolopona guttatus (Uhler): Merino, 1936: 364. Misidentification.

体长：♀8.0-8.5 mm。

体黄色或黄绿色；头冠向前呈三角形或弧形突出，扁平，前缘橼状，具缘脊；单眼缘生，与复眼之间的距离是其自身直径的 2 倍；颜面宽略大于长，额唇基区狭长，唇基间缝明显；前唇基狭长，端部膨大；前胸背板横宽，宽度约为长度的 2 倍，侧缘具隆线；小盾片与前胸背板等长；前足胫节背面刚毛式 1+4，后足腿节端部刚毛式 2+2+1。雌虫生殖前节后缘中部突出，中间有 1 内凹。

雄虫尾节侧瓣基部阔，端向收缩为角状，近端部分布有较多粗壮长刚毛；下生殖板端向收缩为长指状，侧缘具细刚毛；阳基侧突端突尖锐，似脚状；连索"Y"形，干笔直，背缘近中部至端部具坚硬的短刺，端向收缩，干显著向后延伸，端部不分叉；阳茎干粗壮，侧面观背向弯曲，基部具 1 对侧突；阳茎背腔发达，后面观似片状，扁平；阳茎口大，位于干腹面端部。

观察标本：1♂(正模，NMNH)，Philippines；1♀(IZCAS)，浙江乌岩岭，1983.Ⅶ.20-Ⅷ.10，震彬采。

分布：浙江；菲律宾。

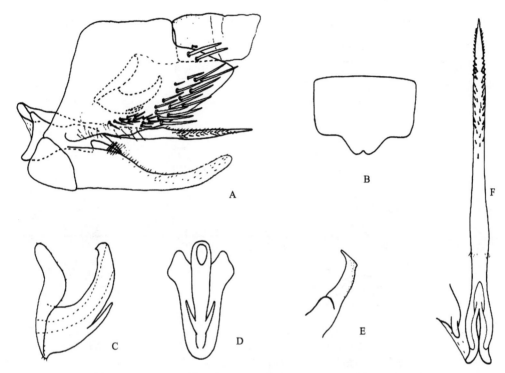

图 140　吕宋脊翅叶蝉 *Parabolopona luzonensis* Webb (仿 Webb, 1981b)

A. 雄虫尾节侧瓣侧面观；B. 雌虫生殖前节；C. 阳茎侧面观；D. 阳茎后面观；E. 阳基侧突 (端部放大)；
F. 连索背面观

(146) 四突脊翅叶蝉 *Parabolopona quadrispinosa* Shang, Zhang, Shen & Li, 2006 (图 141；图版Ⅶ：78)

Parabolopona quadrispinosa Shang, Zhang, Shen & Li, 2006: 37.

体长：♂7.5-8.0 mm，♀8.0-8.5 mm。

体中型，黄色；头冠前缘弧圆突出，略似铲状，中长是两侧长的 2 倍多，冠缝明显，近前缘有 1 横凹，近后缘两侧各有 1 小透明斑；前缘有 1 黄色横带；单眼缘生，从背部可见，和相应复眼之间的距离是其自身直径的 3 倍；颜面三角形，额唇基基部阔，端向略收缩；前唇基基部窄，端部略膨大，唇基间缝明显，额唇基较长，约为前唇基长的 3 倍；舌侧板小；触角长，超过体长之半，位于复眼前方上角，触角窝浅，触角脊弱，侧额缝伸达相应单眼。

头与前胸背板近等宽；前胸背板前缘弧圆，侧缘直，后缘横平微凹，中、后域略隆起，具细密横皱；小盾片三角形，盾间沟明显，端部粗糙，具横皱；前翅长方形，浅褐色，翅脉明显，黄色，沿爪脉及翅外缘处分布有同样的黑斑；体下及足乳黄色，后足腿节端部刺式 2+2+1；雌虫生殖前节后缘圆形突出。

雄虫外生殖器尾节侧瓣基部阔，端向略收缩，端部角状，分布有数根大刚毛，有 1

尾节突；生殖瓣梯形；下生殖板基部阔，端向略收缩，端部角状，外缘具细刚毛；阳基侧突端突细而长，端部尖角状，侧叶宽，具感觉毛；连索"Y"形，干向后延伸，似塔状，在中部与阳茎以膜质相连；阳茎腔复体发达，阳茎干粗壮，背向弯折，具2对侧突，端部尖锐。

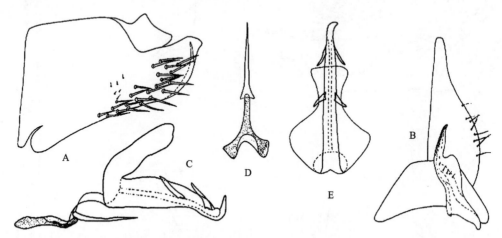

图 141　四突脊翅叶蝉 *Parabolopona quadrispinosa* Shang, Zhang, Shen & Li

A. 雄虫尾节侧瓣侧面观；B. 生殖瓣、下生殖板和阳基侧突背面观；C. 阳茎和连索侧面观；D. 连索背面观；

E. 阳茎腹面观

讨论：本种外形相似于石原脊翅叶蝉 *P. ishihari*，主要区别如下：①连索延长部分长于连索干；②阳茎干粗壮，具2对侧突；③阳基侧突端突细长，端部尖角状。

观察标本：1♂ (正模，IZCAS)，1♀ (副模，IZCAS)，广西那坡德孚，1350 m，2000. Ⅵ.19，李文柱采；1♂ (副模，NWAFU)，云南大理巍宝山，2250 m，2001.Ⅶ.20，灯诱，孙强采；1♂ (CAU)，广西武鸣大明山，1963.Ⅴ.23，杨集昆采；2♀ (CAU)，杭州灵隐，1974.Ⅹ.13，杨集昆采；1♀ (NWAFU)，福建邵武黄坑，1963.Ⅶ.8，周尧采。

分布：海南、浙江、福建、广西、云南。

(147) 阔茎脊翅叶蝉 *Parabolopona robustipenis* Yu, Webb, Dai & Yang, 2019 (图 142)

Parabolopona robustipenis Yu, Webb, Dai & Yang, 2019: 50-52.

以下描述引自 Yu *et al.* (2019)。

体长：♂8.4 mm，♀8.2-8.6 mm。

体黄绿色。头冠及前胸背板具有1对橙色纵带。颜面淡绿色。小盾片两基角处各具1三角状黄斑。前翅黄绿色半透明，翅脉浅绿色，爪脉端部及革片所有横脉处具1黑斑。

头冠前缘弧圆突出，具缘脊，其中长约为两侧长的2倍；单眼缘生，和相应复眼之间的距离约为其自身直径的2倍；触角着生于靠近复眼上部位置；额唇基扁平，两侧具纵脊；前胸背板与头冠近等宽，侧缘平截，后缘横平；小盾片横刻痕明显；前翅端片宽大；后足腿节端部刺式2+2+1。

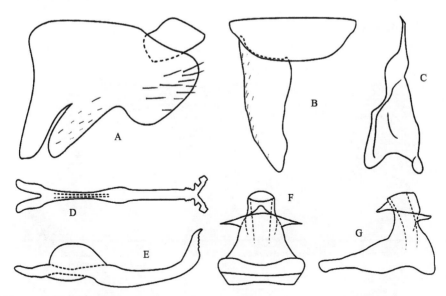

图 142　阔茎脊翅叶蝉 *Parabolopona robustipenis* Yu, Webb, Dai & Yang (仿 Yu *et al.*, 2019)

A. 雄虫尾节侧瓣侧面观；B. 生殖瓣和下生殖板腹面观；C. 阳基侧突腹面观；D. 连索腹面观；E. 连索侧面观；F. 阳茎腹
面观；G. 阳茎侧面观

　　雄虫尾节侧瓣近端部腹缘强烈内缩，端部具少量细刚毛；生殖瓣半圆形；下生殖板长三角形，内缘波曲；连索"Y"形，干长约为其臂长的 4 倍，有强烈的背脊，干端部二分叉，分叉处有锯齿状的小突起；阳基侧突端突急剧收缩为尖刺状，侧叶不显著；阳茎干短粗，干背面观近端部具 1 短三角状的突起，干侧面观近端部各具 1 片状突起；阳茎口大，位于阳茎干顶端。

　　观察标本：未见标本。

　　分布：海南。

(148) 韦氏脊翅叶蝉 *Parabolopona webbi* Zahniser & Dietrich, 2013 (图 143；图版Ⅶ：79)

Parabolopona webbi Zahniser & Dietrich, 2013: 181.

　　体长：♂7.0 mm。

　　体黄绿色到浅绿色，头冠到中胸具 2 条淡橙色纵条纹。头部与前胸背板近等宽；向前伸出；头冠中长约等于两侧复眼处长。单眼远离复眼，为单眼直径的 3-4 倍。唇基端部膨大。前胸背板具侧脊。前翅黄绿色，端部烟褐色，透明。

　　雄虫尾节侧瓣着生刚毛，中部到端部渐细成三角形，背缘具刀状的内脊指向腹缘。下生殖板近菱形，端部指状，无大刚毛；连索"Y"形，侧臂长，主干向端部延伸，呈矛状，端部具纵纹和刻痕。阳基侧突端部尖锐，侧向弯曲，前叶发达呈角状；阳茎基部阔，近基部具单突伸向后方，阳茎干背向弯曲，端部具 1 对短端突，向侧背方延伸；阳茎口位于干的亚端部腹面。

　　观察标本：1♂ (正模，MNS)，台湾南投，1550 m，24º5′5″N-121º9′5″E，2004.Ⅵ.13，

Sweep，J.N. Zahniser 采。

分布：中国台湾。

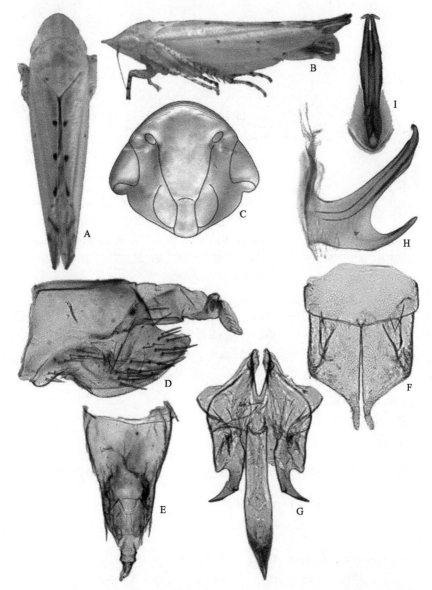

图 143 韦氏脊翅叶蝉 *Parabolopona webbi* Zahniser & Dietrich (仿 Zahniser & Dietrich, 2013)

A-B. 成虫背面观和侧面观；C. 颜面；D. 雄虫尾节侧瓣侧面观；E. 尾节背面观；F. 生殖瓣和下生殖板腹面观；G. 连索和阳基侧突腹面观；H. 阳茎侧面观；I. 阳茎后面观

(149) 杨氏脊翅叶蝉 *Parabolopona yangi* Zhang, Chen & Shen, 1995 (图 144；图版Ⅶ：80)

Parabolopona yangi Zhang, Chen & Shen, in Zhang, Chen & Shen, 1995: 11; Zhang & Webb, 1996: 19.

体长：♂7.8 mm。

体黄绿色。头顶向前弧形突出，中长略小于二复眼间宽，单眼位于头部前侧缘，与复眼间距离大于单眼直径。颜面密布微小刻点，靠头前缘有细条纹，额唇基区狭长，端向渐狭，唇基间缝明显，前唇基狭长，端部扩展变宽，舌侧板大。前胸背板横宽，宽度略大于中长的 2 倍，表面有不规则短横纹；中胸小盾片中长约等于前胸背板中长，二基角斑明显，盾间沟短，弧形弯曲，不伸达小盾片侧缘。前翅上有数枚褐色小斑点，端部褐色。后足腿节端部刚毛式 2+2+1。

雄虫外生殖器尾节侧瓣宽大，后部生有 10 余根大刚毛；生殖瓣近呈三角形；下生殖板基半部宽阔，端半部端向渐狭，有小刚毛；连索倒"Y"形，干长臂短，干后部端向延伸；阳茎短小，背腔发达，阳茎口位于阳茎干末端。

讨论：本种相似于 *P. isiharai* Webb，但本种雄虫外生殖器明显不同于后者，后者连索端延伸狭长，长于连索，阳茎末端有 1 对端突，阳茎背腔不发达；而该种连索端延伸宽短，端半部变阔，显著短于连索，阳茎无端突，阳茎背腔发达，二者容易区分。

观察标本：1♂ (正模，NWAFU)，广东鼎湖山，1985.VII.18，张雅林采。

分布：广东。

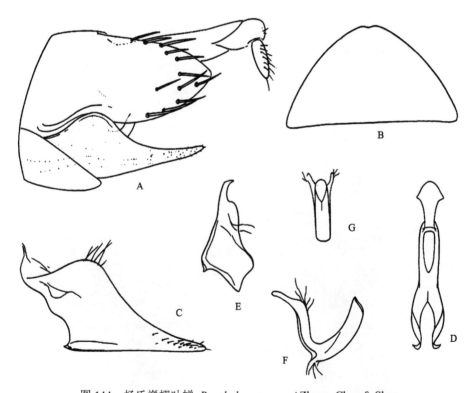

图 144　杨氏脊翅叶蝉 *Parabolopona yangi* Zhang, Chen & Shen

A. 雄虫尾节和肛节侧面观；B. 生殖瓣腹面观；C. 下生殖板腹面观；D. 连索背面观；E. 阳基侧突腹面观；F. 阳茎侧面观；
G. 阳茎后面观

(150)　云南脊翅叶蝉 *Parabolopona yunnanensis* Xu & Zhang, 2020 (图 145；图版Ⅶ：81)

Parabolopona yunnanensis Xu & Zhang, 2020: 194.

体长：♂7.0 mm，♀7.2 mm。

体色淡黄色。头冠、前胸背板和小盾片具对称排列的纵向放射状淡黄色条纹。前胸背板的后缘和小盾片的侧缘具 2 个模糊棕色斑点。前翅翅脉淡黄色，端部烟雾状。胸足具深褐色斑点。

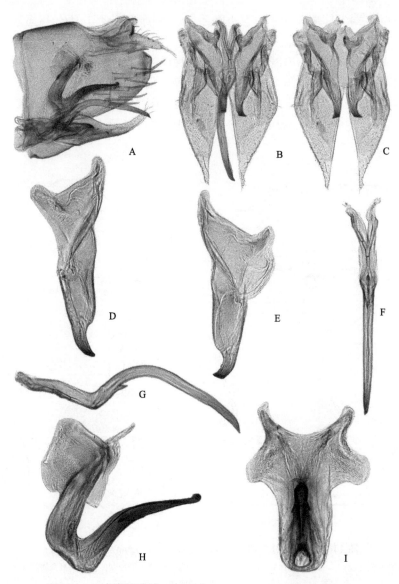

图 145　云南脊翅叶蝉 *Parabolopona yunnanensis* Xu & Zhang

A. 雄虫尾节侧面观；B. 生殖瓣、下生殖板、阳基侧突和连索背面观；C. 生殖瓣、下生殖板和阳基侧突腹面观；D. 阳基侧突背面观；E. 阳基侧突腹面观；F. 连索腹面观；G. 连索侧面观；H. 阳茎侧面观；I. 阳茎后面观

头部与前胸背板近等宽；头冠前缘有横脊，头冠急剧弯曲，中长约为两侧长的 2 倍，冠缝明显，伸达头冠近中部；单眼远离复眼，背面可见，与相应复眼之间的距离是其自身直径的 3 倍；侧额缝未伸达至相应单眼；颜面较宽，额唇基隆起且粗糙，前缘扁平，前唇基端部膨大，舌侧板宽，颊区具斜皱，触角明显长于体长之半；前胸背板宽是其长的 2 倍，侧缘稍长，具脊；前翅长，超过腹部末端。前足腿节 AM1 粗壮，IC 列约 8 根细刚毛，AV 列刚毛几乎退化；后足腿节端部刺式 2+2+1。

雄虫尾节侧瓣正前缘具片状突起，侧瓣端向收缩，后缘近弧圆，具数根粗壮刚毛，无背后缘突起；生殖瓣半圆形；下生殖板端向急剧收缩为指状，侧缘具细刚毛；阳基侧突端突稍长，似脚状，腹面近端部具 1 小突起，侧叶不明显；连索 "Y" 形，臂纤细，干显著向后突出，并腹向弯曲，距干腹面基部 1/5 处有 1 个短齿状突起；阳茎位于连索干背面近中部，两者膜质相连；阳茎干背向弯曲，近中部有 1 对反向小侧基突，端部有 1 对短侧基突，伸达侧前方，背腔发达，长度与干近等长；阳茎口位于干腹缘近端部；肛管大，侧缘和背缘骨化。

观察标本：1♂1♀ (正模、副模，NWAFU)，云南西双版纳勐腊县尚勇镇，2019.Ⅴ.3，灯诱，吕可维采。

分布：云南。

39. 丽斑叶蝉属 *Roxasellana* Zhang & Zhang, 1998

Roxasellana Zhang & Zhang, 1998: 253.

Type species: *Roxasellana stellata* Zhang & Zhang, 1998.

头冠横宽；头部前缘具 2 条平行的横隆脊，单眼缘生，位于二横脊之间，与复眼间距离 2 倍于其直径；触角较长，大于体长之半，位于颜面复眼中部略上方；额唇基基部阔，端向收狭，前唇基端部膨大；唇基间缝明显，侧额缝伸达相应单眼；前翅具 4 个端室，3 个亚端室，内 2 端室小，前足胫节背面刚毛式 1+4，后足腿节端部刚毛式 2+2+1。雄虫尾节侧瓣后端阔圆，着生许多大刚毛；下生殖板近三角形，侧缘着生 1 列大刚毛；连索极短，呈 "∧" 形；阳茎腔复体发达，臂状扩展。

本属外形及斑纹特征相似于 *Roxasella* 和 *Tenompoella*，与 *Roxasella* 的主要区别是本属连索呈 "∧" 形，无中干；阳基侧突端部细狭；下生殖板有 1 列粗状大刚毛。与 *Tenompoella* 的区别在于本属连索呈 "∧" 形，无中干 (而后者连索干部向后方延伸超过与阳茎的结合点)；阳基侧突端部细狭；阳茎腔复体分叉而不呈片状，阳茎成对侧基突。

分布：福建、广东、广西。

本属全世界已知 1 种，分布于中国。

(151) 星茎丽斑叶蝉 *Roxasellana stellata* Zhang & Zhang, 1998 (图 146；图版Ⅶ：82)

Roxasellana stellata Zhang & Zhang, 1998: 253.

体长：♂7.5-9.5 mm，♀8.0-10.0 mm。

头冠橙色，前缘黄褐色，后缘两侧各有1黄褐色斑点；复眼黑褐色；单眼褐色；颜面黄褐色，舌侧板和颊部灰黄色；前胸背板灰黄色，后缘及两侧橙色，中部两侧有2枚纵向稍倾斜的橙色条斑，盾片黄褐色，近基角处各有1黑色斑，二基角、侧缘中部及端部各有1橙色斑；前翅黄褐色半透明，爪片和爪脉端部及各翅室内部各有1褐色斑，翅端缘褐色，翅前缘及爪片接合缝橙色；体下及足黄色。

头冠横宽，光滑，中长略大于两侧长；头部前缘具2条横隆脊，内有数条细隆线；单眼位于2隆脊之间，与复眼间距2倍于其直径；触角窝深，触角檐倾斜伸向复眼前上角；额唇基粗糙，基部阔，端向渐狭，唇基间缝明显，侧额缝伸达相应单眼；前唇基基半部平行，端部膨大；舌侧板较大；颊区中域微凹，侧缘在复眼下方凹入，端半部平直；前胸背板光滑，中长为头冠长的3倍，前缘突出，后缘横平微凹入；小盾片中长与前胸背板近等长，横刻痕明显，弧形弯曲，不达侧缘。雌虫生殖前节腹板延长，稍大于前两腹节之和。

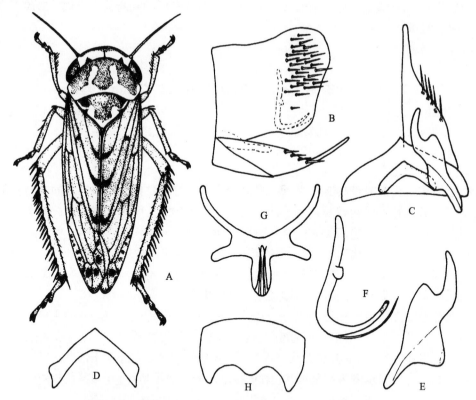

图 146　星茎丽斑叶蝉 *Roxasellana stellata* Zhang & Zhang

A. 雄虫背面观；B. 雄虫生殖节侧面观；C. 生殖瓣、下生殖板、阳基侧突和连索背面观；D. 连索腹面观；E. 阳基侧突背面观；F. 阳茎侧面观；G. 阳茎后面观；H. 雌虫生殖前节腹板腹面观

雄虫外生殖器尾节侧瓣后端阔圆，着生许多大刚毛，第X腹节柱状，较长；下生殖板近三角形，端部延长。侧缘中部着生许多细小刚毛；生殖瓣端缘突出呈三角形；阳基

侧突端突尖细、较长，基侧角扩展；连索"∧"形。阳茎腔复体发达，向背侧方扩展成4条臂状突起，使阳茎后面观呈五角星状，端干细，基腹面伸出2条细长的突起，阳茎口位于阳茎干端部。

观察标本：1♂（正模，BMSYS），Kwangtung Prov., S. China, Lung-tall Shan, Alt. 600 m, Yiu Vill. above Tsokokwan, 1947.Ⅵ.7, Gressitt & Lam.采；1♂（副模，BMSYS），Kwangtung Prov., Between Tso-kok-Wan and Fung-Wan, Kukong District, 2-400 m, 1947.Ⅵ.11, Gressitt 采；1♀（副模，BMSYS），Kwangtung Prov., S. China, Lung-tall Shan, Kui-kiang District, 300 m, 1947.Ⅶ.9, W.T. Tsahg 采；1♂（副模，BMSYS），曲江龙头山，200 m，1947.Ⅶ.17；1♀（副模，NHM），广西灵川灵田，1984.Ⅵ.5，吴正亮、陆晓林采；1♀（副模，CAU），广西灵川灵田龙口，220 m，网捕，1984.Ⅵ.5，韦林采；1♂（副模，CAU），福建德化水口，1974.Ⅺ.7，李法圣采。

分布：福建、广东、广西。

40. 瓦叶蝉属 *Waigara* Zhang & Webb, 1996

Waigara Zhang & Webb, 1996: 22.

Type species: *Melichariella boninensis* Matsumura, 1914.

体中小型，黄色；头冠后缘有2枚黑色斑点；头冠前缘角圆状突出，中长大于两侧长，具横皱，近前缘有1横凹；单眼缘生，和相应复眼之间的距离是其自身直径的3倍；前幕骨臂"T"形；额唇基基部宽，端向略收狭，唇基间缝可见，侧额缝伸达相应单眼；触角长，超过体长之半，位于复眼前方中部高度以上；头部比前胸背板宽；前胸背板具细密横皱，侧缘短；前足胫节背面圆，端部刺式1+4，后足腿节端部刚毛式2+1+1。

雄虫外生殖器尾节侧瓣三角形，端部角状，具数根大型刚毛和小刚毛，无尾节突；生殖瓣半圆形；下生殖板基部宽，中部端向收缩，端部指状，侧缘具细长刚毛；阳基侧突基部阔，端突短而外弯，中部略膨大，端部收狭，侧叶突出；连索"Y"形，干、臂近等长，干骨化弱，和阳茎之间的连接模糊；阳茎短而阔，背弯，端向略收缩，端部膨大，背缘具小刺状突，近端部腹面有1对短而细的突起，阳茎口开口于端部。

分布：海南、广西；日本。

本属全世界已知1种，中国有分布。

(152) 博宁瓦叶蝉 *Waigara boninensis* (Matsumura, 1914)（图147；图版Ⅶ：83）

Melichariella boninensis Matsumura, 1914: 238.

Waigara boninensis (Matsumura): Zhang & Webb, 1996: 22; Shang & Zhang, 2007: 432.

体长：♀7.0-8.5 mm。

体中小型，黄色；头冠后缘有2枚黑色斑点；头冠前缘角圆状突出，中长大于两侧长，具横皱，近前缘有1横凹；单眼缘生，和相应复眼之间的距离是其自身直径的3倍；

前幕骨臂"T"形；额唇基基部宽，端向略收狭，唇基间缝可见，侧额缝伸达相应单眼；触角长，超过体长之半，位于复眼前方中部高度以上；头部比前胸背板宽；前胸背板具细密横皱，侧缘短；前足胫节背面圆，端部刺式1+4，后足腿节端部刚毛式2+1+1。

雄虫外生殖器尾节侧瓣三角形，端部角状，具数根大型刚毛和小刚毛，无尾节突；生殖瓣半圆形；下生殖板基部宽，中部端向收缩，端部指状，侧缘具细长刚毛；阳基侧突基部阔，端突短而外弯，中部略膨大，端部收狭，侧叶突出；连索"Y"形，干、臂近等长，干骨化弱，和阳茎之间的连接模糊；阳茎短而阔，背弯，端向略收缩，端部膨大，背缘具小刺状突，近端部腹面有1对短而细的突起，阳茎口开口于端部。

观察标本：2♀ (CAU)，广西夏石，1963.Ⅴ.7，杨集昆采；1♀ (BMSYS)，Hainan Is., S. China, Hau-ying-ts'uen, 6 m, SE of Nodoa, Cin-Kao Dist., 1952.Ⅷ. 4-6, F.K. To 采。

分布：海南、广西；日本。

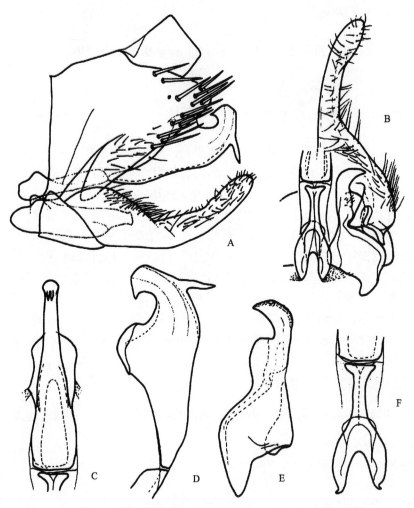

图 147　博宁瓦叶蝉 *Waigara boninensis* (Matsumura)

A. 雄虫生殖节侧面观；B. 生殖瓣、下生殖板、连索、阳茎基部和阳基侧突背面观；C. 阳茎和连索端部后面观；D. 阳茎和连索端部侧面观；E. 阳基侧突腹面观；F. 连索和阳茎基部腹面观

参 考 文 献

Anufriev G A. 1971. New and little known leafhoppers (Homoptera: Auchnorrhyncha) from the Far East of the U.S.S.R. and neighboring countries. *Entomologicheskoe Obozrenie*, 50(1): 95-116.

Anufriev G A. 1978. The Cicadellidae of the [Soviet] Maritime Territory [in Russian]. *Horae Societatis Entomologicae Unionis Soveticae*, 60: 1-214. [Les Cicadellides de le Territoire Maritime. *Horae Societatis Entomologicae Unionis Soveticae*, 60, 1-214.]

Anufriev G A. 1979. Notes on Some A. Jacobi's species of auchnorrhynchous insects described from North-East China. *Reichenbachia*, 17(19): 163-170.

Anufriev G A and A F Emeljanov. 1988. *Keys to the Identification of Insects of the Soviet Far East 2: Homoptera and Heteroptera*. Nauka, Leningrad. 1-972.

Ardold E N. 1981. Estimating phylogenies at low taxonomic levels. *Journal of Zoological Systematics and Evolutionary Research*, 19: 1-35.

Baker C F. 1915. Studies in Philippine Jassoidea: II. Philippine Jassaria. *The Philippine Journal of Science,* 10: 49-58.

Baker C F. 1919. The genus *Krisna* (Jassidae). *The Philippine Journal of Science*, 15: 209-220.

Brooks D R, R T O' Grady and E O Wiley. 1986. A measure of the information content of phylogenetic trees, and its use as on optimality criterion. *Systematic Zoology*, 35: 571-581.

Cai P and Kuoh Z-L. 1995. Homoptera: Ledridae, Cicadellidae, Iassida and Coelidiidae. 86-94. In: Wu H (ed.). *Insects of Baishanzu from Eastern China*. China Forestry Press, Beijing. 1-586. [蔡平, 葛钟麟. 1995. 同翅目: 耳叶蝉科、大叶蝉科、叶蝉科、离脉叶蝉科. 86-94. 见: 吴鸿主编. 华东百山祖昆虫. 北京: 中国林业出版社. 1-586.]

Cai P and He J-H. 1995. Homoptera: Hecalidae, Evacanthidae, Euscelidae, Nirvanidae and Typhlocybidae. 95-100. In: Wu H (ed.). *Insects of Baishanzu from Eastern China*. China Forestry Press, Beijing. 1-586. [蔡平, 何俊华. 1995. 铲头叶蝉科、横脊叶蝉科、殃叶蝉科、隐脉叶蝉科、小叶蝉科. 95-100. 见: 吴鸿主编. 华东百山祖昆虫. 北京: 中国林业出版社. 1-586.]

Cai P and He J-H. 1998. Five new species of subfamily Iassinae from Mt. Fujiu in China (Homoptera: Cicadellidae). 20-26. In: Shen X-C and Shi Z-Y (eds.). *The Fauna and Taxonomy of Insects in Henan, Insects of the Funiu Mountains Region (1)*. China Agricultural Science and Technology, Beijing. 1-368. [蔡平, 何俊华. 1998. 伏牛山区叶蝉亚科五新种 (同翅目: 叶蝉科). 20-26. 见: 申效诚, 时振亚主编. 河南昆虫分类区系研究 第二卷 伏牛山区昆虫 (一). 北京: 中国农业科技出版社. 1-368.]

Cai P and He J-H. 2002. Homoptera: Cicadelloidea: Cicadellidae. 134-157. In: Huang F-S (ed.). *Forest Insects of Hainan*. Science Press, Beijing. 1-1064. [蔡平, 何俊华. 2002. 同翅目: 叶蝉总科: 叶蝉科. 134-157. 见: 黄复生主编. 海南森林昆虫. 北京: 科学出版社. 1-1064.]

Cai P and Jiang J-F. 2002. A new species of *Drabescus* Stål from Henan Province, China (Homoptera: Cicadellidae: Selenocephalinae). 16-18. In: Shen X-C and Zhou Y-Q (eds.). *Insects of the Mountains Taihang and Tongbai Regions*. China Agricultural Science and Technology Press, Beijing, 1-453. [蔡平,

江佳富. 2002. 中国河南槽胫叶蝉属一新种 (同翅目: 叶蝉科: 沟顶叶蝉亚科). 16-18. 见: 申效诚, 赵永谦主编. 太行山及桐柏山区昆虫. 北京: 中国农业科学技术出版社. 1-453.]

Cai P and Shen X-C. 1999a. Nine new species of Cidadellidae from Bao Tianman Nature Reserve (Homoptera: Cicadellidae). 24-35. In: Shen X-C and Pei H-C (eds.). *The Fauna and Taxonomy of Insects in Henan. Vol. 4, Insects of the Mountains Funiu and Dabie Regions.* China Agricultural Sci-tech Press, Beijing. 1-415. [蔡平, 申效诚. 1999a. 宝天曼叶蝉九新种 (同翅目: 叶蝉科). 24-35. 见: 申效诚, 裴海潮主编. 河南昆虫分类区系研究 (第四卷), 伏牛山南坡及大别山区昆虫. 北京: 中国农业科技出版社. 1-415.]

Cai P and Shen X-C. 1999b. Six new species of Cidadellidae from Mt. Dabie in Henan (Homoptera: Cicadellidae). 36-44. In: Shen X-C, Pei H-C (eds.). *The Fauna and Taxonomy of Insects in Henan. Vol. 4, Insects of the Mountains Funiu and Dabie Regions.* China Agricultural Sci-tech Press, Beijing. 1-415. [蔡平, 申效诚. 1999b. 大别山叶蝉六新种 (同翅目: 叶蝉科). 36-44. 见: 申效诚, 裴海潮主编. 河南昆虫分类区系研究 (第四卷), 伏牛山南坡及大别山区昆虫. 北京: 中国农业科技出版社. 1-415.]

Cen Y-W and Cai P. 2002. Four new species of subfamily Selenocephalinae from China. *Zootaxonomia*, 27(1): 116-122. [岑业文, 蔡平. 2002. 中国沟顶叶蝉亚科四新种. 动物分类学报, 27(1): 116-122.]

China W E. 1941. A synonymic name on *Wania membracioidea* Liu (Homoptera, Jassoidea). *Bibliographical notice, Annals and Magzine of Natural History*, 38(7): 255-256.

Chou I. 1964. Entomological taxonomy (Preprints). Northwest Agricultural College. 1-483. [周尧. 1964. 昆虫分类学 (未定稿). 西北农学院. 1-483.]

Dai R-H, Qu L and Yang M-F. 2016. A new leafhopper species of *Parabolopona* and a new record for *Favintiga camphorae* from China (Hemiptera: Auchenorrhyncha: Cicadellidae: Deltocephalinae: Drabescini). *Entomologica Americana*, 122(3): 393-397.

Davis R B. 1975. Classification of selected higher categories of auchenorrhynchous Homoptera (Cicadellidae and Aetalionidae). *U.S. Department of Agriculture Technical Bulletin*, 1494: 1-52.

Dietrich C H. 2005. Keys to the families of Cicadomorpha and subfamilies and tribes of Cicadellidae (Hemiptera: Auchenorrhyncha). *Florida Entomologist*, 88(4): 502-517.

Distant W L. 1908a. Rhynchota-Homoptera. *The Fauna of British India including Ceylon and Burma.* Published under the authority of the Secretary of State for India in Council. Edited by Lt. Col. C. T. Bingham, London: Taylor & Francis, v. 4, 1-501, 282figs.

Distant W L. 1908b. Rhynchota Malayana. Part I. *Indian Museum Records 2*, 127-151, pls. 7-8.

Distant W L. 1910. A contribution to a knowledge of the entomology of South Africa. *Insecta Transvaaliensia*, 10: 229-252, pls. 22-23; figs. 40-47.

Distant W L. 1918. *Rhynchota. Homoptera: Appendix. Heteroptera: Addenda.* The fauna of British India, including Ceylon and Burma. Taylor & Francis, London.. 7: I-VIII, 1-210, 90 illus.

Dlabola J. 1974. Ergebnisse der Tschechoslowakisch-Iranischen Entomologischen Expedition nach dem Iran 1970 Nr. 3: Homoptera, Auchenorrhyncha (1. Teil). *Acta Entomologica Musei Nationalis Pragae*, Supp. 6: 48-51.

Dlabola J. 1980. Insects of Saudi Arabia Homoptera: Auchenorrhyncha Part II. *Fauna of Saudi Arabia*, 2: 74-94.

Dlabola J. 1981. Ergebnisse der Tschechoslowakisoh-Iranischen Entomologischen Expedition nach dem Iran.1970-1973). (Mit Angaben über einige Sammelresultate in Anatolien) Homoptera: Auchenorrhyncha

(II. Teil). *Acta Entomologica Musie Nationalis Pragae*, 40: 127-311.

Donoghue M J and P D Cantino. 1980. The logic and limitations of the outgroup substitution method for phylogenetic reconstructions. *Systematic Botany*, 9: 112-135.

Esaki T and S Ito. 1954. *A Tentative Catalogue of Jassoidea of Japan and Her Adjacent Territories*. Japan Society for the Promotion of Science, Ueno Park, Tokyo, 1-315.

Evans J W. 1938a. The morphology of the head of Homoptera. *Papers and Proceedings of the Royal Society of Tasmania*, 1937: 1-20.

Evans J W. 1938b. A contribution to the study of the Jassoidea (Homoptera). *Papers and Proceedings of the Royal Society of Tasmania*, 1938: 19-55, 11pls.

Evans J W. 1946a. A natural classification of leafhoppers (Jassoidea, Homoptera). part 1. external morphology and systematic position. *Transactions of the Entomological Society of London*, 96(3): 47-60.

Evans J W. 1946b. A natural classification of leafhoppers (Homoptera, Jassoidea). part 2. Aetalionidae, Hylicidae, Eurymelidae. *Transactions of the Entomological Society of London*, 97(2): 39-54.

Evans J W. 1947. A natural classification of leaf-hoppers (Jassoidae, Homoptera). *Transactions of the Entomological Society of London.*, 98: 105-271, figs. 1-36.

Evans J W. 1955. Cicadellidae (Hemiptera: Homoptera). *Exploration du Parc National de I'upemba*. 37: 1-44, 29 illus.

Evans J W. 1958. Character selection in systematics with special reference to the classification of leafhoppers (Insecta, Homoptera, Cicadelloidea). *Systematic Zoology*, 7(3): 126-131.

Evans J W. 1962. Evolution in the Homoptera, 250-259. In: Leeper, G. W. 1962. *The Evolution of Living Organisms*. Melbourne University Press, Melbourne. 1-459.

Evans J W. 1963. The phylogeny of the Homoptera. *Annual Review of Entomology*, 8: 77-94.

Evans J W. 1964. The periods of origin and diversification of the superfamilies of the Auchenorrhyncha as determined by a study of the wings of Palaeozoic and Mesozoic fossils. *Proceedings of the Linnean Society of London*, 175: 171-181.

Evans J W. 1966. The leafhoppers and froghoppers of Australia and New Zealand (Homoptera: Cicadelloidea and Cercopoidea). *Memoirs of the Australian Museum*, 12: 1-347.

Evans J W. 1971. Two new genera and species of Oriental Cicadellidae and remarks on the significance of male genitalia in leafhopper classification (Homoptera: Cicadelloidea). *Journal of Entomology, Series (B)*, 40(1): 43-48.

Evans J W. 1972. Characteristics and relationships of Penthimiinae and some new genera and new species from New Guinea and Australia; also new species of Drabescinae from New Guinea and Australia. (Homoptera: Cicadellidae). *Pacific Insect*, 14: 169-200.

Evans J W. 1975a. The structure, function and possible origin of the subgenital plate of leafhoppers. *Journal Journal of the Australian Entomological Society*, 14(1): 77-80.

Evans J W. 1975b. The external feature of the heads of leafhoppers (Homoptera, Cicadellidae). *Records of the Australian Entomological Museum*, 29(14): 407-440.

Evans J W. 1988. Some aspects of the biology, morphology, and evolution of leafhoppers (Homoptera: Cicadelloidea and Membhacoidea). *Great Basin Naturalist Memoirs*, 12: 61-66.

Eyles A C and R Linnavuori. 1974. Cicadellidae and Iassidae (Homoptera) of Niue Island, and material from the Cook Islands. *New Zealand Journal of Zoology*, 1: 29-44.

Esaki T and Ito S. 1954. *A Tentative Catalogue of Jassoidea of Japan and Her Adjacent Territories*. Japan Society for the Promotion of Science. Ueno Park, Tokyo. 1-315.

Farris J S. 1972. Estimating phylogenetic trees from distance matrices. *The American Naturalist*, 106: 645-668.

Farris J S. 1979. The information content of the phylogenetic system. *Systematic Zoology*, 28: 483-519.

Farris J S. 1982. outgroups and parsimony. *Systematic Zoology*, 31: 328-334.

Fieber F X. 1872. *Katalog der Europäischen Cicadinen, nach Originalen mit Benutzung der neuesten Literatur*. I-IV: 1-19.

Fletcher M J and M Stevens. 1988. Key to the subfamilies and tribes of Australian Cicadellidae (Hemiptera: Homoptera). *Journal of the Australian Entomological Society*, 27: 61-67.

Germar E F. 1817. [Homoptera] *Reise nach Dalmatien und in das Gebiet Von Ragusa*. 1-323, figs. 280-282.

Germar E F. 1833. Conspectus generum Cicadariarum. *Revue Entomologique Silbermann*, 1: 174-184.

Hamilton A. 1975. Review of the tribal classification of the leafhopper subfamily Aphrodinae (Deltocephalinae of Authors) of the Holarctic region (Rhynchota: Homoptera: Cicadellidae). *Canadian Entomologist*, 107: 477-498.

Hamilton A. 1981. Morphology and evolution of the rhynchotan head (Insecta: Hemiptera: Homoptera). *Canadian Entomologist*, 113(11): 953-974.

Hamilton A. 1983. Revision of the Macropsini and Neopsini of the new-world (Rhynchota: Homoptera: Cicadellidae), with notes on intersex morphology. *Memoirs of the Entomological Society of Canada*, 123: 1-223.

Haupt H. 1929. Neueinteilung der Homoptera-Cicadellinae nach phylogenetisch zu-wertenden Merkmalen. *Zoologische Jahrbücher. Abteilung für Systematik, Geographie und Biologie der Thiere*. 58: 173-286.

Hedicke H. 1923. Nomina nova. II. *Deutsche Entomologische Zeitschrift*, 72.

Hill B G. 1970. *Comparative Morphological Study of Selected Highter Categories of Leafhoppers (Homoptera: Cicadellidae)*. Ph.D. thesis, North Carolina State University, Raleigh. 1-187.

Ishihara T. 1953. A tentative check list of the supperfamily Cicadelloidea of Japan (Homoptera). *Scientific Reports of the Matsuyama Agricultural College*, 11: 1-72, 17pls.

Ishihara T. 1954. Revision of two Japanese genera of the Deltocephalinae (Insecta: Hemiptera). *Zoological Magazine Tokyo*, 63: 243-245, figs. 1-2.

Ishihara T. 1961. Homoptera of Southeast Asia collected by the Osaka City University Biological Expedition to Southeast Asia 1957-1958. *Nature & Life in Southeast Asia*, 1: 225-257.

Jacobi A. 1914. Bemerkungen uber Jassinae (Homoptera, Cicadoidea). *Sitzungsberichte der Gesellschaft Naturforschender Freunde zu Berlin*, 379-383, figs. 1-4.

Jacobi A. 1943. Zur Kenntnis der Insekten von Mandschukuo 12. Beitrag. Eine Homopterenfaunula der Mandschurei (Homoptera: Fulgoroidea, Cercopoidea and Jassoidea). *Arbeiten über Morphologische u. Taxonomisch Entomologie.*, 10: 21-31, figs. 1-10.

Kato M. 1928. Descriptions of one new genus and some new species of the Japanese Rhynchota-Homoptera. *Transactions, Natural History Society of Formosa*, 18: 29-37.

Kato M. 1932. Notes on some Homoptera from South Manchuria, collected by Mr. Yukimichi Kikuchi. *Kontyû*, 5: 216-229, pl. VIII.

Kato M. 1933a. Notes on some Manchuian Homoptera, collected by Mr. K. Kikuchi. *Entomological World*, 1:

1-12.

Kato M. 1933b. Homoptera. In: *Three-colour illustrated insects of Japan*. 4: 1-9, 50 pls. Koseikaku, Tokyo. [Coloured illustrations of the common species with notes in Japanese.]

Kato M. 1933c. Notes on Japanese Homoptera, with description of one new genus and some new species. *Entomological World*, 1: 452-471, pls. 14-15; 2 figs.

Kirkaldy G W. 1904. Bibliographical and nomenclatorial notes on the Hemiptera. No. 3. *Entomologist*, 37: 279-283.

Kirkaldy G W. 1906. Leafhoppers and their natural enemies (Pt. IX, Leafhoppers. Hemiptera). Hawaii. *Bullitin of the Hawaiian Sugar Planters Association*, 1: 271-479, pls. 21-32.

Kirkaldy G W. 1907. Leafhoppers supplement (Hemiptera). Hawaii. *Bullitin of the Hawaiian Sugar Planters Association*, 3: 1-186, pls. 1-20.

Knight W J. 1973. A new species of *Hishimonus* Ishihara (Hom. Cicadellidae) attacking *Terminalia* spp. in India, with comments on the relationship of the genus to *Cestius* Distant. *Suomen Hyonteistieteellinen Aikakauskirja*, 39: 153-156.

Knight W J. 1983. The Cicadellidae of S. E. Asia-Present knowledge and obstacles to identification. *Proceedings of 1st International Workshop on leafhoppers and planthoppers of Economic Importance, London*, 197-224.

Knight W J and M W Nielson. 1986. The higher classification of the Cicadellidae. *Tymbal Auchenorrhyncha Newsletter*, 8: 10-14.

Kramer J P. 1964. A review of the Oriental leafhopper genus *Sudra* Distant (Homoptera: Cicadellidae: Hylicinae). *Proceeding of the Biological Society of Washingon*, 77: 47-52.

Kuoh Z-L. 1966. *The Economic Insect Fauna of China: Homoptera: Cicadellidae*. Science Press, Beijing. 1-170. [葛钟麟. 1966. 中国经济昆虫志 第十册 同翅目 叶蝉科. 北京: 科学出版社. 1-170.]

Kuoh Z-L. 1985. New species of *Drabescus* and a new allied genus (Homoptera: Iassidae). *Acta Zoologica Sinica*, 31(4): 377-383. [葛钟麟. 1985. 胫槽叶蝉属新种及一近缘新属. 动物学报, 31(4): 377-383.]

Kuoh Z-L. 1992. Homoptera: Cicadelloidea. 243-316. In: *Insects of Hengduan Mountain*. Science Press, Beijing. 1-865. [葛钟麟. 1992. 同翅目: 叶蝉总科. 243-316. 见: 横断山区昆虫. 北京: 科学出版社. 1-865.]

Kwon Y L and C E Lee. 1979. Some new genera and species of Cicadellidae of Korea (Homoptera: Auchenorrhyncha), Nature and Life in Southeast Asia. *Kyungpook Joural of Biological Sciences*, 9: 49-61.

Lee C E. 1979. *Illustrated Flora and Fauna of Korea. 23. Insecta 7*. Samhwa Publishing Co., Ltd, Seoul. 1-1070.

Liang A-P. 1995. New homonym, synonym, and combinations in the Chinese Cicadellidae (Homoptera: Auchenorrhycha). *Entomological News*, 106(4): 210.

Li J-D and Li Z-Z. 2010. A new species of genus *Drabescoides* (Hemiptera: Cicadellidae). *Sichuan journal of Zoology*, 29(1): 31-32. [李建达, 李子忠. 2010. 阔颈叶蝉属一新种记述 (半翅目: 叶蝉科). 四川动物, 29(1): 31-32.]

Li Z-Z and Wang L-M. 2005. Cicadellida: Hecalinae, Coediinae, Iassinae, Typhlocybinae, Euscelinae, Nirvaninae and Evacanthinae. In: Jin D-C and Li Z-Z (eds.). *Landscape insects of Xishui*. Guizhou Science Press, Guiyang. 1-624. [见: 金道超, 李子忠主编. 习水景观昆虫. 贵阳: 贵州科技出版社.

1-624.]

Li Z-Z and Zhang B. 2006. Description of three new species of the genus *Placidus* Distant from China (Hemiptera: Cidadellidae). *Acta Zootaxonomica Sinica*, 31(1): 155-159. [李子忠, 张斌. 2006. 中国小头叶蝉属三新种记述 (半翅目: 叶蝉科). 动物分类学报, 31(1): 155-159.]

Li Z-Z, Zhang B and Wang Y-J. 2007. Cicadellidae: Hecalinae, Coelidiinae, Iassinae, Nirvaninae, Evacanthinae, Escelinae, Hylicinae and Ulopinae. 146-167. In: Li Z-Z, Yang M-F and Jing D-C (eds.). *Insects from Leigongshan Landscape*. Guizhou Science and Technology Publishing House, Guiyang, 1-759. [李子忠, 张斌, 王颖娟. 2007. 叶蝉科: 铲头叶蝉亚科、离脉叶蝉亚科、叶蝉亚科、隐脉叶蝉亚科、横脊叶蝉亚科、殃叶蝉亚科、毛叶蝉亚科、窄颊叶蝉亚科. 146-167. 见: 李子忠, 杨茂发, 金道超主编. 雷公山景观昆虫. 贵阳: 贵州科技出版社. 1-759].

Linnavouri R. 1959. Revision of the Neotropical Deltocephalinae and some related subfamilies (Homoptera). *Annales Zoologici Societatis zoologicae Botanicae Fennicae 'Vanamo'*, 20: 1-370.

Linnavouri R. 1960a. Cicadellidae (Homoptera, Auchenorrhyncha) of Fiji. *Acta Entomologica Fennica*, 15: 1-17.

Linnavouri R. 1960b. Homoptera: Cicadellidae. *Insects of Micronesia*, 6: 231-344.

Linnavouri R. 1961. Hemiptera (Homoptera) Cicadellidae. *South Africa Animal Life*, 8: 452-486.

Linnavouri R. 1969. Contribution à la faune du Congo (Brazzaville). Mission A. Villiers et A. Descarpentries XC III. Hémiptêres Hylicidae et Cicadellidae. *Bulletin de l'Institute Fondamental d'Afripue Noire (Series A)*, 31: 1129-1185.

Linnavouri R. 1978a. Revision of the African Cicadellidae: Subfamilies Nioniinae, Signoretiinae and Drabescinae (Homoptera, Auchenorrhyncha). *Suomen Hyonteistieteellinen Aikakauskirja*, 44: 35-48.

Linnavouri R. 1978b. Revision of the Ethiopian Cicadellidae (Homoptera). Paraboloponinae and Deltocephalinae. Scaphytopiini and Goniagnathini. *Revue de Zoologie er de Botaniqre Africaines*, 92: 457-500.

Linnavuori R E and K T Al-Ne'amy. 1983. Revision of the African Cicadellidae (Subfamily Selenocephalinae) (Homoptera, Auchenorrhyncha). *Acta Zoologica Fennica*, 168: 1-105.

Liu G-Z. 1939. On a new genus of Homoptera from Anhwei. *The China Journal*, 31(6): 297.

Lu L, M D Webb and Zhang Y-L. 2019. A new species of the leafhopper genus *Drabescus* Stål (Hemiptera: Cicadellidae: Deltocephalinae) from China, with a checklist and key to species. *Zootaxa*, 4612(2): 237-246.

Lu L and Zhang Y-L. 2014a. A new leafhopper genus *Bhatiahamus* (Hemiptera: Cicadellidae: Deltocephalinae) from China with description of a new species and a new combination. *Zootaxa*, 3835(3): 371-375.

Lu L and Zhang Y-L. 2014b. Taxonomy of the Oriental leafhopper genus *Fistulatus* (Hemiptera: Cicadellidae: Deltocephalinae), with description of a new species from China. *Zootaxa*, 3838(2): 247-250.

Lu L and Zhang Y-L. 2015. A new species of the leafhopper genus *Bhatia* Distant (Hemiptera: Cicadellidae: Deltocephalinae) from China. *Zootaxa*, 3911(1): 145-150.

Lu L, Zhang Y-L and M D Webb. 2014. *Nirvanguina* Zhang & Webb (Hemiptera: Cicadellidae: Deltocephalinae), a new record for China, with description of a new species. *Zootaxa*, 3779(5): 597-600.

Matsumura S. 1905. Thousend of Insects in Japan II. 1-163. [松村松年. 日本千虫图解 (卷之二). 东京: 警醒社书店. 1-163.]

Matsumura S. 1912. Die Acocephalinen und Bythoscopinen Japans. *Journal of the College of Agriculture*,

Imperial University of Tokyo, 4: 279-325.

Matsumura S. 1914. Die Jassinen und einige neue Acocephalinen Japans. *Journal of the College of Agriculture, Imperial University of Tokyo*, 5: 165-240, figs 1-12.

Matsumura S. 1940. Homopterous insects collected at Kotosho (Botel Tabago) Formosa by Mr. Tadao Kano. *Insecta Matsumurana*, 15: 34-51.

Mayr E and P D Ashlock. 1991. *Principles of Systematic Zoology* (second edition). McGraw-hii, Inc., 1-475.

Mayr E. 1954. Change of genetic environment and evolution, Evolution as a process. 157-180.

Melichar L. 1902. Homopteren aus West-China, Persien und dem Süd-Ussuri-Gebiete. *Annuaire du Musée Zoologique de l'Académie Impériale des Sciences de St.-Pétersbourg*, 7: 76-146.

Melichar L. 1903. *Homopteren-Fauna von Ceylon*. Berlin: Verlag Von Felix L. Dames. 1-248, 6 pls.

Melichar L. 1904. Neue Homopteren aus süd-schoa, Galla und den Somal-länden. *Verhandlungen der Kaiserlich-Königlichen Zoologisch-botanischen Gesellschaft in Wien.*, 54: 25-48.

Melichar L. 1911. Collections recueillies par M. de Rothschild dans l'Afrique Orientale, Homopteres. *Bulletin du Muséum National d'Histoire Naturelle*, 106-117.

Melichar L. 1914. Homopteren von Java, gesammelt von Herrn. Edw. Jacobson. *Leyden Museum Notes*, 36: 91-147, pl. 3.

Merino G. 1936. Philippine Cicadellidae (Homoptera). *Philippine journal of Science*, 61: 307-400. pls. 1-4.

Metcalf Z P. 1946. Homoptera, Fulgoroidea and Jassoidea of Guam. *Bernice P. Bishop Museum Bulletin*, 189: 105-148, figs. 1-30.

Metcalf Z P. 1955. New names in the Homoptera. *Journal of the Washington Acadeny of Science*, 45(8): 262-268.

Metcalf Z P. 1962. *General Catalogue of the Homoptera. Fascicle VI. Cicadelloidea. Part 2. Hylicidae*. United States Department of Agriculture-Agricultural Research Service, Washington D C. 1-18.

Metcalf Z P. 1966. *General Catalogue of the Homoptera. Fascicle VI. Cicadelloidae. Part 15. Iassidae*. United States Department of Agriculture-Agricultural Research Service, Washington D C. 1-229.

Metcalf Z P. 1967. *General Catalogue of the Homoptera. Fascicle VI. Cicadelloidae. Part 10. Section I-III. Euscelidae*. United States Department of Agriculture-Agricultural Research Service, Washington D C. 1-2695.

Metcalf Z P. 1968. *General Catalogue of the Homoptera Fascicle VI. Cicadelloidea. Part 17 Cicadellidae*. United States Department of Agriculture-Agricultural Research Service, Washington D C. 1-1513.

Nast J. 1972. *Palaearctic Auchenorrhyncha (Homoptera), an Annotated Check List*. Polish Scientific Publishers, Warszawa. 1-550.

Nielson M W. 1975. A Revision of the Subfamily Coelidinae (Homoptera: Cicadellidae), Tribes Tinobregmini, Sandersellini and Tharrini. *Bulletin of the British Museum (Natural History) Entomology. Supplement* 24: 1-197.

Ouchi Y. 1938. Contributions ad cognitionem insectrum Asiae Orientalis. II. On a new species of genus *Ahenobarbus*. (Family Jassidae). *The Journal of the Shanghai Science Institute*. [Section III. Systematic and Morphological Biology (Systematics, Ecology, Anatomy, Histology and Embryology) and Pharmacognosy], 4: 27-29.

Oman P W. 1943. *A Generic Revision of the Nearctic Cicadellidae*. Summary of Doctoral Thesis, The George Washington State University Bulletin, 1941-1943: 14-17.

Oman P W. 1949. The Nearctic Leafhoppers (Homoptera: Cicadellidae), A generic classification and check list. *Memoirs of the Entomological Society of Washington*, 3: 1-253.

Oman P W, W J Knight and M W Nielson. 1990. *Leafhoppers (Cicadellidae): A Bibliography, Generic Checklist and Index to the World Literature 1956-1985*. CAB International, Wallingford, U. K., 1-368.

Osborn H. 1934a. Hemiptera-Cicadellidae (Jassidae). *Insects of Samoa and other Samoan terrestrial Arthropoda. II*, (4): 163-192.

Osborn H. 1934b. Cicadellidae of the Marquesas Islands. *Bernice P. Bishop Museum Bulletin*, 114: 239-269, figs. 1-23.

Oshanin V T. 1912. Katalog der paläarktischen Hemipteren (Heteroptera, Homoptera-Auchenorhyncha und Psylloideae). Verlag von R. Friedläuder & Sohn., Berlin. 1-187.

Qu L, Li H and Dai R-H. 2014. Key to species of leafhopper genus *Drabescoides* Kwon and Lee (Hemiptera, Cicadellidae), with description of a new species from Southern China. *Zootaxa*, 3811(3): 347-358.

Qu L, M D Webb and Dai R-H. 2015. A new genus and species of the leafhopper subtribe Paraboloponina from China (Hemiptera, Cicadellidae). *Zootaxa*, 3919(2): 260-270.

Rao K R. 1989. Descriptions of some new leafhoppers (Homoptera: Cicadellidae) with notes on some synonymies and imperfectly known species from India. *Hexapoda*, 1: 59-84.

Ribaut H H. 1952. Homoptères Auchenorhynques. II (Jassidae). *Faune de France*, 57: 1-474.

Ronquist F. 1997. Dispersal-vicariance analysis: a new approach to the quantification of historical biogeography. *Systematic Biology*, 46: 195-203.

Ross H H. 1957. Evolutionary developments in leafhoppers. *Systematic Zoology*, 6: 87.

Ross H H. 1968. The evolution and dispersal of the grassland leafhopper genus *Exitianus*, with keys to the Old World species (Cicadellidae-Hemiptera). *Bulletin of the British Museum (Natural History) Entomology*, 22: 1-30.

Schmidt E. 1911. Neue Homopteren von Borneo. Entomologische Zeitung. *Herausgegeben von dem entomologischen Vereine zu Stettin, Stettin*, 72: 213-232.

Schumacher F. 1915. Der gegenwärtige Stand unserer Kenntnis von der Homopteren-fauna der Insel Formosa unter besonderer Berucksichtigung von Sauter'-schem Material. *Mitteilungen aus dem Zoologischen Museum in Berlin*, 8: 73-134.

Schmidt E. 1920a. Beitrage Zur Kenntnis aussereuropaischer Zikaden (Rhynchota, Homoptera) XIV Zur Kenntnis der Tribus Sudrini. *Archiv für Naturgeschichte*, 85: 116-120.

Schmidt E. 1920b. Beitrag zur Kenntnis der Zikadenfauna von Canton (China). *Archiv für Naturgeschichte*, 85: 121-128.

Schmidt E. 1926. Fauna Buruana. Homoptera. *Treubia*, 7: 217-258.

Shang S-Q, M D Webb and Zhang Y-L. 2014. Key to Chinese species of the leafhopper genus *Drabescus* (Hemiptera: Cicadellidae: Deltocephalinae) with description of a new species. *Zootaxa*, 3852(1): 141-146.

Shang S-Q, Shen L, Zhang Y-L and Li H-H. 2006a. Taxonomic study on leafhopper genus *Bhatia* from China (Insecta: Himptera: Cicadellidae). *Proceedings of the Entomological Society of Washington*, 108(3): 565-574.

Shang S-Q, Shen L, Zhang Y-L and Li H-H. 2006b. Taxonomic study on the leafhopper genus *Fistulatus* Zhang with description of a new species from China (Hemiptera: Selenocephalinae: Paraboloponini).

Acta Zootaxonomica Sinica, 31(1): 152-154.

Shang S-Q and Zhang Y-L. 2003. Two new leafhopper species of genus *Fistulatus* from Kalimantan (Homoptera: Cicadellidae: Selenocephalinae). *Entomotaxonomia*, 25(1): 21-24.

Shang S-Q and Zhang Y-L. 2012. Review of leafhopper genus *Drabescus* with description of a new species from China (Hemiptera: Selenocephalinae). *Sciencepaper online*, 2012, 1-3.

Shang S-Q, Zhang Y-L and Shen L. 2003. Taxonomic study on *Drabescoides* (Homoptera: Cicadellidae: Selenocephalinae) from China. *Entomotaxonomia*, 25(4): 257-259.

Shang S-Q, Zhang Y-L and Shen L. 2009. New species of the leafhopper genus *Drabescus* Stål (Hemiptera: Cicadellidae: Selenocephalinae) from Papua New Guinea. *Zootaxa*, 2117: 49-55.

Shang S-Q, Zhang Y-L, Shen L and Li H-H. 2006. Two new generic records and two new species of the leafhopper subfamily Selenocephalinae from China (Hemiptera: Cicadellidae). *Entomotaxonomia*, 28(1): 33-39.

Shen L and Zhang Y-L. 1995a. A new species of the genus *Assiringia* Stål (Homoptera: Cicadellidae: Hylicinae) from Tibet, China. *Entomotaxonomia*, 17(2): 106-108.

Shen L and Zhang Y-L. 1995b. A new species and a new Chinese record of the genus *Kalasha* Distant (Homoptera: Cicadellidae: Hylicinae). *Entomotaxonomia*, 17(3): 185-188.

Shen L and Zhang Y-L. 1995c. Two new species of the genus *Balala* Distant (Homoptera: Cicadellidae: Hylicinae) from China. *Entomotaxonomia*, 17(4): 271-275.

Shen L, Shang S-Q and Zhang Y-L. 2008. Study on the leafhopper genus *Tambocerus* (Insecta: Hemiptera: Cicadellidae) with four new species from China. *Proceedings of the Entomological Society of Washington*, 110(1): 242-249.

Shen X-C and Pei H-C. 1999. *Insect Fauna of Henan Province (Vol. 4), Insects of the mountains Funiu and Dabie regions*. China Agricultural Sci-Tech Press, Beijing. 1-415. [申效诚, 裴海潮. 1999. 河南昆虫分类区系研究（第四卷），伏牛山南坡及大别山区昆虫. 北京: 中国农业科技出版社. 1-415.]

Signoret V. 1880. Essai sur les Jassides Stål, Fieb. et plus particuliérement sur les Acocephalides Putoň. *Annales de la Société Entomologique de France*, 10: 189-212, pls. 6, 7, 10.

Singh-Pruthi H. 1930. Studies on Indian Jassidae (Homoptera). Part Ⅰ. Introduction and description of some new genera and species. *Memoirs of the Indian Museum*, 11: 1-68, pls. 1-5.

Singh-Pruthi H. 1934. Entomological investigations on the spike disease of sandal (14). *Jassidae (Homopt.)*. *Indian Forest Records (Entomology series).*, 19: 1-30, pl. 1.

Spinola M. 1850. Di alcuni generi d'insetti artroidignati nuovamente proposti dal socio attuale Signor Marchese Massimiliano Spinola nella sua tavola sinottica di questo ordine che precede la presente memoria. *Memorie della Società Italiana delle Scienze residente in Modena*, 25(1): 61-138.

Stål C. 1858. Hemipterologiska bidrag. Ofversigt af Kongl. *Vetenskaps-Akademiens Förhadlingar*, 15: 433-454.

Stål C. 1863. Hemipterorum exoticorum generum et specierum nonnullarum novarum descriptiones. *Transactions of the Entomological Society of London*, 1(3): 571-603.

Stål C. 1864. Hemiptera nonnulla nova vel minus cognita. *Annales de la Société Entomologique de France*, 4: 47-68.

Stål C. 1870. Hemiptera insularum Philippinarum. Bidrag till Philippinska oarnes Hemiptr-fauna. Ofversigt af

Kongl. *Vetenskaps-Akademiens Förhadlingar*, 27: 607-776, pls. 7-9.

Tang J and Zhang Y-L. 2018. Review of the leafhopper genus *Hylica* Stål (Hemiptera: Cicadellidae: Hylicinae) with description of one new species. *Zootaxa*, 4388(4): 526-536.

Tang J and Zhang Y-L. 2019a. Review of the leafhopper genus *Kalasha* Distant (Hemiptera: Cicadellidae: Hylicinae), *Zootaxa*, 4545 (3): 408-418.

Tang J and Zhang Y-L. 2019b. Review of the oar-head leafhopper genus *Nacolus* Jacobi (Hemiptera: Cicadellidae: Hylicinae). *Zootaxa*, 4571(1): 58-72.

Tang J and Zhang Y-L. 2020. Review of the Oriental leafhopper genus *Balala* Distant, with new species and new records (Hemiptera: Cicadellidae: Hylicinae). *Zootaxa*, 4731(1): 23-42.

Theron J G. 1986. New genera and species of southern African Coelidiinae (Homoptera: Cicadellidae), with description of the tribe Equeefini. *Phytophyctica*, 18(4): 153-163.

Uhler P R. 1896. Summary of the Hemiptera of Japan presented to the United States National Museum by Professor Mitzukuri. *Proceedings of the United States National Museum*, 19: 255-297.

Vilbaste J. 1968. *Cicadellidae Fauna of the Primoskii Krai Territory [in Russian]*. Izdatel'stvo Valgus, Talin. 1-195.

Viraktamath C A. 1998. Revision of the leafhopper tribe Paraboloponini (Hemiptera: Cicadellidae: Selenocephalinae) in the Indian subcontinent. *Bulletin of the Natural History Museum (Entomology)*, 67(2): 1-207.

Wagner W. 1951. Beitrag zur Phylogenie und Systematik der Cicadellidae (Jassidae) Nord-und Mitteleuropas. *Commentationes Biologicae*, 12: 1-44.

Walker F. 1851. List of the specimens of Homopterous insects in the collection of the British Museum, 3: 637-907.

Walker F. 1857. Catalogue of the Homopterous insects collected at Sarawak, Borneo, by Mr. A. R. Wallace, with descriptions of new species. *Journal of the Linnean Society (Zoology)*, 1: 141-175, pls. 1, 8.

Walker F. 1858a. List of the specimens of Homopterous insects in the collection of the British Museum, Supplement. Edward Newman, London. 1-307.

Walker F. 1858b. List of the specimens of Homopterous insects in the collection of the British Museum, Addenda. Edward Newman, London. 308-369.

Walker F. 1869. Catalogue of the Homopterous insects collected in the Indian Archipelago by Mr. A. R. Wallace, with descriptions of new species. *Journal of the Linnean Society (Zoology)*, 10: 276-330.

Wang J-J, Qu L, Xing J-C and Dai R-H. 2016. Three new species of the leafhopper genus *Drabescus* Stål (Hemiptera: Cicadellidae: Deltocephalinae) from China. *Zootaxa*, 4132(1): 118-126.

Watrous L E and Q D Wheeler. 1981. The out-group comparision method of character analysis. *Systematic Zoology*, 30: 1-11.

Webb M D. 1981a. A new species of *Dryadomorpha* from the Central African Republic with a key to the known African species of the genus (Homoptera: Cicadellidae). *Revue Francaise d'Entomologie (Nouvelle Série)*, 3: 57-58.

Webb M D. 1981b. The Asian, Australasian and Pacific Paraboloponinae (Homoptera: Cicadellidae). *Bulletin of the British Museum (Natural History) (Entomology)*, 43: 39-76.

Webb M D. 1994. *Bhatia* Distant, 1908 (Insecta, Homoptera): proposed confirmation of *Eutettix? olivaceus* Melichar, 1903 as the type species. *Bulletin of Zoological Nomenclature*, 51: 116-117.

Webb M D and Zhang Y-L. 1993. Characters of the cicadellid leg and their use in classification. In: Drosopoulos S, Petrakis P V, Claridge M F, de Vrijer P W F (eds.). *Proceedings of the 8th Auchenorrhyncha Congress*. Delphi. Greece. 9-13.

Wei C, M D Webb and Zhang Y-L. 2007a. Revision of the Oriental leafhopper genus *Toba* with description of a related new genus (Hemiptera: Cicadellidae: Stegelytrinae). *European Journal of Entomology*, 104: 285-293.

Wei C, M D Webb and Zhang Y-L. 2007b. A remarkable new leafhopper genus and species from Thailand (Hemiptera: Cicadellidae: Stegelytrinae) with modified legs and 'hairy' eggs. *Systematic Entomology*, 32: 539-547.

Wei C, M D Webb and Zhang Y-L. 2008. The identity of the Oriental leafhopper genera *Cyrta* Melichar and *Placidus* Distant (Hemiptera: Cicadellidae: Stegelytrinae), with description of a new genus. *Zootaxa*, 1793: 1-27.

Wei C, M D Webb and Zhang Y-L. 2010. A review of the morphologically diverse leafhopper subfamily Stegelytrinae (Hemiptera: Cicadellidae) with description of new taxa. *Systematic Entomology*, 35: 19-58.

Wei C and Zhang Y-L. 2003. A new species of the genus *Placidus* (Homoptera: Cicadellidae: Stegelytrinae) from Nepal. *Entomotaxonomia*, 25: 91-94.

Wei C, Zhang Y-L and M D Webb. 2006a. New synonymy in the leafhopper genus *Stegelytra* Mulsant & Rey and description of a new genus (Hemiptera: Cicadellidae: Stegelytrinae). *Journal of Natural History*, 40: 2057-2069.

Wei C, Zhang Y-L and M D Webb. 2006b. *Paradoxivena*, a new leafhopper genus (Hemiptera: Cicadellidae: Stegelytrinae) from Tibet, China. *Zootaxa*, 1372: 27-33.

Wei C, Zhang Y-L and M D Webb. 2008a. *Minucella*, a new leafhopper genus and species from China (Hemiptera: Cicadellidae: Stegelytrinae). *Zootaxa*, 1854: 33-44.

Wei C, Zhang Y-L and M D Webb. 2008b. Revision of the Oriental leafhopper genus *Pachymetopius* Matsumura (Hemiptera: Cicadellidae: Stegelytrinae) with description of five new species. *Annales de la Société entomologique de France*, 44: 289-299.

Xu D-L and Zhang Y-L. 2020. Taxonomy of the Oriental leafhopper genus *Parabolopona* (Hemiptera: Cicadellidae: Deltocephalinae: Drabescini) with a new species from China. *Zootaxa*, 4821(1): 189-195.

Yang J-K and Zhang L-S. 1995. Homoptera: Cicadelloidea. 35-44. In: Zhu T-A (ed.). *Insects and Macrofungi of Gutianshan, Zhejiang*. Zhejiang Sci-tech Press, Hangzhou. 1-327. [杨集昆, 张礼生. 1995. 同翅目: 叶蝉总科. 35-44. 见: 朱廷安主编. 浙江古田山昆虫和大型真菌. 杭州: 浙江科技出版社. 1-327.]

Yuan Z-L, Shen L, Shang S-Q and Zhang Y-L. 2006. Study on the Biogeography of Selenocephalinae (Homoptera: Cicadellidae). *Acta Zootaxonomica Sinica*, 31(1): 1-10.

Yu Z, M D Webb, Dai R-H and Yang M-F. 2019. Three new species in the leafhopper tribe Drabescini (Hemiptera, Cicadellidae, Deltocephalinae) from southern China. *ZooKeys*, 846: 43-53.

Yu Z, Qu L, Dai R-H and Yang M-F. 2019. Key to species of the leafhopper genus *Bhatia* Distant, 1908 (Hemiptera: Cicadellidae: Drabescini) with description of a new species from China. *Zootaxa*, 4624(1): 142-146.

Zahniser J N and C H Dietrich. 2008. Phylogeny of Deltocephalinae (Insecta: Auchenorrhyncha: Cicadellidae) and related subfamilies based on morphology. *Systematics and Biodiversity*, 6: 1-24.

Zahniser J N and C H Dietrich. 2010. Phylogeny of the leafhopper subfamily Deltocephalinae (Insecta: Auchenorrhyncha: Cicadellidae) based on molecular and morphological data with a revised family-group classification. *Systematic Entomology*, 35 (3): 489-511.

Zahniser J N and C H Dietrich. 2013. A review of the tribes of Deltocephalinae (Hemiptera: Auchenorrhyncha: Cicadellidae). *European Journal of Taxonomy*, 45: 1-211.

Zhang W-Z and Zhang Y-L.1998. On Chinese species of the genus *Bhatia* Distant (Homoptera: Cicadellidae). *Entomotaxonomia*, 20(3): 177-181. [张文珠, 张雅林. 1998. 中国沟顶叶蝉属种类记述 (同翅目: 叶蝉科). 昆虫分类学报, 20(3): 177-181.]

Zhang Y-L. 1990. *A Taxonomic Study of Chinese Cicadellidae (Homoptera: Cicadellidae)*. Tianze Press, Yangling. 1-218. [张雅林. 1990. 中国叶蝉分类研究 (同翅目: 叶蝉科). 杨凌: 天则出版社. 1-218.]

Zhang Y-L, Chen B and Shen L. 1995. On Chinese species of the genus *Parabolopona* Matsumura (Homoptera: Cicadellidae). *Entomotaxonomia*, 17(Suppl.): 9-14. [张雅林, 陈波, 沈林. 1995. 中国脊翅叶蝉属种类记述. 昆虫分类学报, 17(增刊): 9-14.]

Zhang Y-L, Chen B and Zhang W-Z. 1997. Taxonomic study of the genus *Kutara* Distant (Homoptera: Cicadellidae: Selenocephalinae) from China. *Entomotaxonomia*, 19(3): 173-181. [张雅林, 陈波, 张文珠. 1997. 中国增脉叶蝉属分类. 昆虫分类学报, 19(3): 173-181.]

Zhang Y-L and Shang S-Q. 2003. Three new leafhopper species of genus *Drabescus* from China (Homoptera: Cicadellidae: Selenocephalinae). *Entomotaxonomia*, 25(2): 95-101.

Zhang Y-L and Shen L. 1994. A new species of the genus *Wolfella* Spinola (Homoptera: Cicadellidae: Hylicinae). *Entomotaxonomia*, 16(1): 33-37.

Zhang Y-L and M D Webb. 1996. A revised classification of the Asian and Pacific selenocephaline leafhoppers (Homoptera: Cicadellidae). *Bulletin of the Natural History Museum (Entomology)*, 65(1): 1-103.

Zhang Y-L, M D Webb and Wei C. 2004. The Oriental leafhopper genus *Doda* Distant (Auchenorrhycha: Cicadellidae). *Systematics and Biodiversity*, 1: 301-303.

Zhang Y-L, M D Webb and Wei C. 2007. A new Stegelytrine leafhopper genus (Hemiptera: Cicadellidae) from South East Asia. *Annales Zoologici*, 57: 505-516.

Zhang Y-L and Wei C. 2002a. A systematic study on the genus *Placidus* Distant (Homoptera: Cicadellidae). *Entomologia Sinica*, 9: 63-72.

Zhang Y-L and Wei C. 2002b. Study on the Oriental leafhopper genus *Kunasia* Distant (Homoptera: Cicadellidae). *Entomotaxonomia*, 24: 83-88.

Zhang Y-L, Wei C and Shen L. 2002. A new species of *Placidellus* Evans and a related new genus (Homoptera: Cicadellidae). *Entomotaxonomia*, 24: 239-244.

Zhang Y-L, Wei C and Sun G-H. 2002. A systematic study on the genus *Cyrta* Melichar (Homoptera: Cicadellidae). *Entomotaxonomia*, 24: 27-44. [张雅林, 魏琮, 孙桂华. 2002. 弓背叶蝉属分类研究 (同翅目: 叶蝉科). 昆虫分类学报, 24: 27-44.]

Zhang Y-L, Wei C and M D Webb. 2006a. Two new oriental stegelytrine leafhopper genera (Hemiptera: Cicadellidae). *Proceedings of the Entomological Society of Washington*, 108: 289-296.

Zhang Y-L, Wei C and M D Webb. 2006b. A new stegelytrine leafhopper genus from China and Thailand (Hemiptera: Cicadellidae). *Zootaxa*, 1333: 55-62.

Zhang Y-L, Wei C and M D Webb. 2007. The Oriental fly-like leafhoppers of the subfamily Stegelytrinae - the *Doda* group (Hemiptera: Cicadellidae). *Zoological Science*, 24: 414-426.

Zhang Y-L and Yang L-H. 2001. Redescription of two species of genus *Karasekia* Melichar (Homoptera: Cicadellidae: Hylicinae) based on the types from Moravian Museum. *Entomotaxonomia*, 23: 259-264. [张雅林, 杨玲环. 2001. 捷克 Moravian 博物馆馆藏巨索杆蝉属两种的再描记 (同翅目: 叶蝉科: 杆叶蝉亚科). 昆虫分类学报, 23: 259-264.]

Zhang Y-L and Zhang W-Z. 1998. A new genus and species of Paraboloponini from South China (Homoptera: Cicadellidae: Selenocephalinae). *Entomotaxonomia*, 20(4): 253-256. [张雅林, 张文珠. 1998. 脊翅叶蝉族一新属一新种. 昆虫分类学报, 20(4): 253-256.]

Zhang Y-L, Zhang W-Z and Chen B. 1997. Selenocephaline leafhoppers (Homoptera: Cicadellidae) from mt. Funiushan in Henan Province. *Entomotaxonomia*, 19(4): 235-245. [张雅林, 张文珠, 陈波. 1997. 河南伏牛山缘脊叶蝉亚科种类记述. 昆虫分类学报, 19(4): 235-245.]

Zhang Y-L, Chen B and Zhang W-Z. 1999. A new genus and species of subfamily Selenocephalinae (Homoptera: Cicadellidae). *Entomotaxonomia*, 21(1): 25-28. [张雅林, 陈波, 张文珠. 1999. 缘脊叶蝉亚科一新属一新种. 昆虫分类学报, 21(1): 25-28.]

英 文 摘 要

Abstract

This monograph deals with the following three subfamilies of Cicadellidae (Insecta: Hemiptera), Hylicinae, Stegelytrinae and Selenocephalinae from China. It includes two main parts. The first part is a summary of previous works on the taxonomy and related research of the subfamilies, including an introduction, the history and present situation of taxonomic research, and biogeography. The second part is the systematics of the subfamilies and totally, 152 species of 40 genera are described and illustrated, of which 9 genera and 17 species belonging to Hylicinae, 13 genera and 43 species to Stegelytrinae, and 18 genera and 92 species to Selenocephalinae. Keys to tribes, genera and species are provided. Indices to scientific and Chinese names as well as plates are attached.

The specimens examined in this volume were mostly from the Entomological Museum, Northwest A&F University (NWAFU), Yangling, China, and others were loaned from the following collections with kind help of the taxonomists or curators mentioned below:

BMNH	The Natural History Museum (formerly British Museum of Natural History), London, UK, Mr. M.D. Webb
BMSYS	The Museum of Biology, Sun Yat-sen University, Guangzhou, Guangdong, China, Profs. Liang Geqiu, Hua Lizhong, Zhang Wenqing and Pang Hong
BNHM	Beijing Museum of Natural History, Beijing, China, Prof. Liu Sikong
BPBM	Bernice Pauahi Bishop Museum, Honolulu, Hawaii, USA
CAF	Chinese Academy of Forestry, Beijing, China, Prof. Yang Zhongqi
CAS	California Academy of Sciences, San Francisco, USA
CAU	China Agricultural University, Beijing, China, Profs. Yang Jikun, Li Fasheng, Wang Xinli, Yang Ding and Cai Wanzhi
IRSNB	Institute Royale des Sciences Naturelles de Belgique, Brussels, Belgique
IZCAS	Institute of Zoology, Chinese Academy of Sciences, Beijing, China, Profs. Huang Dawei, Yang Xingke, Qiao Gexia, Liang Aiping, Chen Jun and Li Shuqiang
MIZ	Museum of Zoology, Polonicum Worazawa, Poland
MMB	Moravian Museum, Brno, Czechislovakia
NCSU	North Carolina State University, Raleigh, USA
NKU	Nankai University, Tianjin, China, Profs. Liu Guoqing, Bu Wenjun and Li

Houhun

NMNH   National Museum of Natural History, Washington DC, USA (former United States National Museum) , Dr. T. Henry and Dr. S. Mckamey

MNS   Museum of Natural Science, Taichung, Taiwan, China

NWAFU   Northwest A&F University, Yangling, Shaanxi, China

SEMCAS   Shanghai Entomological Museum, Chinese Academy of Sciences, Shanghai, China, Mrs. Zhang Weinian, Mr. Yin Haisheng and Mr. Liu Xianwei

SMTD   Staatliches Museum für Tierkunde Dresden, Germany.

SUJ   Saitama University, Saitama, Japan, Prof. M. Hayashi

TMNH   Tianjin Natural History Museum, Tianjin, China, Mrs. Sun Guihua

ZFMK   Zoologisches Forschungsinstitut und Museum Alexander Koenig, Bonn, Germany

We are grateful to all the institutions and colleagues for the loan of specimens. We also appreciate Prof. C. Dietrich (Illinois Natural History Survey, Institute of Natural Resource Sustainability, University of Illinois, USA), Prof. C.A. Viraktamath (Department of Entomology, University of Agricultural Sciences, India), Prof. M.J. Fletcher (Agricultural Scientific Collections Unit, NSW Department of Primary Industries, Orange Agricultural Institute, Australia), and Prof. Li Zizhong (Guizhou University, Guiyang, China) for their collaboration and comments to this work. We sincerely thank *Zootaxa* and *Entomotaxonomia* and other journals and authors allowing us to use the figures and descriptions in this monograph, which are cited in the references. Some postgraduates and undergraduates, Mr. Zhang Wenzhu, Mr. Chen Bo, Ms Tang Li, and Dr. Lu Lin studied related taxa or collected specimens, and Dr. Cao Yanghui prepared the indices to scientific and Chinese names during their study in Northwest A&F University, to whom we also express our thanks for their contributions. Our thanks are also given to the Entomological Museum, Entomological Institute, Colleage of Plant Protection, Key Laboratory of Plant Protection Resources and Pest Management of Ministry of Education of Northwest A&F University for allowing us using their labs and facilities.

This study is supported by the Ministry of Science and Technology of the People's Republic of China (2006FY120100), the National Natural Science Foundation, China (30370180, 30499341, 30670256, 30970389, 39870113, 31093430) and the Ministry of Education, China (TS2011XBNL061). The British Council supported the first author as a Post Doc. from Oct. 1992 to Oct. 1993, and the Royal Society supported a joint project during 1995-1996 with Mr. M.D. Webb, both in The Natural History Museum, London, UK; and The Smithsonion Institution supported his visit in The National Museum of Natural History, Washington, USA for one month in 1993 and host him again from Nov. 2003 to May 2004, without which we can not finish such difficult and long-lasting study.

Ⅰ. Hylicinae Distant, 1908

Hylicinae Distant, 1908a: 252.

Type genus: *Hylica* Stål, 1863.

Distribution: Oriental Region, Palaearctic Region, Ethiopian Region.

There are 13 genera and 47 species worldwide, of which 9 genera and 17 species in China.

Key to genera of subfamily Hylicinae

1. Body with many tumors, pygofer without ventral appendage ·· *Hylica*
   Body smooth, pygofer with ventral appendage ·· 2
2. Head with length shorter than or as long as 1/2 width, apical margin of pygofer with several stout setae · 3
   Head with length obviously longer than 1/2 width, apical margin of pygofer without stout seta ··········· 4
3. Forewing with subapical transparent band, scutellum vertically compressed ······················· *Balala*
   Forewing without subapical transparent band, scutellum slightly swollen ····················· *Hemisudra*
4. Body robust, scutellum elongate ·· *Sudra*
   Body slender, scutellum short ··· 5
5. Head triangular, dorsal surface concave ··· 6
   Head produced to horn process, dorsal surface flat or swelling ·· 7
6. Front tibia normal, ventral appendage with apical half split into two branches ···················· *Kalasha*
   Front tibia broaden and compressed, ventral appendage not split·· *Assiringia*
7. Head process narrow in lateral view, apical half bend dorsad or backward ································ 8
   Head process broad in lateral view, straight or only apex upward ····································· *Nacolus*
8. Dorsal margin of head process smooth, pygofer without dorsal connective····················· *Hatigoria*
   Dorsal margin of head process with teeth, pygofer with dorsal connective···················· *Wolfella*

1. *Assiringia* Distant, 1908

Assiringia Distant, 1908a: 255.

Type species: *Assiringia exhibita* Distant, 1908.

Distribution: Oriental Region (China; Myanmar).

3 known species worldwide, 2 species in China.

Key to species of *Assiringia*

Body length less than 1 cm, male pygofer appendages about straight to the end ··········· *A. leigongshana*
Body length more than 1 cm, male pygofer appendages curved insided subapically ··············· *A. tibeta*

(1) *Assiringia leigongshana* (Li & Zhang, 2007) comb. nov. (Fig. 2; Pl. I: 1)

Sudra leigongshana Li & Zhang, 2007: 164, in: Li, Zhang & Wang, 2007.
Distribution: Guizhou, Yunnan.

(2) *Assiringia tibeta* Shen & Zhang, 1995 (Fig. 3; Pl. I: 2)

Assiringia tibeta Shen & Zhang, 1995a: 106.
Distribution: Tibet.

2. *Balala* Distant, 1908

Balala Distant, 1908a: 250; Kuoh, 1966: 110; Zhang, 1990: 39; Tang & Zhang, 2002: 24.
Wania Liu, 1939: 297; Liang, 1995: 210.
Type species: *Penthimia fulviventris* Walker, 1851.
Distribution: Oriental Region, Palaearctic Region.
9 known species worldwide, 7 species in China.

Key to species of *Balala* (♂)

1. Scutellum apex not extended to apex of clavus, centre compressed vertically into keel ····················2
    Scutellum apex reaching apex of clavus, centre moderately swollen ································3
2. Crown with 3 tubercles at apex, pygofer ventral appendage with apical 2/5 recurved, hook-like ············
    ·· *B. curvata*
    Crown without tubercle at apex, pygofer ventral appendage gradually curved dorsad, not hook-like ·······
    ·· *B. hainana*
3. Lateral margin of face angularly convex medially, aedeagus shaft without process ··········*B. fulviventris*
    Lateral margin of face rounded, not produced angularly, aedeagus shaft with process ····················4
4. Frontoclypeus and anteclypeus dark or not, aedeagus shaft wide and flat ································5
    Frontoclypeus and anteclypeus dark, aedeagus shaft tubular ································ *B. nigrifrons*
5. Aedeagus shaft with median longitudinal ridge, lateral process keen-edged, gonopore truncate and
    subapical ·· *B. lui*
    Aedeagus shaft without median longitudinal ridge, lateral process short and blunt, gonopore round on
    apex ·· *B. fujiana*

Note: *Balala formosana* Kato, 1928 is not included in the key due to lack of references and specimens.

(3) *Balala fulviventris* (Walker, 1851) (Fig. 4)

Penthimia fulviventris Walker, 1851: 841.
Balala fulviventris (Walker): Distant, 1908a: 251; Kuoh, 1966: 111; Zhang, 1990: 39;

Tang & Zhang, 2020: 26.

Wania membracioidea Liu, 1939: 297; Liang, 1995: 209-210.

Balala membracioidea (Liu): China, 1941: 255; Liang, 1995: 209-210.

Distribution: Anhui, Fujian, Taiwan, Hainan; India, Myanmar, Vietnam, Indonesia, Borneo.

(4) *Balala lui* Shen & Zhang, 1995 (Fig. 5; Pl. I: 3)

Balala lui Shen & Zhang, 1995c: 271; Tang & Zhang, 2020: 30.

Distribution: Fujian, Guangxi; Malaysia.

(5) *Balala curvata* Shen & Zhang, 1995 (Fig. 6; Pl. I: 4)

Balala curvata Shen & Zhang, 1995c: 272; Tang & Zhang, 2020: 30.

Distribution: Hubei.

(6) *Balala nigrifrons* Kuoh, 1992 (Fig. 7; Pl. I: 5)

Balala nigrifrons Kuoh, 1992: 283; Tang & Zhang, 2020: 29.

Distribution: Shaanxi, Zhejiang, Jiangxi, Guizhou, Yunnan.

(7) *Balala formosana* Kato, 1928

Balala formosana Kato, 1928: 228; Tang & Zhang, 2020: 26.

Distribution: Taiwan; Japan.

Note: The validation of *Balala formosana* Kato needs further confirmation.

(8) *Balala fujiana* Tang & Zhang, 2020 (Fig. 8; Pl. I: 6)

Balala fujiana Tang & Zhang, 2020: 33.

Distribution: Fujian, Guangdong; Vietnam.

(9) *Balala hainana* Tang & Zhang, 2020 (Fig. 9; Pl. I: 7)

Balala hainana Tang & Zhang, 2020: 33.

Distribution: Hainan; Vietnam.

3. *Hatigoria* Distant, 1908

Hatigoria Distant, 1908a: 258; Jacobi, 1914: 381.

Type species: *Hatigoria praeiens* Distant, 1908.

Distribution: Oriental Region, Palaearctic Region.

3 known species worldwide, 1 species in China.

(10) *Hatigoria sauteri* Jacobi, 1914 (Pl. I: 8)

Hatigoria sauteri Jacobi, 1914: 380.
Distribution: Taiwan; Japan.

4. *Hemisudra* Schmidt, 1911

Hemisudra Schmidt, 1911: 228; Schmidt, 1920a: 116.
Type species: *Hemisudra borneensis* Schmidt, 1911.
Distribution: Oriental Region (China; Borneo).
2 known species worldwide, 1 species in China.

(11) *Hemisudra furculata* (Cai & He, 2002) comb. nov. (Fig. 10; Pl. I: 9)

Kalasha furculata Cai & He, 2002: 135.
Distribution: Hainan.

5. *Hylica* Stål, 1863

Hylica Stål, 1863: 593; Tang & Zhang, 2018: 527.
Type species: *Hylica paradoxa* Stål, 1863.
Distribution: Oriental Region (China; India, Nepal, Myanmar, Vietnam, Laos, Thailand, Indonesia, Borneo).
2 known species worldwide, 1 species in China.

(12) *Hylica paradoxa* Stål, 1863 (Fig. 11; Pl. I: 10)

Hylica paradoxa Stål, 1863: 593; Tang & Zhang, 2018: 528.
Distribution: Yunnan; India, Nepal, Myanmar, Vietnam, Laos, Thailand, Indonesia.

6. *Kalasha* Distant, 1908

Kalasha Distant, 1908a: 254; Jacobi, 1914: 379; Evans, 1946b: 45; Shen & Zhang, 1995b: 185; Tang & Zhang, 2019a: 409.
Type species: *Kalasha nativa* Distant, 1908.
Distribution: Oriental Region (China; India, Vietnam, Thailand, Malaysia, Indonesia).
4 known species worldwide, 2 species in China.

Key to species of *Kalasha*

Head longer than distance between eyes; pronotum broad, shorter than or nearly equal to length ···········
··· ***K. minuta***

Head shorter than distance between eyes; pronotum developed, slightly to much longer than length·······
··· **K. nativa**

(13) *Kalasha minuta* Shen & Zhang, 1995 (Fig. 12; Pl. I: 11)

Kalasha minuta Shen & Zhang, 1995b: 185; Tang & Zhang, 2019a: 413.
Distribution: Tonkin; Vietnam.

(14) *Kalasha nativa* Distant, 1908 (Fig. 13; Pl. I: 12)

Kalasha nativa Distant, 1908a: 254; Shen & Zhang, 1995b: 187; Tang & Zhang, 2019a: 410.
Distribution: Hainan, Guangxi; India, Vietnam, Thailand, Malaysia, Indonesia.

7. *Nacolus* Jacobi, 1914

Nacolus Jacobi, 1914: 381; Kuoh, 1966: 111; Zhang, 1990: 40; Tang & Zhang, 2019b:59;
　　Type species: *Nacolus gavialis* Jacobi.
Ahenobarbus Distant, 1918: 28. **Type species**: *Ahenobarbus assamensis* Distant; Tang & Zhang, 2019: 59.
Mellia Schmidt, 1920b: 127. **Type species**: *Mellia granulata* Schmidt; Tang & Zhang, 2019: 59.
Melliola Hedicke, 1923: 72, Nom. nov. for *Mellia* Schmidt, 1920b; Tang & Zhang, 2019: 59.
Type species: *Prolepta*(?) *tuberculatus* Walker, 1858.
Distribution: Oriental Region, Palaearctic Region.
1 known species worldwide, 1 species in China.

(15) *Nacolus tuberculatus* (Walker, 1858) (Fig. 14; Pl. II: 13)

Prolepta(?) *tuberculatus* Walker, 1858b: 315.
Nacolus tuberculatus (Walker): Metcalf, 1962: 13; Tang & Zhang, 2019b: 60.
Nacolus gavialis Jacobi, 1914: 381; Tang & Zhang, 2019b: 60.
Ahenobarbus assamensis Distant, 1918: 28.
Nacolus assamensis (Distant): Esaki & Ito, 1945: 27; Kuoh, 1966: 112; Zhang, 1990b: 40.
Mellia granulata Schmidt, 1920b: 128; Metcalf, 1962: 17; Tang & Zhang, 2019b: 60.
Melliola granulata (Schmidt): Evans, 1946a: 47; Metcalf, 1962: 17; Tang & Zhang, 2019b: 60.
Ahenobarbus sinensis Ouchi, 1938: 27; Metcalf, 1962: 12; Tang & Zhang, 2019b: 60.
Nacolus sinensis (Ouchi): Metcalf, 1962: 12; Tang & Zhang, 2019b: 60.
Nacolus fuscovittatus Kuoh, 1992: 285; Tang & Zhang, 2019b: 60.

Nacolus nigrovittatus Kuoh, 1992: 285; Tang & Zhang, 2019b: 60.

Distribution: Beijing, Henan, Shaanxi, Anhui, Zhejiang, Hubei, Fujian, Taiwan, Guangdong, Sichuan, Guizhou, Yunnan; Japan, India.

8. *Sudra* Distant, 1908

Sudra Distant, 1908a: 257; Kramer, 1964: 47.

Type species: *Sudra notanda* Distant, 1908.

Distribution: Oriental Region (China; Myanmar, Thailand, Indonesia).

4 known species worldwide, 1 species in China.

(16) *Sudra picea* Kuoh, 1992 (Fig. 15)

Sudra picea Kuoh, 1992: 283.

Distribution: Sichuan, Yunnan, Tibet.

9. *Wolfella* Spinola, 1850

Wolfella Spinola, 1850: 120.

Type species: *Wolfella caternaultii* Spinola, 1850.

Distribution: Oriental Region (China), Ethiopian Region.

11 known species worldwide, 1 species in China.

(17) *Wolfella sinensis* Zhang & Shen, 1994 (Fig. 16, 17; Pl. II: 14)

Wolfella sinensis Zhang & Shen, 1994: 33.

Distribution: Guangxi, Yunnan.

Ⅱ. Stegelytrinae Baker, 1915

Stegelytria Baker, 1915: 50; Baker, 1919: 210; Evans, 1947: 214; Metcalf, 1964: 90

Stegelytrinae: Ribaut, 1952: 12, 319; Nielson, 1975: 11; Oman, Knight & Nielson, 1990: 181; Wei, Webb & Zhang, 2010: 24; Zahniser & Dietrich, 2010: 506.

Type genus: *Stegelytra* Mulsant & Rey, 1855.

Distribution: Oriental Region, Ethiopian Region, Palaearctic Region.

There are 29 genera and 80 species worldwide, of which 13 genera and 43 species in China.

Key to genera of subfamily Stegelytrinae

1. Forewing with reticulate venation ··· *Daochia*
   Forewing without reticulate venation ··· 2
2. Appendix of forewing very much reduced or nearly absent ···························· *Wyuchiva*
   Appendix of forewing distinct ·· 3
3. Head with foremargin transversely striate; vertex usually with lateral margins slightly produced beyond eye then angled medially to acutely rounded apex, disc usually with medial ridge ········· *Pachymetopius*
   Head not as above·· 4
4. Scutellum with medial longitudinal ridge or keel or with ridge on each side posteriorly··················· 5
   Scutellum without medial longitudinal ridges posteriorly··· 9
5. Pronotum with medial longitudinal ridge basally ································· *Pseudododa*
   Pronotum without medial longitudinal ridge ·· 6
6. Scutellum with lateral ridge in addition to medial longitudinal ridge ····················· *Placidellus*
   Scutellum just with medial longitudinal ridge ·· 7
7. Anteclypeus with apical half strongly developed laterally ···························· *Quiontugia*
   Anteclypeus with apical half not or only slightly developed laterally ························· 8
8. Anteclypeus gradually broad apically; lorum large and sector ························· *Kunasia*
   Anteclypeus lateral margin curve; lorum very narrow and nonsector ············· *Stenolora*
9. 5th apical cell of forewing very small or absent (without cross vein from outer subapical cell) ·············
   ·· *Minucella*
   5th apical cell of forewing small to normal ·· 10
10. Style with preapical lobe undifferentiated from apophysis, few setae situated subapically on latter
   ··· *Paradoxivena*
   Style with preapical lobe distinct from apophysis, few setae situated on former ·················· 11
11. Anteclypeus narrow basally and broadening apically both in male and female················ *Trunchinus*
   Anteclypeus broad basally with lateral margin slightly convex at least in male ·················· 12
12. Scutellum with tufts of setae on lateral margin; style with several setae on preapical lobe ··········· *Cyrta*
   Scutellum without tufts of setae; style without setae on preapical lobe ······················ *Paracyrta*

10. *Daochia* Wei, Zhang & Webb, 2006

Daochia Wei, Zhang & Webb, 2006a: 2062.
Type species: *Daochia reticulata* Wei, Zhang & Webb, 2006.
Distribution: Oriental Region (China; Vietnam).
4 known species worldwide, 3 species in China.

Key to species of *Daochia*

1. Aedeagus with a long preatrium with an elongate and short pair of process arising from its base ··········· ··*D. longshengensis*
    Aedeagus not as above ···2
2. Aedeagus broadly U-shaped with a single pair of sub-basal processes······························*D. bicornis*
    Aedeagus not as above ··*D. reticulata*

(18) *Daochia reticulata* Wei, Zhang & Webb, 2006 (Fig. 18)

Daochia reticulata Wei, Zhang & Webb, 2006a: 2062.
Distribution: Sichuan, Yunnan, Tibet.

(19) *Daochia longshengensis* Wei, Zhang & Webb, 2006 (Fig. 19)

Daochia longshengensis Wei, Zhang & Webb, 2006a: 2064.
Distribution: Guangxi.

(20) *Daochia bicornis* Wei, Zhang & Webb, 2006 (Fig. 20)

Daochia bicornis Wei, Zhang & Webb, 2006a: 2065.
Distribution: Yunnan.

11. *Wyuchiva* Zhang, Wei & Webb, 2006

Wyuchiva Zhang, Wei & Webb, 2006b: 57.
Type species: *Wyuchiva elegantula* Zhang, Wei & Webb, 2006.
Distribution: Oriental Region (China; Thailand).
2 known species worldwide, 1 species in China.

(21) *Wyuchiva menglaensis* Zhang, Wei & Webb, 2006 (Fig. 21)

Wyuchiva menglaensis Zhang, Wei & Webb, 2006b: 60.
Distribution: Yunnan.

12. *Cyrta* Melichar, 1902

Cyrta Melichar, 1902: 136(61); Zhang, Wei & Sun, 2002: 28; Wei, Webb & Zhang, 2008: 2.
Placidus Distant, 1908a: 341; Zhang & Wei, 2002a: 63; Wei, Webb & Zhang, 2008: 2.
Type species: *Cyrta hirsuta* Melichar, 1902.
Distribution: Oriental Region (China; Nepal, Malaysia, India, Afghanistan).
20 known species worldwide, 16 species in China.

Key to species of *Cyrta**

1. Male pygofer with well developed lateral cleft ···························· *C. longwanshensis*

   Lateral cleft of male pygofer absent or indistinct ································· 2

2. Male pygofer with long inner process ····················· 3

   Male pygofer without inner process ··························· 6

3. Aedeagus with a long lateral process basally ···················· *C. flosifronta*

   Aedeagus without lateral process ·························· 4

4. Aedeagus strongly narrowed subbasally in ventral view; valve articulated to subgenital plate ············

   ··· *C. striolata*

   Aedeagus not as above; valve fused to subgenital plate ···················· 5

5. Inner process of male pygofer strongly curved dorsally, apex exceeding dorsal margin of pygofer side ····

   ··· *C. coalita*

   Inner process of male pygofer weakly curved dorsally, apex not exceeding dorsal margin of pygofer side

   ··· *C. fujianensis*

6. Aedeagus with pair of long lateral process basally ··················· *C. longiprocessa*

   Aedeagus without basal process ··························· 7

7. Aedeagus very broad basally with several stout spines laterally on shaft ·················· *C. spinosa*

   Aedeagus not as above ······························· 8

8. Aedeagus with four apical processes ·························· *C. furcata*

   Aedeagus not as above ······························· 9

9. Aedeagal shaft with dense tubercles ···························· 10

   Aedeagus not as above ······························· 11

10. Aedeagal shaft strongly tapered from base to apex in lateral view ·············· *C. tiantanshanensis*

    Aedeagal shaft weakly tapered from base to apex in lateral view ·················· *C. hirsuta*

11. Aedeagal shaft strongly curved ventrally in lateral view with a pair of apical processes ········ *C. orientala*

    Aedeagus not as above ······························· 12

12. Aedeagus with lateral margin regularly serrate ····················· 13

    Aedeagus not as above ······························· 14

13. Connective Y-shaped; valve fused to subgenital plates ···················· *C. dentata*

    Connective T-shaped; valve articulated to subgenital plates ·················· *C. brunnea*

14. Style with basal part short and distinctly enlarged ··················· *C. nigrocupulifera*

    Style normal, not as above ··························· *C. testacea*

(22) *Cyrta orientala* (Schumacher, 1915) (Fig. 22; Pl. II: 15)

Placidus orientalis Schumacher, 1915: 104.

---

* *Cyrta hyalinata* was known only from the female and not included in the key.

Cyrta orientala (Schumacher): Wei, Webb & Zhang, 2008: 4.
Distribution: Taiwan.

(23) *Cyrta brunnea* (Kuoh, 1992) (Fig. 23)

Placidus brunneus Kuoh, 1992: 298.
Cyrta brunnea (Kuoh): Wei, Webb & Zhang, 2008: 4.
Distribution: Sichuan.

(24) *Cyrta testacea* (Kuoh, 1992) (Fig. 24)

Placidus testaceus Kuoh, 1992: 299.
Cyrta testacea (Kuoh): Wei, Webb & Zhang, 2008: 4.
Distribution: Shaanxi, Sichuan.

(25) *Cyrta longwanshensis* (Li & Zhang, 2006) (Fig. 25)

Placidus longwanshensis Li & Zhang, 2006: 155.
Cyrta longwanshensis (Li & Zhang): Wei, Webb & Zhang, 2008: 6.
Distribution: Zhejiang.

(26) *Cyrta longiprocessa* (Li & Zhang, 2007) (Fig. 26)

Placidus longiprocessus Li & Zhang, 2007: 148.
Cyrta longiprocessa (Li & Zhang): Wei, Webb & Zhang, 2008: 6.
Distribution: Guizhou.

(27) *Cyrta furcata* (Li & Zhang, 2006) (Fig. 27)

Placidus furcatus Li & Zhang, 2006: 155.
Cyrta furcata (Li & Zhang): Wei, Webb & Zhang, 2008: 4.
Distribution: Hubei.

(28) *Cyrta striolata* (Zhang & Wei, 2002) (Fig. 28)

Placidus striolatus Zhang & Wei, 2002a: 65.
Cyrta striolata (Zhang & Wei): Wei, Webb & Zhang, 2008: 4.
Distribution: Yunnan.

(29) *Cyrta flosifronta* (Zhang &Wei, 2002) (Fig. 29)

Placidus flosifrontus Zhang & Wei, 2002a: 67.
Cyrta flosifronta (Zhang & Wei): Wei, Webb & Zhang, 2008: 4.
Distribution: Hunan.

(30) *Cyrta dentata* (Zhang & Wei, 2002) (Fig. 30; Pl. II: 16)

Placidus dentatus Zhang & Wei, 2002a: 68.
Cyrta dentata (Zhang & Wei): Wei, Webb & Zhang, 2008: 4.
Distribution: Sichuan.

(31) *Cyrta nigrocupulifera* (Zhang & Wei, 2002) (Fig. 31)

Placidus nigrocupuliferous Zhang & Wei, 2002a: 70.
Cyrta nigrocupulifera (Zhang & Wei): Wei, Webb & Zhang, 2008: 4.
Distribution: Yunnan.

(32) *Cyrta coalita* Wei, Webb & Zhang, 2008 (Fig. 32)

Cyrta coalita Wei, Webb & Zhang, 2008: 8.
Distribution: Yunnan.

(33) *Cyrta spinosa* Wei, Webb & Zhang, 2008 (Fig. 33)

Cyrta spinosa Wei, Webb & Zhang, 2008: 7.
Distribution: Hubei.

(34) *Cyrta hirsuta* Melichar, 1902 (Fig. 34)

Cyrta hirsuta Melichar, 1902: 136(61); Wei, Webb & Zhang, 2008: 5.
Distribution: Sichuan.

(35) *Cyrta fujianensis* Wei, Webb & Zhang, 2008 (Fig. 35)

Cyrta fujianensis Wei, Webb & Zhang, 2008: 8.
Distribution: Fujian.

(36) *Cyrta tiantanshanensis* Wei, Webb & Zhang, 2008 (Fig. 36)

Cyrta tiantanshanensis Wei, Webb & Zhang, 2008: 7.
Distribution: Shaanxi.

(37) *Cyrta hyalinata* (Kato, 1929)

Kunasia hyalinata Kato, 1929: 547.
Cyrta hyalinata (Kato): Wei, Webb & Zhang, 2008: 25.
Distribution: Taiwan.

13. *Paracyrta* Wei, Webb & Zhang, 2008

Paracyrta Wei, Webb & Zhang, 2008: 9.

Type species: *Cyrta blattina* Jacobi, 1944.

Distribution: Oriental Region (China; Thailand, Nepal).

9 known species worldwide, 9 species in China.

Key to species of *Paracyrta*

1. Frontoclypeus generally dark ochre, with convex median part yellowish and spreading laterally ··········
    ··· *P. parafrons*
    Frontoclypeus generally concolorous; otherwise frontoclypeus generally brown with anlutaceous
    transverse maculae ··2
2. Dorsal side of body generally yellowish ochre with center and posterior margin of each abdominal
    segment blackish ochre, 3rd abdominal sternum with a pair of round brown spots ········· *P. bimaculata*
    Dorsal side of body not generally yellowish ochre, or at least dorsal side of abdomen generally not
    yellowish ochre; 3rd abdominal sternum without paired brown spots································3
3. Coronal suture about as long as 3/4 length of vertex, not up to anterior margin of vertex; dorsal side of
    abdomen generally blackish ochre with lateral area of 2nd-5th abdominal nota as well as most part of 7th
    and genital dorsum yellow··· *P. blattina*
    Coronal suture extending to anterior margin of vertex; otherwise posterior margin of vertex with a pair of
    round yellowish spots; dorsal side of abdomen not as above ································4
4. Inner margin of style with inner basal process distinct ··5
    Inner margin of style with inner basal process prominent··7
5. Subgenital plate with a row of recusetae near inner margin ································ *P. recusetosa*
    Subgenital plate without recusetae ···6
6. Basal half of style with setae; aedeagus with short and blunt divergent apexbut not hooked ······· *P. setosa*
    Basal half of style without setae; aedeagus with long and hooked divergent apex ················ *P. bicolor*
7. Basal half narrowed near middle of style, with inner basal process large, tooth-shaped··········· *P. dentata*
    Basal half not narrowed near middle of style, with inner basal process not tooth-shaped ····················8
8. Style with inner basal process long lobe-shaped; aedeagus deeply concave subapically on inner margin
    formed a process pointing to apex ··· *P. longiloba*
    Style with inner basal process round, short lobe-shaped; aedeagus not concave subapically, without
    process··· *P. banna*

(38) *Paracyrta blattina* (Jacobi, 1944) (Figs 37, 38)

Cyrta blattina Jacobi, 1944: 35.
Paracyrta blattina (Jacobi): Wei, Webb & Zhang, 2008: 11.
Distribution: Fujian.

(39) *Paracyrta recusetosa* (Zhang & Wei, 2002) (Fig. 39; Pl. II: 17)

Cyrta recusetosa Zhang & Wei, in Zhang, Wei & Sun, 2002: 30.
Paracyrta recusetosa (Zhang & Wei): Wei, Webb & Zhang, 2008: 11.
Distribution: Yunnan.

(40) *Paracyrta setosa* (Zhang & Sun, 2002) (Fig. 40; Pl. II: 18)

Cyrta setosa Zhang & Sun, in Zhang, Wei & Sun, 2002: 31.
Paracyrta setosa (Zhang & Sun): Wei, Webb & Zhang, 2008: 11.
Distribution: Yunnan; Thailand.

(41) *Paracyrta banna* (Zhang & Wei, 2002) (Fig. 41; Pl. II: 19)

Cyrta banna Zhang & Wei, in Zhang, Wei & Sun, 2002: 32.
Paracyrta banna (Zhang & Wei): Wei, Webb & Zhang, 2008: 10.
Distribution: Yunnan.

(42) *Paracyrta bicolor* (Zhang & Wei, 2002) (Fig. 42)

Cyrta bicolor Zhang & Wei, in Zhang, Wei & Sun, 2002: 34.
Paracyrta bicolor (Zhang & Wei): Wei, Webb & Zhang, 2008: 11.
Distribution: Zhejiang.

(43) *Paracyrta longiloba* (Zhang & Wei, 2002) (Fig. 43; Pl. II: 20)

Cyrta longiloba Zhang & Wei, in Zhang, Wei & Sun, 2002: 35.
Paracyrta longiloba (Zhang & Wei): Wei, Webb & Zhang, 2008: 11.
Distribution: Zhejiang.

(44) *Paracyrta dentata* (Zhang & Wei, 2002) (Fig. 44)

Cyrta dentata Zhang & Wei, in Zhang, Wei & Sun, 2002: 37.
Paracyrta dentata (Zhang & Wei): Wei, Webb & Zhang, 2008: 11.
Distribution: Zhejiang.

(45) *Paracyrta bimaculata* (Zhang & Sun, 2002) (Fig. 45; Pl. II: 21)

Cyrta bimaculata Zhang & Sun, in Zhang, Wei & Sun, 2002: 38.
Paracyrta bimaculata (Zhang & Sun): Wei, Webb & Zhang, 2008: 11.
Distribution: Yunnan.

(46) *Paracyrta parafrons* (Zhang & Wei, 2002) (Fig. 46)

Cyrta parafrons Zhang & Wei, in Zhang, Wei & Sun, 2002: 39.

Paracyrta parafrons (Zhang & Wei): Wei, Webb & Zhang, 2008: 11.
Distribution: Yunnan.

14. *Pachymetopius* Matsumura, 1914

Pachymetopius Matsumura, 1914: 219; Capriles, 1975: 307.
Sabimamorpha Schumacher, 1915: 124.
Type species: *Pachymetopius decoratus* Matsumura, 1914.
Distribution: Oriental Region (China; Vietnam, Thailand, Laos).
6 known species worldwide, 4 species in China.

Key to species of *Pachymetopius* (♂)

1. Anteclypeus gradually and evenly broadening from base to sub-apex, then abruptly expanded apically ⋯
    ⋯⋯⋯⋯⋯⋯⋯⋯⋯⋯⋯⋯⋯⋯⋯⋯⋯⋯⋯⋯⋯⋯⋯⋯⋯⋯⋯⋯⋯ *P. decoratus*
    Anteclypeus convex basally ⋯⋯⋯⋯⋯⋯⋯⋯⋯⋯⋯⋯⋯⋯⋯⋯⋯⋯⋯⋯⋯⋯2
2. Aedeagus without lateral process ⋯⋯⋯⋯⋯⋯⋯⋯⋯⋯⋯⋯⋯⋯ *P. bicornutus*
    Aedeagus with 1 pair of lateral processes ⋯⋯⋯⋯⋯⋯⋯⋯⋯⋯⋯⋯⋯⋯3
3. Aedeagus with lateral process subbasally ⋯⋯⋯⋯⋯⋯⋯⋯⋯⋯⋯ *P. nanjingensis*
    Aedeagus with lateral process near mid-length ⋯⋯⋯⋯⋯⋯⋯⋯⋯⋯*P. dentatus*

(47) *Pachymetopius decoratus* Matsumura, 1914 (Fig. 47; Pl. II: 22)

Pachymetopius decoratus Matsumura, 1914: 218; Wei, Zhang & Webb, 2008b: 293.
Sabimamorpha speciosissima Schumacher, 1915: 124.
Distribution: Taiwan.

(48) *Pachymetopius bicornutus* Wei, Zhang & Webb, 2008 (Fig. 48)

Pachymetopius bicornutus Wei, Zhang & Webb, 2008b: 296.
Distribution: Jiangxi, Fujian, Guangdong.

(49) *Pachymetopius dentatus* Wei, Zhang & Webb, 2008 (Fig. 49)

Pachymetopius dentatus Wei, Zhang & Webb, 2008b: 297.
Distribution: Hainan, Yunnan.

(50) *Pachymetopius nanjingensis* Wei, Zhang & Webb, 2008 (Fig. 50)

Pachymetopius nanjingensis Wei, Zhang & Webb, 2008b: 297.
Distribution: Fujian.

15. *Pseudododa* Zhang, Wei & Webb, 2007

Pseudododa Zhang, Wei & Webb, 2007: 415.
Type species: *Pseudododa orientalis* Zhang, Wei & Webb, 2007.
Distribution: Oriental Region (China; Vietnam, Laos, Thailand, India).
1 known species worldwide, 1 species in China.

(51) *Pseudododa orientalis* Zhang, Wei & Webb, 2007 (Fig. 51; Pl. II: 23)

Pseudododa orientalis Zhang, Wei & Webb, 2007: 419.
Distribution: Hainan, Yunnan; Vietnan, Laos, Thailand, India.

16. *Paradoxivena* Wei, Zhang & Webb, 2006

Paradoxivena Wei, Zhang & Webb, 2006b: 28.
Type species: *Paradoxivena zhamuensis* Wei, Zhang & Webb, 2006.
Distribution: Oriental Region (China).
1 known species worldwide, 1 species in China.

(52) *Paradoxivena zhamuensis* Wei, Zhang & Webb, 2006 (Fig. 52)

Paradoxivena zhamuensis Wei, Zhang & Webb, 2006b: 30.
Distribution: Tibet.

17. *Minucella* Wei, Zhang & Webb, 2008

Minucella Wei, Zhang & Webb, 2008a: 34.
Type species: *Minucella divaricata* Wei, Zhang & Webb, 2008.
Distribution: Oriental Region (China).
2 known species worldwide, 2 species in China.

Key to species of *Minucella*

Aedeagus with well-developed ventral process subbasally ···*M. divaricata*
Aedeagus with pair of long dorsal processes and pair of ventral processes at apex ·······*M. leucomaculata*

(53) *Minucella leucomaculata* (Li & Zhang, 2006) (Fig. 53; Pl. II: 24)

Placidus leucomaculatus Li & Zhang, 2006: 156.
Placidus maculates Li & Zhang, in Li, Zhang & Wang, 2007: 149.
Minucella leucomaculata (Li & Zhang): Wei, Zhang & Webb, 2008a: 37.
Distribution: Shaanxi, Zhejiang, Fujian, Sichuan, Yunnan.

(54) *Minusella divaricata* Wei, Zhang & Webb, 2008 (Fig. 54; Pl. III: 25)

Minusella divaricata Wei, Zhang & Webb, 2008a: 41.
Distribution: Zhejiang.

18. *Trunchinus* Zhang, Webb & Wei, 2007

Trunchinus Zhang, Webb & Wei, 2007: 506.
Type species: *Trunchinus laoensis* Zhang, Webb & Wei, 2007.
Distribution: Oriental Region (China; Laos).
3 known species worldwide, 2 species in China.

Key to species of *Trunchinus*

Anteclypeus with basal half narrowed; apical process of style tapered apically ·················· ***T. laoensis***
Anteclypeus broadened basally; apical process of style developed and broad subapically ········· ***T. medius***

(55) *Trunchinus laoensis* Zhang, Webb & Wei, 2007 (Fig. 55)

Trunchinus laoensis Zhang, Webb & Wei, 2007: 508.
Distribution: Yunnan; Laos.

(56) *Trunchinus medius* Zhang, Webb & Wei, 2007 (Fig. 56)

Trunchinus medius Zhang, Webb & Wei, 2007: 513.
Distribution: Yunnan; Laos.

19. *Kunasia* Distant, 1908

Kunasia Distant, 1908a: 339; Zhang & Wei, 2002b: 83.
Type species: *Kunasia novisa* Distant, 1908.
Distribution: Oriental Region (China; Thailand, Malaysia, Myanmar).
2 known species worldwide, 1 species in China.

(57) *Kunasia novisa* Distant, 1908 (Fig. 57; Pl. III: 26)

Kunasia novisa Distant, 1908a: 339; Zhang & Wei, 2002b: 84.
Distribution: Yunnan; Myanmar, Thailand.

20. *Placidellus* Evans, 1971

Placidellus Evans, 1971: 43; Zhang, Wei & Shen, 2002: 240.

Type species: *Placidellus ishiharei* Evans, 1971.

Distribution: Oriental Region (China; Thailand).

2 known species worldwide, 1 species in China.

(58) *Placidellus conjugatus* Zhang, Wei & Shen, 2002 (Fig. 58; Pl. III: 27)

Placidellus conjugatus Zhang, Wei & Shen, 2002: 240.

Distribution: Fujian.

21. *Quiontugia* Wei & Zhang, 2010

Quiontugia Wei & Zhang, 2010: 34.

Type species: *Quiontugia fuscomaculata* Wei & Zhang, 2010.

Distribution: Oriental Region (China).

1 known species worldwide, 1 species in China.

(59) *Quiontugia fuscomaculata* Wei & Zhang, 2010 (Fig. 59)

Quiontugia fuscomaculata Wei & Zhang, in Wei, Webb & Zhang, 2010: 35.

Distribution: Hainan.

22. *Stenolora* Zhang, Wei & Webb, 2006

Stenolora Zhang, Wei & Webb, 2006: 290.

Type species: *Stenolora malayana* Zhang, Wei & Webb, 2006.

Distribution: Oriental Region (China; Malaysia).

2 known species worldwide, 1 species in China.

(60) *Stenolora abbreviata* Zhang, Wei & Webb, 2006 (Fig. 60)

Stenolora abbreviata Zhang, Wei & Webb, 2006: 291.

Distribution: Guangdong.

III. Selenocephalinae Fieber, 1872

Selenocephalidae Fieber, 1872: 10.

Selenocephalinae: Linnavuori & Al-Ne'amy, 1983: 19; Oman *et al.*, 1990; Zhang & Webb, 1996: 5; Viraktamath, 1998: 154.

Selenocephalini: Evans, 1947: 217; Ribaut, 1952: 312; Evans, 1966: 244; Hill, 1969: 101; Hamilton, 1983: 21; Zahniser & Dietrich, 2010: 506; Zahniser & Dietrich, 2013: 155.

Type genus: *Selenocephalus* Germar, 1833.

Distribution: mainly in Ethiopian Region and Asia-Pacific, a few species in Europe.

There are 3 tribes 69 genera and 467 species worldwide, of which 3 tribes 18 genera 92 species found in China.

Key to tribes

1. Antennal ledge weak or absent; foretibia round or slightly flattened dorsally; appendix of forewing narrow to broad···2

   Antennal ledge strong; foretibia strongly flattened dorsally with margins sharped, sometimes expanded; appendix of forewing broad ··· **Drabescini**

2. Antennae short, shorter than half body length, situated near middle to lower corner of eyes·················
   ·· **Selenocephalini**

   Antennae long, equal or longer than half body length, situated near middle to upper corner of eyes
   ·· **Paraboloponini**

(I) Selenocephalini Fieber, 1872

Selenocephalidae Fieber, 1872: 10

Selenocephalini: Evans, 1947: 217; Linnavuori & Al-Ne'amy, 1983: 57; Zhang & Webb, 1996: 7.

Type genus: *Selenocephalus* Germar, 1833.

Distribution: mainly in Ethiopian Region, some in Oriental, Palearctic and Australian Regions.

There are 15 known genera and 161 species worldwide, 1 genus and 4 species in China.

23. *Tambocerus* Zhang & Webb, 1996

Tambocerus Zhang & Webb, 1996: 8; Shen, Shang & Zhang, 2008: 242.

Type species: *Selenocephalus disparatus* Melichar, 1903.

Distribution: Oriental Region (China; Sri Lanka, India).

18 known species worldwide, 4 species in China.

Key to species of *Tambocerus*

1. Aedeagus with two pairs processes at apex ··· *T. quadricornis*

   Not as above ··2

2. Subgenital plate broad, narrow to digitate at apex, with macrosetae along lateral margin ····· *T. elongatus*

   Subgenital plate broaden at base ···3

3. Aedeagus expanded leaf-shaped at apex in lateral view ·· *T. triangulatus*
   Aedeagus not expanded; pygofer with many small spiny processes, with a long process posteriorly ·······
   ·· *T. furcellus*

(61) *Tambocerus elongatus* Shen, 2008 (Fig. 61; Pl. III: 28)

Tambocerus elongatus Shen, in Shen, Shang & Zhang, 2008: 243.

Distribution: Henan, Shaanxi, Anhui, Hubei, Hunan, Fujian, Guangdong, Hainan, Guangxi, Sichuan, Guizhou.

(62) *Tambocerus triangulatus* Shen, 2008 (Fig. 62)

Tambocerus triangulatus Shen, in Shen, Shang & Zhang, 2008: 246.
Distribution: Shaanxi, Hainan.

(63) *Tambocerus furcellus* Shang & Zhang, 2008 (Fig. 63; Pl. III: 29)

Tambocerus furcellus Shang & Zhang, in Shen, Shang & Zhang, 2008: 247.
Distribution: Hunan.

(64) *Tambocerus quadricornis* Shang & Zhang, 2008 (Fig. 64; Pl. III: 30)

Tambocerus quadricornis Shang & Zhang, in Shen, Shang & Zhang, 2008: 248.
Distribution: Guangxi.

(II) Drabescini Ishihara, 1953

Drabescidae Ishihara, 1953: 6.
Drabescinae: Linnavuori, 1960: 36; Linnavuori, 1978: 41.
Drabescini: Linnavuori & Al-Ne'amy, 1983: 21; Zhang & Webb, 1996: 22.
Type genus: *Drabescus* Stål, 1870.
There are 2 genera and 66 species worldwide in this tribe, of which 1 genus and 34 species in China.

24. *Drabescus* Stål, 1870

Drabescus Stål, 1870: 738; Zhang & Webb, 1996: 23; Zhang, Zhang & Chen, 1997: 238.
Drabescus (*Ochrescus*) Anufriev & Emeljanov, 1988: 174.
Drabescus (*Leucostigmidium*) Anufriev & Emeljanov, 1988: 174.
Paradrabescus Kuoh, 1985: 379.
Tylissus Stål, 1870: 739.

Type species: *Bythoscopus remotus* Walker, 1851.

Distribution: mostly in Asia-Pacific Region except *Drabescus natalensis* and *D. zhangi* in Africa.

63 known species worldwide, 34 species in China.

Key to species[*]

1. Anterior margin of head angularly produced in profile, aedeagus with dorsoatrium present or absent, preatrium present or absent ·· 2
   Anterior margin of head broadly rounded in profile, aedeagus without dorsoatrium, preatrium present ····
   ·· ***D. hainanensis***

2. Aedeagal shaft without process in ventral view ··· 3
   Aedeagal shaft with process in ventral view ··· 6

3. Style without tooth-like process subapically ··· 4
   Style with small tooth-like processes subapically ······································ ***D. multipunctatus***

4. Ventral margin of pygofer side without serrate process subapically ··· 5
   Ventral margin of pygofer side with serrate process subapically ································ ***D. cuspidatus***

5. Aedeagal shaft dorsad expanded subapically in lateral view ································ ***D. henanensis***
   Aedeagal shaft subapically not expanded in lateral view··· ***D. ineffectus***

6. Dorsal margin aedeagal shaft without tooth in lateral view ··· 7
   Dorsal margin aedeagal shaft with fine teeth in lateral view·· ***D. bilaminatus***

7. Aedeagal shaft with a pair of processes ·· 8
   Aedeagal shaft with two pairs of processes ·· ***D. quadrispinosus***

8. Aedeagal shaft with process bifurcate apically ··· 9
   Aedeagal shaft with process not bifurcate apically·· 13

9. Bifurcate branch without small tooth··· 10
   Bifurcate branch with small tooth ·· ***D. jinxiuensis***

10. Aedeagal shaft subapically expanded in lateral view ·· 11
    Aedeagal shaft subapically not expanded in lateral view·· 12

11. Valve triangular; subgenital plate with inner margin constricted and long apical process ······· ***D. furcatus***
    Valve arciform; subgenital plate with inner margin moderately straight ························ ***D. lamellatus***

12. Aedeagal shaft relatively short, tapered to acute apex ··· ***D. gracilis***
    Aedeagal shaft long and cylindrical with apex rounded ··· ***D. lii***

13. Aedeagal shaft with process shorter than or subequal to length of shaft ···································· 14
    Aedeagal shaft with process longer than length of shaft ···································· ***D. formosanus***

14. Aedeagal shaft with process located at above midlength of shaft ·· 15

---

[*] *D. albostriatus*, *D. extensus*, *D. fuscorufous*, *D. atratus* and *D. notatus* are not included due to lack of references and specimens.

Aedeagal shaft with process located at base or near base of shaft. ·········· 16

15. Style with apical process narow and long ················· ***D. albofasciatus***

Style with apical process short ······················ ***D. limbaticeps***

16. Crown, pronotum and scutellum bright yellow ················ ***D. pallidus***

Crown, pronotum and scutellum not as above ··············· 17

17. Style without tooth-like process subapically ················· 18

Style with tooth-like processes subapically ················ ***D. convolutus***

18. Aedeagal shaft curved and C-shaped in lateral view ············· 19

Aedeagal shaft relatively straight in lateral view ·············· 22

19. Style with lateral lobe prominent process ·················· 20

Style without lateral lobe ·························· ***D. vilbastei***

20. Aedeagal shaft with process longer than midlength of shaft. ········· 21

Aedeagal shaft with process shorter than midlength of shaft ········ ***D. nitobei***

21. Aedeagal shaft with basal process distant from basal shaft in ventral view ·········· ***D. nervosopunctatus***

Aedeagal shaft with basal process close to basal shaft in ventral view ············ ***D. pellucidus***

22. Aedeagal shaft distally expanded in lateral view ··············· 23

Aedeagal shaft distally not expanded in lateral view ············· 28

23. Head and thorax with yellowish medial longitudinal band ·········· 24

Head and thorax not as above ······················· 27

24. Connective with stem more than twice the length of arms ··········· 25

Connective with stem less than twice the length of arms ··········· 26

25. Connective with stem bifurcate apically; aedeagus without dorsoatrium ········· ***D. albosignus***

Connective with stem not bifurcate apically; aedeagus with dorsoatrium developed ········· ***D. piceatus***

26. Process of aedeagal shaft with irregular dentate processes on dorsal margin ········· ***D. multidentatus***

Process of aedeagal shaft not as above ·················· ***D. ogumae***

27. Connective with stem slender ······················ ***D. minipenis***

Connective with stem broad and short ·················· ***D. shillongensis***

28. Anteclypeus and frontoclypeus black ·················· ***D. piceus***

Anteclypeus and frontoclypeus yellow brown ··············· ***D. testaceus***

(65) *Drabescus albofasciatus* Cai & He, 1998 (Fig. 65; Pl. III: 31)

Drabescus albofasciatus Cai & He, 1998: 24; Lu, Webb & Zhang, 2019: 240-241.

Drabescus peltatus Shang & Zhang, 2012: 3; Wang, Qu, Xing & Dai, 2016: 119. Synonymized by Zhang, 2017: 81.

Distribution: Henan.

(66) *Drabescus albosignus* Li & Wang, 2005 (Fig. 66)

Drabescus albosignus Li & Wang, 2005: 175.

Distribution: Guizhou.

(67) *Drabescus albostriatus* Yang, 1995 (Fig. 67)

Drabescus albostriatus Yang, in Yang & Zhang, 1995: 42; Zhang & Webb, 1996: 24.
Distribution: Zhejiang.

(68) *Drabescus atratus* Kato, 1933

Drabescus atratus Kato, 1933c: 456; Zhang & Webb, 1996: 24.
Distribution: Taiwan.

(69) *Drabescus bilaminatus* Yu, Webb, Dai & Yang, 2019 (Fig. 68)

Drabescus bilaminatus Yu, Webb, Dai & Yang, 2019: 45.
Distribution: Guangxi.

(70) *Drabescus convolutus* Wang, Qu, Xing & Dai, 2016 (Fig. 69)

Drabescus convolutus Wang, Qu, Xing & Dai, 2016: 122.
Distribution: Guizhou.

(71) *Drabescus cuspidatus* Wang, Qu, Xing & Dai, 2016 (Fig. 70)

Drabescus cuspidatus Wang, Qu, Xing & Dai, 2016: 120
Distribution: Hainan, Guangxi.

(72) *Drabescus extensus* Kuoh, 1985

Drabescus extensus Kuoh, 1985: 377; Zhang & Webb, 1996: 24.
Distribution: Yunnan.

(73) *Drabescus formosanus* Matsumura, 1912 (Fig. 71; Pl. III: 32)

Drabescus formosanus Matsumura, 1912: 294; Zhang & Webb, 1996: 24.
Drabescus trichomus Yang & Zhang, 1995: 41; Zhang & Webb, 1996: 24.
Distribution: Zhejiang, Fujian.

(74) *Drabescus furcatus* Cai & Jiang, 2002 (Fig. 72)

Drabescus furcatus Cai & Jiang, 2002: 16.
Distribution: Henan.

(75) *Drabescus fuscorufous* Kuoh, 1985 (Pl. III: 33)

Drabescus fuscorufous Kuoh, 1985: 378; Zhang & Webb, 1996: 24.
Distribution: Yunnan; Papua New Guinea.

(76) *Drabescus gracilis* Li & Wang, 2005 (Fig. 73)

Drabescus gracilis Li &Wang, 2005: 174-175.
Distribution: Guizhou.

(77) *Drabescus hainanensis* Lu, Webb & Zhang, 2019 (Fig. 74; Pl. III: 34)

Drabescus hainanensis Lu, Webb & Zhang, 2019: 242-244.
Distribution: Hainan.

(78) *Drabescus henanensis* Zhang, Zhang & Chen, 1997 (Fig. 75)

Drabescus henanensis Zhang, Zhang & Chen, 1997: 239.
Distribution: Henan.

(79) *Drabescus ineffectus* (Walker, 1858) (Fig. 76; Pl. III: 35)

Bythoscopus ineffectus Walker, 1858: 266.
Dabrescus [sic] *ineffectus* (Walker): Distant, 1908b: 145.
Athysanopsis fasciata Kato, 1932: 224.
Drabescus ochrifrons Vilbaste, 1968: 116.
Drabescus ineffectus (Walker): Zhang & Webb, 1996: 24.
Distribution: Shaanxi, Anhui, Zhejiang, Hubei, Guangxi; Russia, India.

(80) *Drabescus jinxiuensis* Zhang & Shang, 2003 (Fig. 77)

Drabescus jinxiuensis Zhang & Shang, 2003: 96.
Distribution: Guangxi.

(81) *Drabescus lamellatus* Zhang & Shang, 2003 (Fig. 78; Pl. III: 36)

Drabescus lamellatus Zhang & Shang, 2003: 99.
Distribution: Shaanxi, Gansu, Sichuan.

(82) *Drabescus lii* Zhang & Shang, 2003 (Fig. 79)

Drabescus lii Zhang & Shang, 2003: 97.
Distribution: Guizhou.

(83) *Drabescus limbaticeps* (Stål, 1858) (Fig. 80)

Selenocephalus limbaticeps Stål, 1858: 453.
Dabrescus limbaticeps, Melichar, 1903: 170.
Drabescus conspicuous Distant, 1908a: 306; Merino, 1936: 395.
Distribution: Guizhou, Yunnan, Taiwan; India, Japan, Philippines, Sri Lanka.

(84) *Drabescus minipenis* Zhang, Zhang & Chen, 1997 (Fig. 81; Pl. IV: 37)

Drabescus minipenis Zhang, Zhang & Chen, 1997: 240.
Distribution: Henan, Shaanxi, Taiwan, Sichuan, Yunnan.

(85) *Drabescus multidentatus* Wang, Qu, Xing & Dai, 2016 (Fig. 82)

Drabescus multidentatus Wang, Qu, Xing & Dai, 2016: 123.
Distribution: Shanxi.

(86) *Drabescus multipunctatus* Yu, Webb, Dai & Yang, 2019 (Fig. 83)

Drabescus multipunctatus Yu, Webb, Dai & Yang, 2019: 45-48.
Distribution: Hainan.

(87) *Drabescus nervosopunctatus* Signoret, 1880 (Fig. 84; Pl. IV: 38)

Drabescus nervosopunctatus Signoret, 1880: 209; Zhang & Webb, 1996: 25.
Distribution: Beijing; India, Indonesia.

(88) *Drabescus nitobei* Matsumura, 1912 (Fig. 85; Pl. IV: 39)

Dabrescus nitobei Matsumura, 1912: 291-292.
Dabrescus elongaus Matsumura, 1912: 292.
Dabrescus nakanensis Matsumura, 1912: 293-294.
Drabescus nitobei (Matsumura): Zhang & Webb, 1996: 25.
Distribution: Hainan, Guangxi; Japan, India.

(89) *Drabescus notatus* Schumacher, 1915

Drabescus notatus Schumacher, 1915: 99; Zhang & Webb, 1996: 25.
It was reported by Schumacher (1915) with syntypes and sex unknown, which were deposited in Taiwan but might be lost.
Distribution: Taiwan.

(90) *Drabescus ogumae* Matsumura, 1912 (Fig. 86; Pl. IV: 40)

Dabrescus [sic] *ogumae* Matsumura, 1912: 291.
Drabescus ogumae Matsumura: Kuoh, 1966: 116; Zhang & Webb, 1996: 25.
Distribution: Shandong, Shaanxi, Gansu, Zhejiang, Taiwan, Guangdong, Sichuan, Yunnan; Japan.

(91) *Drabescus pallidus* Matsumura, 1912 (Fig. 87; Pl. IV: 41)

Dabrescus [sic] *pallidus* Matsumura, 1912: 291.

Drabescus pallidus Matsumura: Kato, 1933b: 26; Zhang & Webb, 1996: 25.
Distribution: Henan, Shaanxi; Japan, North Korea.

(92) *Drabescus pellucidus* Cai & Shen, 1999 (Fig. 88)

Drabescus pellucidus Cai & Shen, 1999a: 28.
Distribution: Henan.

(93) *Drabescus piceatus* Kuoh, 1985 (Fig. 89; Pl. IV: 42)

Drabescus piceatus Kuoh, 1985: 378; Zhang & Webb, 1996: 25; Zhang, Zhang & Chen, 1997: 241.
Distribution: Henan, Shaanxi.

(94) *Drabescus piceus* (Kuoh, 1985) (Fig. 90)

Paradrabescus piceus Kuoh, 1985: 381.
Drabescus piceus (Kuoh): Zhang & Webb, 1996: 25.
Distribution: Yunnan.

(95) *Drabescus quadrispinosus* Shang, Webb & Zhang, 2014 (Fig. 91)

Drabescus quadrispinosus Shang, Webb & Zhang, 2014: 143.
Distribution: Sichuan, Gansu.

(96) *Drabescus shillongensis* Rao, 1989 (Fig. 92; Pl. IV: 43)

Drabescus shillongensis Rao, 1989: 65; Zhang & Webb, 1996: 25; Shang & Zhang, 2007: 431-432.
Distribution: Yunnan, Guizhou, Guangdong; India, Vietnam.

(97) *Drabescus testaceus* (Kuoh, 1985) (Fig. 93; Pl. IV: 44)

Paradrabescus testaceus Kuoh, 1985: 380.
Drabescus testaceus (Kuoh): Zhang & Webb, 1996: 25.
Distribution: Yunnan; Thailand.

(98) *Drabescus vilbastei* Zhang & Webb, 1996 (Fig. 94; Pl. IV: 45)

Drabescus vilbastei Zhang & Webb, 1996: 26.
Drabescus nigrifemoratus (Matsumura): Vilbaste, 1971: 105, figs. 63-68. Misidentification.
Distribution: Shaanxi; Japan, Russia.

(III) Paraboloponini Ishihara, 1953

Paraboloponidae Ishihara, 1953: 5.

Paraboloponini: Linnavuori, 1960: 299; Zhang & Webb, 1996: 9.

Paraboloponinae: Eyles & Linnavuori, 1974: 39; Linnavuori, 1978: 457; Webb, 1981b: 41.

Bhatiini Linnavuori & AL-Ne'amy, 1983: 21-22; Synonimized by Zhang & Webb, 1996: 9.

Type genus: *Parabolopona* Matsumura, 1912.

Distribution: mainly in Asia-Pacific Region and only a few in Africa.

There are 45 genera with 166 species, of which 16 genera and 54 species in China.

Key to genera of tribe Paraboloponini

1. Hind femur with apical setae formula 2+2+1 ·· 2
   Hind femur with apical setae formula 2+1+1 ·· 9
2. Fore tibia with dorsal setal formula 1+4 ··· 3
   Fore tibia with dorsal setal formula 2+4, 4+4 or more ·· 10
3. Head, pronotum and forewing marked without orange patch ···································· 4
   Head, pronotum and forewing marked with orange patches ····································· 11
4. Pygofer without anal process ··· 5
   Pygofer with one pair of anal processes ··· ***Bhatiahamus***
5. Anterior margin of head rounded, median length approximately as long as next to eyes ·············· 6
   Anterior margin of head angularly produced, median length approximately twice as long as next to eyes
   ·· 13
6. Aedeagus with basolateral process ·· 7
   Aedeagus without basolateral process ··· 14
7. Connective stem ventrad curved apically····································· ***Omanellinus***
   Connective stem not as above ·· 8
8. Scutellum with a pair of triangular black patches near base ···························· ***Athysanopsis***
   Scutellum without triangular black patch near base·· ***Bhatia***
9. Pygofer side with the internal ridge ·· ***Dryadomorpha***
   Pygofer side without the internal ridge ·· ***Waigara***
10. Pygofer side with apical process ·· ***Drabescoides***
    Pygofer side without apical process ·· ***Kutara***
11. Style with apical process not bifurcate ·· 12
    Style with apical process bifurcate ·· ***Nakula***
12. Connective Y-shaped ·· ***Nirvanguina***
    Connective V-shaped ·· ***Roxasellana***
13. Head triangularly produced; fore margin with transverse striation ·························· ***Favintiga***

Head spatulately produced; fore margin with transverse ridge ·································· *Parabolopona*

14. Connective stem not bifurcate apically ·· 15

Connective stem bifurcate apically ··· *Forficus*

15. Aedeagal shaft with two pairs of long apical processes ·· *Carvaka*

Aedeagal shaft without apical process or with a pair of small dentate processes ·················· *Fistulatus*

25. *Athysanopsis* Matsumura, 1914

Athysanopsis Matsumura, 1914: 184; Ishihara, 1954: 244; Zhang & Webb, 1996: 11.

Type species: *Athysanopsis salicis* Matsumura, 1905.

Distribution: Palearctic Region, Oriental Region. Mainly in China and Japan.

2 known species worldwide, 2 species in China.

Key to species of *Athysanopsis*

Aedeagus with one pair of fine basolateral processes and longer than shaft ······················· *A. salicis*

Not as above ·· *A. katoi*

(99) *Athysanopsis salicis* Matsumura, 1905 (Fig. 95; Pl. IV: 46)

Athysanopsis salicis Matsumura, 1905: [64]; Matsumura, 1914: 184; Ishihara, 1954: 244; Kuoh, 1966: 134; 1986: 167; Zhang, 1990: 76; Zhang & Webb, 1996: 11.

Distribution: Palearctic Region, Oriental Region.

(100) *Athysanopsis katoi* Metcalf, 1966

Idiocerus quadripunctatus Kato, 1933a: 8.

Athysanopsis quadripunctatus Kato, 1933b: plate 19, fig. 5. Misidentification; Metcalf, 1967: 421.

Athysanopsis katoi Metcalf, 1966: 96 (n. nom. for *Idiocerus quadripunctatus* Kato, 1933); Zhang & Webb, 1996: 12.

Distribution: China.

26. *Bhatia* Distant, 1908

Bhatia Distant, 1908a: 357; Zhang & Webb, 1966: 12; Viraktamath, 1998: 155; Zhang & Zhang, 1998: 177; Shang, Shen, Zhang & Li, 2006a: 565.

Melichariella Matsumura, 1914: 236; Ishihara, 1954: 243; Linnavuori, 1960: 36; 1983: 23.

Koreanopsis Kwon & Lee, 1979: 50.

Type species: *Dutettix* (?) *olivacea* Melichar, 1903.

Distribution: widely in Oriental Region and Pacific Region.

18 known species worldwide, 11 species in China.

Key to species of *Bhatia*

1. A long and simple process present between aedeagus and connective ·· 2

   No process present between aedeagus and connective·· 3

2. Aedeagal shaft laterally compressed, slightly expanded apically ····························· ***B. multispinosa***

   Aedeagal shaft laterad expanded subapically, finely hooked apically ····························· ***B. unicornis***

3. Aedeagal shaft with a pair of basal processes·· 4

   Aedeagal shaft with two pair of basal processes··· 8

4. Style with lateral lobe ·· 5

   Style without lateral lobe ·· ***B. hastata***

5. Style with apical process rostriform ··· 6

   Style with apical process not rostriform ··· 9

6. Aedeagal shaft slender and long in lateral view ·· 7

   Aedeagal shaft robust and short in lateral view·· ***B. digitata***

7. Pygofer side with angular process distally ·· ***B. koreana***

   Pygofer side rounded distally ·· ***B. longiradiata***

8. Valve quadrangular ·· ***B. biconjugara***

   Valve pentagonal ··· ***B. quadrispinosa***

9. No sclerotized appendage between aedeagus and connective ······································· 10

   A sclerotized appendage present between aedeagus and connective····························· ***B. satsumensis***

10. Pygofer side with the internal ridge ·· ***B. olivacea***

    Pygofer side without the internal ridge ··· ***B. sagittata***

(101) *Bhatia biconjugara* Zhang & Zhang, 1998 (Fig. 96)

Bhatia biconjugara Zhang & Zhang, 1998: 178; Shang, Shen, Zhang & Li, 2006a: 566.
Distribution: Guangxi, Sichuan.

(102) *Bhatia digitata* Shang & Shen, 2006 (Fig. 97; Pl. IV: 47)

Bhatia digitata Shang & Shen, in Shang, Shen, Zhang & Li, 2006a: 568.
Distribution: Henan, Guangxi.

(103) *Bhatia hastata* Shang & Shen, 2006 (Fig. 98)

Bhatia hastata Shang & Shen, in Shang, Shen, Zhang & Li, 2006a: 567.
Distribution: Guangxi.

(104) *Bhatia koreana* (Kwon & Lee, 1979) (Fig. 99; Pl. IV: 48)

Koreanopsis koreana Kwon & Lee, 1979: 50.
Bhatia koreana (Kwon & Lee): Zhang & Webb, 1996: 12.
Distribution: Shaanxi; South Korea.

(105) *Bhatia longiradiata* Yu, Qu, Dai & Yang, 2019 (Fig. 100)

Bhatia longiradiata Yu, Qu, Dai & Yang, 2019: 143.
Distribution: Guangdong, Guangxi.

(106) *Bhatia multispinosa* Lu & Zhang, 2015 (Fig. 101; Pl. V: 49)

Bhatia multispinosa Lu & Zhang, 2015: 148.
Distribution: Sichuan.

(107) *Bhatia olivacea* (Melichar, 1903) (Fig. 102)

Eutettix (?) *olivacea* Melichar, 1903: 191-192.
Bhatia olivacea (Melichar): Distant, 1908a: 357; Kuoh, 1966: 151; Zhang & Webb, 1996:
   12.
Distribution: Hainan; Sri Lanka.

(108) *Bhatia quadrispinosa* Shang & Zhang, 2006 (Fig. 103; Pl. V: 50)

Bhatia quadrispinosa Shang & Zhang, in Shang, Shen, Zhang & Li., 2006a: 571.
Distribution: Sichuan.

(109) *Bhatia sagittata* Cai & Shen, 1999 (Fig. 104; Pl. V: 51)

Bhatia sagittata Cai & Shen, 1999b: 38.
Distribution: Henan, Hunan, Guizhou, Fujian, Jiangxi.

(110) *Bhatia satsumensis* (Matsumura, 1914) (Fig. 105; Pl. V: 52)

Melichariella satsumensis Matsumura, 1914: 237; Ishihara, 1954: 242.
Bhatia satsumensis (Matsumura): Zhang & Webb, 1996: 12; Zhang & Zhang, 1998: 179;
   Shang, Shen, Zhang & Li, 2006a: 566.
Distribution: Guangdong, Zhejiang, Hainan; Japan.

(111) *Bhatia unicornis* Shang & Li, 2006 (Fig. 106; Pl. V: 53)

Bhatia unicornis Shang & Li, in Shang, Shen, Zhang & Li, 2006a: 573.
Distribution: Guangdong, Guangxi.

27. *Bhatiahamus* Lu & Zhang, 2014

Bhatiahamus Lu & Zhang, 2014a: 371.
Type species: *Bhatia flabellata* Shang & Shen, 2006.
Distribution: China.
2 known species worldwide, 2 species in China.

Key to species of *Bhatiahamus*

Aedeagus with lobed area of basal apodeme small; aedeagal shaft evenly curved dorsally, without teeth at mid-length; with a sector or triangular shaped process on each side apically ⋯⋯⋯⋯⋯⋯⋯*B. flabellatus*
Aedeagus with lobed area of basal apodeme large; aedeagal shaft sinuate in lateral view with several small dorsolateral teeth at mid-length; with pair of short digitate processes apically ⋯⋯⋯⋯ *B. sinuatus*

(112) *Bhatiahamus flabellatus* (Shang & Shen, 2006) (Fig. 107; Pl. V: 54)

Bhatia flabellata Shang & Shen, in Shang, Shen, Zhang & Li, 2006a: 571.
Bhatiahamus flabellatus (Shang & Shen): Lu & Zhang, 2014a: 372.
Distribution: Henan, Guangxi, Sichuan.

(113) *Bhatiahamus sinuatus* Lu & Zhang, 2014 (Fig. 108; Pl. V: 55)

Bhatiahamus sinuatus Lu & Zhang, 2014a: 372.
Distribution: Yunnan.

28. *Carvaka* Distant, 1918

Carvaka Distant, 1918: 40; Zhang & Webb, 1996: 13; Viraktamath, 1998: 158.
Type species: *Carvaka picturata* Distant, 1918.
Distribution: China; India, Sri Lanka, Australia.
23 known species worldwide, 2 species in China.

Key to species of *Carvaka*

Aedeagus with two pairs of processes basally, connective shorter than style ⋯⋯⋯⋯⋯⋯ *C. formosana*
Aedeagus with one pair of processes curved dorsally, the other next to shaft, connective longer than style
⋯⋯⋯ *C. bigeminata*

(114) *Carvaka bigeminata* Cen & Cai, 2002 (Fig. 109; Pl. V: 56)

Carvaka bigeminata Cen & Cai, 2002: 116.
Distribution: Zhejiang, Hubei.

(115) *Carvaka formosana* (Matsumura, 1914) (Fig. 110; Pl. V: 57)

Melichariella formosana Matsumura, 1914: 238.
Carvaka formosana (Matsumura): Zhang & Webb, 1996: 13.
Distribution: Hunan, Fujian, Taiwan, Guangdong, Hainan.

29. *Drabescoides* Kwon & Lee, 1979

Drabescoides Kwon & Lee, 1979: 53; Zhang & Webb, 1996: 14; Zhang, Zhang & Chen, 1997: 235; Shang, Zhang & Shen, 2003: 257.
Drabescus (*Drabescoides*) Anufriev & Emeljanaov, 1988: 174.
Type species: *Selenocephalus nuchalis* Jacobi, 1943.
Distribution: China; South Korea, Japan, Russia.
5 known species worldwide, 5 species in China.

Key to species of *Drabescoides*

1. Connective stem expanded distally ·· 2
   Connective stem not expanded distally ··································· ***D. longiarmus***
2. Aedeagal draft with middle lateral lobe·· 3
   Aedeagal draft without middle lateral lobe ································· ***D. nuchalis***
3. Connective stem spherical distally ·· 4
   Connective stem broadly square distally···································· ***D. umbonata***
4. Connective T-shaped ··· ***D. complexa***
   Connective U-shaped ··· ***D. undomarginata***

(116) *Drabescoides complexa* Qu, Li & Dai, 2014 (Fig. 111)

Drabescoides complexa Qu, Li & Dai, 2014: 348.
Distribution: Zhejiang, Fujian.

(117) *Drabescoides longiarmus* Li & Li, 2010 (Fig. 112)

Drabescoides longiarmus Li & Li, 2010: 31; Qu, Li & Dai, 2014: 349.
Distribution: Hainan.

(118) *Drabescoides nuchalis* (Jacobi, 1943) (Fig. 113; Pl. V: 58)

Selenocephalus nuchalis Jacobi, 1943: 30.
Kutara brunnescens Distant: Vilbaste, 1968: 118. Misidentification.
Drabescus striatus Anufriev, 1971: 61.
Drabescus nuchalis (Jacobi): Anufriev, 1978: 42.

Drabescoides nuchalis (Jacobi): Kwon & Lee, 1979: 53; Anufriev, 1979: 166; Zhang & Webb, 1996: 14; Zhang, Zhang & Chen, 1997: 236; Shang, Zhang & Shen, 2003: 259.

Distribution: Beijing, Tianjin, Henan, Shaanxi, Xinjiang, Zhejiang, Jiangxi, Hunan, Fujian, Guangdong, Guangxi, Sichuan, Taiwan; Russia, Japan, North Korea.

(119) *Drabescoides umbonata* Shang, Zhang & Shen, 2003 (Fig. 114; Pl. V: 59)

Drabescoides umbonata Shang, Zhang & Shen, 2003: 258.
Distribution: Guangxi.

(120) *Drabescoides undomarginata* Cen & Cai, 2002 (Fig. 115)

Drabescoides undomarginata Cen & Cai, 2002: 120; Shang, Zhang & Shen, 2003: 259.
Distribution: Zhejiang, Guangxi.

30. *Dryadomorpha* Kirkaldy, 1906

Dryadomorpha Kirkaldy, 1906: 335; Webb, 1981b: 49; Li, 1991: 162; Zhang & Webb, 1996: 14.
Paganalia Distant, 1917: 314.
Zizyphoides Distant, 1918: 73.
Rhombopsis Haupt, 1927: 22.
Calotettix Osborn, 1934: 247.
Yakunopona Ishihara, 1954: 12.
Rhombopsana Metcalf, 1967: 229.
Osbornitettix Metcalf, 1967: 229.
Khamiria Dlabola, 1979: 252.
Type species: *Dryadomorpha pallida* Kirkaldy, 1906.
Distribution: Ethiopian Region, Palearctic Region, Oriental Region and Australian Region.

9 known species worldwide, 1 species in China.

(121) *Dryadomorpha pallida* Kirkaldy, 1906 (Fig. 116; Pl. V: 60)

Dryadomorpha pallida Kirkaldy, 1906: 336; Webb, 1981b: 50; Zhang, 1990: 117; Li, 1991: 163; Zhang & Webb, 1996: 14.
Paganalia virescens Distant, 1917: 314.
Zizyphoides indicus Distant, 1918: 73.
Rhombopsis virens Haupt, 1927: 22.
Rhombopsis viridis Singh-pruthi, 1930: 34; Singh-pruthi, 1934: 26.
Platymetopius antennalis Lindberg, 1958: 181.

Distribution: Ethiopian Region, Palearctic Region, Oriental Region and Australian Region; widely distributed in China.

31. *Favintiga* Webb, 1981

Favintiga Webb, 1981b: 47; Zhang & Webb, 1996: 14; Shang, Zhang, Shen & Li, 2006: 35.

Type species: *Parabolopona camphorae* Matsumura, 1912.

Distribution: China; Japan.

3 known species worldwide, 3 species in China.

Key to species of *Favintiga*

1. Connective stem with a single process ·· 2
   Connective stem with a pair of processes ··· *F. camphorae*
2. Aedeagal shaft without basal dorsal bulge ··· *F. gracilipenis*
   Aedeagal shaft with basal dorsal bulge ··· *F. paragracilipenis*

(122) *Favintiga camphorae* (Matsumura, 1912) (Fig. 117)

Parabolopona camphorae Matsumura, 1912: 288.
Favintiga camphorae (Matsumura): Webb, 1981b: 48-49; Zhang & Webb, 1996: 14; Dai, Qu & Yang, 2016: 396.
Distribution: Fujian, Yunnan; Japan.

(123) *Favintiga gracilipenis* Shang, Zhang, Shen & Li, 2006 (Fig. 118; Pl. VI: 61)

Favintiga gracilipenis Shang, Zhang, Shen & Li, 2006: 35.
Distribution: Zhejiang.

(124) *Favintiga paragracilipenis* Lu & Zhang, 2018 (Fig. 119; Pl. VI: 62)

Favintiga paragracilipenis Lu & Zhang, 2018: 449.
Distribution: Hainan.

32. *Fistulatus* Zhang, Zhang & Chen, 1997

Fistulatus Zhang, Zhang & Chen,1997: 237; Shang, Shen, Zhang & Li, 2006b: 152; Lu & Zhang, 2014: 247.

Type species: *Fistulatus sinensis* Zhang, Zhang & Chen, 1997.

Distribution: Palearctic Region, Oriental Region.

7 known species worldwide, 5 species in China.

Key to species of *Fistulatus*

1. Pygofer with two pairs of processes ·· 2

   Pygofer with one pair of processes ··· 3

2. Aedeagal shaft with one pair of flange-like processes ··· *F. luteolus*

   Aedeagal shaft with two pairs of slender processes ·· *F. quadrispinosus*

3. Aedeagal shaft with two pairs of processes ·· *F. bidentatus*

   Aedeagal shaft with one pair of processes or flanges ··· 4

4. Style with an apical extension ··· *F. sinensis*

   Style without an apical extension, aedeagus with shaft relatively straight in lateral view ····· *F. rectilineus*

(125) *Fistulatus bidentatus* Cen & Cai, 2002 (Fig. 120)

Fistulatus bidentatus Cen & Cai, 2002: 117; Shang, Shen, Zhang & Li, 2006b: 152.

Distribution: Zhejiang, Hubei.

(126) *Fistulatus luteolus* Cen & Cai, 2002 (Fig. 121; Pl. VI: 63)

Fistulatus luteolus Cen & Cai, 2002: 119; Shang, Shen, Zhang & Li, 2006b: 152.

Distribution: Henan, Zhejiang, Hubei.

(127) *Fistulatus quadrispinosus* Lu & Zhang, 2014 (Fig. 122; Pl. VI: 64)

Fistulatus quadrispinosus Lu & Zhang, 2014: 248.

Distribution: Zhejiang.

(128) *Fistulatus rectilineus* Shang & Zhang, 2006 (Fig. 123)

Fistulatus rectilineus Shang & Zhang, in Shang, Shen, Zhang & Li, 2006b: 152.

Distribution: Sichuan.

(129) *Fistulatus sinensis* Zhang, Zhang & Chen, 1997 (Fig. 124; Pl. VI: 65)

Fistulatus sinensis Zhang, Zhang & Chen, 1997: 237.

Distribution: Henan, Shaanxi, Gansu.

33. *Forficus* Qu, 2015

Forficus Qu, in Qu, Webb & Dai, 2015: 266-267.

Type species: *Forficus maculatus* Qu, 2015.

Distribution: China.

1 known species worldwide, 1 species in China.

(130) *Forficus maculatus* Qu, 2015 (Fig. 125)

Forficus maculatus Qu, in Qu, Webb & Dai, 2015: 268-269.
Distribution: Zhejiang, Guangdong, Guangxi, Guizhou.

34. *Kutara* Distant, 1908

Kutara Distant, 1908a: 308; Kuoh, 1966: 119; Linnavuori, 1978a: 44; Zhang & Webb, 1996: 16; Zhang, Chen & Zhang, 1997: 173; Viraktamath, 1998: 167.
Type species: *Kutara brunnescens* Distant, 1908.
Distribution: Oriental Region, Palearctic Region and Australian Region.
15 known species worldwide, 6 species in China.

Key to species of *Kutara*

1. Aedeagus without process ·· **K. sinensis**
   Aedeagus with strong processes or spines ·· 2
2. Aedeagus with several setal or spiny processes ··· 3
   Aedeagus with strong processes ·· 4
3. Aedeagus with setal processes, connective broad and short ···························· **K. nigrifasciata**
   Aedeagus with strong spiny processes, connective long and narrow ····················· **K. spinifera**
4. Shaft of aedeagus asymmetrical and tribifucate at apex, with a ridge ventrally ··········· **K. brunnescens**
   Not as above ··· 5
5. Aedeagus with one pair of basolateral processes basally, subgenital plate short and small ··········· **K. lui**
   Aedeagus with one pair of processes ventrally at subapex ································· **K. tenuipenis**

(131) *Kutara brunnescens* Distant, 1908 (Fig. 126; Pl. VI: 66)

Kutara brunnescens Distant, 1908a: 308; Kuoh, 1966: 119; Linnavuori, 1978a: 44; Anufriev, 1979: 166; Zhang, 1990: 115; Zhang & Webb, 1996: 16; Viraktamath, 1998: 168; Zhang, Chen & Zhang, 1997: 174.
Distribution: Hainan, Yunnan.

(132) *Kutara lui* Zhang & Chen, 1997 (Fig. 127; Pl. VI: 67)

Kutara lui Zhang & Chen, in Zhang, Chen & Zhang, 1997: 176.
Distribution: Guangdong, Guangxi, Yunnan.

(133) *Kutara nigrifasciata* Kuoh, 1992 (Fig. 128)

Kutaria[sic] *nigrifasciata* Kuoh, 1992: 300.
Kutara nigrifasciata Kuoh: Zhang & Webb, 1996: 16; Zhang, Chen & Zhang, 1997: 175.

Distribution: Sichuan, Yunnan.

(134) *Kutara sinensis* (Walker, 1851) (Fig. 129; Pl. VI: 68)

Bythoscopus sinensis Walker, 1851: 871.
Iassus sinensis (Walker): Metcalf, 1966: 89.
Kutara sinensis (Walker): Zhang & Webb, 1996: 16; Zhang, Chen & Zhang, 1997: 175.
Distribution: Fujian, Guangdong, Hainan, Hong kong, Guangxi, Yunnan.

(135) *Kutara spinifera* Zhang & Chen, 1997 (Fig. 130; Pl. VI: 69)

Kutara spinifera Zhang & Chen, in Zhang, Chen & Zhang, 1997: 177.
Distribution: Yunnan.

(136) *Kutara tenuipenis* Zhang & Zhang, 1997 (Fig. 131; Pl. VI: 70)

Kutara tenuipenis Zhang & Zhang, in Zhang, Chen & Zhang, 1997: 178.
Distribution: Guangdong, Guangxi.

35. *Nakula* Distant, 1918

Nakula Distant, 1918: 39; Zhang & Webb, 1996: 17; Viraktamath, 1998: 173; Shang, Zhang, Shen & Li, 2006: 33.
Type species: *Nakula multicolor* Distant, 1918.
Distribution: China; Myanmar, Thailand.
1 known species worldwide, 1 species in China.

(137) *Nakula multicolor* Distant, 1918 (Fig. 132; Pl. VI: 71)

Nakula multicolor Distant, 1918: 39; Zhang & Webb, 1996: 18; Viraktamath, 1998: 173; Shang, Zhang, Shen & Li, 2006: 34.
Distribution: Guangxi, Yunnan; Myanmar, Thailand.

36. *Nirvanguina* Zhang & Webb, 1996

Nirvanguina Zhang & Webb, 1996: 18; Lu & Zhang, 2014: 599.
Type species: *Lamia placida* Evans, 1966.
Distribution: Oriental Region, Australian Region.
2 known species worldwide, 1 species in China.

(138) *Nirvanguina pectena* Lu & Zhang, 2014 (Fig. 133; Pl. VI: 72)

Nirvanguina pectena Lu & Zhang, 2014: 599.

Host: *Rhododendron simsii*.

Distribution: Guizhou.

37. *Omanellinus* Zhang, 1999

Omanellinus Zhang, in Zhang, Chen & Zhang, 1999: 25.

Type species: *Omanellinus populus* Zhang, 1999.

Distribution: China.

1 known species worldwide, 1 species in China.

(139) *Omanellinus populus* Zhang, 1999 (Fig. 134; Pl. VII: 73)

Omanellinus populus Zhang, in Zhang, Chen & Zhang, 1999: 25.

Host: *Populus* sp.

Distribution: Guangxi, Yunnan.

38. *Parabolopona* Matsumura, 1912

Parabolopona Matsumura, 1912: 288; Webb, 1981b: 42; Zhang, Chen & Shen, 1995: 9; Zhang & Webb, 1996: 19; Shang, Zhang, Shen & Li, 2006: 37.

Type species: *Parabolocratus guttatus* Uhler, 1896.

Distribution: Oriental Region, Palearctic Region.

13 known species worldwide, 11 species in China.

Key to species of *Parabolopona*

1. Aedeagal shaft with process ·· 2
   Aedeagal shaft without process ·· 8
2. Aedeagal shaft without basal process ·· 3
   Aedeagal shaft with basal process ·· 9
3. Connective stem not bifurcate apically ·· 4
   Connective stem bifurcate apically ·· *P. robustipenis*
4. Connective stem with apex straight and narrow ··· 5
   Connective stem with apex expanded ··· 10
5. Connective stem without process arising from ventral surface ······················ 6
   Connective stem with a dentate process arising from ventral surface ······ *P. yunnanensis*
6. Pygofer side with apical process ·· 7
   Pygofer side without apical process ··· *P. chinensis*
7. Valve triangular ··· *P. ishihari*
   Valve trapezoid ·· *P. quadrispinosa*

8.   Aedeagus dorsoatrium with a pair of long processes ·· *P. basispina*
     Aedeagus dorsoatrium without long process ·· *P. yangi*
9.   Aedeagal shaft with a pair of basal processes ·· *P. luzonensis*
     Aedeagal shaft with a basal single process ·· *P. webbi*
10. Style with apical process spine-like ·· *P. cygnea*
     Style with apical process finger-like ·· *P. guttata*

(140) *Parabolopona basispina* Dai, Qu & Yang, 2016 (Fig. 135)

Parabolopona basispina Dai et al., 2016: 394.
Distribution: Hainan.

(141) *Parabolopona chinensis* Webb, 1981 (Fig. 136; Pl. VII: 74)

Parabolopona chinensis Webb, 1981b: 45; Zhang, Chen & Shen, 1995: 11; Zhang &
     Webb, 1996: 19.
Distribution: Zhejiang, Shaanxi, Hubei, Sichuan.

(142) *Parabolopona cygnea* Cai & Shen, 1999 (Fig. 137; Pl. VII: 75)

Parabolopona cygnea Cai & Shen, 1999a: 29.
Distribution: Henan, Shanxi.

(143) *Parabolopona guttata* (Uhler, 1896) (Fig. 138)

Parabolocratus guttata Uhler, 1896: 291.
Parabolopona guttata (Uhler): Matsumura, 1912: 288; Webb, 1981b: 43; Zhang, Chen &
     Shen, 1995: 10; Zhang & Webb, 1996: 19.
Distribution: Taiwan; Japan.

(144) *Parabolopona ishihari* Webb, 1981 (Fig. 139; Pl. VII: 76)

Parabolopona ishihari Webb, 1981b: 45; Zhang, 1990: 116; Zhang, Chen & Shen, 1995:
     11; Zhang & Webb, 1996: 19.
Distribution: Beijing, Shaanxi, Hunan, Hainan, Guangxi, Yunnan; Japan.

(145) *Parabolopona luzonensis* Webb, 1981 (Fig. 140; Pl. VII: 77)

Parabolopona luzonensis Webb, 1981b: 46; Zhang & Webb, 1996: 19.
Parabolopona guttatus (Uhler): Merino, 1936: 364. Misidentification.
Distribution: Zhejiang; Phillipines.

(146) *Parabolopona quadrispinosa* Shang, Zhang, Shen & Li, 2006 (Fig. 141; Pl. VII: 78)

Parabolopona quadrispinosa Shang, Zhang, Shen & Li, 2006: 37.

Distribution: Hainan, Zhejiang, Fujian, Guangxi, Yunnan.

(147) *Parabolopona robustipenis* Yu, Webb, Dai & Yang, 2019 (Fig. 142)

Parabolopona robustipenis Yu, Webb, Dai & Yang, 2019: 50-52.
Distribution: Hainan.

(148) *Parabolopona webbi* Zahniser & Dietrich, 2013 (Fig. 143; Pl. VII: 79)

Parabolopona webbi Zahnier & Dietrich, 2013: 181.
Distribution: Taiwan.

(149) *Parabolopona yangi* Zhang, Chen & Shen, 1995 (Fig. 144; Pl. VII: 80)

Parabolopona yangi Zhang, Chen & Shen, in Zhang, Chen & Shen, 1995: 11; Zhang & Webb, 1996: 19.
Distribution: Guangdong.

(150) *Parabolopona yunnanensis* Xu & Zhang, 2020 (Fig. 145; Pl. VII: 81)

Parabolopona yunnanensis Xu & Zhang, 2020: 194.
Distribution: Yunnan.

39. *Roxasellana* Zhang & Zhang, 1998

Roxasellana Zhang & Zhang, 1998: 253.
Type species: *Roxasellana stellata* Zhang & Zhang, 1998.
Distribution: Fujian, Guangdong, Guangxi.
1 known species worldwide, 1 species in China.

(151) *Roxasellana stellata* Zhang & Zhang, 1998 (Fig. 146; Pl. VII: 82)

Roxasellana stellata Zhang & Zhang, 1998: 253.
Distribution: Fujian, Guangdong, Guangxi.

40. *Waigara* Zhang & Webb, 1996

Waigara Zhang & Webb, 1996: 22.
Type species: *Melichariella boninensis* Matsumura, 1914.
Distribution: Hainan, Guangxi; Japan.
1 known species worldwide, 1 species in China.

(152) *Waigara boninensis* **(Matsumura, 1914) (Fig. 147; Pl. VII: 83)**

Melichariella boninensis Matsumura, 1914: 238.

Waigara boninensis (Matsumura): Zhang & Webb, 1996: 22; Shang & Zhang, 2007: 432.

Distribution: Hainan, Guangxi; Japan.

中名索引

（按汉语拼音排序）

学 名 索 引

《中国动物志》已出版书目

《中国动物志》

兽纲　第六卷　啮齿目（下）　仓鼠科　罗泽珣等　2000，514 页，140 图，4 图版。

兽纲　第八卷　食肉目　高耀亭等　1987，377 页，66 图，10 图版。

兽纲　第九卷　鲸目　食肉目　海豹总科　海牛目　周开亚　2004，326 页，117 图，8 图版。

鸟纲　第一卷　第一部　中国鸟纲绪论　第二部　潜鸟目　鹳形目　郑作新等　1997，199 页，39 图，4 图版。

鸟纲　第二卷　雁形目　郑作新等　1979，143 页，65 图，10 图版。

鸟纲　第四卷　鸡形目　郑作新等　1978，203 页，53 图，10 图版。

鸟纲　第五卷　鹤形目　鸻形目　鸥形目　王岐山、马鸣、高育仁　2006，644 页，263 图，4 图版。

鸟纲　第六卷　鸽形目　鹦形目　鹃形目　鸮形目　郑作新、冼耀华、关贯勋　1991，240 页，64 图，5 图版。

鸟纲　第七卷　夜鹰目　雨燕目　咬鹃目　佛法僧目　鴷形目　谭耀匡、关贯勋　2003，241 页，36 图，4 图版。

鸟纲　第八卷　雀形目　阔嘴鸟科　和平鸟科　郑宝赉等　1985，333 页，103 图，8 图版。

鸟纲　第九卷　雀形目　太平鸟科　岩鹨科　陈服官等　1998，284 页，143 图，4 图版。

鸟纲　第十卷　雀形目　鹟科（一）　鸫亚科　郑作新、龙泽虞、卢汰春　1995，239 页，67 图，4 图版。

鸟纲　第十一卷　雀形目　鹟科（二）　画眉亚科　郑作新、龙泽虞、郑宝赉　1987，307 页，110 图，8 图版。

鸟纲　第十二卷　雀形目　鹟科（三）　莺亚科　鹟亚科　郑作新、卢汰春、杨岚、雷富民等　2010，439 页，121 图，4 图版。

鸟纲　第十三卷　雀形目　山雀科　绣眼鸟科　李桂垣、郑宝赉、刘光佐　1982，170 页，68 图，4 图版。

鸟纲　第十四卷　雀形目　文鸟科　雀科　傅桐生、宋榆钧、高玮等　1998，322 页，115 图，8 图版。

爬行纲　第一卷　总论　龟鳖目　鳄形目　张孟闻等　1998，208 页，44 图，4 图版。

爬行纲　第二卷　有鳞目　蜥蜴亚目　赵尔宓、赵肯堂、周开亚等　1999，394 页，54 图，8 图版。

爬行纲　第三卷　有鳞目　蛇亚目　赵尔宓等　1998，522 页，100 图，12 图版。

两栖纲　上卷　总论　蚓螈目　有尾目　费梁、胡淑琴、叶昌媛、黄永昭等　2006，471 页，120 图，16 图版。

两栖纲　中卷　无尾目　费梁、胡淑琴、叶昌媛、黄永昭等　2009，957 页，549 图，16 图版。

两栖纲　下卷　无尾目　蛙科　费梁、胡淑琴、叶昌媛、黄永昭等　2009，888页，337图，16图版。

硬骨鱼纲　鲽形目　李思忠、王惠民　1995，433页，170图。

硬骨鱼纲　鲇形目　褚新洛、郑葆珊、戴定远等　1999，230页，124图。

硬骨鱼纲　鲤形目(中)　陈宜瑜等　1998，531页，257图。

硬骨鱼纲　鲤形目(下)　乐佩绮等　2000，661页，340图。

硬骨鱼纲　鲟形目　海鲢目　鲱形目　鼠鱚目　张世义　2001，209页，88图。

硬骨鱼纲　灯笼鱼目　鲸口鱼目　骨舌鱼目　陈素芝　2002，349页，135图。

硬骨鱼纲　鲀形目　海蛾鱼目　喉盘鱼目　鮟鱇目　苏锦祥、李春生　2002，495页，194图。

硬骨鱼纲　鲉形目　金鑫波　2006，739页，287图。

硬骨鱼纲　鲈形目(四)　刘静等　2016，312页，142图，15图版。

硬骨鱼纲　鲈形目(五)　虾虎鱼亚目　伍汉霖、钟俊生等　2008，951页，575图，32图版。

硬骨鱼纲　鳗鲡目　背棘鱼目　张春光等　2010，453页，225图，3图版。

硬骨鱼纲　银汉鱼目　鳉形目　颌针鱼目　蛇鳚目　鳕形目　李思忠、张春光等　2011，946页，345图。

圆口纲　软骨鱼纲　朱元鼎、孟庆闻等　2001，552页，247图。

昆虫纲　第一卷　蚤目　柳支英等　1986，1334页，1948图。

昆虫纲　第二卷　鞘翅目　铁甲科　陈世骧等　1986，653页，327图，15图版。

昆虫纲　第三卷　鳞翅目　圆钩蛾科　钩蛾科　朱弘复、王林瑶　1991，269页，204图，10图版。

昆虫纲　第四卷　直翅目　蝗总科　癞蝗科　瘤锥蝗科　锥头蝗科　夏凯龄等　1994，340页，168图。

昆虫纲　第五卷　鳞翅目　蚕蛾科　大蚕蛾科　网蛾科　朱弘复、王林瑶　1996，302页，234图，18图版。

昆虫纲　第六卷　双翅目　丽蝇科　范滋德等　1997，707页，229图。

昆虫纲　第七卷　鳞翅目　祝蛾科　武春生　1997，306页，74图，38图版。

昆虫纲　第八卷　双翅目　蚊科(上)　陆宝麟等　1997，593页，285图。

昆虫纲　第九卷　双翅目　蚊科(下)　陆宝麟等　1997，126页，57图。

昆虫纲　第十卷　直翅目　蝗总科　斑翅蝗科　网翅蝗科　郑哲民、夏凯龄　1998，610页，323图。

昆虫纲　第十一卷　鳞翅目　天蛾科　朱弘复、王林瑶　1997，410页，325图，8图版。

昆虫纲　第十二卷　直翅目　蚱总科　梁络球、郑哲民　1998，278页，166图。

昆虫纲　第十三卷　半翅目　姬蝽科　任树芝　1998，251页，508图，12图版。

昆虫纲　第十四卷　同翅目　纩蚜科　瘿绵蚜科　张广学、乔格侠、钟铁森、张万玉　1999，380页，121图，17+8图版。

昆虫纲　第十五卷　鳞翅目　尺蛾科　花尺蛾亚科　薛大勇、朱弘复　1999，1090页，1197图，25图版。

昆虫纲　第十六卷　鳞翅目　夜蛾科　陈一心　1999，1596页，701图，68图版。

昆虫纲　第十七卷　等翅目　黄复生等　2000，961页，564图。

昆虫纲　第十八卷　膜翅目　茧蜂科(一)　何俊华、陈学新、马云　2000，757页，1783图。

昆虫纲　第十九卷　鳞翅目　灯蛾科　方承莱　2000，589页，338图，20图版。

昆虫纲 第二十卷 膜翅目 准蜂科 蜜蜂科 吴燕如 2000，442 页，218 图，9 图版。

昆虫纲 第二十一卷 鞘翅目 天牛科 花天牛亚科 蒋书楠、陈力 2001，296 页，17 图，18 图版。

昆虫纲 第二十二卷 同翅目 蚧总科 粉蚧科 绒蚧科 蜡蚧科 链蚧科 盘蚧科 壶蚧科 仁蚧科 王子清 2001，611 页，188 图。

昆虫纲 第二十三卷 双翅目 寄蝇科(一) 赵建铭、梁恩义、史永善、周士秀 2001，305 页，183 图，11 图版。

昆虫纲 第二十四卷 半翅目 毛唇花蝽科 细角花蝽科 花蝽科 卜文俊、郑乐怡 2001，267 页，362 图。

昆虫纲 第二十五卷 鳞翅目 凤蝶科 凤蝶亚科 锯凤蝶亚科 绢蝶亚科 武春生 2001，367 页，163 图，8 图版。

昆虫纲 第二十六卷 双翅目 蝇科(二) 棘蝇亚科(一) 马忠余、薛万琦、冯炎 2002，421 页，614 图。

昆虫纲 第二十七卷 鳞翅目 卷蛾科 刘友樵、李广武 2002，601 页，16 图，136+2 图版。

昆虫纲 第二十八卷 同翅目 角蝉总科 犁胸蝉科 角蝉科 袁锋、周尧 2002，590 页，295 图，4 图版。

昆虫纲 第二十九卷 膜翅目 螯蜂科 何俊华、许再福 2002，464 页，397 图。

昆虫纲 第三十卷 鳞翅目 毒蛾科 赵仲苓 2003，484 页，270 图，10 图版。

昆虫纲 第三十一卷 鳞翅目 舟蛾科 武春生、方承莱 2003，952 页，530 图，8 图版。

昆虫纲 第三十二卷 直翅目 蝗总科 槌角蝗科 剑角蝗科 印象初、夏凯龄 2003，280 页，144 图。

昆虫纲 第三十三卷 半翅目 盲蝽科 盲蝽亚科 郑乐怡、吕楠、刘国卿、许兵红 2004，797 页，228 图，8 图版。

昆虫纲 第三十四卷 双翅目 舞虻总科 舞虻科 螳舞虻亚科 驼舞虻亚科 杨定、杨集昆 2004，334 页，474 图，1 图版。

昆虫纲 第三十五卷 革翅目 陈一心、马文珍 2004，420 页，199 图，8 图版。

昆虫纲 第三十六卷 鳞翅目 波纹蛾科 赵仲苓 2004，291 页，153 图，5 图版。

昆虫纲 第三十七卷 膜翅目 茧蜂科(二) 陈学新、何俊华、马云 2004，581 页，1183 图，103 图版。

昆虫纲 第三十八卷 鳞翅目 蝙蝠蛾科 蛱蛾科 朱弘复、王林瑶、韩红香 2004，291 页，179 图，8 图版。

昆虫纲 第三十九卷 脉翅目 草蛉科 杨星科、杨集昆、李文柱 2005，398 页，240 图，4 图版。

昆虫纲 第四十卷 鞘翅目 肖叶甲科 肖叶甲亚科 谭娟杰、王书永、周红章 2005，415 页，95 图，8 图版。

昆虫纲 第四十一卷 同翅目 斑蚜科 乔格侠、张广学、钟铁森 2005，476 页，226 图，8 图版。

昆虫纲 第四十二卷 膜翅目 金小蜂科 黄大卫、肖晖 2005，388 页，432 图，5 图版。

昆虫纲 第四十三卷 直翅目 蝗总科 斑腿蝗科 李鸿昌、夏凯龄 2006，736 页，325 图。

昆虫纲 第四十四卷 膜翅目 切叶蜂科 吴燕如 2006，474 页，180 图，4 图版。

19 图版。

无脊椎动物　第五十二卷　扁形动物门　吸虫纲　复殖目（三）　邱兆祉等　2018，746 页，401 图。

无脊椎动物　第五十三卷　蛛形纲　蜘蛛目　跳蛛科　彭贤锦　2020，612 页，392 图。

无脊椎动物　第五十四卷　环节动物门　多毛纲(三)　缨鳃虫目　孙瑞平、杨德渐　2014，493 页，239 图，2 图版。

无脊椎动物　第五十五卷　软体动物门　腹足纲　芋螺科　李凤兰、林民玉　2016，288 页，168 图，4 图版。

无脊椎动物　第五十六卷　软体动物门　腹足纲　凤螺总科、玉螺总科　张素萍　2016，318 页，138 图，10 图版。

无脊椎动物　第五十七卷　软体动物门　双壳纲　樱蛤科　双带蛤科　徐凤山、张均龙　2017，236 页，50 图，15 图版。

无脊椎动物　第五十八卷　软体动物门　腹足纲 艾纳螺总科　吴岷　2018，300 页，63 图，6 图版。

无脊椎动物　第五十九卷　蛛形纲　蜘蛛目　漏斗蛛科　暗蛛科　朱明生、王新平、张志升　2017，727 页，384 图，5 图版。

无脊椎动物　第六十二卷　软体动物门　腹足纲　骨螺科　张素萍　2022，428 页，250 图。

《中国经济动物志》

兽类　寿振黄等　1962，554 页，153 图，72 图版。

鸟类　郑作新等　1963，694 页，10 图，64 图版。

鸟类(第二版)　郑作新等　1993，619 页，64 图版。

海产鱼类　成庆泰等　1962，174 页，25 图，32 图版。

淡水鱼类　伍献文等　1963，159 页，122 图，30 图版。

淡水鱼类寄生甲壳动物　匡溥人、钱金会　1991，203 页，110 图。

环节(多毛纲)　棘皮　原索动物　吴宝铃等　1963，141 页，65 图，16 图版。

海产软体动物　张玺、齐钟彦　1962，246 页，148 图。

淡水软体动物　刘月英等　1979，134 页，110 图。

陆生软体动物　陈德牛、高家祥　1987，186 页，224 图。

寄生蠕虫　吴淑卿、尹文真、沈守训　1960，368 页，158 图。

《中国经济昆虫志》

第一册　鞘翅目　天牛科　陈世骧等　1959，120 页，21 图，40 图版。

第二册　半翅目　蝽科　杨惟义　1962，138 页，11 图，10 图版。

第三册　鳞翅目　夜蛾科(一)　朱弘复、陈一心　1963，172 页，22 图，10 图版。

第四册　鞘翅目　拟步行虫科　赵养昌　1963，63 页，27 图，7 图版。

第五册　鞘翅目　瓢虫科　刘崇乐　1963，101 页，27 图，11 图版。

第六册　鳞翅目　夜蛾科(二)　朱弘复等　1964，183 页，11 图版。

第七册　鳞翅目　夜蛾科(三)　朱弘复、方承莱、王林瑶　1963，120 页，28 图，31 图版。

第八册　等翅目　白蚁　蔡邦华、陈宁生，1964，141 页，79 图，8 图版。

第九册　膜翅目　蜜蜂总科　吴燕如　1965，83 页，40 图，7 图版。

第十册　同翅目　叶蝉科　葛钟麟　1966，170 页，150 图。

第十一册　鳞翅目　卷蛾科(一)　刘友樵、白九维　1977，93 页，23 图，24 图版。

第十二册　鳞翅目　毒蛾科　赵仲苓　1978，121 页，45 图，18 图版。

第十三册　双翅目　蠓科　李铁生　1978，124 页，104 图。

第十四册　鞘翅目　瓢虫科(二)　庞雄飞、毛金龙　1979，170 页，164 图，16 图版。

第十五册　蜱螨目　蜱总科　邓国藩　1978，174 页，707 图。

第十六册　鳞翅目　舟蛾科　蔡荣权　1979，166 页，126 图，19 图版。

第十七册　蜱螨目　革螨股　潘𬭤文、邓国藩　1980，155 页，168 图。

第十八册　鞘翅目　叶甲总科(一)　谭娟杰、虞佩玉　1980，213 页，194 图，18 图版。

第十九册　鞘翅目　天牛科　蒲富基　1980，146 页，42 图，12 图版。

第二十册　鞘翅目　象虫科　赵养昌、陈元清　1980，184 页，73 图，14 图版。

第二十一册　鳞翅目　螟蛾科　王平远　1980，229 页，40 图，32 图版。

第二十二册　鳞翅目　天蛾科　朱弘复、王林瑶　1980，84 页，17 图，34 图版。

第二十三册　螨　目　叶螨总科　王慧芙　1981，150 页，121 图，4 图版。

第二十四册　同翅目　粉蚧科　王子清　1982，119 页，75 图。

第二十五册　同翅目　蚜虫类(一)　张广学、钟铁森　1983，387 页，207 图，32 图版。

第二十六册　双翅目　虻科　王遵明　1983，128 页，243 图，8 图版。

第二十七册　同翅目　飞虱科　葛钟麟等　1984，166 页，132 图，13 图版。

第二十八册　鞘翅目　金龟总科幼虫　张芝利　1984，107 页，17 图，21 图版。

第二十九册　鞘翅目　小蠹科　殷惠芬、黄复生、李兆麟　1984，205 页，132 图，19 图版。

第三十册　膜翅目　胡蜂总科　李铁生　1985，159 页，21 图，12 图版。

第三十一册　半翅目(一)　章士美等　1985，242 页，196 图，59 图版。

第三十二册　鳞翅目　夜蛾科(四)　陈一心　1985，167 页，61 图，15 图版。

第三十三册　鳞翅目　灯蛾科　方承莱　1985，100 页，69 图，10 图版。

第三十四册　膜翅目　小蜂总科(一)　廖定熹等　1987，241 页，113 图，24 图版。

第三十五册　鞘翅目　天牛科(三)　蒋书楠、蒲富基、华立中　1985，189 页，2 图，13 图版。

第三十六册　同翅目　蜡蝉总科　周尧等　1985，152 页，125 图，2 图版。

第三十七册　双翅目　花蝇科　范滋德等　1988，396 页，1215 图，10 图版。

第三十八册　双翅目　蠓科(二)　李铁生　1988，127 页，107 图。

第三十九册　蜱螨亚纲　硬蜱科　邓国藩、姜在阶　1991，359 页，354 图。

第四十册　蜱螨亚纲　皮刺螨总科　邓国藩等　1993，391 页，318 图。

第四十一册　膜翅目　金小蜂科　黄大卫　1993，196 页，252 图。

第四十二册　鳞翅目　毒蛾科(二)　赵仲苓　1994，165 页，103 图，10 图版。

第四十三册　同翅目　蚧总科　王子清　1994，302 页，107 图。

第四十四册　蜱螨亚纲　瘿螨总科(一)　匡海源　1995，198 页，163 图，7 图版。

Serial Faunal Monographs Already Published

FAUNA SINICA

Mammalia vol. 6 Rodentia III: Cricetidae. Luo Zexun *et al.*, 2000. 514 pp., 140 figs., 4 pls.

Mammalia vol. 8 Carnivora. Gao Yaoting *et al.*, 1987. 377 pp., 44 figs., 10 pls.

Mammalia vol. 9 Cetacea, Carnivora: Phocoidea, Sirenia. Zhou Kaiya, 2004. 326 pp., 117 figs., 8 pls.

Aves vol. 1 part 1. Introductory Account of the Class Aves in China; part 2. Account of Orders listed in this Volume. Zheng Zuoxin (Cheng Tsohsin) *et al.*, 1997. 199 pp., 39 figs., 4 pls.

Aves vol. 2 Anseriformes. Zheng Zuoxin (Cheng Tsohsin) *et al.*, 1979. 143 pp., 65 figs., 10 pls.

Aves vol. 4 Galliformes. Zheng Zuoxin (Cheng Tsohsin) *et al.*, 1978. 203 pp., 53 figs., 10 pls.

Aves vol. 5 Gruiformes, Charadriiformes, Lariformes. Wang Qishan, Ma Ming and Gao Yuren, 2006. 644 pp., 263 figs., 4 pls.

Aves vol. 6 Columbiformes, Psittaciformes, Cuculiformes, Strigiformes. Zheng Zuoxin (Cheng Tsohsin), Xian Yaohua and Guan Guanxun, 1991. 240 pp., 64 figs., 5 pls.

Aves vol. 7 Caprimulgiformes, Apodiformes, Trogoniformes, Coraciiformes, Piciformes. Tan Yaokuang and Guan Guanxun, 2003. 241 pp., 36 figs., 4 pls.

Aves vol. 8 Passeriformes: Eurylaimidae-Irenidae. Zheng Baolai *et al.*, 1985. 333 pp., 103 figs., 8 pls.

Aves vol. 9 Passeriformes: Bombycillidae, Prunellidae. Chen Fuguan *et al.*, 1998. 284 pp., 143 figs., 4 pls.

Aves vol. 10 Passeriformes: Muscicapidae I: Turdinae. Zheng Zuoxin (Cheng Tsohsin), Long Zeyu and Lu Taichun, 1995. 239 pp., 67 figs., 4 pls.

Aves vol. 11 Passeriformes: Muscicapidae II: Timaliinae. Zheng Zuoxin (Cheng Tsohsin), Long Zeyu and Zheng Baolai, 1987. 307 pp., 110 figs., 8 pls.

Aves vol. 12 Passeriformes: Muscicapidae III: Sylviinae, Muscicapinae. Zheng Zuoxin, Lu Taichun, Yang Lan and Lei Fumin *et al.*, 2010. 439 pp., 121 figs., 4 pls.

Aves vol. 13 Passeriformes: Paridae, Zosteropidae. Li Guiyuan, Zheng Baolai and Liu Guangzuo, 1982. 170 pp., 68 figs., 4 pls.

Aves vol. 14 Passeriformes: Ploceidae, Fringillidae. Fu Tongsheng, Song Yujun and Gao Wei *et al.*, 1998. 322 pp., 115 figs., 8 pls.

Reptilia vol. 1 General Accounts of Reptilia. Testudoformes and Crocodiliformes. Zhang Mengwen *et al.*, 1998. 208 pp., 44 figs., 4 pls.

Reptilia vol. 2 Squamata: Lacertilia. Zhao Ermi, Zhao Kentang and Zhou Kaiya *et al.*, 1999. 394 pp., 54 figs., 8 pls.

Reptilia vol. 3 Squamata: Serpentes. Zhao Ermi *et al.*, 1998. 522 pp., 100 figs., 12 pls.

Amphibia vol. 1 General accounts of Amphibia, Gymnophiona, Urodela. Fei Liang, Hu Shuqin, Ye Changyuan and Huang Yongzhao *et al.*, 2006. 471 pp., 120 figs., 16 pls.

Amphibia vol. 2 Anura. Fei Liang, Hu Shuqin, Ye Changyuan and Huang Yongzhao *et al.*, 2009. 957 pp., 549 figs., 16 pls.

Amphibia vol. 3 Anura: Ranidae. Fei Liang, Hu Shuqin, Ye Changyuan and Huang Yongzhao *et al.*, 2009. 888 pp., 337 figs., 16 pls.

Osteichthyes: Pleuronectiformes. Li Sizhong and Wang Huimin, 1995. 433 pp., 170 figs.

Osteichthyes: Siluriformes. Chu Xinluo, Zheng Baoshan and Dai Dingyuan *et al.*, 1999. 230 pp., 124 figs.

Osteichthyes: Cypriniformes II. Chen Yiyu *et al.*, 1998. 531 pp., 257 figs.

Osteichthyes: Cypriniformes III. Yue Peiqi *et al.*, 2000. 661 pp., 340 figs.

Osteichthyes: Acipenseriformes, Elopiformes, Clupeiformes, Gonorhynchiformes. Zhang Shiyi, 2001. 209 pp., 88 figs.

Osteichthyes: Myctophiformes, Cetomimiformes, Osteoglossiformes. Chen Suzhi, 2002. 349 pp., 135 figs.

Osteichthyes: Tetraodontiformes, Pegasiformes, Gobiesociformes, Lophiiformes. Su Jinxiang and Li Chunsheng, 2002. 495 pp., 194 figs.

Ostichthyes: Scorpaeniformes. Jin Xinbo, 2006. 739 pp., 287 figs.

Ostichthyes: Perciformes IV. Liu Jing *et al.*, 2016. 312 pp., 143 figs., 15 pls.

Ostichthyes: Perciformes V: Gobioidei. Wu Hanlin and Zhong Junsheng *et al.*, 2008. 951 pp., 575 figs., 32 pls.

Ostichthyes: Anguilliformes Notacanthiformes. Zhang Chunguang *et al.*, 2010. 453 pp., 225 figs., 3 pls.

Ostichthyes: Atheriniformes, Cyprinodontiformes, Beloniformes, Ophidiiformes, Gadiformes. Li Sizhong and Zhang Chunguang *et al.*, 2011. 946 pp., 345 figs.

Cyclostomata and Chondrichthyes. Zhu Yuanding and Meng Qingwen *et al.*, 2001. 552 pp., 247 figs.

Insecta vol. 1 Siphonaptera. Liu Zhiying *et al.*, 1986. 1334 pp., 1948 figs.

Insecta vol. 2 Coleoptera: Hispidae. Chen Sicien *et al.*, 1986. 653 pp., 327 figs., 15 pls.

Insecta vol. 3 Lepidoptera: Cyclidiidae, Drepanidae. Chu Hungfu and Wang Linyao, 1991. 269 pp., 204 figs., 10 pls.

Insecta vol. 4 Orthoptera: Acrioidea: Pamphagidae, Chrotogonidae, Pyrgomorphidae. Xia Kailing *et al.*, 1994. 340 pp., 168 figs.

Insecta vol. 5 Lepidoptera: Bombycidae, Saturniidae, Thyrididae. Zhu Hongfu and Wang Linyao, 1996. 302 pp., 234 figs., 18 pls.

Insecta vol. 6 Diptera: Calliphoridae. Fan Zide *et al.*, 1997. 707 pp., 229 figs.

Insecta vol. 7 Lepidoptera: Lecithoceridae. Wu Chunsheng, 1997. 306 pp., 74 figs., 38 pls.

Insecta vol. 8 Diptera: Culicidae I. Lu Baolin *et al.*, 1997. 593 pp., 285 pls.

Insecta vol. 9 Diptera: Culicidae II. Lu Baolin *et al.*, 1997. 126 pp., 57 pls.

Insecta vol. 10 Orthoptera: Oedipodidae, Arcypteridae III. Zheng Zhemin and Xia Kailing, 1998. 610 pp.,

323 figs.

Insecta vol. 11 Lepidoptera: Sphingidae. Zhu Hongfu and Wang Linyao, 1997. 410 pp., 325 figs., 8 pls.

Insecta vol. 12 Orthoptera: Tetrigoidea. Liang Geqiu and Zheng Zhemin, 1998. 278 pp., 166 figs.

Insecta vol. 13 Hemiptera: Nabidae. Ren Shuzhi, 1998. 251 pp., 508 figs., 12 pls.

Insecta vol. 14 Homoptera: Mindaridae, Pemphigidae. Zhang Guangxue, Qiao Gexia, Zhong Tiesen and Zhang Wanfang, 1999. 380 pp., 121 figs., 17+8 pls.

Insecta vol. 15 Lepidoptera: Geometridae: Larentiinae. Xue Dayong and Zhu Hongfu (Chu Hungfu), 1999. 1090 pp., 1197 figs., 25 pls.

Insecta vol. 16 Lepidoptera: Noctuidae. Chen Yixin, 1999. 1596 pp., 701 figs., 68 pls.

Insecta vol. 17 Isoptera. Huang Fusheng *et al.*, 2000. 961 pp., 564 figs.

Insecta vol. 18 Hymenoptera: Braconidae I. He Junhua, Chen Xuexin and Ma Yun, 2000. 757 pp., 1783 figs.

Insecta vol. 19 Lepidoptera: Arctiidae. Fang Chenglai, 2000. 589 pp., 338 figs., 20 pls.

Insecta vol. 20 Hymenoptera: Melittidae, Apidae. Wu Yanru, 2000. 442 pp., 218 figs., 9 pls.

Insecta vol. 21 Coleoptera: Cerambycidae: Lepturinae. Jiang Shunan and Chen Li, 2001. 296 pp., 17 figs., 18 pls.

Insecta vol. 22 Homoptera: Coccoidea: Pseudococcidae, Eriococcidae, Asterolecaniidae, Coccidae, Lecanodiaspididae, Cerococcidae, Aclerdidae. Wang Tzeching, 2001. 611 pp., 188 figs.

Insecta vol. 23 Diptera: Tachinidae I. Chao Cheiming, Liang Enyi, Shi Yongshan and Zhou Shixiu, 2001. 305 pp., 183 figs., 11 pls.

Insecta vol. 24 Hemiptera: Lasiochilidae, Lyctocoridae, Anthocoridae. Bu Wenjun and Zheng Leyi (Cheng Loyi), 2001. 267 pp., 362 figs.

Insecta vol. 25 Lepidoptera: Papilionidae: Papilioninae, Zerynthiinae, Parnassiinae. Wu Chunsheng, 2001. 367 pp., 163 figs., 8 pls.

Insecta vol. 26 Diptera: Muscidae II: Phaoniinae I. Ma Zhongyu, Xue Wanqi and Feng Yan, 2002. 421 pp., 614 figs.

Insecta vol. 27 Lepidoptera: Tortricidae. Liu Youqiao and Li Guangwu, 2002. 601 pp., 16 figs., 2+136 pls.

Insecta vol. 28 Homoptera: Membracoidea: Aetalionidae, Membracidae. Yuan Feng and Chou Io, 2002. 590 pp., 295 figs., 4 pls.

Insecta vol. 29 Hymenoptera: Dyrinidae. He Junhua and Xu Zaifu, 2002. 464 pp., 397 figs.

Insecta vol. 30 Lepidoptera: Lymantriidae. Zhao Zhongling (Chao Chungling), 2003. 484 pp., 270 figs., 10 pls.

Insecta vol. 31 Lepidoptera: Notodontidae. Wu Chunsheng and Fang Chenglai, 2003. 952 pp., 530 figs., 8 pls.

Insecta vol. 32 Orthoptera: Acridoidea: Gomphoceridae, Acrididae. Yin Xiangchu, Xia Kailing *et al.*, 2003. 280 pp., 144 figs.

Insecta vol. 33 Hemiptera: Miridae, Mirinae. Zheng Leyi, Lü Nan, Liu Guoqing and Xu Binghong, 2004. 797 pp., 228 figs., 8 pls.

Insecta vol. 34 Diptera: Empididae: Hemerodromiinae and Hybotinae. Yang Ding and Yang Chikun, 2004.

334 pp., 474 figs., 1 pls.

Insecta vol. 35 Dermaptera. Chen Yixin and Ma Wenzhen, 2004. 420 pp., 199 figs., 8 pls.

Insecta vol. 36 Lepidoptera: Thyatiridae. Zhao Zhongling, 2004. 291 pp., 153 figs., 5 pls.

Insecta vol. 37 Hymenoptera: Braconidae II. Chen Xuexin, He Junhua and Ma Yun, 2004. 518 pp., 1183 figs., 103 pls.

Insecta vol. 38 Lepidoptera: Hepialidae, Epiplemidae. Zhu Hongfu, Wang Linyao and Han Hongxiang, 2004. 291 pp., 179 figs., 8 pls.

Insecta vol. 39 Neuroptera: Chrysopidae. Yang Xingke, Yang Jikun and Li Wenzhu, 2005. 398 pp., 240 figs., 4 pls.

Insecta vol. 40 Coleoptera: Eumolpidae: Eumolpinae. Tan Juanjie, Wang Shuyong and Zhou Hongzhang, 2005. 415 pp., 95 figs., 8 pls.

Insecta vol. 41 Diptera: Muscidae I. Fan Zide *et al.*, 2005. 476 pp., 226 figs., 8 pls.

Insecta vol. 42 Hymenoptera: Pteromalidae. Huang Dawei and Xiao Hui, 2005. 388 pp., 432 figs., 5 pls.

Insecta vol. 43 Orthoptera: Acridoidea: Catantopidae. Li Hongchang and Xia Kailing, 2006. 736pp., 325 figs.

Insecta vol. 44 Hymenoptera: Megachilidae. Wu Yanru, 2006. 474 pp., 180 figs., 4 pls.

Insecta vol. 45 Diptera: Homoptera: Delphacidae. Ding Jinhua, 2006. 776 pp., 351 figs., 20 pls.

Insecta vol. 46 Hymenoptera: Braconidae: Agathidinae. Chen Jiahua and Yang Jianquan, 2006. 301 pp., 81 figs., 32 pls.

Insecta vol. 47 Lepidoptera: Lasiocampidae. Liu Youqiao and Wu Chunsheng, 2006. 385 pp., 248 figs., 8 pls.

Insecta Saiphonaptera(2 volumes). Wu Houyong *et al.*, 2007. 2174 pp., 2475 figs.

Insecta vol. 49 Diptera: Muscidae. Fan Zide *et al.*, 2008. 1186 pp., 276 figs., 4 pls.

Insecta vol. 50 Diptera: Syrphidae. Huang Chunmei and Cheng Xinyue, 2012. 852 pp., 418 figs., 8 pls.

Insecta vol. 51 Megaloptera. Yang Ding and Liu Xingyue, 2010. 457 pp., 176 figs., 14 pls.

Insecta vol. 52 Lepidoptera: Pieridae. Wu Chunsheng, 2010. 416 pp., 174 figs., 16 pls.

Insecta vol. 53 Diptera Dolichopodidae(2 volumes). Yang Ding *et al.*, 2011. 1912 pp., 1017 figs., 7 pls.

Insecta vol. 54 Lepidoptera: Geometridae: Geometrinae. Han Hongxiang and Xue Dayong, 2011. 787 pp., 929 figs., 20 pls.

Insecta vol. 55 Lepidoptera: Hesperiidae. Yuan Feng, Yuan Xiangqun and Xue Guoxi, 2015. 754 pp., 280 figs., 15 pls.

Insecta vol. 56 Hymenoptera: Proctotrupoidea(I). He Junhua and Xu Zaifu, 2015. 1078 pp., 485 figs.

Insecta vol. 57 Orthoptera: Tettigoniidae: Phaneropterinae. Kang Le *et al.*, 2013. 574 pp., 291 figs., 31 pls.

Insecta vol. 58 Plecoptera: Nemouroides. Yang Ding, Li Weihai and Zhu Fang, 2014. 518 pp., 294 figs., 12 pls.

Insecta vol. 59 Diptera: Tabanidae. Xu Rongman and Sun Yi, 2013. 870 pp., 495 figs., 17 pls.

Insecta vol. 60 Hemiptera: Hormaphididae, Phloeomyzidae. Qiao Gexia, Jiang Liyun, Chen Jing, Zhang Guangxue and Zhong Tiesen, 2017. 414 pp., 137 figs., 8 pls.

Insecta vol. 61 Coleoptera: Chrysomelidae: Chrysomelinae. Yang Xingke, Ge Siqin, Wang Shuyong, Li Wenzhu and Cui Junzhi, 2014. 641 pp., 378 figs., 8 pls.

Insecta vol. 62 Hemiptera: Miridae(II): Orthotylinae. Liu Guoqing and Zheng Leyi, 2014. 297 pp., 134 figs., 13 pls.

Insecta vol. 63 Coleoptera: Tenebrionidae(I). Ren Guodong *et al.*, 2016. 534 pp., 248 figs., 49 pls.

Insecta vol. 64 Chalcidoidea : Pteromalidae(II): Pteromalinae. Xiao Hui *et al.*, 2019. 495 pp., 186 figs., 12 pls.

Insecta vol. 65 Diptera: Rhagionidae, Athericidae. Yang Ding, Dong Hui and Zhang Kuiyan. 2016. 476 pp., 222 figs., 7 pls.

Insecta vol. 67 Hemiptera: Cicadellidae (II): Cicadellinae. Yang Maofa, Meng Zehong and Li Zizhong. 2017. 637pp., 312 figs., 27 pls.

Insecta vol. 68 Neuroptera: Myrmeleontoidea. Wang Xinli, Zhan Qingbin and Wang Aiqin. 2018. 285 pp., 2 figs., 38 pls.

Insecta vol. 69 Thysanoptera (2 volumes). Feng Jinian *et al.,* 2021. 984 pp., 420 figs.

Insecta vol. 70 Hemiptera: Caliscelidae, Issidae. Zhang Yalin, Che Yanli, Meng Rui and Wang Yinglun. 2020. 655 pp., 224 figs., 43 pls.

Insecta vol. 71 Hemiptera: Cicadellidae (III): Hylicinae, Stegelytrinae and Selenocephalinae.Zhang Yalin, Wei Cong, Shen Lin and Shang Suqin. 2022. 309pp., 147 figs., 7 pls.

Insecta vol. 72 Hemiptera: Cicadellidae (IV): Evacanthinae. Li Zizhong, Li Yujian and Xing Jichun. 2020. 547 pp., 303 figs., 14 pls.

Insecta vol. 73 Hemiptera: Miridae (III): Bryocorinae, Cylapinae, Deraeocorinae, Isometopinae and Psallopinae. Liu Guoqing, Mu Yiran, Xu Jingyang and Liu Lin. 2022. 606pp., 217 figs., 17 pls.

Insecta vol. 74 Hymenoptera: Trichogrammatidae. Lin Naiquan, Hu Hongying, Tian Hongxia and Lin Shuo. 2022. 602 pp., 195 figs.

Insecta vol. 75 Coleoptera: Histeroidea: Sphaeritidae, Synteliidae and Histeridae. Zhou Hongzhang, Luo Tianhong and Zhang Yejun. 2022. 702pp., 252 figs., 3 pls.

Invertebrata vol. 1 Crustacea: Freshwater Cladocera. Chiang Siehchih and Du Nanshang, 1979. 297 pp.,192 figs.

Invertebrata vol. 2 Crustacea: Freshwater Copepoda. Shen Jiarui *et al.*, 1979. 450 pp., 255 figs.

Invertebrata vol. 3 Trematoda: Digenea I. Chen Xintao *et al.*, 1985. 697 pp., 469 figs., 12 pls.

Invertebrata vol. 4 Cephalopode. Dong Zhengzhi, 1988. 201 pp., 124 figs., 4 pls.

Invertebrata vol. 5 Hirudinea: Euhirudinea and Branchiobdellidea. Yang Tong, 1996. 259 pp., 141 figs.

Invertebrata vol. 6 Holothuroidea. Liao Yulin, 1997. 334 pp., 170 figs., 2 pls.

Invertebrata vol. 7 Gastropoda: Mesogastropoda: Cypraeacea. Ma Xiutong, 1997. 283 pp., 96 figs., 12 pls.

Invertebrata vol. 8 Arachnida: Araneae: Thomisidae and Philodromidae. Song Daxiang and Zhu Mingsheng, 1997. 259 pp., 154 figs.

Invertebrata vol. 9 Polychaeta: Phyllodocimorpha. Wu Baoling, Wu Qiquan, Qiu Jianwen and Lu Hua, 1997.

323pp., 180 figs.

Invertebrata vol. 10 Arachnida: Araneae: Araneidae. Yin Changmin *et al.*, 1997. 460 pp., 292 figs.

Invertebrata vol. 11 Gastropoda: Opisthobranchia: Cephalaspidea. Lin Guangyu, 1997. 246 pp., 35 figs., 28 pls.

Invertebrata vol. 12 Bivalvia: Mytiloida. Wang Zhenrui, 1997. 268 pp., 126 figs., 4 pls.

Invertebrata vol. 13 Arachnida: Araneae: Theridiidae. Zhu Mingsheng, 1998. 436 pp., 233 figs., 1 pl.

Invertebrata vol. 14 Sacodina: Acantharia and Spumellaria. Tan Zhiyuan, 1998. 315 pp., 273 figs., 25 pls.

Invertebrata vol. 15 Myxosporea. Chen Chihleu and Ma Chenglun, 1998. 805 pp., 30 figs., 180 pls.

Invertebrata vol. 16 Anthozoa: Actiniaria, Ceriantharis and Zoanthidea. Pei Zunan, 1998. 286 pp., 149 figs., 22 pls.

Invertebrata vol. 17 Crustacea: Decapoda: Parathelphusidae and Potamidae. Dai Aiyun, 1999. 501 pp., 238 figs., 31 pls.

Invertebrata vol. 18 Protura. Yin Wenying, 1999. 510 pp., 275 figs., 8 pls.

Invertebrata vol. 19 Gastropoda: Pulmonata: Stylommatophora: Clausiliidae. Chen Deniu and Zhang Guoqing, 1999. 210 pp., 128 figs., 5 pls.

Invertebrata vol. 20 Bivalvia: Protobranchia and Anomalodesmata. Xu Fengshan, 1999. 244 pp., 156 figs.

Invertebrata vol. 21 Crustacea: Mysidacea. Liu Ruiyu (J. Y. Liu) and Wang Shaowu, 2000. 326 pp., 110 figs.

Invertebrata vol. 22 Monogenea. Wu Baohua, Lang Suo and Wang Weijun, 2000. 756 pp., 598 figs., 2 pls.

Invertebrata vol. 23 Anthozoa: Scleractinia: Hermatypic coral. Zou Renlin, 2001. 289 pp., 9 figs., 47+8 pls.

Invertebrata vol. 24 Bivalvia: Veneridae. Zhuang Qiqian, 2001. 278 pp., 145 figs.

Invertebrata vol. 25 Nematoda: Rhabditida: Strongylata I. Wu Shuqing *et al.*, 2001. 489 pp., 201 figs.

Invertebrata vol. 26 Foraminiferea: Agglutinated Foraminifera. Zheng Shouyi and Fu Zhaoxian, 2001. 788 pp., 130 figs., 122 pls.

Invertebrata vol. 27 Hydrozoa and Scyphomedusae. Gao Shangwu, Hong Hueshin and Zhang Shimei, 2002. 275 pp., 136 figs.

Invertebrata vol. 28 Crustacea: Amphipoda: Hyperiidae. Chen Qingchao and Shi Changtai, 2002. 249 pp., 178 figs.

Invertebrata vol. 29 Gastropoda: Archaeogastropoda: Trochacea. Dong Zhengzhi, 2002. 210 pp., 176 figs., 2 pls.

Invertebrata vol. 30 Crustacea: Brachyura: Marine primitive crabs. Chen Huilian and Sun Haibao, 2002. 597 pp., 237 figs., 16 pls.

Invertebrata vol. 31 Bivalvia: Pteriina. Wang Zhenrui, 2002. 374 pp., 152 figs., 7 pls.

Invertebrata vol. 32 Polycystinea: Nasellaria; Phaeodarea: Phaeodaria. Tan Zhiyuan and Su Xinghui, 2003. 295 pp., 193 figs., 25 pls.

Invertebrata vol. 33 Annelida: Polychaeta II Nereidida. Sun Ruiping and Yang Derjian, 2004. 520 pp., 267 figs., 193 pls.

Invertebrata vol. 34 Mollusca: Gastropoda Tonnacea. Zhang Suping and Ma Xiutong, 2004. 243 pp., 123 figs., 1 pl.

Invertebrata vol. 35 Arachnida: Araneae: Tetragnathidae. Zhu Mingsheng, Song Daxiang and Zhang Junxia, 2003. 402 pp., 174 figs., 5+11 pls.

Invertebrata vol. 36 Crustacea: Decapoda: Atyidae. Liang Xiangqiu, 2004. 375 pp., 156 figs.

Invertebrata vol. 37 Mollusca: Gastropoda: Stylommatophora: Bradybaenidae. Chen Deniu and Zhang Guoqing, 2004. 482 pp., 409 figs., 8 pls.

Invertebrata vol. 38 Chaetognatha: Sagittoidea. Xiao Yichang, 2004. 201 pp., 89 figs.

Invertebrata vol. 39 Arachnida: Araneae: Gnaphosidae. Song Daxiang, Zhu Mingsheng and Zhang Feng, 2004. 362 pp., 175 figs.

Invertebrata vol. 40 Echinodermata: Ophiuroidea. Liao Yulin, 2004. 505 pp., 244 figs., 6 pls.

Invertebrata vol. 41 Crustacea: Amphipoda: Gammaridea I. Ren Xianqiu, 2006. 588 pp., 194 figs.

Invertebrata vol. 42 Crustacea: Cirripedia: Thoracica. Liu Ruiyu and Ren Xianqiu, 2007. 632 pp., 239 figs.

Invertebrata vol. 43 Crustacea: Amphipoda: Gammaridea II. Ren Xianqiu, 2012. 651 pp., 197 figs.

Invertebrata vol. 44 Crustacea: Decapoda: Palaemonoidea. Li Xinzheng, Liu Ruiyu, Liang Xingqiu and Chen Guoxiao, 2007. 381 pp., 157 figs.

Invertebrata vol. 45 Ciliophora: Oligohymenophorea: Peritrichida. Shen Yunfen and Gu Manru, 2016. 502 pp., 164 figs., 2 pls.

Invertebrata vol. 46 Sipuncula, Echiura. Zhou Hong, Li Fenglu and Wang Wei, 2007. 206 pp., 95 figs.

Invertebrata vol. 47 Arachnida: Acari: Phytoseiidae. Wu weinan, Ou Jianfeng and Huang Jingling. 2009. 511 pp., 287 figs., 9 pls.

Invertebrata vol. 48 Mollusca: Bivalvia: Lucinacea, Carditacea, Crassatellacea and Cardiacea. Xu Fengshan. 2012. 239 pp., 133 figs.

Invertebrata vol. 49 Crustacea: Decapoda: Portunidae. Yang Siliang, Chen Huilian and Dai Aiyun. 2012. 417 pp., 138 figs., 14 pls.

Invertebrata vol. 50 Tardigrada. Yang Tong. 2015. 279 pp., 131 figs., 5 pls.

Invertebrata vol. 51 Nematoda: Rhabditida: Strongylata (II). Zhang Luping and Kong Fanyao. 2014. 316 pp., 97 figs., 19 pls.

Invertebrata vol. 52 Platyhelminthes: Trematoda: Dgenea (III). Qiu Zhaozhi *et al.*. 2018. 746 pp., 401 figs.

Invertebrata vol. 53 Arachnida: Araneae: Salticidae. Peng Xianjin.2020. 612pp., 392 figs.

Invertebrata vol. 54 Annelida: Polychaeta (III): Sabellida. Sun Ruiping and Yang Dejian. 2014. 493 pp., 239 figs., 2 pls.

Invertebrata vol. 55 Mollusca: Gastropoda: Conidae. Li Fenglan and Lin Minyu. 2016. 288 pp., 168 figs., 4 pls.

Invertebrata vol. 56 Mollusca: Gastropoda: Strombacea and Naticacea. Zhang Suping. 2016. 318 pp., 138 figs., 10 pls.

Invertebrata vol. 57 Mollusca: Bivalvia: Tellinidae and Semelidae. Xu Fengshan and Zhang Junlong. 2017. 236 pp., 50 figs., 15 pls.

Invertebrata vol. 58 Mollusca: Gastropoda: Enoidea. Wu Min. 2018. 300 pp., 63 figs., 6 pls.

Invertebrata vol. 59 Arachnida: Araneae: Agelenidae and Amaurobiidae. Zhu Mingsheng, Wang Xinping and

Zhang Zhisheng. 2017. 727 pp., 384 figs., 5 pls.

Invertebrata vol. 62 Mollusca: Gastropoda: Muricidae. Zhang Suping. 2022. 428 pp., 250 figs.

ECONOMIC FAUNA OF CHINA

Mammals. Shou Zhenhuang *et al.*, 1962. 554 pp., 153 figs., 72 pls.

Aves. Cheng Tsohsin *et al.*, 1963. 694 pp., 10 figs., 64 pls.

Marine fishes. Chen Qingtai *et al.*, 1962. 174 pp., 25 figs., 32 pls.

Freshwater fishes. Wu Xianwen *et al.*, 1963. 159 pp., 122 figs., 30 pls.

Parasitic Crustacea of Freshwater Fishes. Kuang Puren and Qian Jinhui, 1991. 203 pp., 110 figs.

Annelida. Echinodermata. Prorochordata. Wu Baoling *et al.*, 1963. 141 pp., 65 figs., 16 pls.

Marine mollusca. Zhang Xi and Qi Zhougyan, 1962. 246 pp., 148 figs.

Freshwater molluscs. Liu Yueyin *et al.*, 1979.134 pp., 110 figs.

Terrestrial molluscs. Chen Deniu and Gao Jiaxiang, 1987. 186 pp., 224 figs.

Parasitic worms. Wu Shuqing, Yin Wenzhen and Shen Shouxun, 1960. 368 pp., 158 figs.

Economic birds of China (Second edition). Cheng Tsohsin, 1993. 619 pp., 64 pls.

ECONOMIC INSECT FAUNA OF CHINA

Fasc. 1 Coleoptera: Cerambycidae. Chen Sicien *et al.*, 1959. 120 pp., 21 figs., 40 pls.

Fasc. 2 Hemiptera: Pentatomidae. Yang Weiyi, 1962. 138 pp., 11 figs., 10 pls.

Fasc. 3 Lepidoptera: Noctuidae I. Chu Hongfu and Chen Yixin, 1963. 172 pp., 22 figs., 10 pls.

Fasc. 4 Coleoptera: Tenebrionidae. Zhao Yangchang, 1963. 63 pp., 27 figs., 7 pls.

Fasc. 5 Coleoptera: Coccinellidae. Liu Chongle, 1963. 101 pp., 27 figs., 11pls.

Fasc. 6 Lepidoptera: Noctuidae II. Chu Hongfu *et al.*, 1964. 183 pp., 11 pls.

Fasc. 7 Lepidoptera: Noctuidae III. Chu Hongfu, Fang Chenglai and Wang Lingyao, 1963. 120 pp., 28 figs., 31 pls.

Fasc. 8 Isoptera: Termitidae. Cai Bonghua and Chen Ningsheng, 1964. 141 pp., 79 figs., 8 pls.

Fasc. 9 Hymenoptera: Apoidea. Wu Yanru, 1965. 83 pp., 40 figs., 7 pls.

Fasc. 10 Homoptera: Cicadellidae. Ge Zhongling, 1966. 170 pp., 150 figs.

Fasc. 11 Lepidoptera: Tortricidae I. Liu Youqiao and Bai Jiuwei, 1977. 93 pp., 23 figs., 24 pls.

Fasc. 12 Lepidoptera: Lymantriidae I. Chao Chungling, 1978. 121 pp., 45 figs., 18 pls.

Fasc. 13 Diptera: Ceratopogonidae. Li Tiesheng, 1978. 124 pp., 104 figs.

Fasc. 14 Coleoptera: Coccinellidae II. Pang Xiongfei and Mao Jinlong, 1979. 170 pp., 164 figs., 16 pls.

Fasc. 15 Acarina: Lxodoidea. Teng Kuofan, 1978. 174 pp., 707 figs.

Fasc. 16 Lepidoptera: Notodontidae. Cai Rongquan, 1979. 166 pp., 126 figs., 19 pls.

Fasc. 17 Acarina: Camasina. Pan Zungwen and Teng Kuofan, 1980. 155 pp., 168 figs.

Fasc. 18 Coleoptera: Chrysomeloidea I. Tang Juanjie *et al.*, 1980. 213 pp., 194 figs., 18 pls.

Fasc. 19 Coleoptera: Cerambycidae II. Pu Fuji, 1980. 146 pp., 42 figs., 12 pls.

Fasc. 20 Coleoptera: Curculionidae I. Chao Yungchang and Chen Yuanqing, 1980. 184 pp., 73 figs., 14 pls.

Fasc. 21 Lepidoptera: Pyralidae. Wang Pingyuan, 1980. 229 pp., 40 figs., 32 pls.

Fasc. 22 Lepidoptera: Sphingidae. Zhu Hongfu and Wang Lingyao, 1980. 84 pp., 17 figs., 34 pls.

Fasc. 23 Acariformes: Tetranychoidea. Wang Huifu, 1981. 150 pp., 121 figs., 4 pls.

Fasc. 24 Homoptera: Pseudococcidae. Wang Tzeching, 1982. 119 pp., 75 figs.

Fasc. 25 Homoptera: Aphidinea I. Zhang Guangxue and Zhong Tiesen, 1983. 387 pp., 207 figs., 32 pls.

Fasc. 26 Diptera: Tabanidae. Wang Zunming, 1983. 128 pp., 243 figs., 8 pls.

Fasc. 27 Homoptera: Delphacidae. Kuoh Changlin *et al.*, 1983. 166 pp., 132 figs., 13 pls.

Fasc. 28 Coleoptera: Larvae of Scarabaeoidae. Zhang Zhili, 1984. 107 pp., 17. figs., 21 pls.

Fasc. 29 Coleoptera: Scolytidae. Yin Huifen, Huang Fusheng and Li Zhaoling, 1984. 205 pp., 132 figs., 19 pls.

Fasc. 30 Hymenoptera: Vespoidea. Li Tiesheng, 1985. 159pp., 21 figs., 12pls.

Fasc. 31 Hemiptera I. Zhang Shimei, 1985. 242 pp., 196 figs., 59 pls.

Fasc. 32 Lepidoptera: Noctuidae IV. Chen Yixin, 1985. 167 pp., 61 figs., 15 pls.

Fasc. 33 Lepidoptera: Arctiidae. Fang Chenglai, 1985. 100 pp., 69 figs., 10 pls.

Fasc. 34 Hymenoptera: Chalcidoidea I. Liao Dingxi *et al.*, 1987. 241 pp., 113 figs., 24 pls.

Fasc. 35 Coleoptera: Cerambycidae III. Chiang Shunan. Pu Fuji and Hua Lizhong, 1985. 189 pp., 2 figs., 13 pls.

Fasc. 36 Homoptera: Fulgoroidea. Chou Io *et al.*, 1985. 152 pp., 125 figs., 2 pls.

Fasc. 37 Diptera: Anthomyiidae. Fan Zide *et al.*, 1988. 396 pp., 1215 figs., 10 pls.

Fasc. 38 Diptera: Ceratopogonidae II. Lee Tiesheng, 1988. 127 pp., 107 figs.

Fasc. 39 Acari: Ixodidae. Teng Kuofan and Jiang Zaijie, 1991. 359 pp., 354 figs.

Fasc. 40 Acari: Dermanyssoideae. Teng Kuofan *et al.*, 1993. 391 pp., 318 figs.

Fasc. 41 Hymenoptera: Pteromalidae I. Huang Dawei, 1993. 196 pp., 252 figs.

Fasc. 42 Lepidoptera: Lymantriidae II. Chao Chungling, 1994. 165 pp., 103 figs., 10 pls.

Fasc. 43 Homoptera: Coccidea. Wang Tzeching, 1994. 302 pp., 107 figs.

Fasc. 44 Acari: Eriophyoidea I. Kuang Haiyuan, 1995. 198 pp., 163 figs., 7 pls.

Fasc. 45 Diptera: Tabanidae II. Wang Zunming, 1994. 196 pp., 182 figs., 8 pls.

Fasc. 46 Coleoptera: Cetoniidae, Trichiidae, Valgidae. Ma Wenzhen, 1995. 210 pp., 171 figs., 5 pls.

Fasc. 47 Hymenoptera: Formicidae I. Tang Jub, 1995. 134 pp., 135 figs.

Fasc. 48 Ephemeroptera. You Dashou *et al.*, 1995. 152 pp., 154 figs.

Fasc. 49 Trichoptera I: Hydroptilidae, Stenopsychidae, Hydropsychidae, Leptoceridae. Tian Lixin *et al.*, 1996. 195 pp., 271 figs., 2 pls.

Fasc. 50 Hemiptera II. Zhang Shimei *et al.*, 1995. 169 pp., 46 figs., 24 pls.

1. 雷公山凹冠叶蝉 *Assiringia leigongshana* (Li & Zhang)，♂背面观；2. 西藏凹冠叶蝉 *Assiringia tibeta* Shen & Zhang，♂背面观；3. 路氏片胫杆蝉 *Balala lui* Shen & Zhang，♂背面观；4. 弯突片胫杆蝉 *Balala curvata* Shen & Zhang，♂背面观；5. 黑面片胫杆蝉 *Balala nigrifrons* Kuoh，♂背面观；6. 福建片胫杆蝉 *Balala fujiana* Tang & Zhang，♂背面观；7. 海南片胫杆蝉 *Balala hainana* Tang & Zhang，♂背面观；8. 索氏哈提叶蝉 *Hatigoria sauteri* Jacobi，♀背面观；9. 叉突半锥头叶蝉 *Hemisudra furculata* (Cai & He)，♂背面观；10. 杆叶蝉 *Hylica paradoxa* Stål，♂背面观；11. 小叉突杆蝉 *Kalasha minuta* Shen & Zhang，♂背面观；12. 叉突杆蝉 *Kalasha nativa* Distant，♂背面观

图版 II

13. 桨头叶蝉 *Nacolus tuberculatus* (Walker)，♀背面观；14. 华犀角叶蝉 *Wolfella sinensis* Zhang & Shen，♂背面观；15. 东方弓背叶蝉 *Cyrta orientala* (Schumacher)，♂背面观；16. 密齿弓背叶蝉 *Cyrta dentata* (Zhang & Wei)，♂背面观；17. 逆毛异弓背叶蝉 *Paracyrta recusetosa* (Zhang & Wei)，♂背面观；18. 具毛异弓背叶蝉 *Paracyrta setosa* (Zhang & Sun)，♀背面观；19. 版纳异弓背叶蝉 *Paracyrta banna* (Zhang & Wei)，♀背面观；20. 长突异弓背叶蝉 *Paracyrta longiloba* (Zhang & Wei)，♂背面观；21. 双斑异弓背叶蝉 *Paracyrta bimaculata* (Zhang & Sun)，♀背面观；22. 靓异冠叶蝉 *Pachymetopius decoratus* Matsumura，♂背面观；23. 东方拟多达叶蝉 *Pseudododa orientalis* Zhang, Wei & Webb，♂背面观；24. 对突微室叶蝉 *Minucella leucomaculata* (Li & Zhang)，♂背面观

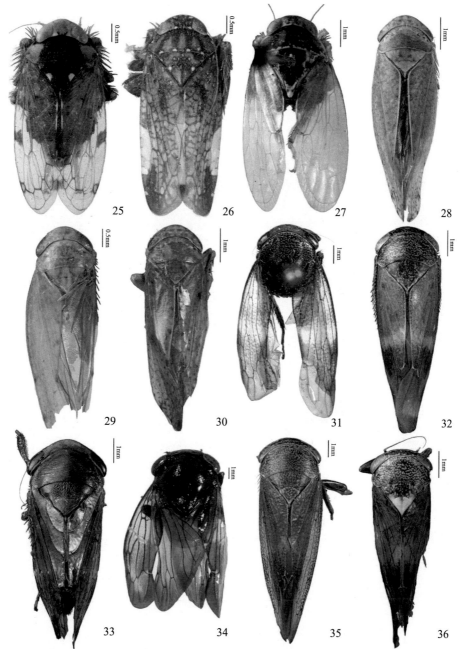

25. 枝突微室叶蝉 *Minusella divaricata* Wei, Zhang & Webb，♂背面观；26. 白痕短胸叶蝉 *Kunasia novisa* Distant，♂背面观；27. 双支离瓣叶蝉 *Placidellus conjugatus* Zhang, Wei & Shen，♂背面观；28. 长齿茎叶蝉 *Tambocerus elongatus* Shen，♂背面观；29. 刺突齿茎叶蝉 *Tambocerus furcellus* Shang & Zhang，♂背面观；30. 四突齿茎叶蝉 *Tambocerus quadricornis* Shang & Zhang，♂背面观；31. 横带胫槽叶蝉 *Drabescus albofasciatus* Cai & He，♂背面观；32. 台湾胫槽叶蝉 *Drabescus formosanus* Matsumura，♂背面观；33. 酱红胫槽叶蝉 *Drabescus fuscorufous* Kuoh，♀背面观；34. 海南胫槽叶蝉 *Drabescus hainanensis* Lu, Webb & Zhang，♂背面观；35. 赭胫槽叶蝉 *Drabescus ineffectus* (Walker)，♂背面观；36. 片茎胫槽叶蝉 *Drabescus lamellatus* Zhang & Shang，♂背面观

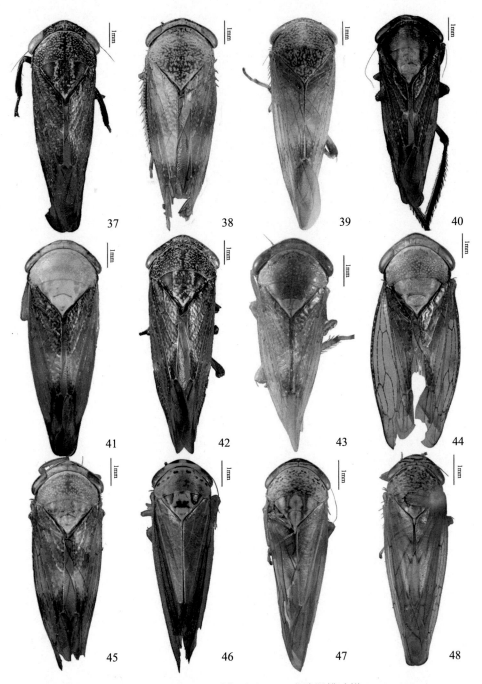

37. 细茎胫槽叶蝉 *Drabescus minipenis* Zhang，♂背面观；38. 点脉胫槽叶蝉 *Drabescus nervosopunctatus* Signoret，♀背面观；39. 尼氏胫槽叶蝉 *Drabescus nitobei* Matsumura，♂背面观；40. 宽胫槽叶蝉 *Drabescus ogumae* Matsumura，♂背面观；41. 淡色胫槽叶蝉 *Drabescus pallidus* Matsumura，♂背面观；42. 沥青胫槽叶蝉 *Drabescus piceatus* Kuoh，♂背面观；43. 石龙胫槽叶蝉 *Drabescus shillongensis* Rao，♂背面观；44. 黄额胫槽叶蝉 *Drabescus testaceus* (Kuoh)，♂背面观；45. 韦氏胫槽叶蝉 *Drabescus vilbastei* Zhang & Webb，♂背面观；46. 八字纹肖顶带叶蝉 *Athysanopsis salicis* Matsumura，♂背面观；47. 指沟顶叶蝉 *Bhatia digitata* Shang & Shen，♂背面观；48. 韩国沟顶叶蝉 *Bhatia koreana* (Kwon & Lee)，♂背面观

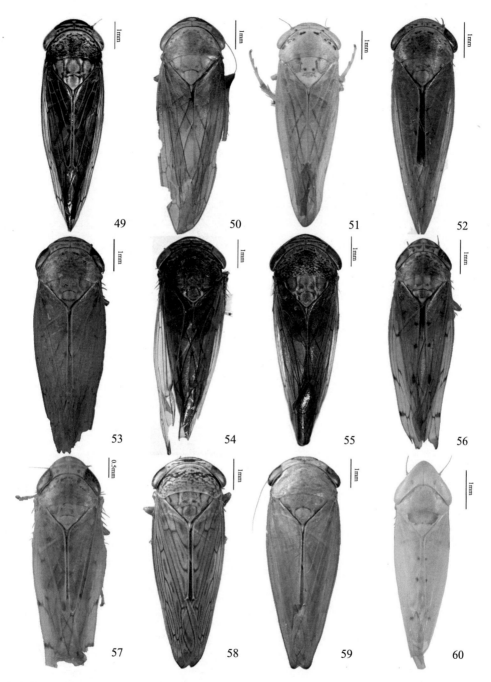

图版 V

49. 多突沟顶叶蝉 *Bhatia multispinosa* Lu & Zhang，♂背面观；50. 四突沟顶叶蝉 *Bhatia quadrispinosa* Shang & Zhang，♂背面观；51. 矢头沟顶叶蝉 *Bhatia sagittata* Cai & Shen，♂背面观；52. 萨摩沟顶叶蝉 *Bhatia satsumensis* (Matsumura)，♂背面观；53. 单角沟顶叶蝉 *Bhatia unicornis* Shang & Li，♂背面观；54. 扇茎肛突叶蝉 *Bhatiahamus flabellatus* (Shang & Shen)，♂背面观；55. 曲茎肛突叶蝉 *Bhatiahamus sinuatus* Lu & Zhang，♂背面观；56. 对突卡叶蝉 *Carvaka bigeminata* Cen & Cai，♂背面观；57. 台湾卡叶蝉 *Carvaka formosana* (Matsumura)，♂背面观；58. 阔颈叶蝉 *Drabescoides nuchalis* (Jacobi)，♂背面观；59. 圆突阔颈叶蝉 *Drabescoides umbonata* Shang, Zhang & Shen，♂背面观；60. 叉茎叶蝉 *Dryadomorpha pallida* Kirkaldy，♂背面观

图版 VI

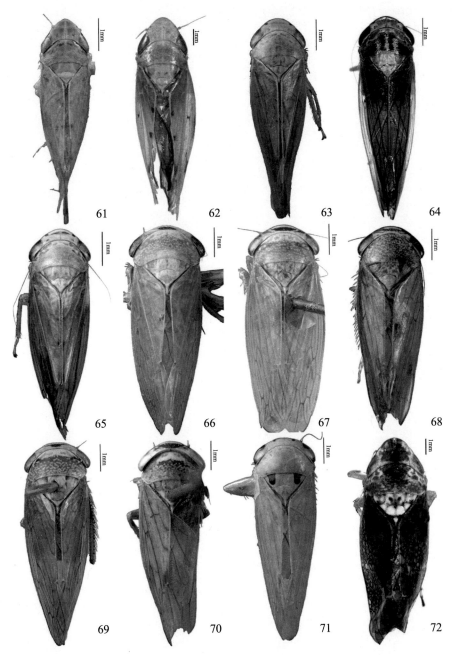

61. 细茎索突叶蝉 *Favintiga gracilipenis* Shang, Zhang, Shen & Li，♂背面观；62. 拟细茎索突叶蝉 *Favintiga paragracilipenis* Lu & Zhang，♂背面观；63. 黄脉管茎叶蝉 *Fistulatus luteolus* Cen & Cai，♂背面观；64. 四刺管茎叶蝉 *Fistulatus quadrispinosus* Lu & Zhang，♂背面观；65. 中华管茎叶蝉 *Fistulatus sinensis* Zhang, Zhang & Chen，♂背面观；66. 增脉叶蝉 *Kutara brunnescens* Distant，♂背面观；67. 路氏增脉叶蝉 *Kutara lui* Zhang & Chen，♂背面观；68. 中华增脉叶蝉 *Kutara sinensis* (Walker)，♂背面观；69. 刺茎增脉叶蝉 *Kutara spinifera* Zhang & Chen，♂背面观；70. 细茎增脉叶蝉 *Kutara tenuipenis* Zhang & Zhang，♂背面观；71. 彩纳叶蝉 *Nakula multicolor* Distant，♂背面观；72. 梳突聂叶蝉 *Nirvanguina pectena* Lu & Zhang，♂背面观

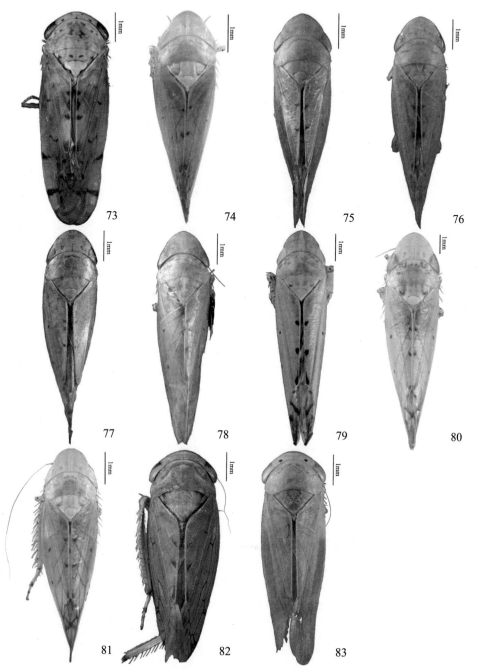

73. 杨长索叶蝉 Omanellinus populus Zhang，♂背面观；74. 华脊翅叶蝉 Parabolopona chinensis Webb，♂背面观；75. 鹅颈脊翅叶蝉 Parabolopona cygnea Cai & Shen，♂背面观；76. 石原脊翅叶蝉 Parabolopona ishihari Webb，♂背面观；77. 吕宋脊翅叶蝉 Parabolopona luzonensis Webb，♀背面观；78. 四突脊翅叶蝉 Parabolopona quadrispinosa Shang, Zhang, Shen & Li，♂背面观；79. 韦氏脊翅叶蝉 Parabolopona webbi Zahniser & Dietrich，♂背面观；80. 杨氏脊翅叶蝉 Parabolopona yangi Zhang, Chen & Shen，♂背面观；81. 云南脊翅叶蝉 Parabolopona yunnanensis Xu & Zhang，♂背面观；82. 星茎丽斑叶蝉 Roxasellana stellata Zhang & Zhang，♂背面观；83. 博宁瓦叶蝉 Waigara boninensis (Matsumura)，♀背面观

(Q-4908.31)

ISBN 978-7-03-072563-9

9 787030 725639 >

定价：398.00 元